应用技能型院校"十四五"规划教材

商业智能与可视化分析

—— 基于Power BI

主　编：毕鹏翾
副主编：宁震霖　王芳芳

立信会计出版社
LIXIN ACCOUNTING PUBLISHING HOUSE

图书在版编目(CIP)数据

商业智能与可视化分析：基于Power BI / 毕鹏翾主编. -- 上海：立信会计出版社，2025.5. -- ISBN 978-7-5429-7824-0

Ⅰ. TP31;TP274

中国国家版本馆CIP数据核字第2025SZ2930号

策划编辑　　王斯龙　张忠秀
责任编辑　　张忠秀
美术编辑　　北京任燕飞工作室

商业智能与可视化分析——基于Power BI
SHANGYE ZHINENG YU KESHIHUA FENXI

出版发行	立信会计出版社		
地　　址	上海市中山西路2230号	邮政编码	200235
电　　话	(021)64411389	传　　真	(021)64411325
网　　址	www.lixinph.com	电子邮箱	lixinaph2019@126.com
网上书店	http://lixin.jd.com		http://lxkjcbs.tmall.com
经　　销	各地新华书店		
印　　刷	浙江临安曙光印务有限公司		
开　　本	787毫米×1092毫米	1/16	
印　　张	21		
字　　数	525千字		
版　　次	2025年5月第1版		
印　　次	2025年5月第1次		
书　　号	ISBN 978-7-5429-7824-0/TP		
定　　价	52.00元		

如有印订差错，请与本社联系调换

前　言

在数字化转型的大背景下，数据已成为企业和组织决策的关键驱动力。商业智能与可视化分析作为高效处理和利用数据的核心手段，正深刻改变着各行各业的运营与管理模式。从金融机构精准的风险评估，到零售企业敏锐的市场洞察，再到制造企业精细的生产流程优化，商业智能与可视化分析无处不在，助力各行业在复杂多变的市场环境中把握机遇、应对挑战。Power BI 作为一款强大的商业智能工具，以其便捷的数据处理能力、丰富的可视化选项和出色的交互体验，在全球范围内被广泛应用，为无数从业者和学习者打开了数据洞察的大门。

本书共分为"商业智能与可视化分析基础"和"基于 Power BI 的数据可视化分析实训"两篇，旨在全面且深入地呈现商业智能与可视化分析的知识体系，并通过 Power BI 工具的实操应用，帮助学生快速掌握数据处理与分析的核心技能。

第一篇对商业智能与可视化分析的基础理论进行了系统阐述。第一章深入剖析商业智能的定义、系统架构、核心技术，梳理其应用行业与领域、发展历程与趋势，以及产品分类，帮助学生建立起对商业智能的宏观认知。第二章聚焦数据可视化，从概述到数据获取、处理、建模、展示，再到数据分析报告的撰写，逐步拆解可视化流程中的关键环节。第三章着重探讨基于商业智能的数据可视化分析，阐述其优势、分类，并介绍 Power BI Desktop 数据可视化的基本流程，为后续深入学习 Power BI 打下基础。第四章深入讲解 Power BI 的 DAX 基础知识，包括 DAX 的常用函数与部分常用函数用法介绍，助力学生掌握数据建模与计算的核心技能。

第二篇进入实战环节，通过一系列精心设计的实训案例，引导学生在实践中深化对知识的理解和应用。第五章以描述性分析实训案例——统计主题可视化分析为例，讲解数据可视化设计思路与实现流程，让学生掌握基础的数据可视化呈现方法。第六章和第七章分别以人力资源和会员数据可视化分析为案例，开展诊断性分析实训，帮助学生学会挖掘数据背后的深层原因。第八章通过财务主题可视化分析的预测性分析实训案例，让学生掌握利用历史数据预测未来趋势的方法。

本书在多个方面均表现出色，充分体现了新时代高等教育教材应有的创新性、实用性和前瞻性。

1. 产教深度融合

编写团队汇聚了高校一线授课教师和企业实务专家，副主编王芳芳是沈阳跃客教育科技有限公司副总经理，曾获全国 Power BI 可视化大赛"最佳可视化展现奖"。本书实现了理论与实践的完美结合，确保了内容既符合学术标准，又贴近企业实际需求。

2. 精选多元综合案例

除基础的入门实训案例外，本书其余案例均为精心设计的综合案例，全面覆盖描述性分析、诊断性分析和预测性分析。这些案例极具代表性，能全方位锻炼学生发现问题、分析问题和解决问题的能力，助力学生从容应对复杂多变的数据分析挑战。

3. 打造数据分析能力闭环

在数据可视化之前，本书引导学生梳理分析思路，搭建系统且全面的分析框架，为后续的分析工作筑牢根基；数据可视化完成后，着重引导学生深度解析图形呈现，洞察数据背后的深层含义、潜在规律，全方位提升学生的数据分析思维与能力，真正实现从理论到实践、从表象到本质的能力闭环构建。

4. 思政领航，资源赋能

本书以立德树人为宗旨，课程思政特色鲜明，契合新时代中国特色社会主义高等教育人才培养要求。本书是基于 Power BI 软件的立体化教材，配套教学资源丰富且形式多样，为数字化人才培养注入新活力。

本书既适用于高校财会类、经贸类、管理类及其他相关专业的学生，帮助他们构建系统的商业智能与可视化分析知识体系，为未来职业发展做好准备，也适用于企业中从事数据分析、业务运营、决策支持等工作的人员，助力他们提升数据处理和分析能力，更好地服务于企业决策，还适用于希望通过学习商业智能技术实现职业转型或提升自身竞争力的人士。

本书由毕鹏翱担任主编，宁震霖和王芳芳担任副主编，石彩丽、张瑞娅、曹龙飞和王文萍参与编写。毕鹏翱负责本书整体框架设计与统筹；宁震霖负责资料收集整理、章节主题确定、思政元素融入、内容创新与优化、统稿与审核等工作；王芳芳负责提供来自真实商业环境的企业案例与数据，参与实训案例设计与技术指导等工作。

在本书编写期间，沈阳跃客教育科技有限公司的付伟总经理给予了大力支持，董朝阳经理提供了宝贵的技术指导，在此我们向其致以诚挚谢意；同时，也感谢立信会计出版社对本书的大力支持。此外，我们参考了诸多专家学者的著作、教材与文章，在此也向其一并致谢。

由于时间和作者水平有限，本书难免存在不足之处，恳请广大读者批评指正。

编者

2025 年 5 月

目 录

第一篇 商业智能与可视化分析基础

第一章 商业智能概述 ··· 3
- 第一节 商业智能的时代背景、定义与价值 ································ 5
- 第二节 商业智能的系统架构与核心技术 ································· 8
- 第三节 商业智能的应用行业与领域 ····································· 10
- 第四节 商业智能的发展历程与趋势 ····································· 15
- 第五节 商业智能的产品分类 ··· 19
- 思考题 ··· 32

第二章 数据可视化分析 ·· 33
- 第一节 数据可视化概述 ··· 35
- 第二节 数据获取 ··· 42
- 第三节 数据处理 ··· 44
- 第四节 数据建模 ··· 50
- 第五节 数据展示 ··· 55
- 第六节 数据分析报告 ··· 74
- 思考题 ··· 79

第三章 基于商业智能的数据可视化分析 ··································· 81
- 第一节 商业智能数据可视化分析的优势 ································· 82
- 第二节 商业智能数据可视化分析的分类 ································· 86
- 第三节 Power BI Desktop 数据可视化的基本流程 ······················· 90
- 思考题 ··· 122

第四章 Power BI 的 DAX 基础知识 ······································ 124
- 第一节 DAX 介绍 ·· 126
- 第二节 DAX 的常用函数 ·· 128
- 第三节 部分常用函数用法介绍 ··· 132
- 思考题 ··· 139

第二篇 基于 Power BI 的数据可视化分析实训

第五章 描述性分析实训案例——统计主题可视化分析 ······ 143
  第一节 数据可视化设计思路 ······ 145
  第二节 数据可视化实现流程 ······ 153
  ［实训任务］······ 194

第六章 诊断性分析实训案例——人力资源可视化分析 ······ 196
  第一节 数据可视化设计思路 ······ 198
  第二节 数据可视化实现流程 ······ 207
  ［实训任务］······ 230

第七章 诊断性分析实训案例——会员数据可视化分析 ······ 232
  第一节 数据可视化设计思路 ······ 234
  第二节 数据可视化实现流程 ······ 242
  ［实训任务］······ 275

第八章 预测性分析实训案例——财务主题可视化分析 ······ 278
  第一节 数据可视化设计思路 ······ 280
  第二节 数据可视化实现流程 ······ 288
  ［实训任务］······ 325

第一篇
商业智能与可视化分析基础

1

第一章 商业智能概述

知识目标

1. 了解商业智能的时代背景、定义、价值、应用行业及领域、发展历程及趋势。
2. 熟悉商业智能的系统架构及产品分类。
3. 掌握商业智能核心技术 ETL、数据仓库、数据挖掘(DM)、联机分析处理(OLAP)、数据可视化。

能力目标

1. 能够下载并安装桌面应用程序 Power BI Desktop。
2. 能够注册 Power BI Desktop 账号并登录使用。

素养目标

1. 运用商业智能了解数据背后的规律,培养学生勤于思考及解决问题的能力。
2. 关注商业智能的最新动态和技术发展,培养学生持续学习的能力。
3. 鼓励学生尝试新的数据分析方法和工具,培养学生创新性思维。

思政园地

技术进步,作为人类社会发展的永恒旋律,贯穿了从远古猿人迈向现代文明的每一步。从最初的石器时代,那些粗糙却充满智慧的工具,到如今数字经济时代里精密复杂的科技产品,人类跨越了时间的鸿沟,历经了无数次的革新与挑战,终于迎来了科技与智慧交相辉映的新篇章。

这是一场壮丽的旅程,每一阶段都见证了人类智慧的火花如何被技术的火种点燃,进而照亮前行的道路。早期的人类,手持简陋的石器,以狩猎和采集为生,逐步学会了利用火、制造简单的工具,这些技术的萌芽奠定了人类社会的基础。随后,农耕技术的出现,使得人类得以定居,开始从事农业生产,形成了初步的社会组织。进入工业时代,蒸汽机、电力、化工等技术的广泛应用,极大地推动了社会生产力的提升。而今,我们站在了数字经济时代的潮头,目睹着信息技术的日新月异。人工智能的崛起、大数据的洪流、云计算的广袤无垠,这些前沿科技如同璀璨的星辰,照亮了人类探索未知的道路。互联网编织了信息交流的广阔网络,物联网则将万物互联的梦想变为现实。信息的获取与传播,在指尖轻点间即可跨越千山万水,实现了前所未有的便捷与高效。

这些新技术的普及,犹如一股强劲的推动力,不仅深刻地改变了社会的每一个角落,还极大地促进了国家整体的进步与发展。习近平总书记曾在党的十九大报告中指出,实施大数据战略,加快建设数字中国,促进产业发展创新升级,将切实提高百姓获得感。建设数字中国的宏伟蓝图也由此全面铺开。2023年2月,中共中央、国务院印发的《数字中国建设整体布局规划》指出,建设数字中国是数字时代推进中国式现代化的重要引擎,是构筑国家竞争新优势的有力支撑。加快数字中国建设,对全面建设社会主义现代化国家、全面推进中华民族伟大复兴具有重要意义和深远影响。

请思考以下两个问题:

1. 在技术进步日新月异的今天,新时代的学生应该如何树立创新意识以适应快速发展的社会需求?

2. 在数字经济时代背景下,如何理解和践行数字中国建设,以促进产业发展创新升级?

思维导图

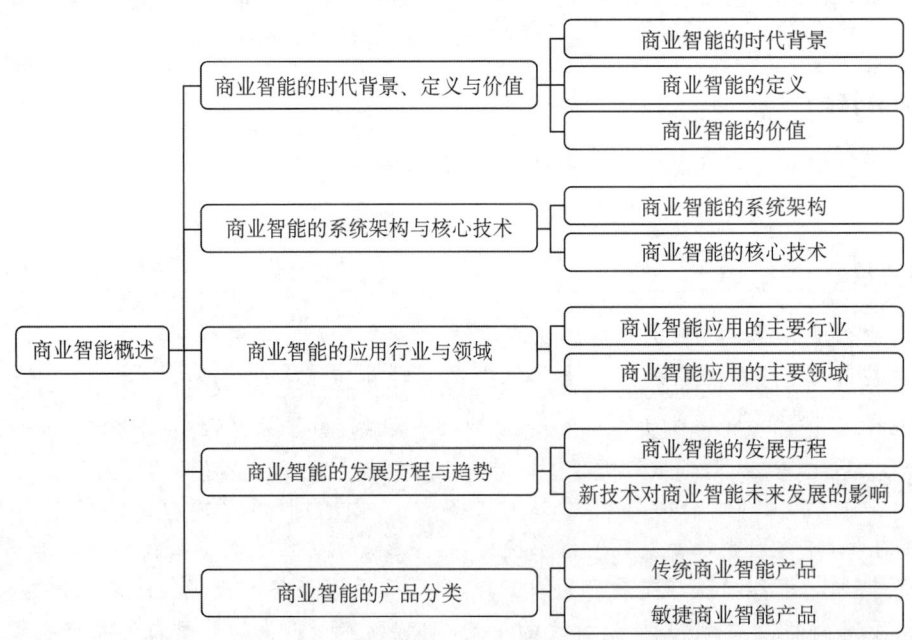

第一节 商业智能的时代背景、定义与价值

一、商业智能的时代背景

在数字经济时代,世界各国都把推进国家数字化作为实现创新发展、提高综合国力的重要动能。党的二十大报告提出建设数字中国,加快发展数字经济,促进数字经济和实体经济深度融合,打造具有国际竞争力的数字产业集群。2022年年初,国务院印发的《"十四五"数字经济发展规划》,在总结"十三五"时期我国数字经济发展成效、分析存在问题和研判形势要求基础上,提出新目标:到2025年,数字经济迈向全面扩展期,数字经济核心产业增加值占GDP比重达到10%。2024年6月,国家数据局发布的《数字中国发展报告(2023年)》指出,我国数字经济保持稳健增长,数字经济核心产业增加值占GDP比重10%左右。数字经济重点行业中,电子信息制造业增加值同比增长3.4%;电信业务收入1.68万亿元,同比增长6.2%;互联网业务收入1.75万亿元,同比增长6.8%;软件业务收入12.33万亿元,同比增长13.4%。数字经济时代是一个全新的时代,它带来了前所未有的变革和机遇。在这个时代中,商业智能通过对海量数据的收集、整理、分析和挖掘,帮助企业洞察市场趋势,理解客户需求,优化业务流程,从而制定更为精准和有效的商业策略。在数字化浪潮下,企业拥有的数据量呈爆炸式增长,如何将这些数据转化为有价值的信息,成为企业面临的重要问题。而商业智能正是解决这一问题的关键所在。

二、商业智能的定义

商业智能又称商务智能(business intelligence,BI)。随着经济活动的持续发展,海量商业数据随之生成,要甄别出具有商业价值的数据,就需要借助可靠的商业智能工具,对数据进行收集、存储、清洗、分析与可视化呈现,将数据转换为有价值的信息,为管理决策和业务优化提供依据。商业智能从产生以来发展较快,目前对于商业智能的认知,业界存在不同的理解,下面就以时间线为序了解一下商业智能的定义。

国外关于商业智能的定义,代表性观点如下:

早在1958年,IBM的研究员Hans Peter Luhn便将"智能"定义为"对事物相互关系的一种理解能力,并依靠这种能力去指导决策,以达到预期的目标"。此后,商业智能进入了大众视野。但是,由于技术、环境现状等因素的限制,商业智能经历了一段漫长的探索期。

1996年,知名咨询机构Gartner集团正式给出了商业智能的定义:一类由数据仓库(或数据集市)、查询报表、数据分析、数据挖掘、数据备份和恢复等部分组成的、以帮助企业决策为目的的技术及其应用。

2013年,Gartner集团对商业智能的定义进行了更新与扩展,在"business intelligence"一词中加入了"analytics",合并成"analytics and business intelligence"(ABI,分析与商业智能),并且纳入了应用、基础设施、工具、实践等多项内容,将商业智能重新定义为"一个概括性术语,包含了应用、基础结构、工具,以及提供信息访问和分析以改进、优化决策表现的最佳实践"。

我国关于商业智能的定义,代表性观点如下:

2020年9月,帆软数据应用研究院发布的《商业智能(BI)白皮书2.0》,在文献研究和企业调研的基础上,结合我国的市场环境提出:商业智能是在打通企业数据孤岛,实现数据集成和统一管理的基础上,利用数据仓库、数据可视化与分析技术,将指定的数据转化为信息和知识的解决方案,其价值体现在满足企业不同人群对数据查询、分析和探索的需求,从而为管理和业务提供数据依据和决策支持。

2024年6月,上海国家会计学院发布的《2024影响中国会计行业的十大信息技术评选报告》,通过企业调研和专家访谈提出:商业智能是对商业信息的搜集、管理和分析过程,目的是使企业的各级决策者获得知识或洞察力,促使决策者做出对企业更有利的决策。商业智能一般由数据仓库、联机分析处理、数据挖掘、数据备份和恢复等部分组成。商业智能的实现涉及软件、硬件、咨询服务及应用,其基本体系结构包括数据仓库、联机分析处理和数据挖掘三个部分。

综上所述,随着信息技术的不断发展,商业智能的功能在不断延伸,定义也在不断扩展,目前尚未有统一标准,但通过对上述定义进行对比归纳,发现商业智能主要有以下三个共同特征:

第一,商业智能可以打通数据孤岛,将企业不同业务信息系统(ERP、CRM、OA)中的数据打通并进行有效的整合。

第二,商业智能是一种主要由数据仓库、数据分析、数据挖掘、数据可视化等功能组成的技术解决方案。

第三,商业智能可以满足企业不同人群对数据查询、分析和探索的需求,从而为管理和业务提供数据依据和决策支持。

三、商业智能的价值

当今正处于数字经济时代,世界各个角落每时每刻都在产生数据,透过数据可以看到事物之间更深层次的联系。各行各业都清楚地认识到数据中隐藏着巨大的价值,只有更好地整理数据、分析数据、挖掘出数据背后的信息,才能在激烈的竞争中获胜。根据2020—2024年,由上海国家会计学院主办,联合金蝶软件、浪潮通软、用友公司、元年科技、汉得信息、中兴新云等专业机构,共同发起的影响中国会计行业的十项信息技术评选活动结果可以看出(表1-1),商业智能2022—2024年连续3年入选前10名,这不仅体现了商业智能愈加重要的行业地位与影响力,更预示着在全球数字化转型的浪潮中,商业智能正日益成为推动行业变革、引领创新的核心力量。

表1-1 2020—2024年影响中国会计行业的十项信息技术评选结果

排名	年份				
	2020年	2021年	2022年	2023年	2024年
1	财务云	财务云	财务云	数电发票	会计大数据分析与处理技术
2	电子发票	电子发票	会计大数据分析与处理技术	会计大数据分析与处理技术	数电发票

(续表)

排名	年份				
	2020年	2021年	2022年	2023年	2024年
3	会计大数据技术	会计大数据分析与处理技术	流程自动化（RPA和IPA）	财务云	流程自动化（RPA和IPA）
4	电子档案	电子会计档案	中台技术（数据、业务、财务中台等）	流程自动化（RPA和IPA）	财务云
5	机器人流程自动化（RPA）	机器人流程自动化（RPA）	电子会计档案	电子会计档案	中台技术（数据中台、业务中台、财务中台）
6	新一代ERP	新一代ERP	电子发票	中台技术	电子会计档案
7	区块链技术	移动支付	在线审计与远程审计	新一代ERP	数据治理
8	移动支付	数据中台	新一代ERP	数据治理技术	新一代ERP
9	数据挖掘	数据挖掘	在线与远程办公	商业智能（BI）	数据挖掘
10	在线审计	智能流程自动化（IPA）	商业智能（BI）	数据挖掘	商业智能（BI）

数据来源：由2020—2024年《影响中国会计行业的十大信息技术评选报告》整理得出。

商业智能是推动企业全面优化、提升竞争力与实现可持续发展的核心力量，在现代企业管理中展现出了深远且广泛的影响，具体体现在帮助企业实现可视化展示与数据分析、实时监控与数据预警、科学预测与优化决策等方面。

（一）可视化展示与数据分析

商业智能可以将大量的数据通过图表、仪表盘等形式进行可视化展示，使得数据的展示更加生动和形象。这种可视化展示使非专业数据分析人员也能够轻松理解数据，帮助企业决策者和管理层快速洞察业务全貌，发现问题。同时，商业智能还提供了强大的数据分析功能，可以对海量数据进行深度挖掘和分析，发现数据背后的规律和关联。商业智能对数据的深入分析能够帮助企业更好地理解业务运营情况，揭示潜在的市场需求和消费者行为，为企业的战略制定提供有力支持。

（二）实时监控与数据预警

商业智能能够实时监控企业的各项关键业务指标，确保企业运营始终处于可控状态。通过实时数据的收集和展示，企业可以及时了解业务运行状况，发现并解决潜在问题，避免风险扩大。同时，商业智能还可以设置数据预警功能，当关键指标出现异常波动或达到预设阈值时，系统能够自动触发预警机制，提醒相关人员及时处理。这种预警功能能够帮助企业及时应对突发情况，减少损失，确保业务稳定运行。

（三）科学预测与优化决策

商业智能利用历史数据和先进的分析算法，可以对未来趋势进行预测，帮助企业做出更科学的决策。通过商业智能工具，企业可以分析历史数据中的规律和模式，建立预测模型，对未来的市场走势、消费者需求等进行预测。这种预测不仅可以帮助企业制定更合理的业务计划和市场策略,还可以指导企业提前布局、抢占市场先机。同时,基于商业智能的分析结果,企业可以更加科学地制定决策。通过对各种方案的模拟和评估,企业可以选择最优的决策方案,提高决策的质量和效率。这种科学决策方式能够降低企业的决策风险,提高业务成功率。

第二节　商业智能的系统架构与核心技术

一、商业智能的系统架构

商业智能需要将企业积累的大量数据处理成信息,再转化为知识,最后通过可视化方式将信息和知识展现给企业相关人员,便于企业进行商务决策。一个完整的商业智能架构体系包括数据获取层、数据管理层、数据分析层和数据展示层。

(一)数据获取层

商业智能的基础是数据。获取什么样的数据及如何获取数据,是商业智能系统数据获取层的主要工作内容。从数据来源看,数据获取层中的数据通常包括企业内部的数据和企业外部的数据。企业内部的数据是指获取的数据来源于企业内部数据库、日常财务数据、销售业务数据、客户投诉数据、运营活动数据等。企业外部的数据指数据不是企业内部产生的,而是通过其他手段从外部获取的。例如,利用爬虫技术获取网页数据,从公开出版物收集权威数据,市场调研获取数据以及请第三方平台提供数据等。从数据存储形式看,数据获取层中的数据包括 xlsx 文件、txt 文件、csv 文件和各类数据库文件等。目前的商业智能系统都能直接读取并连接各种类型的数据。商业智能系统获取数据后,还要经过 ETL 处理。

(二)数据管理层

数据管理层主要通过数据仓库(data warehouse)和元数据(metadata)实现对数据的管理。数据仓库中的数据是在对原有分散的数据进行抽取、清理的基础上,经过系统加工、汇总和整理得到的。数据分析人员必须消除元数据中的不一致性,以保证数据仓库内的信息是关于整个企业的一致的全局信息。数据仓库的数据主要供企业决策分析之用,所涉及的数据操作主要是数据查询,一旦某个数据进入数据仓库,一般情况下都将被长期保留。也就是说,数据仓库中一般有大量的查询操作,但修改和删除操作很少,通常只需要定期加载、刷新即可。数据仓库中的数据通常包含历史信息,系统记录了企业从过去某一时点(如开始应用数据仓库的时点)到当前各个阶段的信息。通过这些信息,管理人员可以对企业的发展历程和未来趋势做出定量分析和预测。

(三)数据分析层

数据分析层主要包括联机分析处理(OLAP)和数据挖掘(DM)两种分析工具。联机分析处理与数据挖掘相辅相成,都是进行决策分析不可缺少的技术。

(四)数据展示层

数据展示层主要是通过可视化技术将分析内容以各种图表的方式展示出来,供企业决策人员、管理人员、分析人员、业务人员等相关人员进行洞察和决策。

二、商业智能的核心技术

商业智能的核心技术可以分为展示类、分析类和支撑类三个层级,如图 1-1 所示。

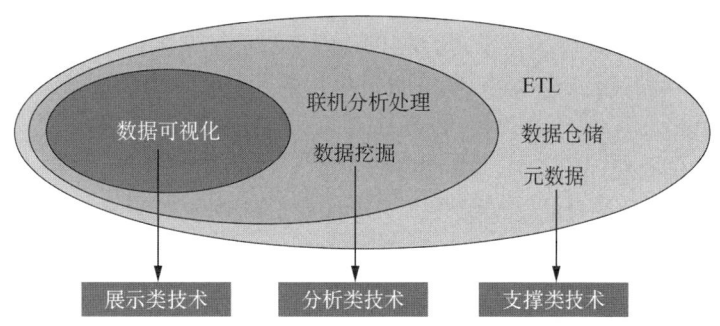

图 1-1　商业智能核心技术

（一）展示类技术

商业智能最核心的技术是展示类的数据可视化技术，可视化技术是以计算机图形学、图像处理技术为基础，将数据转换为图形或图像形式，显示到屏幕上，并进行交互处理的理论方法和技术。它涉及计算机视觉图像处理，计算机辅助设计，计算机图形学等多个领域，并逐渐成为一种研究数据、表示数据，综合处理决策分析的问题的综合技术。

数据可视化旨在借助图形化手段，清晰有效地传达与沟通信息。其基本思想是，将数据库中每个数据项用单个图元素表示，并将大量的数据集构成数据图像，同时将数据的各属性值以多维数据的形式表示，从而让企业从不同的维度观察数据，对数据进行更深入的观察和分析。例如，柱形图、折线图和饼图等一些基础的图表就可以直观地展示数据。当数据较为复杂时，可以通过复杂图表搭配多样的交互效果来将数据直观化。

（二）分析类技术

联机分析处理、数据挖掘等分析类技术，能够基于现有数据帮助企业更深入地洞察。

1. 联机分析处理

联机分析处理（on-line analytical processing，OLAP）对数据仓库中的数据进行多维分析和展现，侧重对决策人员和高层管理人员的决策支持，可以根据分析人员的要求快速、灵活地对大量数据进行复杂查询处理，使分析人员、管理人员和执行人员能够从多种角度对从原始数据中转化出来的、真正为用户所理解的、真实反映企业多维度业务的信息进行快速、一致、交互的存取，并且以一种直观且易懂的形式将查询结果提供给决策人员和高层管理人员，以便他们准确掌握企业的经营状况，了解对象的需求，制定正确的方案。其主要功能在于方便大规模数据分析及统计计算，为决策提供参考和支持。

2. 数据挖掘

数据挖掘（data mining，DM）是从海量数据中，提取隐含在其中的、人们事先不知道的但又可能有用的信息和知识的过程；数据挖掘的数据有多种来源，包括数据仓库、数据库或其他数据源；数据挖掘是预测型的分析工具。数据挖掘在可视化中的应用就如同一个淘金者，即从数据仓库的大量数据中发掘对决策者有用的信息。数据挖掘应用已久，但之前大多用于科学研究中，计算机技术的发展不断推动着数据挖掘的商业化。现如今，"万物皆数"且万物互联互通，商业领域也出现了较以往更多的业务数据，但其中很多数据所传递的信息对企业来说是没有任何价值的，如何在这些无用的数据之中挖掘其中夹杂着的对企业真正有用的信息，便是数据挖掘的价值所在。

(三) 支撑类技术

支撑类技术包括 ETL、数据仓库、元数据等,用于管理繁杂的、不断增长的企业数据,为整个商业智能系统提供持续的、强力的、稳定的支撑。

1. ETL

ETL(extract-transform-load)用来描述数据从来源端经过抽取(extract)、交互转换(transform)、加载(load)至目的端的过程。它是构建数据仓库的关键环节。ETL 负责对不同数据源的数据进行抽取、清洗、转换和集成,然后将其加载到数据仓库中,这样联机分析处理和数据挖掘才能发挥其应有的作用。

2. 数据仓库

数据仓库(data warehouse)是由数据仓库之父比尔·恩门(Bill Inmon)在 1991 年出版的《建立数据仓库》(Building the Data Warehouse)一书中提出的。数据仓库是一个面向主题的(subject oriented)、集成的(integrated)、相对稳定的(non-volatile)、反映历史变化的(time variant)数据集合,用于支持管理决策(decision making support)。它是从多个数据源收集信息,并以一致的存储方式保存所得到的数据集合,是为联机分析处理、数据挖掘等提供海量数据存储、数据组织的容器和解决数据集成问题的关键技术。

3. 元数据

元数据(metadata)又称中介数据、中继数据,用于描述数据属性,是描述数据的数据(data about data),主要用于识别资源,评价资源,追踪资源在使用过程中的变化,实现简单高效的大量网络化数据的管理,实现信息资源的有效发现、查找、一体化组织和对使用资源的有效管理。由于元数据也是数据,可以用类似数据的方法在数据库中进行存储和获取。

第三节　商业智能的应用行业与领域

一、商业智能应用的主要行业

商业智能在各行各业应用日益广泛,目前来说,在行业方面,商业智能主要应用的典型行业有以下几种。

1. 电信行业的应用

商业智能在电信行业的应用具有以下几个特点:

(1)商业智能系统通过建设数据集市,切实实现客户服务与营销个性化、精细化提升客户满意度;通过增强经营分析结果的可操作性,优化大客户、集团客户、新业务领域的战略决策。

(2)商业智能系统通过"套餐分析",从套餐的策划、推出到执行,对整个过程进行全面的管理、监控和评估。通过对套餐基本情况、相互影响和收益损失三方面的分析,为套餐的管理提供依据,节约营销成本。

(3)通过分析客户和产品服务使用记录,确定高收益的产品和服务,利用分析结果预测未来的产品和服务需求。

(4)通过分析客户服务的历史记录和交流渠道信息,形成详细完整的商务客户描述,制定更有针对性的营销策略。

2. 金融行业的应用

商业智能在金融行业的应用极为广泛且深入,它极大地提升了金融机构的决策效率、风险管理能力和客户服务质量。以下是商业智能在金融行业中的几个主要应用方面:

(1) 客户分析与市场细分。通过收集和分析客户的交易记录、投资偏好、信用历史等多维度数据,金融机构能够构建出详细的客户画像,进而实现精准营销和个性化服务。基于客户画像,商业智能系统将客户群体细分为不同的市场细分,针对不同细分市场的特点和需求,设计相应的金融产品和服务。

(2) 风险管理与合规。利用商业智能技术,金融机构可以快速评估客户的信用风险,包括贷款违约风险、信用卡透支风险等,从而制定更加合理的信贷政策和风险管理措施。通过实时监控市场数据,如股票价格、汇率、利率等,金融机构能够及时发现市场异常波动和潜在风险,并采取相应的风险管理措施。商业智能系统可以帮助金融机构自动检查交易数据,确保所有交易都符合监管要求和内部合规政策,降低合规风险。

(3) 绩效管理与决策支持。金融机构可以利用商业智能系统对各项业务的绩效进行定期分析和评估,包括收入、成本、利润等指标,为管理层提供决策支持。通过整合和分析内外部数据,为金融机构的战略规划提供数据支持,帮助管理层制定更加科学合理的战略决策。

(4) 产品开发与优化。通过分析客户数据和市场需求,金融机构可以了解客户对金融产品的需求和偏好,从而开发出更符合市场需求的产品。金融机构能够利用商业智能系统收集客户反馈和产品使用数据,对产品进行持续优化和改进,提升客户满意度和忠诚度。

(5) 营销与销售支持。基于客户画像和市场细分,金融机构可以实施精准营销策略,向目标客户群体推送个性化的金融产品和服务信息。通过分析不同销售渠道的业绩和成本,金融机构能够优化销售渠道布局,提高销售效率和盈利能力。

(6) 运营优化与成本控制。利用商业智能系统,金融机构可以对业务流程进行监控和分析,发现瓶颈和浪费环节,优化业务流程,提高运营效率。通过实时监控和分析成本数据,金融机构可以制定更加合理的成本控制策略,降低运营成本,提高盈利能力。

3. 保险行业的应用

商业智能在保险行业的应用具有以下几个特点:

(1) 商业智能系统根据投保品种、投保人、险种等历史数据,使保险公司合理设定储备金数额,分析赔偿金的标准。

(2) 商业智能系统可以根据客户的消费特征制订营销计划,提供个性化服务;根据不同的风险类型和客户需求,制定个性化的定价策略,提高市场竞争力。

(3) 商业智能工具可以帮助保险公司了解市场趋势、竞争情况和客户需求变化,为公司制定市场战略和产品开发提供数据支持。通过分析市场数据和客户行为,金融机构可以预测销售额和市场份额的变化,帮助保险公司调整销售策略,提高销售绩效。

(4) 针对新险种和新客户的承保风险,商业智能工具可以分析大量历史数据和实时数据,基于机器学习算法来评估风险水平,并预测潜在的索赔可能性;对于保险欺诈风险,商业智能工具能够通过分析大数据和应用机器学习算法,识别可疑的索赔案件和欺诈行为,帮助保险公司及时采取措施进行预防和打击。

4. 制造行业的应用

制造行业的信息化水平参差不齐,未来制造业将成为商业智能领域新的增长点。一般来

说,商业智能在制造行业的应用主要有以下几个方面:

(1) 通过商业智能系统分析具体的客户交易数据,了解客户特征,从而在吸引客户的过程中采取更主动的行动。

(2) 通过商业智能系统对订货信息的分析,使企业在订货的品种和数量上做出更快、更合理的决定。

(3) 帮助采购员实时了解供应商之间的成本差异。

(4) 帮助配送中心管理增加的业务量,合理进行进出库管理。

(5) 支持装载计划和运输路线计划的优化。

(6) 减少库存积压,实现合理的库存水平。

5. 零售行业的应用

商业智能在零售行业的应用在于将商品结构、销售、库存、客户等各类数据进行抽取、挖掘、转换、分析,为企业的经营决策提供有效的支持。其在零售行业的应用方面极为广泛且深入,主要体现在以下几个方面:

(1) 数据分析与洞察。商业智能系统可以整合海量的零售数据,通过多维度分析零售情况(如时间、地点、商品类别、顾客群体等),为企业的战略规划和日常运营提供数据支持;通过预测诊断与异常预警功能,及时发现经营中的问题,如库存积压、销售下滑等,并给出相应的解决方案或建议,帮助管理者做出更加科学、合理的决策。

(2) 顾客行为分析。商业智能系统可以整合顾客的基本信息、购买记录、浏览行为等数据,构建出详细的顾客画像,为精准营销提供基础;分析顾客的需求和满意度,从而优化商品结构,提升顾客体验;通过会员数据分析,识别高价值顾客和潜在流失顾客,制定个性化的营销策略,提高顾客忠诚度和复购率。

(3) 商品管理优化。商业智能系统可以分析商品的销量、库存、毛利率等关键指标,了解商品的市场表现和销售潜力,为商品采购、定价、促销等提供决策依据;实时监控库存情况,预测库存需求,避免库存积压或缺货现象的发生,提高库存周转率和资金使用效率;通过分析市场趋势和顾客需求,为新品开发提供数据支持,提高新品上市的成功率和市场竞争力。

(4) 运营效率提升。商业智能系统通过对供应链各环节的数据进行监控和分析,优化供应链流程,降低运营成本,提高供应链的响应速度和灵活性;利用门店的客流量、销售额、员工绩效等数据进行分析,优化门店布局、提升员工效率和服务质量。

6. 其他行业的应用

物流行业:商业智能可以在运输管理、仓储管理、增强供应链可见性、供需预测、企业关键运营指标分析、人力资源管理、客户关系管理等方面发挥决策支持作用。

医疗健康行业:商业智能系统可以通过分析患者病历和用药记录,提供精准治疗方案,利用智能分析结果预测疾病发生风险,同时根据智能系统的数据分析合理分配医疗资源,提高医疗服务质量和效率。

能源与公用事业:商业智能系统可以通过分析能源消费数据,优化能源供应和降低运营成本,根据数据分析结果预测能源需求趋势,确保能源供应稳定,监控资产性能和使用情况,以此提高资产利用率和降低维护成本。

政府部门与公共服务事业:商业智能系统通过分析社会经济数据,为政策制定提供决策支持,并管理人口统计信息,为公共服务提供数据支持;基于对公众需求和服务效果的动态分析,实现公共服务质效提升。

综上所述,目前商业智能的应用已经覆盖了电信、金融、保险、制造、零售、医疗健康、能源与公用事业,以及政府部门与公共服务等多个行业领域,具体情况如图1-2所示。随着技术的不断进步和应用的深入,商业智能在各个行业中的应用前景将更加广阔,在更多领域发挥重要作用,为企业和社会创造更大的价值。

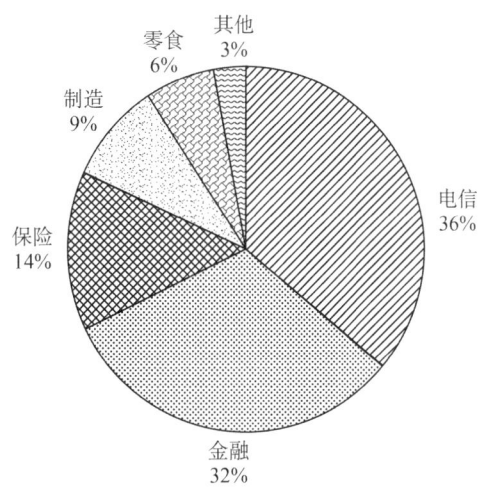

图1-2 商业智能应用行业分布图

数据来源:根据东方财富网华经产业研究院资料整理所得。

二、商业智能应用的主要领域

商业智能在统计、人力资源管理、客户关系管理、财务分析等各个领域发挥了重要作用,提高了企业决策水平和业务绩效,进一步增强了企业的核心竞争力。

(一)统计领域

商业智能在统计领域的应用广泛且深入,不但可以将来自不同源头、格式多样的统计数据进行整合、清洗和存储,形成统一、规范的数据集,而且为数据分析和决策提供强大支持。例如,在影院电影票房等数据统计的应用中,商业智能通过收集大量的历史票房数据、影片类型、演员阵容、上映档期、地区市场差异等多方面信息,运用数据分析技术发现影响票房的关键因素和规律。基于商业智能系统分析观众的观影偏好、购票习惯,了解不同时间段、不同类型影片的观众需求。通过统计影片的评分高低、评分高的影片元素及上映档期等数据,发现影响影片评分的主要因素,了解影响影片评分的关键因素与观众偏见。影院在分析观众需求和偏好的基础上,综合影片的上映时间、影片的类型、评分高低等数据,预测票房、优化影片排片、优化人员配置、提升观众体验、提高影院上座率与票房收入。商业智能在影院电影票房统计领域的应用,为政策制定、市场预测、风险评估等提供科学依据,为电影事业的发展提供了有力的数据支持。

(二)人力资源管理领域

商业智能通过数据分析技术,帮助企业快速筛选并识别出与岗位高度匹配的候选人,从而优化招聘流程,提升招聘质量;通过分析员工队伍的年龄、性别、教育背景、技能构成等多维度数据,帮助企业洞察员工结构的现状与未来趋势,为人力资源规划提供数据支撑。企业可以据此调整招聘策略,优化人才配置,确保员工结构与企业战略目标相匹配,推动企业的持续发展。商业智能通过对市场薪酬水平、企业内部薪酬分布、员工绩效表现等数据的综合分析,帮助企业制定公平、合理且具有竞争力的薪酬政策;通过分析离职原因、员工满意度等数据,帮助企业及时发现并解决潜在的人力资源问题。企业可以据此调整管理策略、改善工作环境、提高员工满意度和忠诚度,从而有效降低员工离职率,保持团队的稳定性和凝聚力。

(三) 客户关系管理领域

企业客户关系管理依赖于庞大繁杂的客户数据,包括订单、库存、交易账目、产品类别、客户信息等,但传统的数据分析方法局限于有限数据的采样和整理,不能满足企业系统化的数据分析需求,而商业智能让企业实现了多渠道的数据整合和多维度的数据分析,为企业提供了数据洞察,能够帮助企业科学高效地进行经营及战略决策。例如,通过对会员数据进行挖掘、分析和可视化,企业可以快速了解客户特征,包括年龄、性别、消费等级、产品偏好等,这些信息有助于企业更准确地把握客户需求,制定更有针对性的营销策略。结合客户消费数据对客户增长和流失情况进行分析,企业可以识别不同营销区域的业绩表现,查找客户流失原因,及时采取行动解决问题,提高客户满意度。通过对客户复购和消费次数转化情况进行分析,企业可以寻找客户消费次数转化的关键节点,提升复购率。通过对客户不同价值层次的分析,企业可以为客户提供更加高效和个性化的服务,增强客户忠诚度,实现企业长期、稳定的价值增长。

(四) 财务分析领域

商业智能在财务分析领域的应用日益广泛,其通过先进的技术手段处理和分析财务数据,为企业的财务管理和决策提供有力支持。商业智能提供的分析工具可用于从海量原始数据源中提取有用的财务数据,通过数据挖掘和分析,提供详细的财务分析报告。财务人员可以通过整理财务报表,选取财务指标和标杆企业对比分析,找出差距和不足,为经营活动提供有效的决策支持。商业智能系统支持实时数据分析功能,使得财务人员能够及时了解最新的财务数据变化情况,做出快速反应和调整。同时,不同部门之间可以共享财务数据和分析结果,促进跨部门协作和沟通,提高整体运营效率。利用商业智能相关技术,企业可以根据现有的财务数据(包括收入预测、利润预测、成本预测等)对未来经营状况进行预测,评估企业未来发展情况,为企业制定战略和做出决策提供重要参考。

(五) 其他领域

除了上述领域,商业智能还广泛应用于库存管理、供应商管理、成本管理、绩效管理、风险管理等多个领域。

在库存管理领域,商业智能可以帮助企业实现库存优化与需求预测,通过智能算法可以帮助企业实现库存精细化管理,实现动态库存调整,提高库存周转率。

在供应商管理领域,商业智能可以帮助企业建立完整的供应商档案,包括供应商的基本信息、生产能力、产品质量、交货能力等。通过数据分析,企业可以评估供应商的绩效,实现供应商的动态管理和优选,从而实现对供应商的全面管理和优化,提高供应链的运作效率和竞争力。

在成本管理领域,商业智能可以对成本数据深入挖掘和分析,有助于企业成本控制和效益提升,实现资源的优化配置。

在绩效管理领域,商业智能有助于企业绩效分析与评估,利用商业智能的数据分析功能,可以对绩效数据进行深入挖掘和分析,揭示数据背后的规律和趋势;通过对比分析、趋势预测等方法,评估绩效目标的达成情况,为企业的战略调整提供数据支持。

在风险管理领域,商业智能可以帮助企业进行风险评估与预测,利用历史数据和实时数据,构建风险评估模型,对不同类型的风险进行量化评估;通过预测分析,提前预测未来可能发生的风险事件,为风险管理策略的制定提供科学依据。

第四节 商业智能的发展历程与趋势

一、商业智能的发展历程

学术界公认,赫伯特·西蒙对决策支持系统的研究,是现代商业智能概念的源头和起点。1978年,其因为对"商务决策过程"的出色研究而荣获了诺贝尔经济学奖。商业智能的历史,是一个渐进的、复杂的演进过程,它的内涵和外延,至今还处于动态的发展之中。总体来说,商业智能从产生到快速发展,经历了一个较为漫长的过程,如图1-3所示。它的各个产业环节,都有不断丰富扩大的趋势。特别是作为其"智能灵魂"的数据挖掘技术,潜力非常巨大。可以预见,商业智能将对人类社会的发展产生深远的影响。

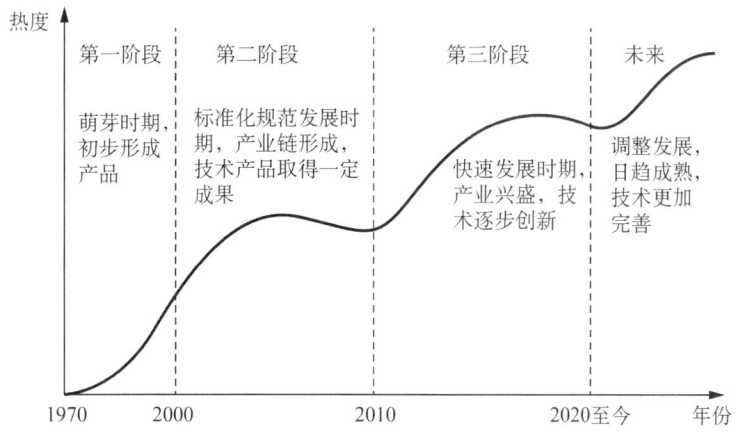

图1-3 商业智能的发展历程

(一)国外商业智能发展历程

国外商业智能行业的发展历程可以概括为以下几个关键时期。

1. 萌芽与初步发展阶段(20世纪70年代至2000年)

商业智能作为企业信息化的高端产品,其发展既依赖于业务信息系统的更新,也依赖于竞争日趋激烈环境下企业对商业智能的深入认识。

商业智能在国外出现较早,20世纪70年代后期有了初步发展,越来越多的企业需要商业智能。具体来说,商业智能的发展经历了事务处理系统(transaction pro cessing system,TPS)、管理信息系统(management information system,MIS)、主管信息系统(executive information system,EIS)和决策支持系统(decision support system,DSS)。到20世纪80年代中期，人们把决策支持系统与知识管理相结合，出现了基于知识的智能决策支持系统（intelligent decision support system，IDSS）。这一时期的 IDSS 主要依赖于模式匹配和统计分析等方法来检测入侵行为。通过预先定义好的规则或模式库，系统能够识别出与已知攻击行为相匹配的网络流量或系统活动，并发出警报。1996 年，Gartner 公司提出商业智能的概念时，各种商业智能分析及其前端展示工具已经有了一定的发展，各种相关技术如数据仓库、在线分析处理和数据挖掘也已初具规模。

商业智能的概念在这一时期逐渐形成，并开始在企业中得到应用。初期的商业智能产品主要面向大型企业，产品智能化程度较低，部署成本较高。在这一阶段，企业开始尝试使用简单的数据分析工具和报表系统来分析和展示数据。这些工具虽然功能相对有限，但已经为管理层提供了初步的数据洞察能力。然而，由于技术水平和数据基础设施的限制，数据分析的广度和深度都受到一定限制，且数据可视化技术尚未成熟。

2. 行业整合与标准化阶段（2001—2010 年）

21 世纪以来，新的技术浪潮——信息可视化，又使商业智能的产业链条向前延伸了一大步。德鲁克曾说，21 世纪的竞争，是知识生产力的竞争。以知识发现为使命的商业智能，必将成为知识时代的竞争利器。

全球商业智能行业在这个时期进入洗牌整合阶段，头部企业通过收并购模式逐渐聚拢市场。SAP、IBM、Oracle 和 Microsoft 等全球主流商业智能企业在这一时期崭露头角，推动了商业智能行业的标准化和规范化发展。

3. 敏捷商业智能兴起与发展阶段（2010 年至今）

随着敏捷开发方法的普及，部分企业开始尝试将敏捷理念应用于商业智能领域，2011 年左右出现了早期的敏捷型商业智能产品。后来随着企业数字化转型的深入，敏捷型商业智能迅速崛起，成为市场主流。各大商业智能厂商纷纷推出敏捷型商业智能产品，以满足市场需求。由于敏捷商业智能（也称自助式商业智能）的兴起，Power BI、Qlik、Tableau 等代表性商业智能产品以更低的成本逐渐瓦解传统商业智能市场，其中 Power BI 以其高性能、低门槛、便捷易用等属性，一直受到市场和客户的广泛认可和喜爱，成为市场新秀。未来随着人工智能、大数据等技术的不断发展，敏捷型商业智能将不断融入新技术，实现更高级别的智能化分析。同时，随着云计算、SaaS 等模式的普及，敏捷型商业智能将更加便捷地服务于广大企业用户。

（二）国内商业智能发展历程

国内商业智能行业经历了三个主要的发展阶段。

1. 初步引入与垄断阶段（2000—2012 年）

在这一时期，国内商业智能初步引入，市场主要由国际巨头如 BO、BIEE（Business Intelligence Enterprise Edition，现已并入 IBM 的 Cognos 产品线）和 Cognos 等主导，面对外资的强势竞争，国内厂商通过二次开发等方式寻求生存空间，逐渐积累经验和技术实力。

2. 国产厂商崛起阶段（2013—2020 年）

随着可视化技术的出现，商业智能分析的产业链形成了一个包括数据整合、数据分析、数据挖掘、数据展示的完整闭环。商业智能的这四个产业链，独立性都很强，具体到特定的商业智能产品，随着数据量的增大，每一环节都可能变得相当复杂。

这一阶段国内需求激增，国产商业智能厂商迎来了第一波繁荣。国内企业开始重视数据分析和商业智能，推动了国产商业智能产品的快速发展。帆软（FineReport）作为国内领先的商业智能厂商之一,在报表分析、数据挖掘等方面具有较强的实力,赢得了众多企业的信赖。永洪科技也是国内商业智能市场的重要参与者,致力于为企业提供全面的数据分析解决方案。国内商业智能厂商抓住市场机遇,加大研发投入,推出了一系列符合国内企业需求的商业智能产品。这些产品不仅价格更为亲民,而且在本地化服务和支持方面更具优势。

3. 技术创新与普及阶段(2020年至今)

国内人工智能、大数据、云计算技术的飞速发展,为商业智能提供了强大的技术支持。国内互联网巨头相继推出商业智能产品,进一步推动了商业智能技术的普及和应用。在这一阶段,商业智能与人工智能、机器学习等技术的深度融合成为重要趋势,商业智能成为新的发展方向。帆软继续保持领先地位,市场份额稳步提升,产品功能不断完善,用户体验持续优化。永洪科技在智能分析、大数据处理等方面取得了显著成果,为众多企业提供了高效、便捷的数据分析解决方案。思创医惠、东方国信、用友网络、浩丰科技等企业也在商业智能领域取得了不俗的成绩,通过技术创新和市场拓展,逐步在行业内树立了良好的品牌形象。

随着技术的不断成熟和成本的降低,商业智能开始从大型企业向中小企业普及。越来越多的企业开始意识到商业智能的重要性,并将其纳入企业的数字化转型战略中。在国家政策的支持下,商业智能行业得到了进一步的发展。政府通过出台相关规划和政策文件,明确了商业智能在数字化转型中的重要地位和作用,为行业的发展提供了有力的保障。

总之,国内外商业智能行业的发展都经历了从初步引入到技术创新与普及的过程,我国商业智能行业市场规模及增速如图1-4所示。随着技术的不断进步和市场需求的增长,商业智能在企业中的应用越来越广泛,成为企业决策的重要支撑。未来,随着人工智能、大数据等技术的深入发展,商业智能将继续向智能化、自动化、个性化的方向发展,为企业创造更大的价值。

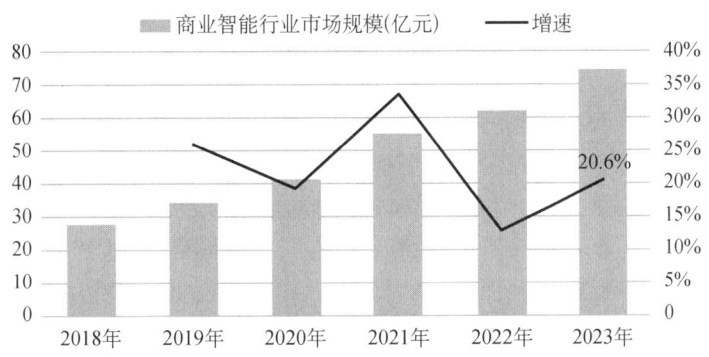

图1-4　2018—2023年中国商业智能行业市场规模及增速

数据来源:根据共研产业咨询(共研网)资料整理所得。

二、新技术对商业智能未来发展的影响

物联网、大数据、认知计算、人工智能等新兴技术是商业智能突破发展瓶颈的关键,这些技术的逐步成熟和实用化及其在商业智能中的不断磨合和螺旋式的上升应用,将不断推动商业智能的发展。

(一)物联网技术与商业智能

物联网技术与商业智能的结合,使得企业能够实时获取业务数据并进行快速分析。这种

实时性不仅提高了企业的运营效率,还使得企业能够更加迅速地响应市场变化和客户需求。通过实时监控和预警系统,企业可以及时发现并解决问题,避免潜在的风险和损失。同时,实时数据分析也为企业的快速决策提供了有力的支持,使企业能够在激烈的市场竞争中保持领先地位。物联网技术收集的大量数据为商业智能提供了丰富的分析素材。通过运用数据挖掘、机器学习等先进的分析技术,商业智能系统能够深入挖掘数据中的隐藏信息和价值,发现数据中的模式和趋势。这些洞察有助于企业更好地理解其业务运营情况,识别潜在的市场机会和风险,从而制定更加精准的战略和计划。

(二) 大数据与商业智能

大数据有益于大型分析及长期的战略方向,大数据是传统数据库、数据仓库、商业智能概念外延的扩展、手段的扩充,不存在取代的关系,也并不是互斥的关系。大数据技术通过高级分析算法和机器学习模型,帮助商业智能实现更复杂的分析任务。例如,预测分析、情感分析、异常检测等,这些分析能力使其能够为企业提供更加精准的决策支持。通过实时数据处理和可视化展示,企业决策者可以及时掌握业务动态,做出更加明智和及时的决策。大数据技术的发展,也推动了商业智能产品的不断创新,使其能够具备更强大的数据分析能力和智能化决策支持功能。例如,敏捷性商业智能产品为企业提供了更加便捷、高效的数据分析工具。

(三) 认知计算与商业智能

认知计算系统能够处理海量的不同类型的数据,其目标是让计算机系统具备更高的智能水平,以辅助人类解决复杂问题。认知计算技术为商业智能提供了更强大的数据处理和分析能力。通过认知计算技术,商业智能系统能够更深入地理解非结构化数据,揭示数据中隐藏的模式和关系。同时,商业智能也为认知计算技术的应用提供了广阔的场景和需求。在商业智能的推动下,认知计算技术得以在更多领域得到应用和发展。认知计算和商业智能都致力于为企业提供决策支持。认知计算系统能够通过对海量数据的分析和推理,为企业提供更加精准和全面的决策依据。而商业智能则通过数据可视化、报表生成等方式,将复杂的分析结果以直观易懂的形式呈现给决策者,帮助企业更好地理解数据和做出决策。随着技术的不断进步和应用场景的不断拓展,认知计算和商业智能之间的协同发展将更加紧密。两者将共同推动数据驱动决策的发展,为企业创造更大的商业价值。认知计算与商业智能在数据处理、分析和决策支持等方面将相互融合、相互促进,共同为企业的发展提供强有力的支持。

(四) 人工智能与商业智能

人工智能(artificial intelligence,AI)是一门新的技术科学,它主要研究和开发用于模拟、延伸和扩展人的智能的理论、方法、技术及应用系统。该领域的研究包括机器人、语言识别、图像识别、自然语言处理和专家系统等。人工智能和商业智能在很长一段时间里,分别在不同的领域各自发挥作用。随着以数据驱动为核心的方法的使用,人工智能和商业智能两者开始融合。人工智能提供了让数据、经验和知识为自己证明的机会,它具有改变分析动态的潜力,推动商业智能的决策支持能力应用从对当下迈向对未来趋势的预测,企业可以利用深度学习算法来发现潜在销售的行为模式,利用物联网传感器的提示进行预测性维护和库存优化,不仅能实现浅显易懂的知识挖掘,还能挖掘深层隐藏的信息。人工智能技术能够赋能商业智能工具分析产生更清晰有用的商业洞察,帮助企业更好地做决策。在未来,集成了人工智能技术的商业智能工具将会广泛应用于各行各业,优化企业商业决策的过程。

第五节 商业智能的产品分类

一、传统商业智能产品

传统商业智能厂商大致可以分为三大类:第一类是专门做商业智能的软件厂商,如 BusinessObject、Cognos 等;第二类是继承性的数据库厂商和统计软件厂商,如 Microsoft、Oracle、Sybase、IBM、SAS 等;第三类是依附不同管理软件的厂商,如 SAP 博科、用友、金蝶等公司。不同的商业智能软件有着各自不同的特色和优势,以下进行简要介绍。

(一) Business Objects XI

Business Objects 是全球领先的商业智能软件公司的产品套件,Business Objects XI 可以提供全面商业智能功能的平台,具有强大的报表查询和分析以及绩效管理和数据集成功能。Business Objects XI 吸收了 Crystal 和 Business Objects 产品系列的优势,以新的方式将商业智能应用提供给更广泛的用户群。

(二) SAS

SAS 是用于决策支持的大型集成信息系统,但该系统最早的功能限于统计分析。至今,统计分析仍是它的重要模块和核心功能。经过多年的发展,SAS 已经广泛应用于金融、医药卫生、生产、运输、通信、科学研究、政府和教育等领域。SAS 具有全新的平台、强大的分析功能和精致的用户界面,更能帮助企业解决商业问题和赢得竞争优势,为企业的业绩管理系统提供以数据仓库技术为基础的财务管理解决方案。

(三) SAP BusinessObjects

SAP BusinessObjects 是 SAP 公司旗下的商务智能产品,它能够生成各种复杂的报表和动态的仪表盘,帮助企业快速了解业务状况,监控关键绩效指标(KPIs)。SAP BusinessObjects 提供数据集成、清洗、转换和加载(ETL)等功能,确保数据的准确性和一致性,为分析提供可靠的数据源,并根据企业的实际情况和需求,自动生成业务流程图和流程执行计划,帮助企业优化业务流程。SAP BusinessObjects 目前广泛应用于各行各业的企业中,包括金融、制造、零售、医疗等领域。它可以帮助企业更好地理解市场趋势、优化业务流程、提高运营效率并做出更明智的决策。

二、敏捷商业智能产品

商业智能产品作为数字化转型的关键驱动力,其发展历程充满了不断的创新与变革。在这个日新月异的时代,技术的飞速进步和市场的快速变化促使着商业智能产品不断地自我革新与演进。昔日的前沿技术,在时间的推移下,很可能逐渐被新兴技术所取代,从"主流"地位滑落至"传统"范畴。这种动态变化不仅反映了技术进步的速度,也体现了市场需求和用户偏好的不断演变。正是在这样的背景下,敏捷商业智能以其独特的优势脱颖而出,迅速成为当今商业智能领域的主流趋势。敏捷商业智能摒弃了传统商业智能项目中常见的冗长开发周期、僵化需求管理和低效反馈循环等弊端,转而采用快速迭代、紧密合作和高度适应变化的方法来推动项目的进行。

目前敏捷商业智能产品众多,此处介绍最为常用的三款产品,分别是 Power BI、Tableau 和 FineBI。

(一) Power BI

1. Power BI 简介

Power BI 是由微软研发的一款商业智能分析软件,包含桌面版(Power BI Desktop)、网页版和移动版。Power BI 的主要功能由 Power BI Desktop 承载,开发人员用桌面版将数据和报表发布到网页或手机 App 上。Power BI 的核心理念是让业务人员无须编程就能快速上手商业大数据分析与可视化,具有丰富的可视化图表组件,能够跨设备使用、与各种不同系统无缝对接和兼容。同时,Power BI 也是可靠的、企业级的智能软件,可进行丰富的建模和实时分析及自定义开发。

2. Power BI 的产品体系

Power BI 的产品体系包括桌面应用 Power BI Desktop、联机应用 Power BI Service 和移动应用 Power BI Mobile。简要说明如下。

1) Power BI Desktop

Power BI Desktop 是 Power BI 的桌面应用程序。Power BI Desktop 处在 Power BI 工作流程的最前端。该产品本身免费,但如果用户要将创建的可视化报表发布到 Power BI 服务中进行共享,则需要订阅 Power BI 服务。目前微软中国网站提供一定时长的免费试用期。

2) Power BI Service

Power BI Service 包括 Power BI Pro(专业版)和 Power BI Premium(增值版)两款。Power BI Pro(专业版)适用于中小企业。Power BI Premium(增值版)适用于对数据分析有较高要求的大中型企业,以及基于 Power BI 进行二次开发的企业。

3) Power BI Mobile

Power BI 提供 Windows、iOS 和 Android 版的移动应用,用户可在任意移动设备上安全访问和实时查看 Power BI 仪表盘和报表,真正做到直接从移动端监视业务、访问存储在 SQL Server 的本地数据或云端数据。

3. Power BI Desktop 安装

本书以 Power BI Desktop 为例来介绍安装。安装 Power BI Desktop 有两种方式:第一种是在微软商店中直接安装。如果电脑的操作系统是 windows10、windows11,可以直接打开 Microsoft Store(微软商店),在搜索框中输入 Power BI Desktop,并点击安装即可。此方法比较简单不再介绍。第二种是在官网下载安装包安装,其具体步骤如下。

步骤 1:进入 Power BI 简体中文版官网(网址:https://www.microsoft.com/zh-CN/download/details.aspx?id=58494)下载页面。

步骤 2:点击下载,如图 1-5 所示。

步骤 3:点击下载后,会看到两个软件包,如果电脑是 64 位的操作系统,直接下载结尾是 x64 的安装包,然后点击"Next",否则下载另外一个(多数电脑基本都是 64 位的系统),如图 1-6 所示。

步骤 4:下载后,双击安装包进行安装,如图 1-7 所示。

步骤 5:根据需要,选择语言,点击"下一步",如图 1-8 所示。

Microsoft Power BI Desktop

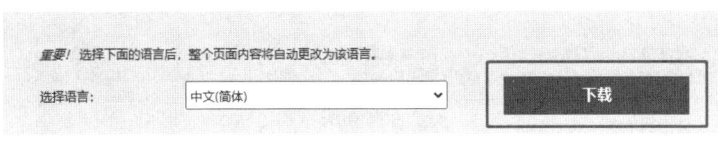

Microsoft Power BI Desktop 专为分析师设计。它结合了一流的交互式可视化效果和业界领先的内置数据查询和建模功能。创建并将报告发布到 Power BI 中。Power BI Desktop 可以帮助您向他人提供能够随时随地及时使用的关键数据解析。

⊕ 详情

⊕ 统要求

⊕ 安装说明

图 1-5 Power BI Desktop 官网下载页面

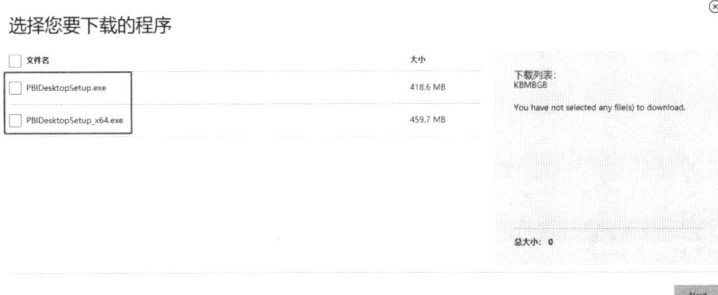

图 1-6 Power BI Desktop 软件包下载页面

图 1-7 Power BI Desktop 软件包

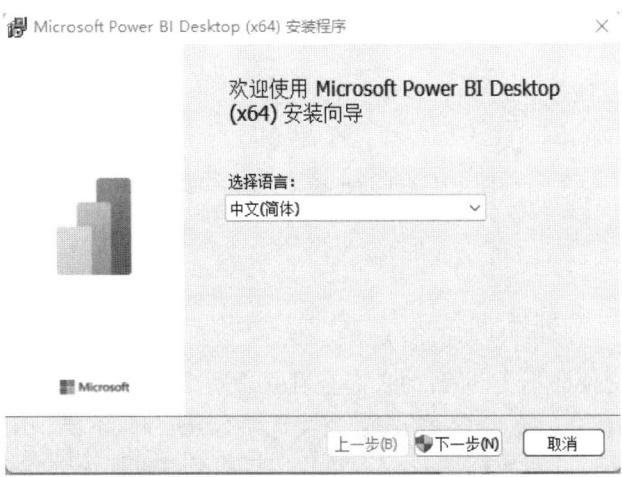

图 1-8 Power BI Desktop 语言选择界面

步骤 6：点击"下一步"，选择安装的路径，点击"安装"，即可看到安装进度，稍等一下即可完成安装，如图 1-9 所示。

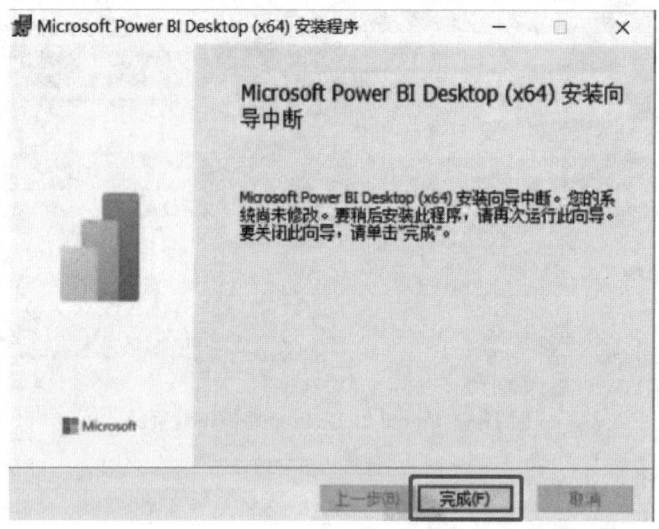

图 1-9 Power BI Desktop 安装完成界面

步骤 7：启动进入界面，如图 1-10 所示。

图 1-10 Power BI Desktop 开始界面

（二）Tableau

1. Tableau 简介

Tableau 成立于 2003 年，是斯坦福大学一个计算机科学项目的成果。Tableau 在 2019 年被 Salesforce 收购，但使命不变，即帮助人们查看并理解自己的数据，是一款轻量级数据可视化工具。Tableau 将数据运算与美观的图表完美地结合在一起，不要求用户编写代码，仅仅通过拖拽方式就可以快速洞察数据，探索不同的视图，甚至可以轻松地将多个数据源组合在一起，完成数据展示、探索和分析工作。简单、易用是 Tableau 的最大特点，使用者不需要精通复杂的编程和统计原理,只需要把数据直接拖放到工作簿中,通过一些简单的设置就可以得到自己想要的数据可视化图形,这意味着,企业不再需要大量的工程师团队、大量的时间去定制软件,每个人都可自主服务式分析数据。然而,Tableau 价格比较昂贵,它对硬件的要求较高,特别是在处理大规模数据集时,需要强大的计算能力和足够的内存来保证运行的流畅性。

2. Tableau Desktop 安装

Tableau Desktop 支持安装在 Windows 和 Mac 操作系统上,Tableau 官网提供了最新版本的安装包文件,本书仅介绍安装在 Windows 系统上的方法,其具体步骤如下:

步骤 1:进入 Tableau 官网(网址:https://www.tableau.com/zh-cn/support/releases)下载页面。

步骤 2:选择最新版本,点击下载,如图 1-11 所示。

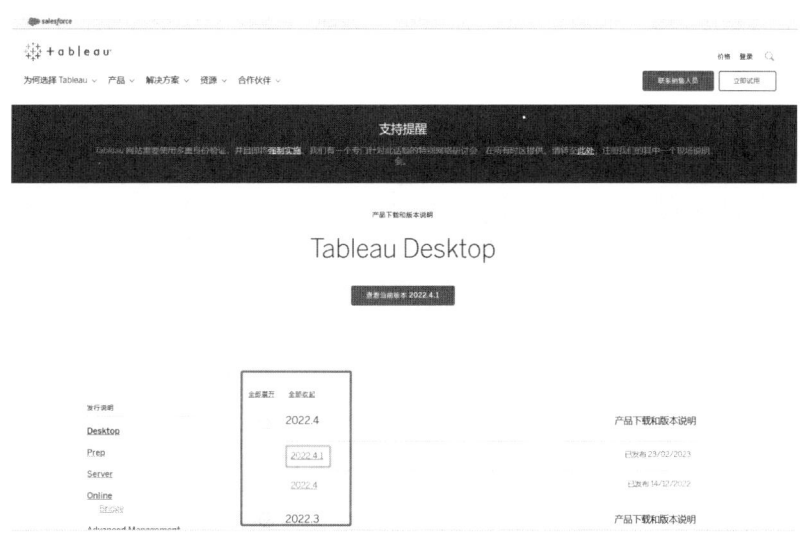

图 1-11 Tableau Desktop 官网下载界面

步骤 3:填写信息,创建个人 Tableau 账户,如图 1-12 所示。

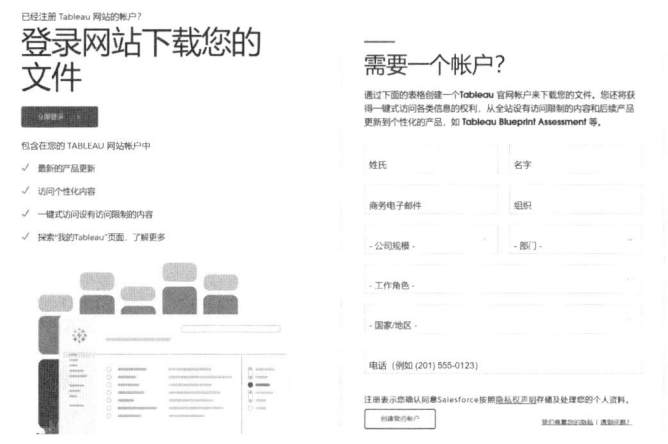

图 1-12 Tableau Desktop 创建账户界面

步骤 4：进入下载页面，选择 Windows 版 64 位下载，如图 1-13 所示，点击下载即可。

图 1-13　Tableau Desktop 软件包下载界面

步骤 5：下载完毕后双击 Tableau Desktop 安装文件进入安装过程，点击"安装"，如图 1-14 所示。（注：自定义可修改安装路径，不建议将 Tableau Desktop 放在系统盘）

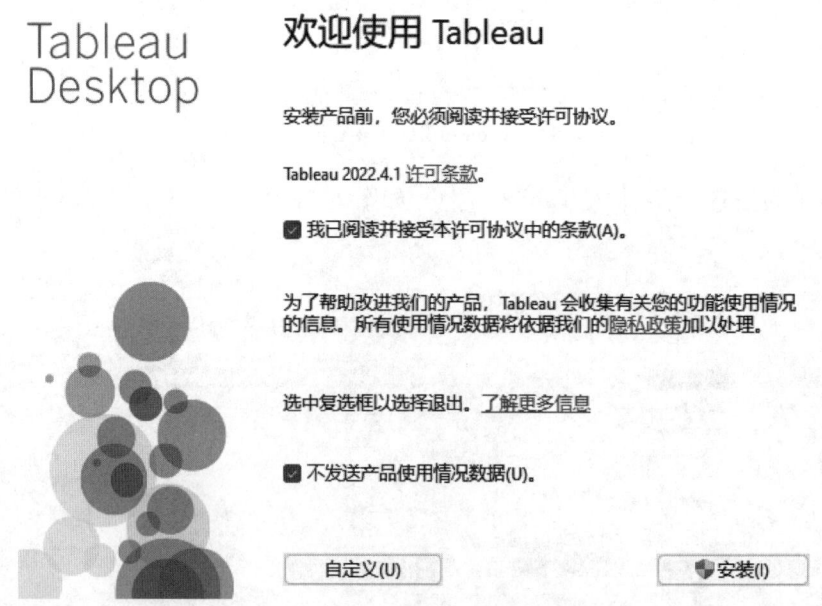

图 1-14　Tableau Desktop 初始安装界面

步骤 6：安装完成后，Tableau 会自动打开，点击"试用"即可，如图 1-15 所示。（注：试用期只有 14 天，用户可以到官网注册激活，试用期会有所延长）

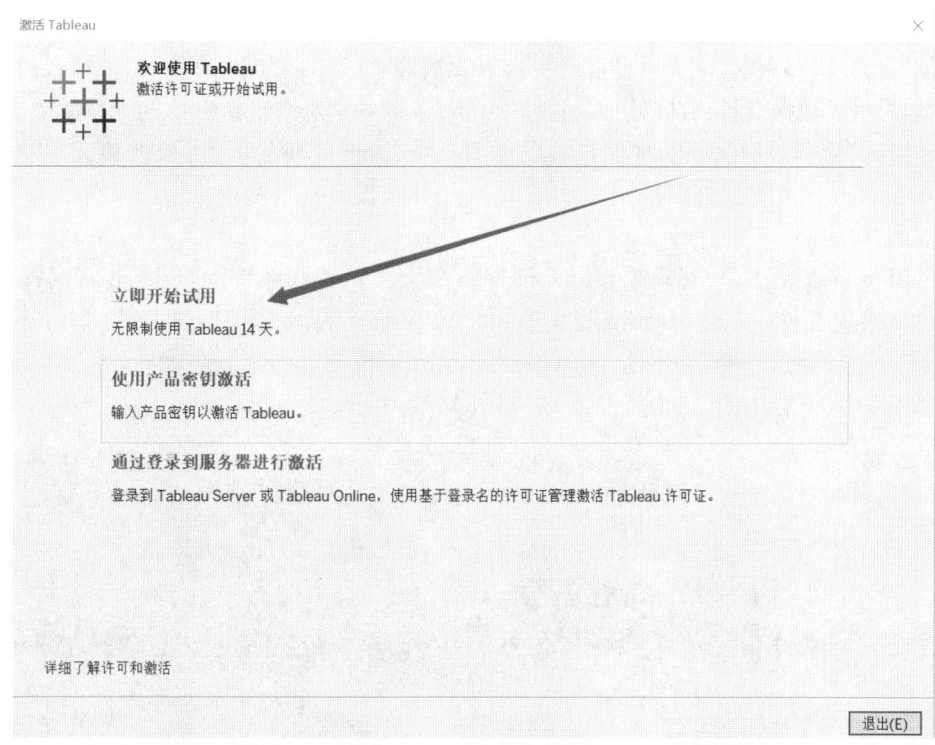

图 1-15 Tableau Desktop 产品激活界面

步骤 7:启动软件,进入开始界面,如图 1-16 所示。

图 1-16 Tableau Desktop 开始界面

(三) FineBI

1. FineBI 简介

FineBI 是帆软软件有限公司推出的一款商业智能产品。

FineBI 是新一代大数据分析工具,旨在帮助企业的业务人员充分了解和利用企业相关数据。

FineBI 拥有强劲的大数据引擎，用户只需简单拖拽便能制作出丰富多样的数据可视化展板，自由地对数据进行分析和探索，让数据释放出更多未知潜能。FineBI 为企业提供了一站式商业智能解决方案，提供了数据准备、数据处理、可视化分析、数据共享与管理于一体的完整解决方案，创造性地将各种"重科技"轻量化，使用户可以更加直观、简便地获取信息、探索知识、共享知识。FineBI 的收费方式主要是订阅模式，即用户需要按月或按年支付费用来使用系统。

2. FineBI 安装

FineBI 支持安装在 Windows、Linux 和 Mac 三大主流操作系统上，FineBI 官网提供了最新版本的安装包文件，本文仅介绍安装在 Windows 系统上的方法，其具体步骤如下：

步骤 1：进入 FineBI 官网（网址：https://www.finebi.com/）下载页面。

步骤 2：进入下载中心，点击产品下载，如图 1-17 所示。

图 1-17　FineBI 官网下载页面

步骤 3：进入 FineBI 安装包下载页面，安装包下载页面提供了三种版本的安装包，选择 Windows 版 64 位下载（注：仅支持 64 位），如图 1-18 所示。

图 1-18　FineBI 安装包下载页面

步骤 4：双击 FineBI 安装文件，会加载安装向导，安装向导加载完成后，点击"下一步"，如图 1-19 所示。

图 1-19　FineBI 安装向导界面

步骤 5：弹出"许可协议"对话框，选择"我接受协议"，点击"下一步"，如图 1-20 所示。

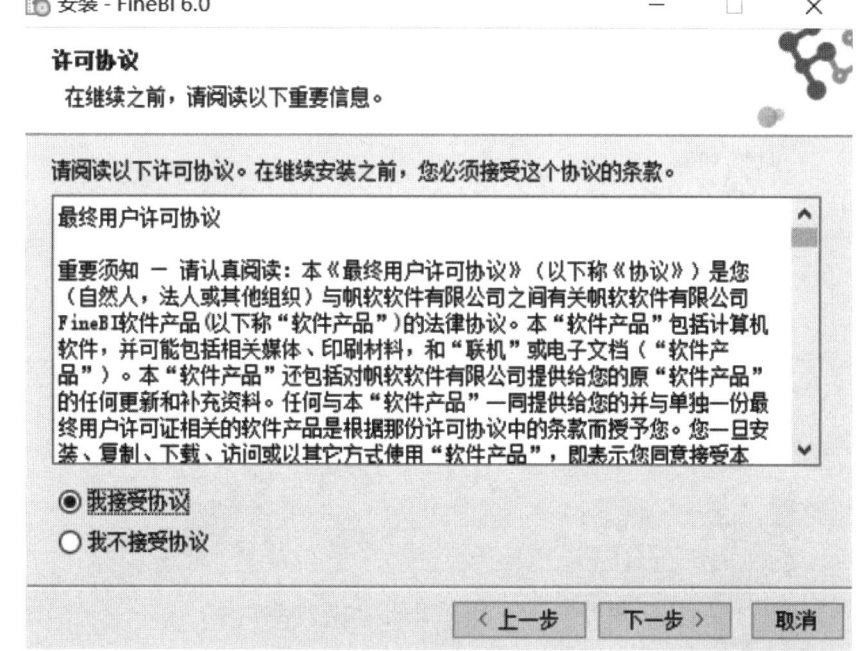

图 1-20　FineBI 许可协议对话框

步骤6:弹出"选择安装目录"对话框,点击"浏览",选择FineBI安装目录,完成后点击"下一步",如图1-21所示。(注:不建议将FineBI安装在系统盘)

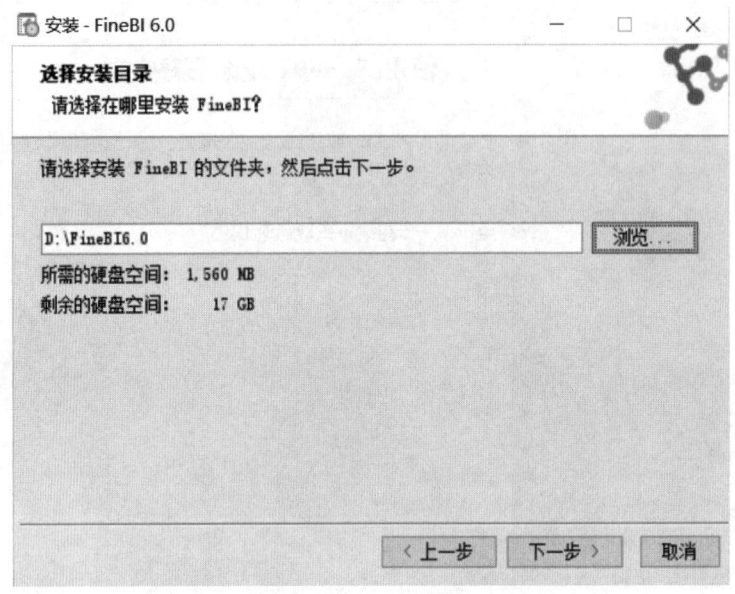

图1-21　FineBI安装目录对话框

步骤7:弹出"设置最大内存"对话框,最大jvm内存默认为2 048 M,也就是2 G,建议将jvm内存设置为2 G以上,完成点击"下一步",如图1-22所示。(注:最大jvm内存不能超过本机最大内存)

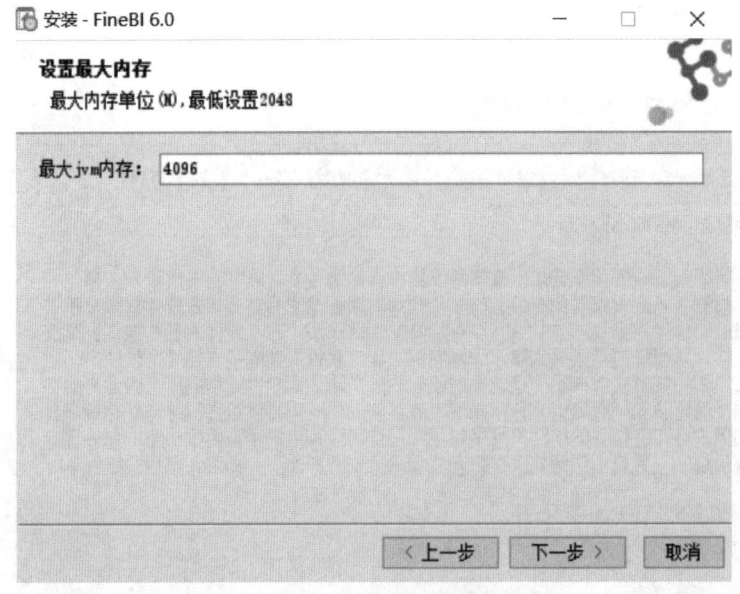

图1-22　FineBI设置最大内存对话框

步骤 8：弹出"选择开始菜单文件夹"对话框，根据您的需求勾选，点击"下一步"，如图 1-23 所示。

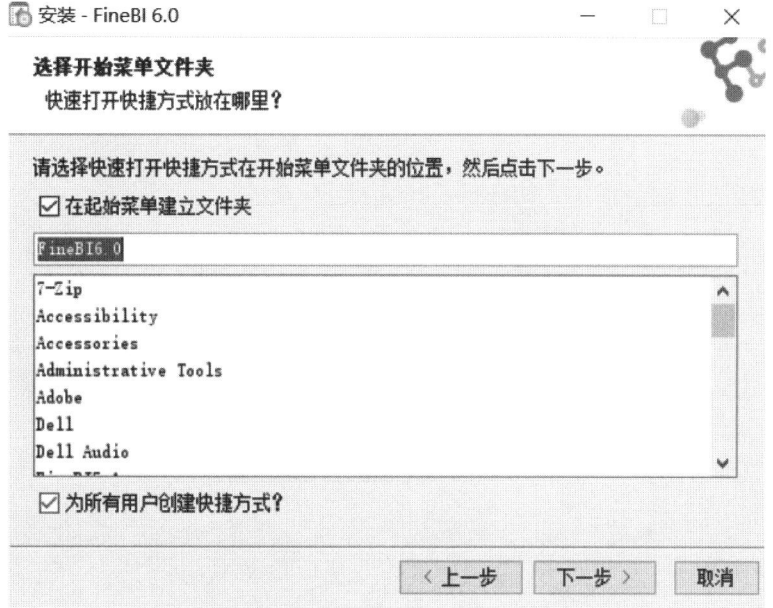

图 1-23　FineBI 选择开始菜单文件夹对话框

步骤 9：弹出"选择附加工作"对话框，根据您的需求勾选，点击"下一步"，如图 1-24 所示。

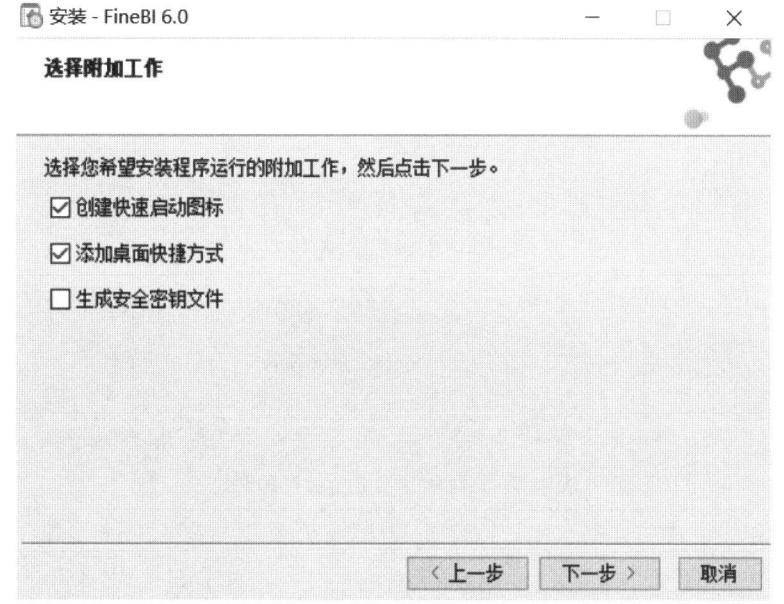

图 1-24　FineBI 选择附加工作对话框

步骤 10：弹出"完成 FineBI 安装程序"对话框，如图 1-25 所示。
步骤 11：启动软件，进入开始界面，如图 1-26 所示。

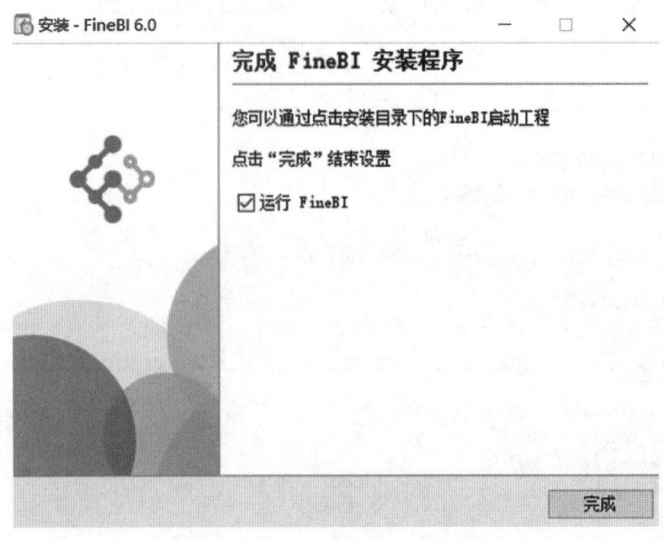

图 1-25　完成 FineBI 安装程序界面

图 1-26　FineBI 开始界面

综上所述,下面对以上三种敏捷商业智能产品进行对比,如表 1-2 所示。

表 1-2　三种敏捷商业智能产品对比

产品	数据源	数据处理能力	可视化控件	价格	连接第三方分析工具	操作难易程度
Power BI	多数据源	支持大规模数据处理和实时分析,具有内置的压缩算法和缓存机制,提高性能	丰富的可视化组件,支持自定义图表和仪表盘	低	支持通过 API 或嵌入代码功能将 Power BI 中的数据传输到第三方分析工具中,实现数据联动和交互	入门容易,提供直观易用的用户界面,但进阶学习(如 DAX 函数)需要一定时间和精力

(续表)

产品	数据源	数据处理能力	可视化控件	价格	连接第三方分析工具	操作难易程度
Tableau	多数据源	支持大规模数据处理和复杂分析，提供数据提取功能，减少查询时间	多样化的可视化图表，支持交互式分析和地图分析	高	支持通过ODBC、JDBC等标准接口连接第三方分析工具，实现数据共享和交互	界面直观，易于上手，适合缺乏经验的用户使用
FineBI	多数据源	支持大规模数据处理和复杂分析，提供数据预处理、数据清洗等功能	丰富的可视化组件，支持多种图表类型和仪表盘设计	较高	支持通过API、数据导出等方式与第三方分析工具进行连接和数据传输	易于上手，提供友好的用户界面和操作流程，适合非技术用户快速掌握

这三款新型敏捷商业智能产品各有所长。Power BI 拥有强大的模型和计算能力，在数据的获取、转置、加载方面更为出色，并且根据 2024 年 6 月 Gartner 权威发布的《2022 年分析与商业智能平台魔力象限报告》(《Magic Quadrant for Analytics and Business Intelligence Platforms》, ABI 魔力象限报告)，可以看到在领导者象限中, Microsoft 处于遥遥领先地位(图1-27)。

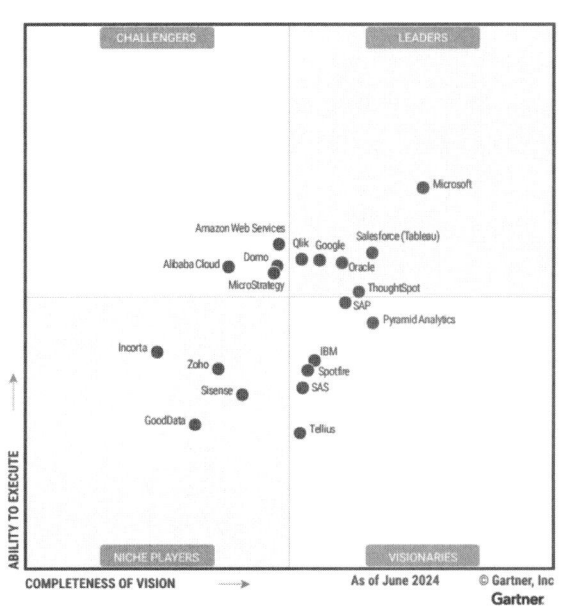

图1-27 商业智能平台魔力象限

本书选用微软的 Power BI 作为教学工具，主要基于以下思考：

一是考虑到工商管理类专业的课程数智化升级需求和学生学习特点。这类学生往往需要在实际案例中学习并运用理论知识，而 Power BI 提供了一个实践性强、操作简便的平台，使学生能够在实践中深入理解数据分析的原理和方法。

二是与其他产品相比, Power BI 还有以下明显优势：

（1）上手更快：Power BI 简洁的外观与大家熟悉的微软 Office 界面类似，用户能快速上手，提高工作效率。

（2）与微软其他产品无缝协作：Power BI 与微软众多其他工具无缝集成，可以使用现有解决方案无缝协作。例如，Power BI 与 Power Apps 和 Power Automate 相结合，可轻松构建业务应用程序并使工作流自动化；Power BI 与 Azure 配合使用，可以跨 PB 级数据进行快速、交互式分析，满足苛刻的企业级需求。

三是考虑到 Power BI Desktop 完全免费，这意味着学生可以完全免费地学习和使用，降低高校教学成本。

思 考 题

1. 在当今时代背景下，哪些因素促使了商业智能的兴起？请结合实际案例说明这些因素是如何发挥作用的。

2. 详细阐述商业智能在可视化展示与数据分析、实时监控与数据预警、科学预测和优化决策这三个方面的价值。对于每个方面，列举至少两个实际应用场景并说明商业智能是如何发挥价值的。

3. 描述商业智能系统架构中数据获取层、数据管理层、数据分析层和数据展示层的主要功能和相互关系。举例说明数据在这四层之间是如何流动和转换的。

4. 对于商业智能的展示类技术、分析类技术和支撑类技术，分别列举至少三种具体技术，并解释它们在商业智能系统中的作用和应用场景。

5. 比较不同展示类技术在展示复杂数据关系和动态数据更新方面的优缺点。在实际应用中，如何根据具体需求选择合适的展示技术？

6. 选择三个商业智能应用的主要行业，分析每个行业的特点和业务需求，以及商业智能是如何满足这些需求的。比较不同行业在应用商业智能时的重点和难点。

7. 在统计领域、人力资源管理领域、客户关系管理领域和财务分析领域中，各选取一个具体的业务问题，详细说明商业智能如何提供解决方案。

8. 对比国外和国内商业智能的发展历程，分析造成两者差异的主要因素。这些差异对我国商业智能产品的开发和应用有什么启示？

9. 选择两种新技术（如人工智能、大数据技术等），详细阐述它们对商业智能未来发展的影响，包括在系统架构、应用场景、用户体验等方面可能带来的变化。

10. 基于商业智能的发展历程，预测未来商业智能产品可能出现的新功能或新特性，并说明理由。

11. 比较传统商业智能产品和敏捷商业智能产品的特点、优势和劣势。在不同的企业规模和业务场景下，如何选择合适的商业智能产品类型？

12. 分别从数据连接、可视化功能、分析能力和用户体验四个方面对 Power BI、Tableau 和 FineBI 这三种产品进行比较。

第二章 数据可视化分析

知识目标

1. 熟知数据可视化的概念、发展历程以及在现代数据分析中的关键作用,明确其在数据处理流程中的核心地位。

2. 理解数据建模的基本理论,包括维度建模中的星型模型、雪花模型等,以及不同模型在不同业务场景下的优势与选择依据。

能力目标

1. 能够依据分析需求,熟练运用可视化工具进行数据获取、处理、建模与可视化呈现。

2. 能够基于数据呈现,运用专业分析方法深度剖析数据,挖掘数据背后的规律与趋势,最终撰写逻辑严谨、内容详实的数据分析报告。

素养目标

1. 培养学生对数据的敏感性和分析思维,能够从数据中发现问题、分析问题和解决问题。

2. 培养学生良好的团队合作精神和沟通能力,能够与团队成员有效协作,共同完成任务。

思政园地

新一轮科技革命和产业变革深入发展,数据作为关键生产要素的价值日益凸显。"大数据"一词于2014年3月被首次写入《政府工作报告》,中共中央、国务院2020年4月印发的《关于构建更加完善的要素市场化配置体制机制的意见》,首次明确提出要培育数据要素市场,这是我国在国家层面首次对数据要素市场建设进行系统性规划,标志着数据要素市场化改革正式启动。2024年6月,国家数据局发布了《数字中国发展报告(2023年)》,报告显示我国数据要素市场化改革步伐加快,各地区各部门积极开展公共数据授权运营、数据资源登记、企业数据资产入表等探索实践,加快推动数据要素价值化过程。

随着经济增速放缓,科学、有效地引领业务持续增长,已成为企业发展的首要任务。大数据时代的到来,越来越多的企业认识到数据的重要性,将数据作为决策的核心要素,通过建立大数据分析平台,收集、整合、分析各类数据,形成科学、系统的决策支持系统,实现了决策从"业务经验驱动"向"数据量化驱动"的深刻转型。通过建立"用数据说话、用数据决策、用数据管理、用数据创新"的管理机制,企业实现基于数据的科学决策,从而更为精准地把握市场动态,快速响应市场变化,优化资源配置,提升运营效率,促进企业可持续发展。

请思考以下两个问题:

1. "用数据说话、用数据决策、用数据管理、用数据创新"的管理机制体现了科学精神与创新意识。谈谈作为新时代青年,在未来的职业发展中,如何将这种精神融入工作,践行社会主义核心价值观,为企业和社会发展贡献力量?

2. 企业通过数据实现决策转型,在进行数据可视化分析时,如何将数据处理与分析流程与国家推动数据要素市场化改革的目标相结合,帮助企业更好地利用数据资产,促进产业优化升级?

 思维导图

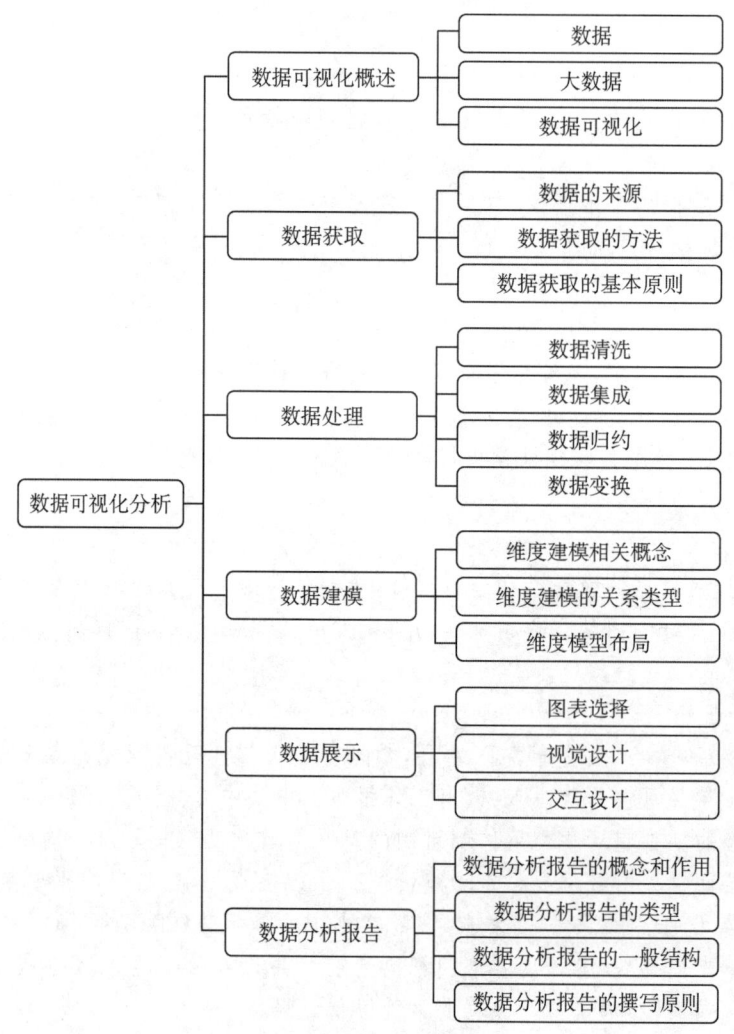

第一节　数据可视化概述

一、数据

随着新一轮科技革命和产业变革深入发展,数据的价值日益凸显。伴随新质生产力发展战略加速推进,数据作为先进性、活跃度最高的新型生产要素,正深度融入新质生产力培育体系,成为创新增长的核心动能。

(一) 数据的概念和类型

1. 数据的概念

数据是指对客观事件进行记录并可以鉴别的符号,是对客观事物的性质、状态及相互关系等进行记载的物理符号或这些物理符号的组合。数据是事实或观察的结果,是对客观事物的逻辑归纳,是用于表示客观事物的未经加工的原始素材。数据的表现形式和载体,可以是数字、文字、图像、音频、视频等。

2. 数据的类型

数据类型可按性质、表现形式、记录方式等不同标准进行分类。但需要注意的是,这些分类并非严格界定,只是从不同视角描述和归纳数据类型。下面主要介绍两种分类方式,如图 2-1 所示。

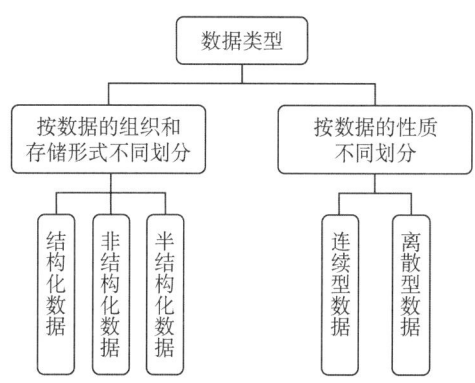

图 2-1　两种数据类型的分类方式

1) 按数据的组织和存储形式不同划分

按数据的组织和存储形式不同,数据可划分为结构化数据、非结构化数据和半结构化数据。

(1) 结构化数据,是指具有明确定义的数据模式和关系,通常以表格形式存储在数据库中,通过行和列组织和管理,具有规范性、一致性和易管理的特点。这种数据具有严格的同质性,即每列数据类型相同,每行数据结构一致,用于描述现实世界实体对象,常见于关系型数据库,如企业资源规划(ERP)、办公自动化(OA)和人力资源管理(HR)系统中的数据。

(2) 非结构化数据,是指没有固定格式或结构的数据,难以用表格形式进行组织和管理,具有多样性、不规则性和处理难度大的特点。这种数据需要专门的存储和处理技术,常见的如图像、音频、视频等,通常以文件形式存储在分布式文件系统中。

(3)半结构化数据,是指介于结构化数据和非结构化数据之间的数据类型。半结构化数据具有一定的结构,但并不是严格意义上的表格形式,如 XML、JSON 等数据格式。半结构化数据以流的形式进入处理系统,处理后以文件的形式存储。

2)按数据的性质不同划分

按数据的性质不同,数据可划分为连续型数据和离散型数据。

(1)连续型数据,是指在一定范围内可以无限细分的数据类型,通常与数值型数据相关,它可以取任何数值,并且存在无限多个可能的取值。连续型数据的特点是取值范围连续、存在小数点、具有度量性质。这类数据通常用于描述连续变量,如测量结果、时间、温度等。

(2)离散型数据,是指只能取有限个或可数个数值的数据类型,主要包括计数数据和分类数据等。离散型数据的特点是取值范围不连续、以整数为主、具有计数性质。这类数据通常用于描述分类变量或计数变量,如学历、职称、性别等。

(二)数据、信息、知识、智慧之间的关系

在数字经济时代,数据(data)、信息(information)、知识(knowledge)和智慧(wisdom)是构建人们决策思维和行动的基石。人们可以利用 DIKW 金字塔模型(data-to-information-to-knowledge-to-wisdom model)理解四者之间的关系。DIKW 金字塔模型将数据、信息、知识、智慧纳入金字塔形的层次体系中,以数据为最底层的塔基,展现从数据到信息、知识和智慧的自下而上的转化过程和递进关系,如图 2-2 所示。

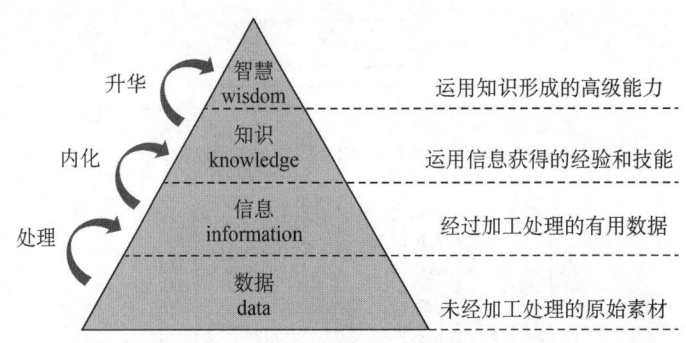

图 2-2　DIKW 金字塔模型

数据,位于 DIKW 金字塔模型的第一层(即最底层)。数据是通过观察或度量获得的原始的、未经加工处理的事实素材,本身不具备任何意义,不能帮助人们做出决策。例如,投资者获取的公司净利润、总资产、股票价格、成交量、市盈率以及宏观经济指标(如 GDP 增长率、通货膨胀率)等,这些单独的数据意义不大,需进一步加工解读。

信息,位于 DIKW 模型金字塔的第二层。美国信息管理专家霍顿(F. W. Horton)认为,信息是为了满足用户决策的需要而经过加工处理的数据。可见,信息是对数据进行加工处理后的产物,用以表达特定的意义,帮助人们理解客观事物,具有可理解性和决策相关性。例如,投资者要对公司财务报告里的相关数据进行深度加工和解读,以获得评价该公司的偿债能力、营运能力、盈利能力和发展能力等关键指标信息。

知识,位于 DIKW 金字塔模型的第三层。现代管理学之父彼得·德鲁克(Peter F. Drucker)在《成果管理》一书中提出,书上没有知识,只有信息;知识是在特殊的工作和行动中运用信息的能力。可见,知识是对信息的理解和应用,内化后形成的经验和技能等。知识有助于人们的决策思考和行动。例如,投资者基于价值投资理论通过综合运用信息,更准确地评估投资机会和风险,寻找被市场低估的优质企业等。

智慧,位于 DIKW 金字塔模型的第四层(即最顶层)。智慧是人类所独有的,主要表现为在对知识的收集、加工、应用、传播基础上形成的高级认知能力、洞察力和决断力,以指导人们在复杂情境中做出明智、有效的决策。例如,美国投资家查理·芒格在《穷查理宝典:查理·芒格的智慧箴言录》中提倡投资者要不断地进行跨学科学习,建立多元化思维模型,通过借鉴和综合运用不同学科的思想和知识,提升自身认知能力和水平,科学预测和判断未来发展趋势,从而做出明智决策并有效解决复杂问题。

综上所述,从"数据"到"信息",再到"知识",最后到"智慧",DIKW 金字塔模型中每一次提升都以前一次层次的认知和理解为基础,这充分反映了人们对客观世界的认知和理解在逐步深化、拓展和升华。同时,DIKW 金字塔模型层次体系是一个开放的、动态的体系,每一层次都会不断地进行迭代和更新,产生新的数据、信息、知识和智慧。因此,为适应数字经济时代发展新要求,人们在实践中要始终保持终身学习的态度,以发展的眼光看待问题,运用多元化的思维分析和解决复杂问题,并能够在不确定的条件下做出科学决策。

二、大数据

人工智能、大数据、云计算、5G 等新一代数字技术的出现,极大地推动了生产力的发展,使得数据作为新型生产要素,成为数字化、网络化、智能化的基础资源,快速融入生产、分配、流通、消费和社会服务管理等各环节。2024 年 6 月,国家数据局发布了《数字中国发展报告(2023 年)》,报告显示我国数据产量保持快速增长态势:2023 年,全国数据生产总量达到 32.85 ZB,同比增长 22.44%;截至 2023 年年底,全国数据存储总量为 1.73 ZB。

2011 年,世界著名管理咨询公司麦肯锡发布的《大数据:创新、竞争和生产力的下一个前沿领域》报告认为,大数据是数据规模大大超出传统的数据库软件工具获取、存储、管理和分析能力范围的数据集。2015 年 8 月,国务院印发的《促进大数据发展行动纲要》提出,大数据是以容量大、类型多、存取速度快、应用价值高为主要特征的数据集合。2021 年 11 月,工业和信息化部印发的《"十四五"大数据产业发展规划》提出,大数据是数据的集合,以容量大、类型多、速度快、精度准、价值高为主要特征,是推动经济转型发展的新动力,是提升政府治理能力的新途径,是重塑国家竞争优势的新机遇。

大数据(big data),是指以容量大、类型多、速度快、价值高、真实性为主要特征的数据集合,无法在一定时间范围内用常规软件工具进行捕捉、管理和处理。大数据的特征主要表现为"5V",即大量(volume)、多样(variety)、高速(velocity)、价值(value)和真实(veracity),如图 2-3 所示。

(1) 大量:信息技术的迅猛发展使数据呈爆发式增长,大数据中的数据起始计量单位通常是 PB(1 024 TB)、EB

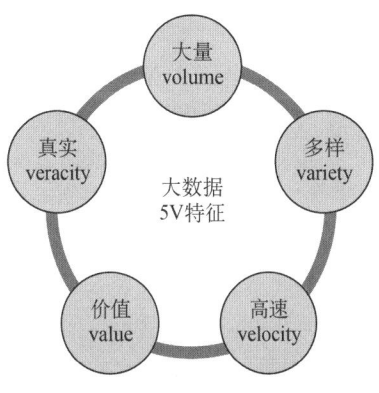

图 2-3 大数据的"5V"特征

(1 024 PB,约 100 万 TB)或 ZB(1 024 EB,约 10 亿 TB),未来甚至可能达到 YB(1 024 ZB)或 BB(1 024 YB)等更大单位。数据量巨大决定了大数据潜在的信息价值。

(2) 多样:广泛的数据来源,决定了大数据涵盖多种类型的数据,包括结构化数据、半结构化数据和非结构化数据。数据类型的多样性要求处理大数据时必须具备多样化的技术和算法,以适应不同类型数据的处理需求。

(3) 高速:大数据的生成和传输速度非常快,对加工处理数据的响应速度有更严格的要求,要求实时或接近实时地收集、处理和分析数据,几乎做到无延迟。高速性特征保证了大数据的实时性和时效性,使信息使用者能够迅速响应变化,做出更加精准的决策。

(4) 价值:大数据具有潜在价值。虽然在庞大的数据集中价值密度相对较低,但通过对大量看似不相关的各种类型数据的处理,可以挖掘出潜藏在其中的有价值的信息,以期创造更大的价值。价值高的特征要求大数据挖掘必须具备强大的数据处理能力和分析能力。

(5) 真实:真实性是大数据价值的重要基础,大数据从客观世界中获取,反映了真实的事件和行为。同时,相比于小样本数据,大数据更加可信和准确。只有真实的数据才能为决策提供可靠的依据,即要强调数据的质量。

可见,数据正以超乎想象的速度急剧增长,且呈现出复杂多样的态势。大量不准确、不相关甚至具有误导性的数据噪声充斥其中,使得人们探寻数据真相、深度理解数据、依据数据做出准确判断和正确决策的成本显著提高。在此背景下,如何从海量的数据中精准提取有价值的信息,并以直观形象、通俗易懂的方式呈现,成为数据可视化亟待解决的核心难题。

三、数据可视化

相关实验证实,人类获取的绝大多数信息来自视觉。相比单纯的文字描述,以图形方式进行数据呈现可以让人们更容易洞察数据的分布、趋势、关系及异常点,快速理解数据所反映的内容实质,并迅速找出数据背后隐藏的现实问题。

1. 数据可视化的概念

数据可视化(data visualization),是指使用图形化手段表达数据的变化、联系或者趋势的方法。将数据转换为图形、图像的目的是更清晰、高效地传递与沟通信息。简而言之,数据可视化就是以可视化图表呈现数据,实现发现问题、分析情况、预测趋势、实时监控及辅助决策等目的。

2. 数据可视化的发展历程

数据可视化的发展可以划分为以下几个主要时期,这些阶段反映了数据可视化技术伴随计算机技术、图形学、人工智能等领域的发展而持续迭代升级的历程。

1) 数据可视化起源(18 世纪)

进入 18 世纪,数据逐步向精准化和量化的阶段发展,数据的价值开始被人们所重视,人们开始有意识地搜集整理数据,尝试对地质、经济和医学数据进行专题绘图,以及探索用抽象图形的方式来进行数据表达,发明了一些崭新的数据可视化形式。例如,数据可视化发展史中的重要人物苏格兰人威廉·普莱费尔(William Playfair)在其著作《商业与政治图解集》(1786 年出版)中创造性地设计了条形图(图 2-4)和折线图;在其著作《统计学摘要》(1801 年出版)中发明了饼状图(图 2-5)。

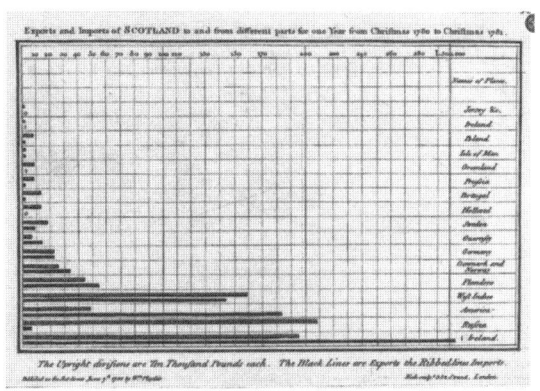

图 2-4　威廉·普莱费尔创造的第一张条形图

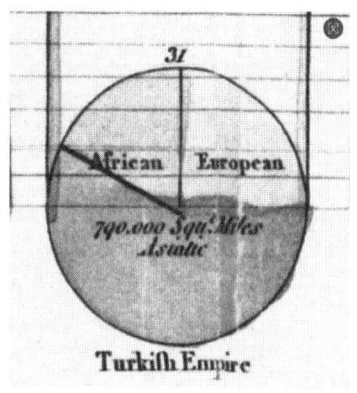

图 2-5　威廉·普莱费尔创造的第一张饼状图

2）数据可视化的黄金时期(19世纪)

19世纪上半叶，受到18世纪的视觉表达方法创新的影响，统计图形和专题绘图领域出现爆炸式的发展，如1837年出现人类历史上第一幅流图，用可变宽度的线段显示了交通运输的轨迹和乘客数量，如图2-6所示。目前已知的几乎所有形式的统计图形都是在此时被发明的，如柱状图、饼图、直方图、折线图、时间线、轮廓线等。采用统计图形助力思考的同时催生了可视化思考的新方式，如图表用于表达数学证明和函数、列线图用于辅助计算等。

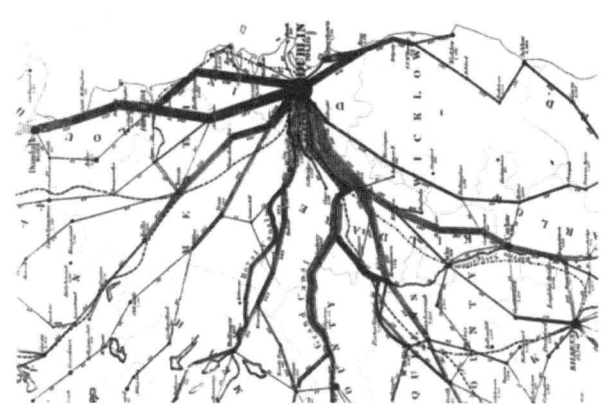

图 2-6　人类历史上第一幅流图

19世纪下半叶，系统构建可视化方法的条件日趋成熟，统计图形学迎来黄金时期。1857年维也纳统计学国际会议上，学者开始探讨可视化图形的分类与标准化。同一时期，法国土木工程师查尔斯·约瑟夫·米纳德(Charles Joseph Minard)成为将可视化应用于工程和统计的先驱，他最著名的作品是1869年发布的描绘1812—1813年俄罗斯战役中法国军队连续伤亡的象征性地图。该图如实地呈现了拿破仑率领的法国军队的位置、行军方向、军队汇聚—分散—重聚的地点与时间、军队减员的过程、撤退时低温造成的减员等信息，如图2-7所示。

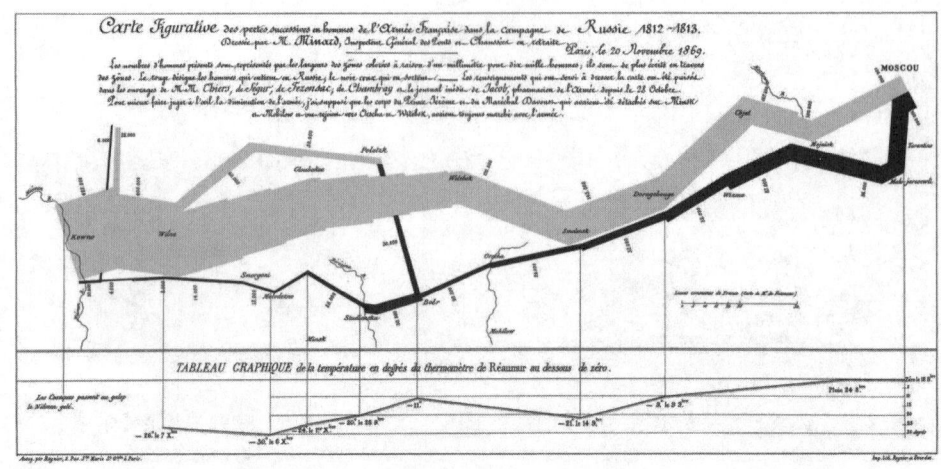

图 2-7　1812—1813 年俄罗斯战役中法国军队连续伤亡的象征性地图

3）数据可视化的起伏时期（20 世纪前期和中期）

20 世纪上半叶，数理统计这一新数学分支诞生，追求其严格的数学基础、扩展统计领域，成为当时统计学家的核心任务。数据可视化成果在这一时期得到了推广和普及，并开始用于天文学、物理学、生物学的理论新成果。例如，1904 年英国天文学家爱德华·沃尔特·蒙德（Edward Walter Maunder）绘制的蝴蝶图验证了太阳黑子的周期性，如图 2-8 所示。然而，这一时期数据的收集与呈现方式并没有根本性创新，统计学领域发展缓慢，堪称休眠期。

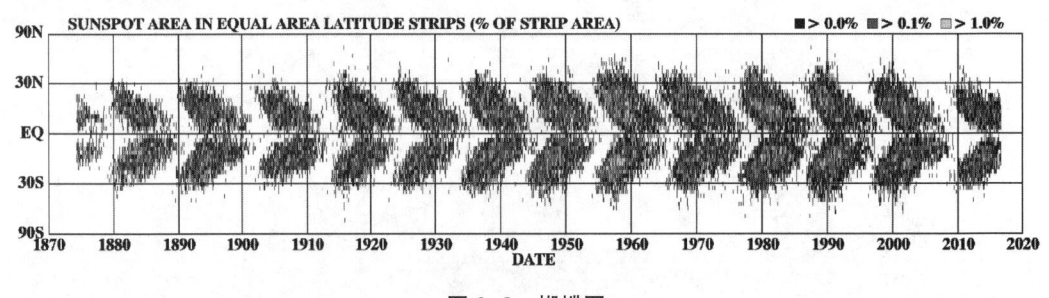

图 2-8　蝴蝶图

20 世纪上半叶末到 1974 年，被称为数据可视化的复苏期。这一时期，最关键的变革因素是计算机的发明，它让人类处理数据的能力实现了跨越式提升。20 世纪 60 年代末，各研究机构开始用计算机程序替代手绘图形。由于计算机在数据处理精度和速度上优势显著，高精度分析图形已无法通过手绘完成。与此同时，数据缩减图、多维标度法、聚类图、树形图等更为新颖复杂的数据可视化形式相继涌现。人们开始尝试在一张图上展示多种类型的数据，或以新形式呈现数据间的复杂关联。例如，1973 年美国统计学家切尔诺夫（Herman Chernoff）发明了脸谱图，将多个维度的数据用人脸部位的眼睛、鼻子、嘴巴等的形状或大小来表征，如图 2-9 所示。数据和计算机的结合让数据可视化进入了新的发展阶段。

4）科学可视化和信息可视化形成时期（20 世纪后期）

这一时期，数据类型和数据量不断增加，数据可视化蓬勃发展，但在一个图表中科学呈现

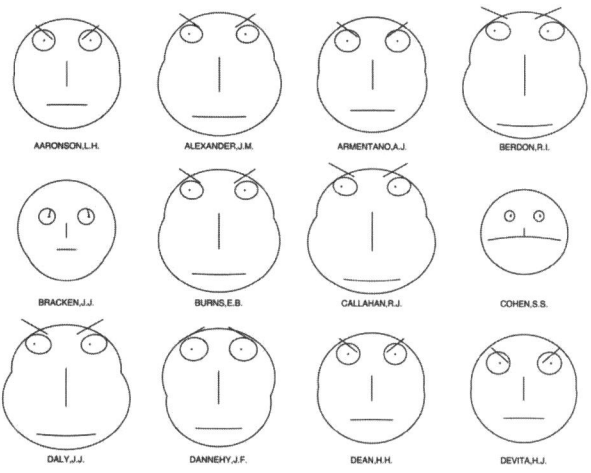

图 2-9 切尔诺夫脸谱图

大量数据颇具难度。1986年10月,美国国家科学基金会主办了一场"图形学、图像处理及工作站专题讨论"研讨会,提出图形学和影像学技术方法在计算科学方面的应用,并将其定义为"科学计算之中的可视化"(visualization in scientific computing);1987年2月,该基金会召开了首次有关科学可视化的会议,会议报告正式命名并定义了"科学可视化"(scientific visualization)。20世纪90年代,科学可视化成为举世公认的一门学科。

20世纪80年代末,视窗系统的问世实现了人与信息的直接交互。1989年,由斯图尔特·卡德(Stuart K. Card)、约克·麦金利(Jock D. Mackinlay)和乔治·罗伯逊(George G. Robertson)共同提出"信息可视化"(information visualization),旨在研究大规模非数值型信息的视觉呈现,将数据与知识转化为视觉形式。其处理对象为金融交易、社交网络、文本数据等非结构化、非几何的抽象数据,核心挑战是减少大尺度、高维、复杂数据中的视觉混淆对信息的干扰。1995年,美国电气与电子工程师协会(Institute of Electrical and Electronics Engineers,IEEE)举办了单独面向信息可视化的会议——IEEE Information Visualization。信息可视化在当时已成为一个与科学可视化并列的研究领域。

5) 大数据可视化(21世纪后)

2003年全世界创造了5EB的数据量时,对大数据的处理开始备受关注。随着数据的规模和复杂程度不断攀升,人们愈发依赖数据可视化解读复杂数据集,但传统可视化技术难以应对海量、高维、多源和动态数据的分析挑战。2005年,美国国家科学基金会联合美国国家卫生研究所召集了一个新的专题小组,探讨可视化研究的现状和挑战,并于2006年发布专题报告阐述大规模数据可视化面临的难题。大数据可视化研究就此成为新的时代命题。

大数据可视化,是指融合计算机图形学、数据挖掘和人机交互等技术,综合运用新的理论模型和可视化方法,将大量、复杂、矛盾甚至不完整的数据以直观易懂的图形呈现,借助图形挖掘数据特征与隐含规律,辅助人们理解、分析数据并做出有效决策。由此可见,人们通过视觉快速感知可视化内容,利用更加智能、个性的可视化交互工具结合大脑智能认知进行数据分析、获取信息,进而内化为知识,升华为智慧,这充分印证了前文所述DIKW金字塔模型中数据内化、升华为智慧的流程。大数据可视化技术已广泛应用于医疗、金融、教育、交通、建筑等各行各业。

3. 数据可视化分析流程

数据可视化是以数据流向为主线的一个完整流程。企业可以通过可视化结果获取信息，从而做出决策。数据可视化分析的基本流程，如图 2-10 所示。

图 2-10　数据可视化分析的基本流程

在数据可视化分析流程中，需求分析是明确分析目的与主题，是整个分析的起点；设计分析框架涵盖确定分析维度、方法、指标及可视化呈现方式等；数据获取是依据分析主题，运用数据采集技术从多渠道收集相关数据并存储；数据处理是识别获取的数据并按规范整理；数据建模是对处理后的数据构建模型，建立数据表关联，进行指标计算与数据挖掘；数据展示则是依照预先设计，从不同维度用合适形式展示各项指标；数据分析报告是对整个数据可视化分析成果的系统总结与集中呈现。

第二节　数据获取

一、数据的来源

（一）商业数据

商业数据主要来源于企业内部的交易处理系统、企业资源计划系统和客户关系管理系统。

1. 交易处理系统数据

交易处理系统（transaction processing system，TPS）是一种用于处理企业日常商业交易的信息系统。交易处理系统数据是指在采购、销售等经济活动中，由交易处理系统所记录和处理的各种信息的集合，这些数据对企业的运营、决策及市场分析等具有重要意义。

2. 企业资源计划系统数据

企业资源计划系统（enterprise resource planning，ERP）是一种集成化的企业管理软件系统，将企业的财务、生产、库存等各个业务功能整合到了一个统一的信息平台。企业资源计划系统数据是 ERP 系统中记录和处理的财务数据、生产管理数据、存货管理数据等各种运营信息，是企业实现对内部资源进行有效规划、组织、协调和控制的基础。

3. 客户关系管理系统数据

客户关系管理系统（customer relationship management system，CRM）是一种能整合市场营销、销售、客户服务等多个环节，旨在帮助企业管理与客户之间交互关系的软件系统。客户关系管理系统数据是 CRM 系统收集、整理和分析的与客户相关的各种信息集合，如客户基本信息、交互数据、行为数据等，是提升客户满意度、忠诚度和企业竞争力的重要依据。

（二）互联网相关数据

互联网相关数据是指在互联网环境中产生、传输、存储和使用的各类数据，涵盖社交媒体平台、搜索引擎和电子商务平台等相关数据。

1. 社交媒体平台数据

社交媒体平台数据主要包括：用户在社交媒体上发布的文本、图片、视频等内容；用户之间的关注、点赞、评论、转发等行为；社交媒体平台广告的曝光量、点击率、转化率等。

2. 搜索引擎数据

搜索引擎数据主要包括：用户在搜索引擎中输入的关键词；用户对搜索结果的点击行为，包括点击的链接、排名位置、停留时间等。

3. 电子商务平台数据

电子商务平台数据主要包括：消费者在电商平台上对购买的产品进行的评价和打分；电商平台上展示的众多竞争对手的产品信息，包括价格、销量、产品特点等。

（三）物联网和传感器数据

物联网（internet of things，IoT）是通过各种信息感知设备（如传感器）、网络传输技术（有线或无线），将物理世界中的物体与互联网连接起来，实现智能化识别、定位、跟踪、监控和管理的一种网络。物联网数据由分布在各处的传感器采集。

1. 物联网设备数据

物联网设备数据主要包括：工业生产设备安装的传感器所收集的设备温度、压力、振动等运行状态数据；智能家居系统中智能门锁、智能摄像头、智能家电等设备所产生的数据。

2. 环境传感器数据

环境传感器数据主要包括：温度传感器、湿度传感器、风速风向传感器等用于监测天气状况的传感器所产生的气象数据；水质传感器检测的水中酸碱度、溶解氧、污染物含量等数据；土壤传感器测量的土壤的肥力、湿度、盐分等数据。

二、数据获取的方法

（一）商业数据获取的方法

企业内部系统产生的商业数据，通常以单条记录的形式直接存储至数据库。企业可以借助 ETL 工具将分散在不同系统的业务数据抽取、转换、加载到企业数据仓库，供后续商业智能分析使用。采集各业务系统数据并统一存入数据仓库，可以形成企业统一的商业数据视图，满足企业各类分析决策需求。

（二）互联网数据获取的方法

互联网数据采集手段多样，包括付费购买、免费下载、数据访问接口和网络爬虫等。其中，网络爬虫是按规则自动抓取互联网信息的程序或脚本，因其在超链接构成的网络中穿梭，也被称为网页蜘蛛。多数网络爬虫用后台脚本类语言编写，Python 是应用最为广泛的语言之一，其生态系统中有 Scrapy、BeautifulSoup 等众多优秀库和框架。爬虫能从网页抽取非结构化数据，存储为统一的本地数据文件，并以结构化方式保存，同时支持采集图片、音频、视频等文件或附件，且能自动关联附件与正文。

（三）物联网和传感器数据获取的方法

物联网数据源于传感器采集的信息。传感器是一种检测装置，能感应被测量信息，并按规律将其转换为电信号等形式输出，以满足信息传输、处理、存储等需求。工作现场会安装压力、温度、流量、声音、电参数等各类传感器。它们通过有线或无线网络把信息传送到数据采集点，有线传感器网络如视频监控系统,利用网线收集信息;无线传感器网络则以无线网络为载体,借助可穿戴设备、智能家电这类大量微小的传感器节点,采集人体运动数据、生活习惯等感知数据。

三、数据获取的基本原则

(一)合法性原则

数据获取必须在法律法规允许范围内开展,要遵守国家和地方关于数据隐私、知识产权等相关法律。我国颁布的《中华人民共和国网络安全法》《中华人民共和国数据安全法》和《中华人民共和国个人信息保护法》均对数据的采集、使用、加工和传输等予以明确规范。例如,2021年9月1日起实施的《中华人民共和国数据安全法》第32条规定,任何组织、个人收集数据,应当采取合法、正当的方式,不得窃取或者以其他非法方式获取数据。

(二)准确性原则

数据获取要真实、准确反映被测量对象的实际情况。一方面,传感器、数据采集软件等采集设备的精度要达标。例如,进行环境监测时,温度传感器精度需满足监测需求,保障采集的温度数据准确。另一方面,数据采集方法和过程要精准。例如,实施问卷调查时,问卷设计要合理,杜绝模糊问题,样本选取应具代表性,以确保采集数据能如实反映调查对象的意见与行为。

(三)完整性原则

数据获取应尽可能全面,防止数据缺失。毕竟完整数据集里的每个数据点,都可能影响后续的分析与决策。例如,在企业销售数据采集中,除销售金额、数量等基本信息,还需采集销售时间、渠道、客户信息等相关数据,才能全方位洞悉销售状况。在传感器数据采集过程中,要保证传感器持续稳定运行,避免因故障或网络问题造成数据丢失。

(四)时效性原则

数据获取要注重及时性与更新频率。例如,在金融领域,股票价格等数据时效性极强,稍有延迟便可能引发错误投资决策,所以需实时采集。同样,工业生产中的设备运行参数、物流运输里的货物位置信息等动态数据,也需及时采集和更新,以便实时监控与管理。

(五)安全性原则

数据获取过程中要确保数据的安全性,防止数据被篡改、丢失或泄露。对于涉及国家安全、商业机密、个人隐私等重要数据,要采取严格的安全措施。例如,在数据采集设备上安装加密软件,对传输的数据进行加密处理,防止数据在传输过程中被窃取。同时,要建立数据备份机制,定期备份采集到的数据,确保数据的安全性和可用性。

第三节 数 据 处 理

数据处理是数据挖掘的基础,现实世界中数据大体上都是不完整、不一致的"脏数据"。数据处理技术能优化数据质量,提升数据挖掘过程的精度与性能。由于高质量的决策依赖于高质量的数据,数据处理是知识发现过程中的关键环节。数据处理方法主要包括数据清洗、数据集成、数据归约、数据变换等。

一、数据清洗

数据清洗主要是处理数据中的噪声、缺失值和不一致性等问题,以提高数据的质量。数据清洗的主要流程如下。

(一)数据探查

数据探查是数据清洗的基础步骤,需要全面了解数据的基本情况,包括数据的规模、类型、分布以及潜在问题,为后续清洗工作指明方向。其主要包括以下具体操作方法。

(1)数据量统计:明确数据集中记录与字段的数量等基础信息。例如,针对销售数据集,统计其中销售记录的笔数,以及每条记录所包含的销售日期、金额、商品编号等属性个数。

(2)数据类型检查:查看每个字段的数据类型,如整数型、浮点型、字符型、日期型等。例如,检查"销售金额"字段是否为正确的数值型,"销售日期"是否为合适的日期型。

(3)数据分布分析:通过绘制直方图、箱线图等统计图表,观察数据分布态势。例如,利用直方图直观呈现产品价格分布区间,快速发现是否存在异常高值或低值。

(4)数据质量问题初步发现:初步识别数据中可能存在的缺失值、重复值、异常值等状况。例如,发现某些记录的客户姓名空白,或是部分销售金额呈现负数这类明显问题。

(二)缺失值处理

缺失值处理,旨在解决数据集中部分字段数据缺失的问题,让数据更加完整,有效避免因缺失值致使数据分析出现偏差,或是模型训练出错。其主要包括以下具体操作方法。

1. 识别缺失值

通过查看数据集中的空值(如关系型数据库里以 NULL 表示)或特殊标记(部分数据集会用"-""NA"等特定符号表示缺失)确定缺失值的位置和数量。例如,在员工信息表中,若"联系电话"字段部分记录显示为"NA",则表明这些记录的联系电话存在缺失值。

2. 删除缺失值

当缺失值占比极小,删除含缺失值的记录对数据分析结果影响甚微时,可考虑直接删除。但要谨慎使用此方法,因其可能导致有用信息流失。

3. 填充缺失值

(1)均值填充:适用于数值型数据。当数据分布较为均匀时,可采用该字段的均值填充缺失值。例如,对于评分呈正态分布的员工绩效评分数据,可利用均值填补缺失的部分评分。

(2)中位数填充:若数据呈偏态分布,中位数是填充缺失值的更佳选择。例如,在分析城市居民收入数据时,鉴于其常呈现右偏态(少数高收入群体拉高整体水平),使用中位数填充缺失的收入值,能更准确地反映实际状况。

(3)众数填充:适用于分类数据。例如,当产品类别字段存在缺失值时,如果某一产品类别出现的频率最高(即该类别为众数),就可用这个众数填充缺失的产品类别。

(4)基于模型填充:利用机器学习或统计模型来预测缺失值。例如,构建回归模型,将其他相关字段设为自变量,对缺失值所在字段的值进行预测。此方法虽然较为复杂,但是在数据关联性紧密时,能得出更为精准的填充结果。

(三)噪声数据处理

噪声数据处理,旨在减少数据中的随机误差或波动,使数据更加平滑和稳定,提高数据质量,从而更有利于数据分析与挖掘。此处主要介绍回归法。

1. 线性回归

线性回归适用于数据间存在线性关系的情况,可用于预测和修正噪声数据。例如,在分析产品销量与广告投入的关系时,若销量数据有噪声,可将广告投入作为自变量、销量作为因变量,建立线性回归模型。用该模型预测出的销量值替换原始数据中的噪声值。

2. 非线性回归

当数据间呈现指数关系、对数关系等非线性关系时,需建立对应的非线性回归模型。例如,在分析细菌繁殖数量与时间的关系时,由于细菌繁殖通常呈指数增长,需要建立指数回归模型来处理数据中的噪声,使数据更符合实际的增长规律。

(四)不一致数据处理

不一致数据处理,旨在解决数据集中由于数据录入错误、数据更新不及时或数据源差异等原因导致的数据不一致问题,确保数据的准确性和一致性。其主要包括以下具体操作方法。

1. 建立数据字典和数据标准

(1) 创建数据字典:对数据集中每个字段的名称、含义、数据类型和取值范围等信息进行定义。例如,在客户信息数据集中,明确"客户性别"字段取值只能为"男"或"女";"客户年龄"字段为整数型,且取值范围在 0~120。

(2) 制定数据标准:规定数据的格式、编码规则等。例如,统一日期格式为"YYYY-MM-DD",产品编号采用特定编码规则,要求不同地区的分支机构提交的数据都按此标准整理。

2. 格式转换和内容修正

(1) 格式转换:按照数据标准对数据格式进行转换。例如,将所有日期数据从"MM/DD/YYYY"格式转换为"YYYY-MM-DD"格式,将所有字符型的数字(如"123")转换为数值型(123)。

(2) 内容修正:对不符合数据标准或逻辑的数据内容进行修正。例如,若发现客户姓名存在错别字,可与其他可靠数据源(如客户身份证信息)核对后修正;对于不同数据源之间同一数据属性的冲突,如两个系统中客户的联系方式不一致,可综合比较数据时效性、来源可靠性等因素确定正确的值,或者通过人工核对等方式进行修正。

二、数据集成

数据集成,是将来自不同数据源、具有不同数据模式的数据进行处理,整合到一个统一的数据存储中,并提供统一查询服务的过程。

(一)数据集成的阶段

1. 数据访问阶段

数据访问是数据集成的起始步骤,旨在从各种数据源(如数据库、文件系统、网络服务等)中获取数据。在企业环境中,数据通常分散在多个不同的系统中,这些数据源所采用的存储技术、数据格式和访问协议也不尽相同。例如,销售数据可能存储在关系型数据库中,通过 SQL(结构化查询语言)进行访问;而一些日志数据可能以文本文件的形式存储,需要借助特定的文件读取方法提取。准确地访问和提取这些数据是后续数据集成的基础。

这一阶段会运用多种技术。对于数据库数据源,会使用相应的数据库驱动程序和查询语言(如关系型数据库使用 SQL)。对于文件数据源,可能会使用编程语言中的文件读取函数,如 Python 中的 pandas 库可以读取 CSV、Excel 等多种格式的文件。同时,还需要考虑数据源的安全性和权限管理,确保只有经过授权的用户或系统能够访问相关数据。

2. 数据合并阶段

数据合并阶段主要解决不同数据源之间的数据融合问题,实现业务集成。企业不同数据源的数据通常与不同业务流程相关,如客户关系管理系统中的客户信息、交易处理系统中的销售数据、ERP系统中的库存数据等。数据合并能够提供更全面的业务视角。例如,合并销售数据和库存数据,可以分析销售活动对库存水平的影响,进而优化库存管理策略;合并客户信息与销售数据,能够深入了解客户的购买行为和偏好,为营销活动提供有力支持。

(1) 实体识别:这是数据合并的关键环节,旨在确定不同数据源中代表相同实体(如客户、产品等)的记录。若不同数据源有统一的实体标识符(如客户编号),可以采用精确匹配;若标识符存在差异,则可通过姓名、地址等信息进行相似度计算,以实现模糊匹配。

(2) 数据冗余处理:减少合并数据时可能出现的数据冗余。例如,运用数据仓库中的雪花模型或星型模型组织数据,将公共数据提取出来作为维度表,避免重复存储相同数据。同时,对于重复的数据记录,可通过比较数据的时效性、准确性等因素,决定保留哪些数据。

(3) 数据冲突解决:当不同数据源对同一数据属性给出不同值时,需要解决冲突。可以根据数据的来源可靠性、更新时间等因素来确定正确的值,或者通过一定的规则进行数据融合,如取平均值、按照优先级选择等方法。

3. 变化捕捉阶段

企业数据源处于动态变化中,新数据持续产生,旧数据可能被更新或删除。变化捕捉阶段旨在及时识别并捕捉这些变化,将其传输至所需之处(如数据仓库等),并确保集成后的数据始终保持最新且准确。以电商企业为例,商品价格和库存情况一般会频繁变动,及时捕捉这些变化并更新集成数据,可以确保电商企业能够基于最新信息制定销售与采购决策。

(1) 基于时间戳的方法:许多数据库系统会为每条记录添加时间戳字段,用于记录数据的最后更新时间。通过比较时间戳,既可以识别出发生变化的数据,又可以使用数据抽取工具或自定义的程序来提取这些变化的数据,并将其传输至目标系统。

(2) 数据变更日志:有些系统会维护数据变更日志,记录所有的数据修改操作。解析这些日志,可以捕捉到数据的变化情况。例如,在数据库管理系统中,可以使用数据库的日志文件跟踪数据的插入、更新和删除操作,再将这些变化同步到集成的数据存储中。

(3) 消息队列和事件驱动架构:在较为复杂的企业架构中,可以使用消息队列(如RabbitMQ、Kafka等)传递数据变化的消息。当数据源发生变化时,会触发一个事件,将变化信息作为消息发送到消息队列。接收方(如数据集成系统)可以订阅这些消息,从而及时获取数据变化并进行处理。

(二) 数据集成的方法

企业数据集成已建立多维技术体系,联邦数据库、中间件模式和数据仓库构成三大主流解决方案。

1. 联邦数据库

联邦数据库是一种将多个自治的数据库系统联合起来的集成方式,用户能够像访问单个数据库一样访问多个不同的数据库。各个数据库在物理层面相互独立,拥有各自的管理系统和数据结构,通过联邦数据库系统建立联系。例如,企业内部有用于销售管理和库存管理的两个数据库,联邦数据库可以将它们集成,在逻辑上形成统一的数据库视图。用户可以通过统一的查询语言获取来自两个不同数据库的数据,仿佛这些数据都存储在一个数据库中。

2. 中间件模式

中间件是位于不同数据源和应用程序之间的软件层,作为桥梁屏蔽不同数据源之间的差异,为应用程序提供统一的数据访问接口。例如,中间件能够连接企业关系型数据库、非关系型数据库等各类不同类型的数据库。当应用程序需要访问数据时,通过中间件提供的接口发送请求,中间件负责将请求转换为相应数据源可理解的格式,并将结果返回给应用程序。

3. 数据仓库

数据仓库是面向主题、集成化、相对稳定且能反映历史变化的数据集合。企业将来自不同数据源的数据抽取、转换和加载(ETL)到数据仓库中。例如,企业会将销售、采购、库存等数据从各个业务系统中提取出来,经过清洗、转换后加载到数据仓库。数据仓库按照销售主题、采购主题、库存主题等对数据进行组织,方便开展数据分析和提供决策支持。

三、数据归约

数据归约是指在尽可能保持数据完整性和分析结果准确性的前提下,运用各类技术手段精简数据量,既实现最大程度保留数据原有特征,又能够缩减数据的规模。大数据时代,面对海量且高维度的数据,数据归约能有效节省存储空间和计算时间;反之,当数据量较少,或者现有的存储与计算资源足以支撑数据分析和预测,就不一定需要进行数据归约,因为任何归约都会造成一定的数据损失。数据归约主要通过数据抽样、特征选择和数据聚合等方法实现。

(一)数据抽样

1. 简单随机抽样

简单随机抽样是从原始数据集中随机抽取一定数量样本的最基本抽样方法。例如,从100万条客户购买记录数据集中用随机数生成器选1万条记录。此方法的优点是简单易行,缺点是可能会因为随机性导致样本不能完全代表总体的某些特征。

2. 分层抽样

分层抽样是先把数据集按某些重要特征或属性划分为不同层次(或类别),再从每个层次中按一定比例抽样。例如,在分析客户购买行为时,可先按年龄将客户分为青年、中年、老年三层,再从每层抽取一定比例的客户记录。此方法能够确保样本在各个重要特征上都能较好地代表总体,尤其适用于总体数据分布不均匀的情况。

3. 系统抽样

系统抽样是先对数据集按一定顺序编号,然后按固定间隔抽取样本。例如,每隔10个记录抽取1个样本。此方法操作简便,但若数据存在周期性或规律性,可能引发抽样偏差。

(二)特征选择

1. 过滤式方法

过滤式方法依据数据统计特性筛选特征。例如,计算每个特征与目标变量之间的相关性系数(如皮尔逊相关系数),选择相关性较高的特征。假设要预测客户是否会购买某产品(目标变量)时,可以计算年龄、收入、购买频率等特征与购买意向之间的相关性,剔除相关性低的特征。此方法计算速度快,独立于后续的学习算法,但没有考虑特征之间的相互作用。

2. 包裹式方法

包裹式方法把特征选择视为一个搜索问题,借助决策树、支持向量机等特定学习算法评估不同特征子集的性能，挑选出性能最佳的特征子集。例如，使用决策树算法时，先从全部特征入手，逐步减少特征数量，每次都在验证集上评估决策树的准确率，最终确定最优的特征组合。此方法考虑到了特征间的相互作用，但由于需多次训练学习模型，计算成本较高。

3. 嵌入式方法

嵌入式方法将特征选择融入学习算法训练。例如，在正则化的线性回归模型（如 Lasso 回归）中，通过在损失函数中加入正则化项，使一些不重要特征的系数收缩为 0，从而自动筛选出重要特征。此方法兼具过滤式和包裹式方法的优点，可在训练模型时同步完成特征选择。

（三）数据聚合

1. 时间维度聚合

时间维度聚合是指按时间周期对数据进行汇总。例如，将每天的网站访问量数据聚合为每月的访问量数据。这种聚合可以突出数据的宏观趋势，减少数据量。同时，在时间序列分析中，适当的时间聚合还可以消除数据中的短期噪声，使数据更易于分析。

2. 空间维度聚合

空间维度聚合是对具有空间属性的数据进行聚合。例如，在地理信息系统中，将每个街区的人口数据聚合为每个区的人口数据，或者将每个传感器采集的温度、湿度等局部环境数据聚合为整个区域的环境数据。这种聚合能够从宏观层面分析数据，减少数据细节和规模。

3. 其他维度聚合

除了时间和空间维度，还可以根据其他业务相关维度进行数据聚合。例如，在企业销售数据中，按照产品类别、销售渠道、客户群体等维度进行聚合，以获取不同维度的销售汇总数据，便于分析销售模式和趋势。

四、数据变换

数据变换是将数据从一种形式转换为另一种形式，以满足数据分析和挖掘的需要。数据变换可以使数据更符合分析模型的假设，提高模型的性能。数据变换主要通过标准化和归一化、离散化和变量转换等方法实现。

（一）标准化和归一化

标准化是将数据转换为均值为 0，标准差为 1 的分布。例如，构建多元回归模型时，不同自变量量纲和取值范围各异，标准化可以消除量纲的影响。归一化是将数据映射到[0，1]区间或[-1，1]区间等特定范围。在神经网络等机器学习算法中，归一化可以加快算法的收敛速度。例如，对于销售数据中的销售额和销售量两个变量，销售额可能在几十万的量级，销售量可能在几百的量级，通过标准化或归一化可以使这两个变量在同一量级上进行分析。

（二）离散化

离散化是将连续型数据转换为离散型数据。常见的方法有等宽离散化和等频离散化。

1. 等宽离散化

等宽离散化将连续型数据按照等宽度区间进行划分。例如，对于客户年龄数据，可将年龄范围划分成如 0～10 岁、11～20 岁等若干等宽区间。这种方法简单直观，但可能会因为数据分布不均匀导致某些区间内的数据点过于密集或稀疏。在决策树算法等数据挖掘算法中，离散化的数据更容易处理。决策树算法通过对离散的区间进行划分来构建模型，等宽离散化后的区间可以作为决策树的划分节点。

2. 等频离散化

等频离散化是依据相同的记录数量来划分数据区间。以销售数据为例,会按每 100 笔销售划分为一个区间。这种方式能确保每个区间内数据量一致,更精准地反映数据分布。然而,在数据分布不均时,等频离散化可能会导致区间边界的确定变得复杂。

(三) 变量转换

变量转换是根据数据的性质和分析目的对变量进行变换。常见的方法有对数转换、平方根转换、平方转换等。

1. 对数转换

对数转换常用于处理具有偏态分布的数据,尤其是右偏态数据。例如,在分析收入数据时,往往存在少数高收入者使得数据呈现右偏态,通过对数转换可以使数据分布更接近正态分布,便于后续的统计分析和建模,同时还能压缩数据的取值范围,减少极端值的影响。

2. 平方根转换

对于一些计数数据或者方差与均值存在一定关系的数据,平方根转换是一种常用的方法。例如,在分析某地区每月交通事故发生次数时,由于事故发生次数通常是正整数且可能存在方差与均值成正比的情况,平方根转换可以使数据的方差更稳定,满足一些统计方法对方差齐性的要求。

3. 平方转换

有时为了增强数据中变量之间的非线性关系,或者当数据的变化趋势呈现平方关系时,会采用平方转换。例如,在研究物体自由落体运动时,下落距离与时间的关系是二次函数关系,对时间变量进行平方转换后,可以更好地建立与下落距离之间的模型,揭示两者之间的内在规律。

第四节 数据建模

当数据处理至合适状态,即可开展建模工作。数据建模能清晰呈现数据间的关系,为数据有效管理与利用筑牢根基。在众多数据仓库建模方法里,维度建模(dimensional modeling)极为关键,它是一种对数据进行结构化的逻辑设计方法。维度建模从分析决策需求出发,以事实表和维度表为核心,构建多维数据模型,可有力支撑高效数据分析与快捷查询。

一、维度建模相关概念

(一) 数据粒度

数据仓库中存储了海量的历史数据,为提升存储效率、保证结构清晰,数据通常按不同粒度分级存储。数据粒度,是指数据仓库中数据单位保存数据的细化或综合程度的级别。它决定了数据在最低可用层级的细节程度,以及数据存储和分析的方式。粒度越小,数据细节越丰富,综合程度越低,查询范围越广;反之,粒度越大,数据细节越少,综合程度越高,查询范围越窄。数据粒度一般分为细粒度、中粒度和粗粒度。

1. 细粒度

细粒度(ultra-fine granularity)数据涵盖了最为详细的信息,通常能精确到每一条交易记录或是业务事件的级别。它具有数据量大,详细程度高等特性,特别适用于审计、金融交易、医疗等需要精确跟踪和深度分析每一条数据记录的场景。细粒度数据虽然能够提供更全面的细节信息,但会增加存储成本和数据处理的工作量,同时可能对查询性能产生负面影响。

2. 中粒度

中粒度(fine granularity)数据介于细粒度和粗粒度之间,包含了一定程度的汇总信息,但仍保留了一些细节信息。相对于细粒度数据,中粒度数据的细节丰富度有所降低;但相对于粗粒度数据,则保留了更多的细节。这种特性使其既能够提供一定的宏观视角,又能够兼顾一定的细节信息,适用于客户分析、市场趋势分析等既需宏观把握又要关注细节的场景。

3. 粗粒度

粗粒度(coarse granularity)数据是对原始数据进行高度汇总的结果,所含信息较少。它具有数据量少、综合程度高等特性,适用于企业级及以上从宏观层面开展的数据分析。粗粒度数据虽然能够减少存储成本和降低数据处理工作量,但可能会损失一些细节信息,在一定程度上限制了数据分析的深度。

(二)事实表

事实表(fact table),是一种用于存储和组织与业务过程相关的具体事实数据的数据库表。事实表是数据仓库架构的核心组成部分,主要用于存储业务过程的度量值(metrics)和相关的事实(facts)。其中,度量值是事实表的核心内容,是对业务过程中可量化指标的数值化体现,侧重于以数字形式对业务活动的某个方面进行量化衡量,是一种量化的指标数据,如销售额、利润、数量等;事实是对业务过程中实际发生的事件或行为的具体记录和描述,强调的是业务活动本身的实际发生情况,是一个更宽泛的概念,包含了业务事件、发生时间、相关维度等多个要素。以某商场的商品销售事实表(部分)(表2-1)为例,其详细展示了每笔销售订单,最后三列的数值是销售事实的关键度量,可用于评估销售业绩。

表2-1 某商场的商品销售事实表(部分)　　　　　　　　　　　　　　　金额单位:元

订单 ID	订单日期	客户 ID	商品 ID	商品名称	商品单价	订单数量	订单金额	优惠金额
D0001	2024-12-01	U001	M0001	手机	5 000	1	5 000	0
D0002	2024-12-01	U002	P0002	笔记本电脑	8 999	1	8 499	500
D0003	2024-12-01	U006	M0001	手机	5 000	2	9 900	100

(三)维度表

维度表(dimension table),是一种用于存储和管理维度数据的数据库表。维度表是数据仓库中重要组成部分,包含了用于描述业务事实的各种角度或维度的信息,为分析事实表中的数据提供了上下文和分类依据,帮助用户从不同的视角来观察和理解业务数据。维度表的常见类型,如表2-2所示。

表2-2 维度表的常见类型

维度表名称	描述	示例字段
时间维度表	是数据仓库中最常用的维度表之一,记录时间的详细属性,可以帮助分析业务数据在时间序列上的变化趋势、周期性规律等	时间 ID、年份、季度、月份、日期、星期几;节假日、工作日、休息日等

(续表)

维度表名称	描述	示例字段
地理维度表	记录地区的详细属性,可以用于分析业务数据在不同地理区域的分布情况,评估市场潜力,制定区域营销策略等	地区 ID、国家、省、市、区/县、街道/乡镇等
产品维度表	记录产品的详细属性,可以分析不同品牌、不同类别的产品销售情况,有助于企业对产品进行分类管理、销售分析以及库存控制等	产品 ID、产品名称、产品类别、品牌、规格、颜色、尺寸、价格等
客户维度表	记录客户的详细属性,可以对客户进行细分和画像,分析不同客户群体的消费行为、购买偏好、忠诚度等	客户 ID、姓名、性别、年龄、职业、地址、电话号码、电子邮件、会员等级、信用等级等

以某商场的客户维度表(部分)(表 2-3)为例,其详细展示了客户的基本信息,这些信息可以帮助商场从不同角度对客户进行分析和管理,如分析不同地区、不同类型、不同等级客户的消费行为等,为商场的市场营销、客户服务等提供数据支持。

表 2-3 某商场的客户维度表(部分)

客户 ID	客户名称	客户类型	客户等级	所在地区	注册年份	联系人姓名	联系电话	出生日期
U001	张三	个人客户	A	北京	2023	张三	13812345678	1月16日
U002	李四	个人客户	B	北京	2024	李四	13312345678	5月22日
U003	光明公司	企业客户	A	上海	2024	王五	13512345678	8月8日

二、维度建模的关系类型

(一)一对多关系

在维度建模里,事实表与维度表间最常见的关系类型为一对多关系(1∶N)。在此关系中,维度表的一条记录可以对应事实表的多条记录。以销售数据为例,产品维度表中的某一产品记录(如产品 A),可能因在不同时间、地点被不同客户多次购买,从而对应销售事实表中的多条销售记录。同理,客户维度表中的一条客户记录,也会关联该客户在销售事实表中的多次购买行为记录。这种从维度表到事实表一对多的关系,便于从维度视角分析事实。例如,借助此关系可查看某产品的所有销售情况,或某客户的购买历史。同时,可以依据维度表属性(如产品类别、客户地域)对事实表数据进行分组、汇总与分析,以明晰不同维度下事实的分布状况。

(二)一对一关系

在一对一关系(1∶1)中,维度表中的一条记录仅与事实表中的一条记录相匹配。这种情况相对少见,仅在特定场景下出现。例如,在员工基本信息维度表和员工绩效评估事实表中,若规定每年仅对每位员工开展一次绩效评估,那么两个表就会形成一对一关系,即员工基本信息维度表中的每条员工记录,都与员工绩效评估事实表中对应年度的评估记录一一对应。借助这种对应关系,在分析员工绩效时,可以把员工的基本信息与绩效评估结果紧密结合。例如,通过将年龄与绩效得分关联分析,可以发现不同年龄段员工在绩效表现上的差异;结合职位与关键绩效指标完成情况,可以了解不同职位员工的绩效达成特点,从而从更全面的角度深入了解员工的工作表现,为企业制定更精准的人力资源策略提供有力依据。

(三)多对多关系

多对多关系($M:N$)是指维度表的多条记录与事实表的多条记录相互对应,这种情况一般需借助中间表管理。以学生选课系统为例,学生维度表、课程维度表与选课事实表间呈多对多关系,因为一个学生可以选择多门课程,一门课程也可以被多个学生选择。此时,中间表选课事实表起到了连接学生维度表和课程维度表的关键作用,即选课事实表记录了学生和课程之间的选课关系,包括学生维度表的外键(学生编号)和课程维度表的外键(课程编号)。这种关系允许从多个维度组合的角度分析事实。例如,可分析特定学生群体对特定课程组的选课偏好,或某课程在不同学生群体中的受欢迎程度。借助中间表构建的多对多关系,能灵活应对复杂业务场景下的数据关联与分析需求。

三、维度模型布局

数据建模时,需妥善处理维度模型布局,按数据组织类型不同,维度模型分为星型模型、雪花模型和星座模型。

(一)星型模型

星型模型是多维数据模型中最为简单直观的一种,由一张事实表与一组维度表构成。它以事实表为核心,所有维度表直接与事实表相连,形似星星。每张维度表以一个维度作为主键,这些维的主键组合成为事实表主键;同时,事实表中包含指向各个维度表的外键,通过主键和外键的关联来建立事实表与维度表之间的关系,确保数据的一致性和完整性。事实表中的非主键属性称为事实,通常是数值或其他可以进行计算的数据,用于进行各种数据分析和度量;维度表中的数据大多是文字、时间等类型,用于描述事实数据的上下文和背景信息,为数据分析提供不同的角度和维度。

星型模型的结构简单直观,数据关系清晰,易于数据库设计人员理解和实现,也便于数据分析人员进行数据查询和分析。但是为了保证查询性能,星型模型可能会存在一定的数据冗余;对于一些复杂的业务场景和数据分析需求,星型模型可能不够灵活。

下面以一个电商销售数据仓库为例,构建星型模型,如图 2-11 所示。

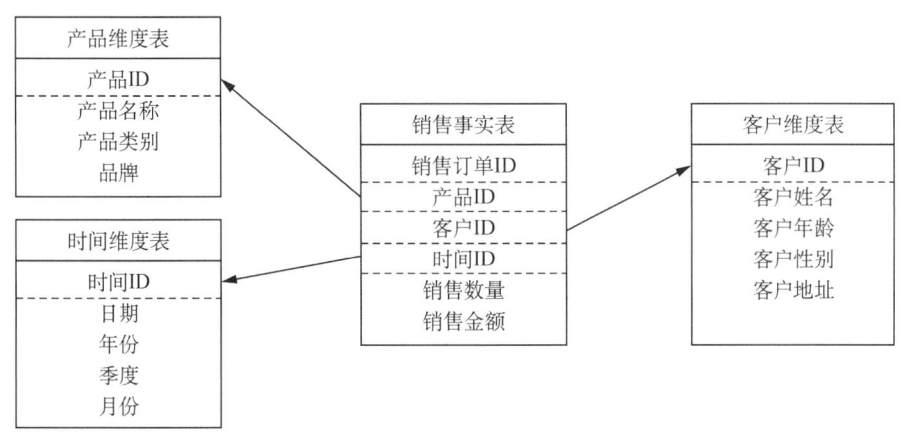

图 2-11 电商销售数据仓库星型模型构建

该模型由一张销售事实表和产品、客户、时间等三张维度表构成。销售事实表是整个模型的核心,销售订单 ID 作为事实表的主键,唯一标识每一笔销售订单;产品 ID、客户 ID、时间 ID 作为销售事实表外键,分别通过产品维度表的主键(即产品 ID)、客户维度表的主键(即客户 ID)、时间维度表的主键(即时间 ID)与三张维度表关联;销售数量和销售金额记录销售业务发生的事实。借助这个星型模型,能便捷地从多个维度剖析销售数据。按产品维度,可分析不同产品的销售数量与金额,从而确定畅销及滞销产品;按客户维度,能研究不同客户群体的购买行为;按时间维度,可分析销售数据趋势,对比销售变化。此外,还能开展更复杂的分析,例如计算每个客户在每个季度购买各类产品的总金额占比,为企业决策提供有力的数据支撑。

(二)雪花模型

雪花模型是对星型模型的扩展。在雪花模型中,存在一张或多张维度表并非直接连接到事实表,而是通过其他维度表间接相连,其图示宛如多个雪花相连。雪花模型对星型模型的维度进一步层次化,原有的各维度表可能被拓展为小的事实表,形成一些局部的层次区域,这些被分解的表都连接到主维度表而不是事实表。

相比星型模型,雪花模型能够更好地处理复杂的维度关系和层次结构,并且在一定程度上减少了数据冗余。但由于维度表之间存在多层连接关系,数据分析查询时需要进行更多的表连接操作,会增加查询的复杂度和难度。雪花模型的结构相对复杂,维度之间的层次关系和依赖关系较多,对于数据库设计人员和数据分析人员来说,理解和维护该模型的难度较大。

为了更加详细地分析销售数据,电商销售数据仓库构建了雪花模型,如图 2-12 所示。

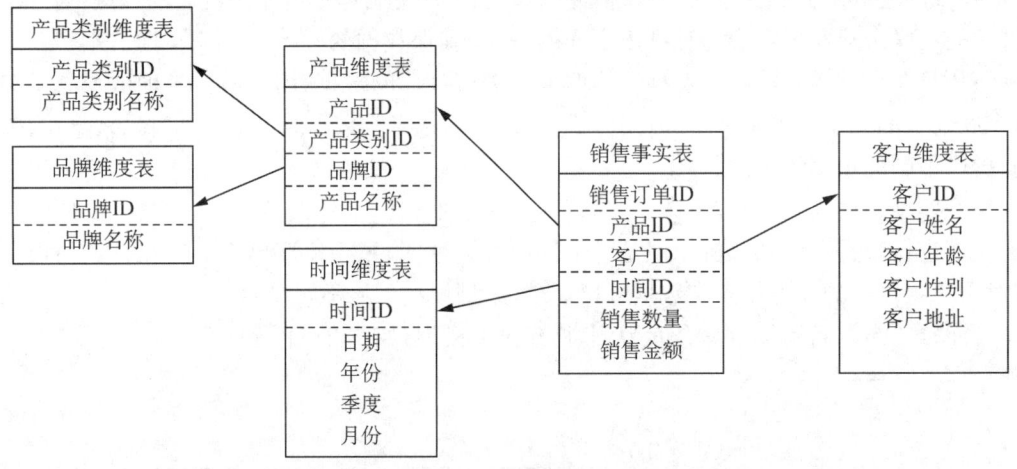

图 2-12 电商销售数据仓库雪花模型构建

在这个雪花模型中,产品维度表通过产品类别 ID 和品牌 ID 分别与产品类别维度表和品牌维度表关联,使得维度表之间形成了更细化的层次结构。这种结构可以更有效地存储数据,减少数据冗余,但在查询时可能需要更多的连接操作,对性能有一定影响。

(三)星座模型

星座模型由星型模型延伸而来。星型模型基于一张事实表,而星座模型基于多张事实表,并且共享维度表信息。共享的维度表是连接不同事实表的桥梁,使得不同业务过程的数据能够在相同的维度下进行关联和整合。建立一致性维度是构建星座模型的关键,即要求在不同的事实表中,相同维度的定义、数据类型、取值范围等都要保持一致。不同主题的事实表可以通过在维度上互相补充来生成可以共享的维度。

星座模型能够很好地适应企业中复杂的业务场景,涵盖多个业务主题和业务过程,同时有利于数据的更新和维护,并且具有较强的可扩展性。但是星座模型的设计和实现相对复杂,需要对企业的业务流程和数据关系有深入的理解;为了提高查询效率,通常需要进行大量的优化工作,如建立索引、分区等。

下面以一个综合性的零售企业数据仓库为例,构建星座模型,如图 2-13 所示。

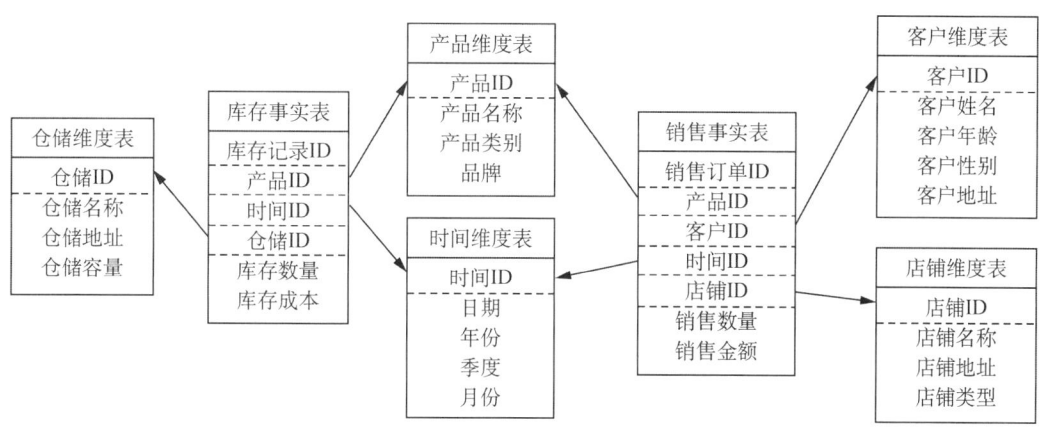

图 2-13　综合性的零售企业星座模型构建

在这个星座模型中,销售事实表和库存事实表通过共享产品维度表和时间维度表等,建立了关联关系。企业可以利用这个模型从多个角度进行数据分析,比如分析不同产品在不同店铺的销售情况以及在不同仓库的库存情况随时间的变化趋势,还可以分析不同客户群体的购买行为与库存管理之间的关系等,为企业的运营决策提供全面的数据支持。

第五节　数据展示

数据展示主要是指将数据以直观、易懂的方式展示给用户,它是一个综合性的过程,包括选择合适的图表类型以有效地传达数据中的信息,对图表进行合理的视觉设计以增强可读性和吸引力,添加适当的交互设计以方便用户探索和理解数据。

一、图表选择

图表的选择直接关系到可视化的呈现效果,并影响视觉设计和交互设计的方向。一个合适的图表能够把数据之间的关系转化为直观的信息;反之,不当的图表可能会将分析决策引向错误的方向。数据可视化专家 Andrew Abela 将图表展示的数据关系分为四类:比较、构成、联系和分布。用于数据展示的常见图形如表 2-4 所示。

表 2-4　数据展示的常见图形

数据关系	常见图形
比较关系	条形图(柱形图)、折线图(曲线图)、雷达图、漏斗图、词云图、帕累托图、仪表图等
构成关系	饼图、旭日图、瀑布图、矩形树图、堆积图等
联系关系	散点图、气泡图等
分布关系	散点图、箱线图、桑基图和数据地图等

(一)数据间比较关系的常见图形

数据间比较关系的图形,是指用图的方式把数据间的差异和变化表示出来,使其对比更加明显和突出。该类图形可以用于对比分析,揭示数据所代表的事物发展变化情况和规律性,在日常工作中的应用场景非常广泛,常见图形主要包括条形图(柱形图)、折线图(曲线图)、雷达图、漏斗图、词云图、帕累托图、仪表图等类型。

1. 条形图

条形图(bar chart),又称柱形图,是一种通过矩形条来表示数据的图表,其中每个矩形条的高度或长度反映了特定类别的数据值。在数据可视化领域,条形图非常适合展示不同类别之间的数据对比。其应用场景十分广泛,包括调查问卷结果分析、人口统计数据展示、产品销量对比以及财务报表数据呈现等,如图 2-14 展示了某公司不同客户类别包含的客户数量。

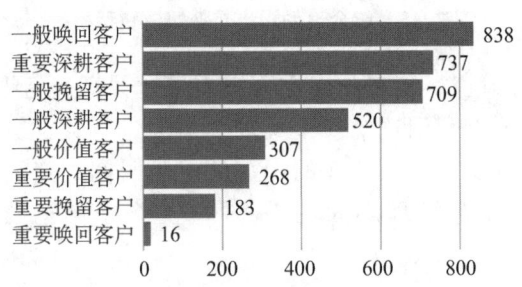

图 2-14　某公司不同客户类别包含的客户数量

条形图由以下几个基本要素组成:

(1)类别轴:通常位于条形图的左侧或柱形图的底部,表示数据的不同类别或组别,如年龄段、产品种类、地区名称等。

(2)数值轴:垂直于类别轴,通常位于条形图的底部或柱形图的左侧,表示数据的数值大小,如成绩、销售额、人口数量等。

(3)条形:是条形图的核心元素,每个类别或组别对应一个条形,其高度或长度根据该类别或组别的数据值来确定;可以用不同的颜色或填充模式来表示不同的类别或组别。

(4)数据标签(可选):在条形上方或旁边添加的数据值,用于明确显示每个条形的具体数值。

(5)标题(可选):通常位于条形图的顶部或上方,用于概括图表的主题或内容。

(6)图例(可选):通常位于条形图的旁边或下方,如果图表中有多种颜色或填充模式的条形,图例用于解释每种颜色或模式代表的含义。

(7) 网格线(可选):通常与数值轴平行,方便用户更准确地读取条形的高度或长度。
(8) 坐标轴标签(可选):用于明确说明 X 轴和 Y 轴所代表的含义。

2. 折线图

折线图(line chart),又称曲线图(curve chart),是一种通过连接数据点来展示数据随时间或其他连续变量变化的图表类型。在折线图中,数据点由线段连接,从而形成一个或多个连续的折线或曲线,这些线条的起伏变化,能直观地反映出数据的增减态势,常被用于时间序列数据分析、趋势对比分析等场景。例如,图 2-15 展示了某航空上市公司股票市值波动情况,图 2-16 呈现了某行业营业收入增长率的变化趋势。

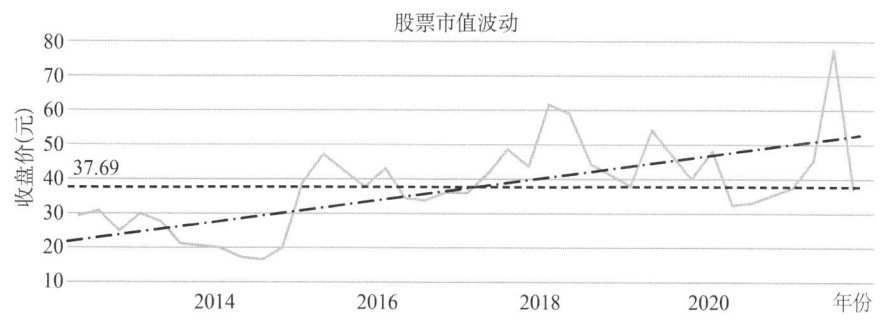

图 2-15 某航空上市公司股票市值的波动情况

图 2-16 某行业营业收入增长率的变化趋势

折线图由以下几个基本要素组成:
(1) 横轴(X 轴):通常表示时间或其他连续变量,如日期、年份、距离、温度等。
(2) 纵轴(Y 轴):表示要展示的变量的具体数值,如销售额、数量、价格等。
(3) 数据点:是实际数据在图表上的具体体现,在折线图中以点的形式出现,代表每个数据在横轴和纵轴上的具体坐标,是构成折线或曲线的基础。
(4) 折线或曲线:通过线段将数据点依次连接起来形成折线或曲线,直观地展示数据随时间或其他连续变量的变化趋势,是折线图的核心要素。

常见的折线图主要有三种类型,分别是简单折线图、多折线图和复合折线图。
(1) 简单折线图,是最基本的折线图类型,指仅用一条线显示两个不同变量之间的关系,如图2-15所示。

(2) 多折线图,是指用两条或多条线绘制的折线图。当需要显示两个或多个变量的数据时,用于比较在同一时期内发生变化的两个或多个变量,如图2-17所示。

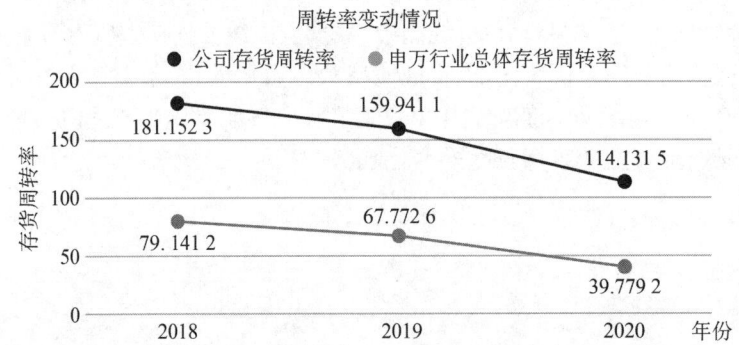

图2-17　某公司存货周转率与行业总体存货周转率变化趋势对比

(3) 复合折线图,能够同时展示不同类型的数据或数据的不同方面,在一个图表中显示多个数据集,使信息呈现更加全面和直观,如图2-18所示。

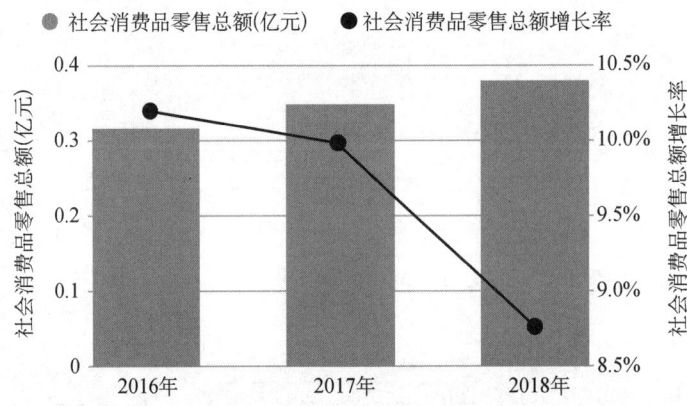

图2-18　2016—2018年社会消费品零售总额及其增长率

3. 雷达图

雷达图(radar chart),又称蜘蛛图、星图或网络图,是从同一点出发的轴上展示三个及以上定量变量,呈现多变量数据的图形方法。借助雷达图,可直观展现多维数据集,查看变量值是否相近、有无异常值,还能了解变量在数据集中的得分高低情况,非常适合显示性能。例如,日本媒体《东京乒乓球新闻》以六维雷达图从力量、速度、技巧、发球、防守、经验六个方面,分析各国乒乓球选手综合实力。大部分球员既有强项,又有短板,六边形极不规则,而中国国家队乒乓球选手马龙各项指标均为满分,边框全满,能力撑爆"六边形"(图2-19),由此被称为"六边形战士"。

雷达图由以下几个基本要素组成:

(1) 中心点:位于雷达图的中心位置,是所有坐标轴的起始点,也是整个图形的基准点。

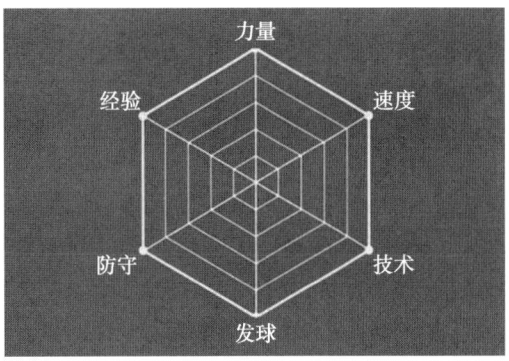

图 2-19 "六边形战士"马龙

（2）坐标轴：从中心原点向外辐射出的数轴，其数量与要展示的变量数量相同，每个坐标轴代表一个特定的变量，用于衡量该变量的数据值。

（3）刻度：标在坐标轴上，用于明确变量的取值范围和具体数值。刻度的间距和数值范围应根据数据的特点和分布进行设置。

（4）轴标签：位于坐标轴末端，用于标识每条坐标轴代表的变量或类别。

（5）数据点：位于每条坐标轴上，代表实际数据在各个变量上的取值。

（6）数据区域：将同一数据系列的数据点依次连接起来形成的区域，代表了各个变量在不同维度上的表现。

4. 漏斗图

漏斗图（funnel plots）因其形状类似于漏斗而得名，顶部宽、底部窄，从上到下的项有逻辑上的顺序关系，用来形象地表示数据从开始到结束逐渐减少的过程，常被用于企业招聘、网站流量转化等业务流程比较规范、周期长、环节多的单流程单向分析，图 2-20 展示了某店铺的客户转化情况。

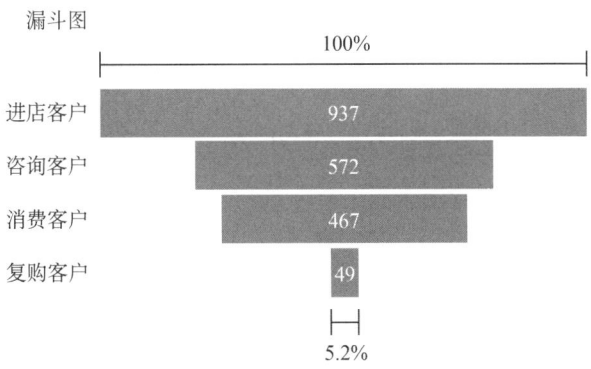

图 2-20 某店铺的客户转化情况

漏斗图由以下几个基本要素组成：

（1）层级：漏斗图通常由多个层级组成，每个层级代表数据的不同阶段或类别。

（2）条形：每个层级由一个水平条形表示，条形的宽度代表该层级的数值或比例。

(3) 标签和注释:用于标识每个层级的名称和数值。

(4) 颜色和样式:不同的颜色和样式用于区分不同的层级或数据类别。

5. 词云图

词云图(word cloud)又称文字云,是一种可视化文本数据的图像表达方式,一般由词汇组成类似云的图形,用于展示大量文本数据中词语的频率或重要性。"词云"这一概念是由美国西北大学的新闻学副教授、新媒体专业主任里奇·戈登(Rich Gordon)在2006年率先提出的。词云图通过不同大小、颜色或字体的词语来表示词语在文本中的相对重要性,频率越高的词语在词云图中显示得越大、越醒目。词云图目前广泛应用于文献分析、舆情监测等领域,图2-21展示了某证券报2023年上半年的财经关键词。

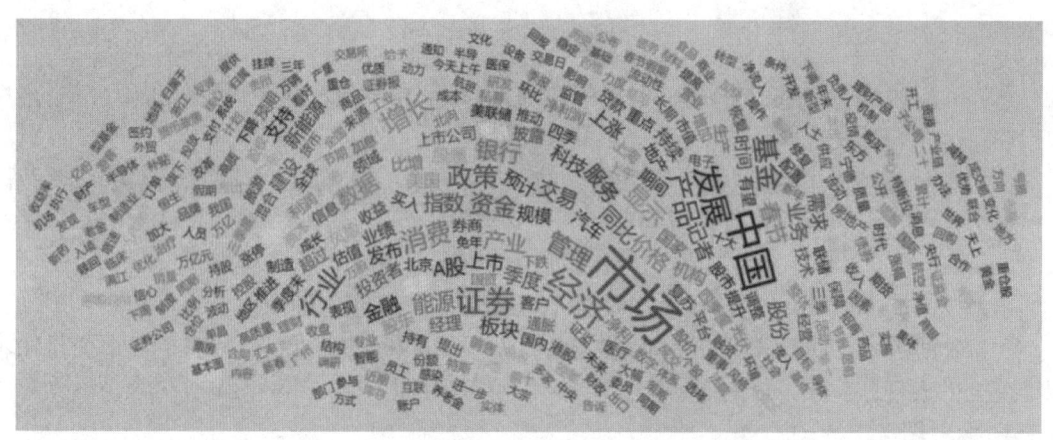

图 2-21 某证券报 2023 年上半年的财经关键词

词云图由以下几个基本要素组成:

(1) 词汇:词云图的核心是词汇,这些词汇通常是从新闻报道、社交媒体评论、用户反馈等大量文本数据中提取出来的,词汇的选择和频率反映了文本的主旨和重点。

(2) 颜色:颜色用于区分不同的词汇或表示词汇的重要性。

(3) 字体大小:字体大小是词云图中表示词汇重要性的关键要素。字体越大,表示该词汇在文本中出现的频率越高;反之,字体越小,表示该词汇出现的频率越低。

(4) 图形:词云图可以呈现为不同的图形形状,如圆形、方形、自定义形状等。

6. 帕累托图

帕累托图(pareto chart),又称排列图或主次图,以意大利经济学家 V. Pareto 的名字命名。它依托于二八法则(即帕累托法则),按照各类别数据的频数多少排序(即根据频率降序排列)绘制,并在同一张图中画出累积百分比,有助于识别和优先解决最关键的问题。帕累托图用双直角坐标系表示,左边纵坐标表示频数,右边纵坐标表示频率,横坐标表示影响质量的各项因素,并按影响程度的大小(即出现频数多少)从左到右排列,分析线则表示累积频率。帕累托图常用于产品质量分析、商品销售分析等。图 2-22 展示了某企业按店铺所在省(区、市)销售额由高到低排序与累计占比情况。

帕累托图由以下几个基本要素组成:

(1) 双 Y 轴:左侧 Y 轴表示频数(如件数、金额等),右侧 Y 轴表示频率百分比。

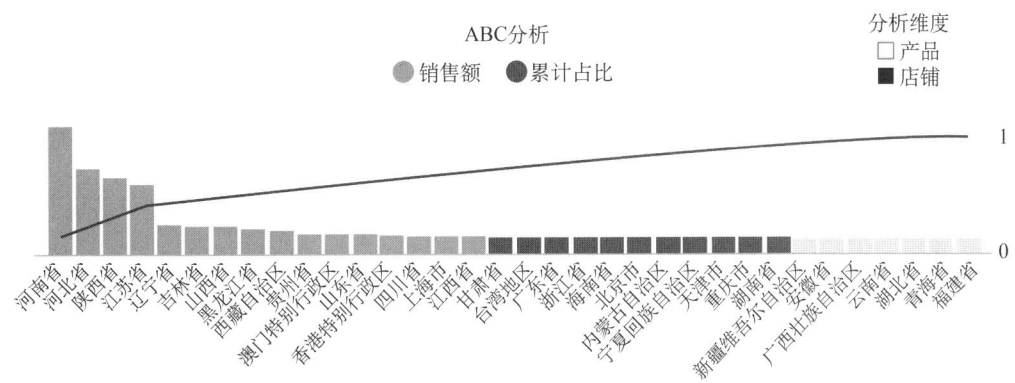

图 2-22　某企业按店铺所在省(区、市)销售额由高到低排序与累计占比情况

(2) X 轴:表示所分析的不同类别或因素,并按其频率或影响程度进行排序。
(3) 柱状图:对应左侧 Y 轴数据,每个柱形代表一个类别或因素,并由高到低排序。
(4) 折线图:对应右侧 Y 轴数据,表示各影响因素大小的累计百分数,即帕累托曲线。
(5) 核心特征因素标记:在折线图中,通常会对累积百分比超过 80% 的第一个因素进行特殊标记,这个因素被视为核心特征因素或主要问题。

7. 仪表图

仪表图(dashboard)是一种用于显示单个变量或指标的可视化图表。它通常模拟仪表盘的形式,通过指针、刻度盘和其他图形元素来直观展示关键业务指标的度量值。仪表图使用户能够快速理解关键业务指标的进度或实际情况,直观地判断指标是否达到目标值或超出预设范围,常用于目标考核分析领域。图 2-23 展示了某企业 2025 年 1 月销售额完成情况。

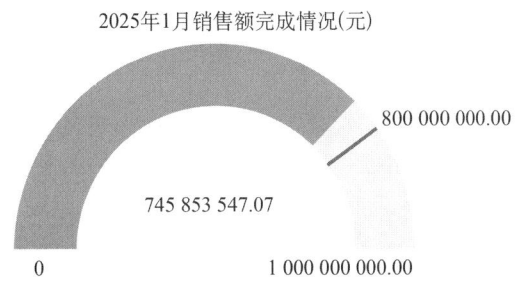

图 2-23　某企业 2025 年 1 月销售额完成情况

仪表图由以下几个基本要素组成:
(1) 表盘:是仪表图的主体框架,一般为圆形或半圆形,确定仪表图的整体范围和边界。
(2) 指针:用于指示具体的数据值,通过指针在表盘刻度的位置直观了解当前状态。
(3) 刻度盘:用于展示变量的具体数值或范围。刻度可以根据需要进行自定义设置,包括刻度间隔、刻度标记等。
(4) 颜色与样式:为了增强仪表图的视觉效果和可理解性,通常会使用不同的颜色和样式来区分不同的区域或表示不同的状态。例如,用不同的颜色来表示安全区域、警戒区域和危险区域等。

(5)标签与注释:为了使用户更容易理解仪表图所展示的信息,通常会在仪表图的旁边或内部添加标签和注释,用于说明变量或指标的名称、单位、目标值等重要信息。

(二)数据间构成关系的常见图形

数据间构成关系的图形,是指用图的方式把数据间的组成结构表示出来,主要显示同一维度上数据之间的占比关系。这类图形能够帮助人们直观地理解数据的分布和构成,从而更容易地识别出数据中的主要组成部分以及各部分之间的比例关系,常见图形主要包括饼图、旭日图、瀑布图、矩形树图、堆积图等类型。

1. 饼图

饼图(sector graph)主要用于呈现不同分类数据的占比状况。它将一个圆形划分成多个扇形区域,每个扇形分别对应一个分类,其大小,也就是扇形的圆心角度数,与该分类的数据量成正比例关系。通过这种方式,饼图能直观地展现各分类在总体中所占的比例关系,在人口统计学分析、市场份额分析等领域有着广泛应用。例如,图2-24展示了某公司客户性别占比情况。

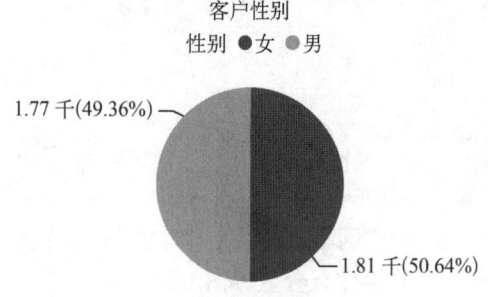

图2-24 某公司客户性别占比情况

饼图由以下几个基本要素组成:

(1)圆形:是饼图的整体框架,代表了数据的总体。整个圆形表示一个完整的数据集。

(2)扇形:是饼图的核心元素,由圆形分割而成,每个扇形对应数据中的一个分类。扇形的大小(角度)与该分类数据占总体数据的比例成正比。

(3)标签:用于标识每个扇形所代表的分类名称,明确每个扇形对应的具体数据类别。

(4)数据标识:用来明确各扇形所代表的具体数据占比情况,通常以百分比、小数或具体数值的形式呈现。

(5)颜色或图案:通常用于区分不同的扇形,增强图表的可读性。

2. 旭日图

旭日图(sunburst chart)又称太阳图,是一种圆环镶接图,通过圆环的嵌套来表示数据的层级结构,每个圆环代表一个层级的分类数据,圆环的大小则反映了该层级数据的占比情况。旭日图中最内层的圆环级别最高,越往外,级别越低,数据分类越细。由于其能够清晰展示层级关系和占比信息,旭日图被广泛应用于多个领域:在商业领域,常用于展示公司的层级架构以及资源分配状况;在医疗健康领域,可助力疾病谱分析等工作。例如,图2-25展示了某企业投资性房地产项目的总体占比结构。

旭日图由以下几个基本要素组成:

(1)中心点:位于旭日图的最核心位置,通常代表数据的最高层级或整体的起始点,是整个图表的基准点,所有其他数据层级都围绕它展开。

(2)圆环:由多个圆环相互嵌套组成,每一个圆环代表数据的一个层级。从内到外,圆环所代表的数据层级逐渐降低,分类越来越细致。

(3)扇区:每个圆环被划分为若干个扇区,每个扇区代表该层级下的一个具体分类或数据项。扇区的大小反映了该分类或数据项在总数据中的占比。

(4)颜色:不同的颜色来区分不同的层级或分类,使得图表更加易于区分和理解。颜色的

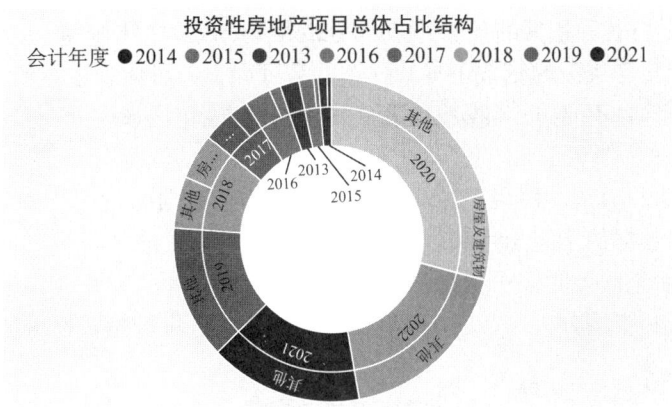

图 2-25　某企业投资性房地产项目总体占比结构

深浅或饱和度也可能用于表示数据的大小或重要程度。

（5）标签：层级标签用于标注每个圆环所代表的层级名称或类别，扇形标签用于说明该扇形所代表的具体分类名称和对应的数值或占比信息。

3. 瀑布图

瀑布图（waterfall plot）又称阶梯图（cascade chart）或桥图（bridge chart），由麦肯锡顾问公司所独创，因其形状类似瀑布流水而得名。这种图表采取绝对值和相对值相结合的方式，能直观地反映出数据的增减变化过程，特别适用于表示"总—分"结构的数据中总体与各子项的占比，以及展现部分与整体构成或占比关系。瀑布图常用于财务分析和销售分析等领域。图 2-26 展示了某企业不同类型客户销售额贡献度情况。

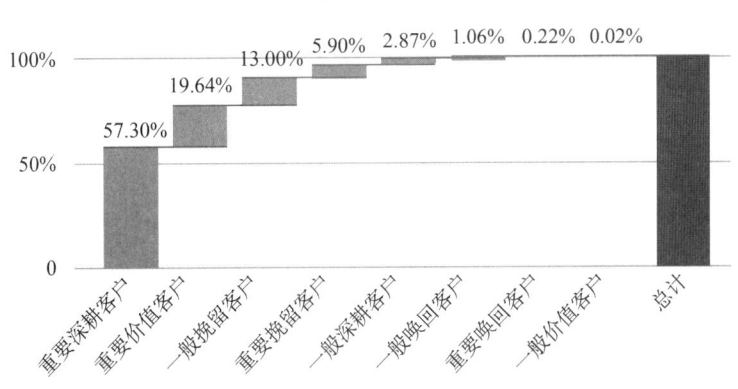

图 2-26　某企业不同类型客户销售额贡献度情况

瀑布图由以下几个基本要素组成：

（1）横轴：一般用于表示数据的类别或时间等维度，如不同的产品类别、不同的月份等，用来区分不同的数据项。

（2）纵轴：主要用于表示数值的大小，它有明确的刻度和单位，能直观地展示数据的具体数量或变化幅度，其刻度范围需要根据数据的最大值和最小值来合理设定。

(3) 总体数据柱:表示数据的总体或初始状态,通常为最长的一个柱体。

(4) 子项数据柱:表示数据的各个组成部分或影响因素,柱体按照一定顺序排列,展示数据在不同阶段或因素作用下的变化情况。柱体的高度和方向可体现数据的增减幅度和趋势。

(5) 颜色:用于区分不同的子项数据或表示数据的增减变化,如绿色表示增加,红色表示减少。

4. 矩形树图

矩形树图(treemap)是一种用于展示层级数据或分组数据的可视化图表。它通过矩形的大小和颜色来表示数据的不同维度和度量,从而清晰地展示数据之间的相对占比和层级关系。其中,每个矩形的面积代表对应子项在整体中的占比,面积越大表示占比越大。矩形树图常应用于组织结构分析和市场分析等。图 2-27 展示了某企业各年份投资性房地产分布情况。

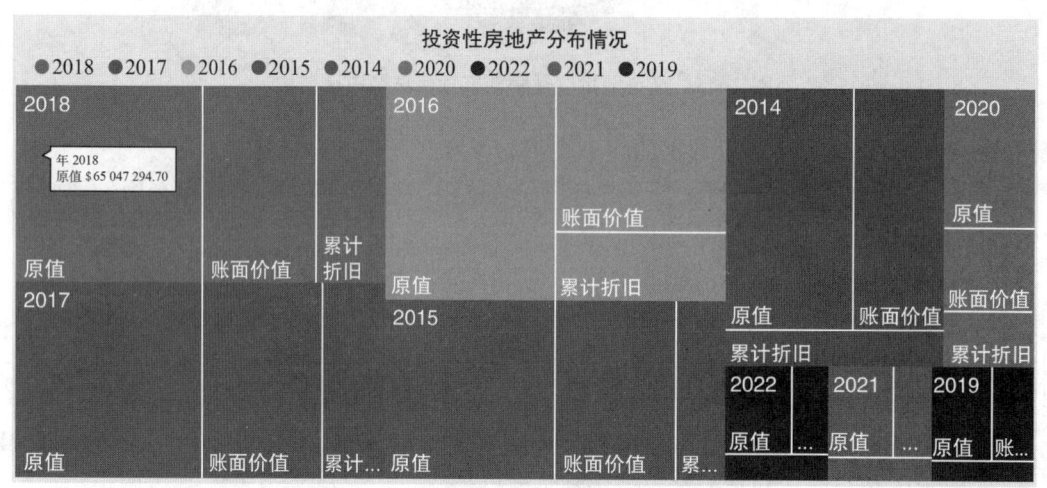

图 2-27 某企业各年份投资性房地产分布情况

矩形树图由以下几个基本要素组成:

(1) 矩形区域:整体矩形代表要展示的总体数据或对象集合;子矩形指大矩形内部被分割成许多小矩形,每个小矩形代表数据中的一个具体类别或项目,其面积大小与所代表的数据量成正比。通过子矩形与整体矩形面积对比反映各类别或项目在整体中所占的比例。

(2) 颜色:用来区分不同的数据维度或分类,其深浅可以表示不同的维度值或类别。

(3) 层级关系:通过矩形的嵌套和排列来展示数据的层级关系,即父子节点或不同层级之间的结构关系。

5. 堆积图

堆积图(stacked plot)是一种将多个数据序列堆叠在一起的可视化图表,通过堆叠的方式展示数据在不同类别或时间段内的总量和构成情况。堆积图主要分为堆积面积图(stacked area chart)、堆积柱形图(stacked column chart)和堆积条形图(stacked bar chart)等类型。堆积图广泛应用于统计与数据分析、商业与经济和教育与科研等领域。图 2-28 展示了按行业分营业变动情况。

堆积图由以下几个基本要素组成:

(1) 横轴:表示数据的类别、时间或其他分组变量,起到对数据进行分类或定位的作用。

(2) 纵轴:表示数据的数值大小,直观反映出数据的数量级。

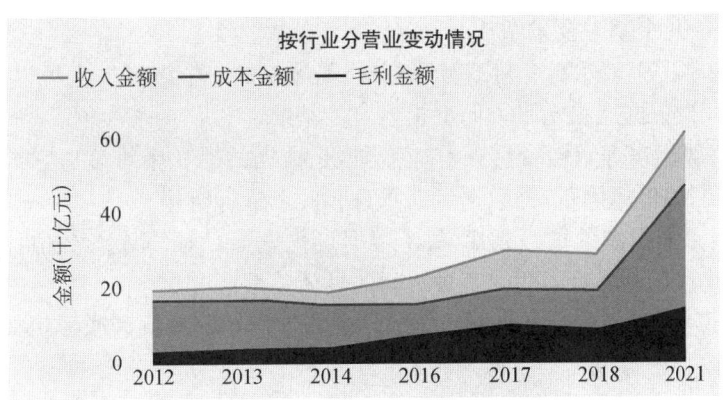

图 2-28 按行业分营业变动情况

（3）数据系列：是堆积图的基本数据单元，每个数据系列代表一个特定的类别或变量。

（4）堆积区域：是堆积图的核心部分，各数据系列图形根据堆积图的不同类型选择柱形、条形或面积等形状进行展示，并按照系列之间的逻辑关系或者数据大小等因素从下到上或从左到右进行堆叠。

（5）颜色或图案：不同数据系列通常使用不同的颜色或图案进行区分，以便清晰展示各部分数据与整体的关系。

（三）数据间联系关系的常见图形

数据间联系关系的图形，是指用图的方式把数据中各个变量之间的关系表示出来。常见图形主要包括散点图和气泡图等。

1. 散点图

散点图（scatter plot）是一种用来展示两个变量之间关系的图表。在散点图中，每个点代表了一对数值，其中一个变量的值决定了点在图表中的横坐标位置，另一个变量的值决定了点在图表中的纵坐标位置。通过观察这些点的分布，可以了解两个变量之间是否存在某种关联、趋势或模式。散点图在经济学、医学、教育学、社会学、工程学等领域广泛应用。图 2-29 展示了某公司 2012—2021 年每年年末长期股权投资及收益变动情况。

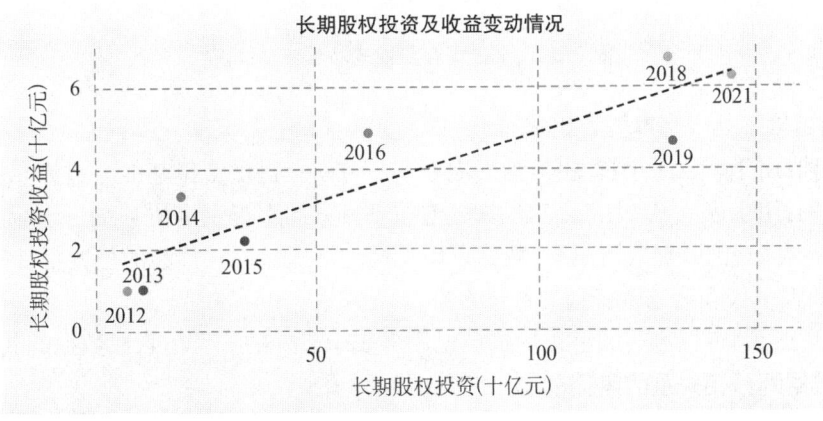

图 2-29 某公司 2012—2021 年每年年末长期股权投资及收益变动情况

散点图由以下几个基本要素组成:
(1) 横轴:通常用于表示自变量或解释变量,是数据的一个维度。它可以代表时间、数量、类别等各种因素,为数据点在水平方向上提供定位基准。
(2) 纵轴:一般用来表示因变量或响应变量,是数据的另一个维度。它与横轴相互垂直,共同构成了散点图的坐标体系,为数据点在垂直方向上进行定位。
(3) 数据点:是散点图的核心元素,每个数据点代表了一对(X, Y)数值,并据此确定其在坐标系中的位置,直观地展示了两个变量之间的具体关系情况。
(4) 颜色或形状:不同的数据组或数据属性通常使用不同的颜色或形状来绘制数据点。

2. 气泡图

气泡图(bubble chart)是一种多变量的数据可视化图表,本质上是散点图的变体。在普通散点图以横、纵坐标分别表示两个变量的基础上,气泡图引入第三个变量,并利用气泡的大小来表示该变量。因此,气泡图能够同时展示三个变量之间的关系,让数据可视化表达更加丰富、全面,为分析提供更立体的视角。气泡图常应用于产品定位、基因表达、投资组合、交通规划、教育资源等多方面分析。图 2-30 展现了某公司存货期末净额变动情况,其中气泡的大小表示存货期末净额数值。

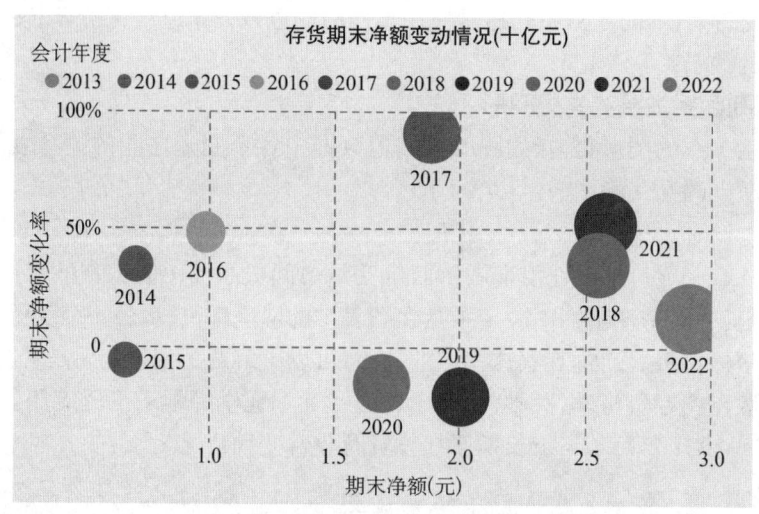

图 2-30 某公司存货期末净额变动情况

气泡图由以下几个基本要素组成:
(1) 横轴:用于表示一个自变量,为气泡在水平方向上提供定位基准。
(2) 纵轴:用于表示另一个自变量,为气泡在垂直方向上提供定位基准。
(3) 数据点(气泡):在气泡图中,数据点以气泡的形式呈现。气泡的位置由其(X, Y)数值确定;气泡的大小代表第三个变量的数值大小。
(4) 颜色或形状:气泡的颜色或形状可以用来表示额外的分类信息或数据的其他属性。

(四) 数据间分布关系的常见图形

数据间分布关系的图形,是指用图的方式把数据的分布情况表示出来,数据的分布表征了不同数据之间的本质区别。其常见图形主要包括箱线图、桑基图和数据地图等类型。

1. 箱线图

箱线图(box-plot)，又称盒须图或盒式图，是一种用作显示一组数据分散情况资料的统计图。美国著名统计学家约翰·图基(John Tukey)于 1977 年发明箱线图。因形状如箱子而得名，它主要显示数据的五个统计量：最小值、下四分位数(Q1)、中位数(Q2)、上四分位数(Q3)和最大值。箱线图可以直观地呈现数据的分布特征、对称性以及异常值，在质量管理、金融分析、医学研究等领域广泛应用。图 2-31 展示了不同产品的利润分布。

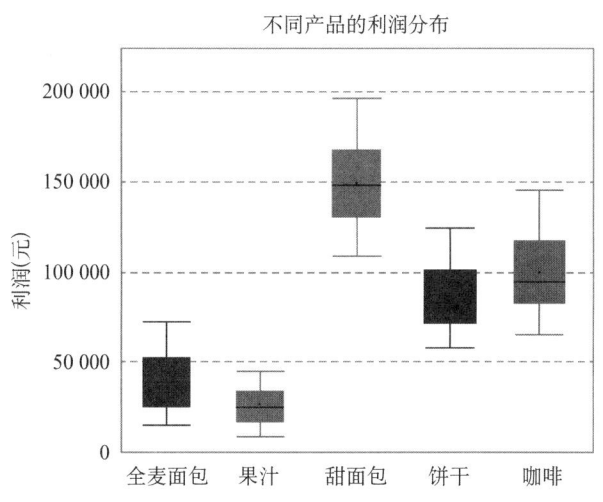

图 2-31 某企业不同产品的利润分布

箱线图由以下几个基本要素组成：

（1）横轴：表示数据的类别或分组信息，如不同的样本组、不同的时间阶段等。

（2）纵轴：表示数据的数值范围，直观地展示数据在数值上的大小和分布情况。

（3）箱体：包含了数据中 50% 的信息，其长度反映了数据的分散程度，是箱线图的核心部分。其中，箱体的上边界为上四分位数(Q3)，是指数据排序后，位于 75% 位置的值，即将数据分为四等份后，第三等份的结束点；箱体的下边界为下四分位数(Q1)，是指数据排序后，位于 25% 位置的值，即将数据分为四等份后，第一等份的结束点；箱体中间的线为中位数(Q2)，是指数据排序后，位于 50% 位置的值，即将数据分为两等份的中间点。

（4）须线：是从箱体的上下边界延伸出去的线段。其中，上须的顶端通常是数据中的最大值，但最大值不能大于"Q3+1.5IQR"；下须的底端通常是数据中的最小值，但最小值不能小于"Q1−1.5IQR"，其中 IQR 为四分位距(Q3−Q1)。

（5）异常值：指超出了须线范围的数据点，通常远离数据的主要集中区域，定义为小于"Q1−1.5IQR"或大于"Q3+1.5IQR"的值，一般用单独的点或其他特殊标记来表示。

2. 桑基图

桑基图(sankey diagram)，又称桑基能量分流图或桑基能量平衡图，是一种特定类型的流程图，该图因 1898 年爱尔兰船长马修·亨利·菲尼亚斯·里亚尔·桑基(Matthew Henry Phineas Riall Sankey)绘制的"蒸汽机的能源效率图"而闻名，此后便命名为"桑基图"。桑基图最明显的特征是始末端的分支宽度总和相等，即所有主支宽度的总和应与所有分出去的分支宽度的总和相等，保持能量的平衡，通常用于显示流量、能量、资源等在不同阶段或组件之间的流动、转移和分布。例如,图 2-32 展示了不同年龄消费者的会员等级分布。

不同年龄消费者的会员等级分布

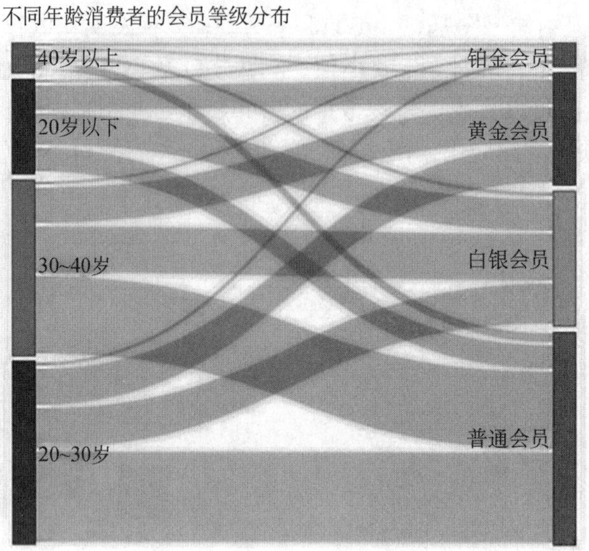

图 2-32　不同年龄消费者的会员等级分布

桑基图由以下几个基本要素组成:

(1) 节点:图中的块状元素,用于表示数据的不同类别或阶段。每个节点代表了数据流动过程中的一个特定环节或组成部分。

(2) 流向:用线条展示数据的流动方向和路径。

(3) 流量:通过流向线条的宽度来表示,线条越宽,表示该路径上的数据流量越大。

(4) 标签:用于标注节点和流向的文字说明。

(5) 颜色:用于区分不同的类别或属性,增强图表的视觉效果和可读性。

3. 数据地图

数据地图(data map)是一种将地理信息与数据相结合的图形设计技术,它不仅可以展示出数据的地域分布特点,还能揭示出数据之间的空间关系和模式。这种可视化形式通过地图上的点、线、面等元素,以及它们的分布、密度和变化,直观地反映出数据的空间特征和变化趋势,被广泛应用于生态监测、交通流量分析、公共安全风险评估等领域。例如,图 2-33 展示了某公司客户数量地图。

数据地图由以下几个基本要素组成:

(1) 地理底图:包括地图形状、地形地貌和交通网络等信息。其中,地图形状是数据地图的基础框架,展示了特定区域的地理轮廓。

(2) 数据图层:是与空间位置相关的具体数值或描述性信息,如人口数量、气温、销售额等,是数据地图展示的核心内容,用于体现不同位置的特征和差异。

(3) 符号:用点、线、面等符号以及自定义图标代表不同类型的数据或地理对象。

(4) 颜色:颜色的深浅、冷暖等变化,可以直观地展示数据的分布、密度或强度。例如,在热力图中,颜色的深浅变化可以用来表示交通拥堵的程度或人口分布的密集度。

(5) 透明度:通过调整数据展示的透明度,使底层地理信息或其他数据能同时显示。

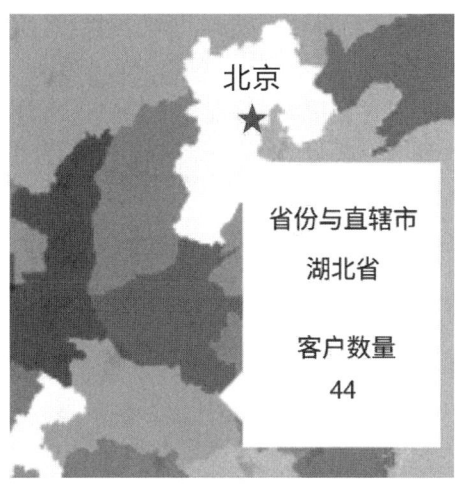

图 2-33 某公司客户数量地图

二、视觉设计

视觉设计,是通过图形、图表等视觉元素将数据转化为直观、易理解的形式的过程。视觉设计不仅关注数据的准确表达,还注重美学运用,利用合理的布局和颜色搭配等调整用户的注意力,增强图表的可读性,从而引导用户进行正确的分析和判断,辅助决策和知识发现。

(一)设计原则

世界著名设计师罗宾·威廉姆斯(Robin Williams)在其著作《写给大家看的设计书》中,提出了非常有名的四个设计原则,即对比(contrast)、重复(repetition)、对齐(alignment)和亲密性(proximity)。这些设计原则同样适用于页面、仪表板等可视化布局设计。

1. 对比原则

基本思想:尽量避免页面元素过于相似。若元素(如字体、颜色、大小、形状、空间分布等)存在差异,就应让它们形成鲜明对比。打造引人注目的页面,对比往往是关键因素。

在数据可视化分析中的应用:利用颜色、大小、形状等视觉元素的对比,突出显示重要数据或组件,引导用户视线聚焦关键信息。例如,用醒目的颜色标记异常值,或者强调重要趋势线,帮助用户快速抓住数据的核心要义。

2. 重复原则

基本思想:重复是确保一致性的有效方式。审视当前已有的重复元素,如项目符号、字体、线条、颜色等,思考能否进一步突出其中某个元素,使其成为关键的重复元素。重复还有助于加深用户对设计的认知。

在数据可视化分析中的应用:重复运用视觉元素,能够建立视觉上的统一性与连续性,加深用户对数据可视化内容的整体印象。例如,在设计仪表板时,保持色彩搭配和字体风格的一致性,能让各个板块协调统一,提升信息传达效率。

3. 对齐原则

基本思想:需要对页面的每个元素予以关注,确保页面风格统一。将每个元素与其他元素的某一边界对齐,在形成显著、稳定的对齐效果后,再酌情打破规则,为设计增添独特性。

在数据可视化分析中的应用:有序排列各类视觉元素至关重要。通过对齐组件、文本、图表等元素,能构建视觉上的统一秩序,让数据可视化成果呈现出整洁、规整的视觉效果,提升用户的阅读体验。例如,将多个图表的标题、图例和轴标签对齐,能够强化图表间的关联性,方便用户对比分析数据,更高效地获取关键信息。

4. 亲密性原则

基本思想:若各项之间存在关联,就将它们归为一组,拉近彼此距离,建立紧密联系;而相互之间没有直接关联的内容,则应分开。通过设置不同间隔,直观体现各项之间的亲疏程度以及关系的重要性。

在数据可视化分析中的应用:将相关的数据和组件在视觉上紧密排列,以此彰显它们之间的内在联系。例如,将相互关联的数据指标、图表以及对应的说明文字整合在一起,构成一个清晰的视觉单元,有助于用户快速理解数据之间的关系。

(二)排版布局

制作由图形、图表等多种视觉元素构成的页面或仪表板时,合理的排版布局显得尤为重要。排版布局,是指将数据图形、图表和其他视觉元素以特定方式排列和组织的过程,旨在更好地传达信息、提高数据理解和决策效率。数据可视化的排版布局分类主要包括以下几种。

1. F 布局

F 布局,类似于报纸或文章的排版,是基于用户阅读习惯,从上到下、从左到右浏览内容,形成类似 F 的形状。数据可视化可以借鉴这种 F 布局思路,将数据概要放在左侧,随后的详情可视化数据位于右侧,此布局方式有助于用户先了解概要信息,再进一步查看详细数据,引导用户以高效的方式浏览数据,如图 2-34 所示。

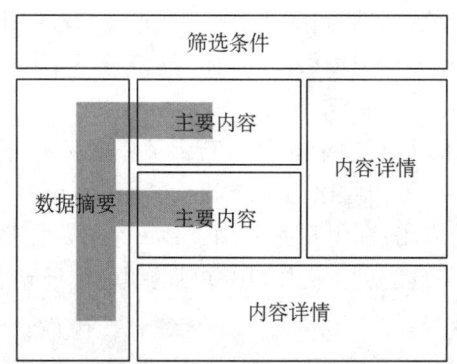

图 2-34 F 布局

(1)筛选区:可以设置在页面或仪表板的顶部区域,便于用户聚焦特定的数据子集,使展示的主要内容及详情更贴合分析需求,提升数据查看和分析的针对性与效率。

(2)数据摘要区:类似 F 型的左侧竖线,页面或仪表板的左侧区域放置数据摘要。这里应呈现最重要、最关键的数据或指标,比如关键业绩指标(KPI)、总览图表或实时更新的重要数据等,便于用户快速获取核心信息。

(3)主要内容及详情展示区:类似 F 型的下半部分,页面或仪表板的中央和右侧区域作为主要内容及详情展示区。中央区域可放置主要内容,如重要的图表、关键数据模块等,突出核心业务信息;右侧区域用于呈现内容详情,包括详细的图表分析、数据面板、数据地图等,展示具体业务数据、趋势分析、地理分布等信息,便于用户深入了解数据细节。

2. Z 布局

Z 布局,是一种常见的布局模式,因其视觉流动轨迹类似字母"Z"而得名。它通过合理安排元素的位置和顺序,引导用户视线按照从左到右、从上到下的"Z"字形路径自然移动,有助于用户关注页面或仪表板上的重要信息和关键元素。如图 2-35 所示。

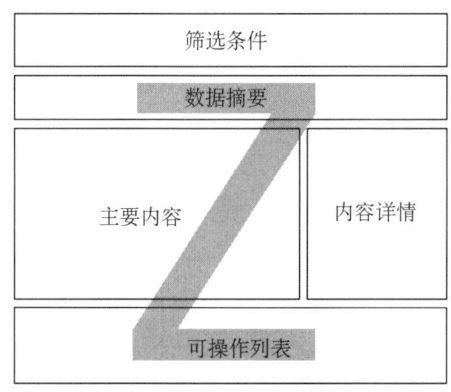

图 2-35 Z 布局

(1)筛选区:通常设置在页面或仪表板的数据摘要区附近,比较显著的位置。用户可通过自身需求对展示的数据进行过滤和筛选,例如按时间范围(年、月、日)筛选,按类别(产品类别、业务部门等)筛选,或按数值区间(销售额范围、数量范围等)筛选。

(2)数据摘要区:设置在页面或仪表板的上部区域,放置最关键的数据指标或概览信息,如关键业绩指标(KPI)、总览图表或实时更新的重要数据等,吸引用户注意力。

(3)主要内容及详情展示区:设置在页面或仪表板的中间主体区域,逐步引导用户深入探究数据。其中,主要内容区域用于展示关键图表、核心数据模块等;内容详情区域用于展示详细的数据图表、分析解读等。

(4)可操作列表区:位于页面或仪表板的底部,主要包含操作按钮、数据总结等,作为用户浏览路径的一个阶段性终点,方便用户进行相关操作或获取总结性信息。

3. 并列布局

并列布局,以并排方式展示多个数据集或不同视角的数据,便于用户左右或上下扫描信息,对比不同数据模块之间的信息,发现数据间的关联性和差异性。通过并列展示,用户可以直观地比较不同时间、地点或条件下的数据变化,如图 2-36 所示。

页面或仪表板被划分为多个并列的区域,每个区域展示一个独立的数据模块或视图。这些区域在水平或垂直方向上排列,形成并列布局,使用户能够同时看到多个数据集。并列布局具有良好的可扩展性,用户可以根据数据量和展示需求,增加或减少展示区域,灵

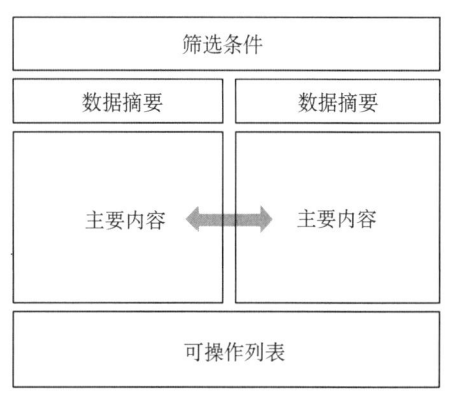

图 2-36 并列布局

活地调整每个区域的尺寸和排列方式。

4. 主次布局

主次布局,是一种注重信息层级和优先级的布局方式。它将主要的数据和信息(即主要指标)放置在页面或仪表板的显著位置,次要的数据和信息(即次要指标)则要被弱化视觉冲击力,旨在通过视觉设计引导用户快速关注主要的数据和信息,如图 2-37 所示。

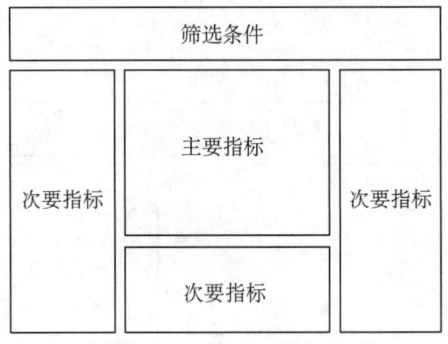

图 2-37 主次布局

明确页面或仪表板的展示目的和核心指标,建立清晰的信息层级结构,将页面或仪表板划分为不同的区域,每个区域对应一个或一组相关的数据模块或信息集。其中,主要区域,如中央或上方区域用于展示主要指标;次要区域,如周边或下方区域用于展示次要指标。

5. 平均布局

平均布局,以平铺的方式全面展示多个重要性相当的数据模块或信息集,确保每个数据模块或信息集都能得到充分的展示和关注。通过合理安排每个区域的内容,使页面或仪表板整体看起来和谐统一,便于用户全面了解不同方面的数据,如图 2-38 所示。

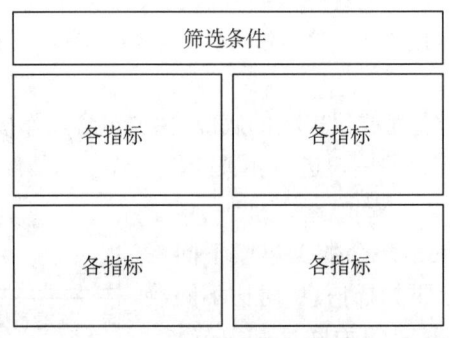

图 2-38 平均布局

将页面或仪表板划分为几个相等大小的区域,每个区域用于展示不同的指标。平均布局注重空间的均衡分配,由于指标之间不存在主次关系,强调指标的平衡展示。

以上排版布局各有特点,在实际应用中需要根据具体需求和场景选择合适的布局方式,以实现最佳的数据可视化效果。无论采用哪种布局方式,都应注重保持视觉上的统一性和协调性,确保用户能够轻松、快速地理解和分析数据。

(三)色彩搭配

色彩,是指在数据可视化过程中,通过运用不同的颜色来表达、区分和强调数据信息的一种视觉元素。色彩搭配在数据可视化中起着重要的作用。例如,色彩会引导用户的注意力运动,较强的冲击力容易给用户留下深刻的印象。色彩的运用和搭配决定了数据可视化的展现效果,科学的色彩搭配不仅能提升视觉美感,还能增强信息的可读性和层次感。

色彩可以分为两大类,即无彩色和有彩色。其中,无彩色是指通常所说的黑、白、灰;有彩色是指除无彩色之外的颜色。色彩的三要素是指色相、明度和饱和度(纯度)。数据可视化可以利用色彩的三要素来优化视觉效果。

1. 色相

色相,是色彩的首要特征,是指区别各种不同色彩的最准确的标准。色相又称色调,是色彩的名称或种类,由光的波长的长短差别所决定。常见的色相包括红、橙、黄、绿、蓝、紫等,如图2-39所示。数据可视化可以利用不同的色相来区分不同类型的数据或指标,使用户一目了然,如使用红色表示警告或高风险,蓝色表示正常或低风险。

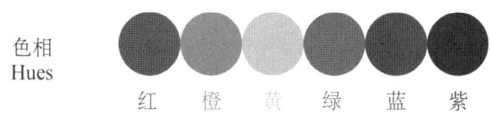

图2-39 常见的色相

2. 明度

明度,是指色彩的明暗程度,是表现色彩层次感的基础。在无彩色系中,白色明度最高(10),黑色明度最低(0),在黑白之间存在一系列灰色,靠近白的部分称为明灰色,靠近黑的部分称为暗灰色;在有彩色系中,掺入白色时明度提高,掺入黑色时明度降低,不同明度的蓝色如图2-40所示。数据可视化可以利用色彩的明度变化来创建层次感,使数据仪表板更加立体和丰富;利用高对比度的颜色搭配,提高数据的可识别性和准确性。

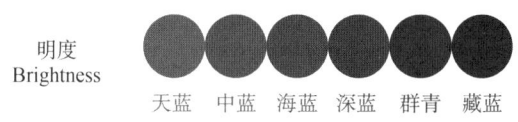

图2-40 不同明度的蓝色

3. 饱和度(纯度)

饱和度又称纯度,是指色彩的纯净程度,即色彩的鲜艳程度或深浅程度。饱和度越高,色彩越鲜艳饱满;反之则越暗淡,越接近灰色。有彩色的各种色都具有饱和度,无彩色的色的饱和度为0,不同饱和度的蓝色如图2-41所示。数据可视化可以通过调整色彩饱和度突出重要数据,如利用高饱和度颜色强调关键信息,但要避免大面积使用,以防造成视觉压迫。

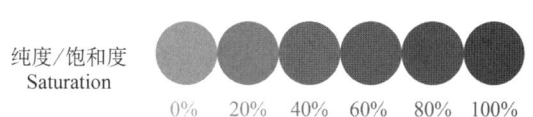

图2-41 不同饱和度的蓝色

可见，合理运用色彩的三要素可以在保持数据可视化整体视觉风格统一的基础上，突出重要数据、增强层次感、提高数据可读性，从而优化数据可视化的视觉效果。

三、交互设计

交互设计，是指通过图形、图表和交互手段，使用户能够与数据进行实时互动，从而更深入地理解和分析数据的过程。交互设计使数据可视化不再局限于静态的图表展示，而是成为一个动态、互动的数据探索和分析工具，大大改善了用户体验。其中，交互手段决定了用户与数据的互动方式，主要包括以下几类：

（1）点击交互：用户通过点击图表中的元素（如数据点、图例、按钮等）来获取详细信息、触发操作或导航到其他视图。

（2）滚动交互：用户可以通过滚动鼠标或页面来改变数据的展示方式或查看更多数据。

（3）拖拽交互：用户可以通过拖拽图表中的元素（如时间轴、图表元素、滑块等）来调整图表的显示方式、顺序或范围，实现快速筛选和对比。

（4）缩放交互：用户可以通过缩放图表或地图来改变数据的展示粒度，以便更详细地查看数据或获取不同视角的信息。

（5）悬停交互：用户将鼠标悬停在图表元素上时，会显示相关信息或详细数据，帮助用户更好地理解数据。

（6）筛选交互：允许用户通过选择特定的条件（如通过下拉菜单、多选框、滑块等控件）来过滤数据，从而只显示符合条件的数据子集。

（7）联动交互：当用户在某个图表中进行操作时（如选择某个区域、数据点或时间段），其他相关的图表会同步更新，以展示相关联的数据变化，帮助用户理解数据之间的关系。

（8）钻取交互：用户可从汇总或高层次的数据出发，通过点击、滚动等操作，深入到更详细或低层次的数据中进行探索和分析，有助于用户更全面地了解数据的上下文和详细信息。

总之，交互设计允许用户通过点击、拖动、缩放等操作，实时调整数据视图的呈现方式，以便从不同角度审视数据；支持用户通过数据筛选、联动、钻取等功能，深入探索数据背后的模式和趋势，发现隐藏的信息；提供即时的视觉反馈，使用户能够了解交互操作对数据展示产生的影响，增强用户对数据的掌控感。

第六节 数据分析报告

一、数据分析报告的概念和作用

数据分析报告，是指以数据为基础，通过科学的分析和可视化技术，将复杂的数据转化为易于理解、具有实际指导意义的信息，以便决策者能够快速、准确地了解和掌握数据的内涵和价值，通常包含对数据的收集、处理、分析过程以及得出的结论和建议。数据分析报告是对数据可视化分析成果的系统总结与集中呈现，是完成数据可视化分析的最后一步。

数据分析报告主要具有以下作用：

（1）解析分析过程：报告详细记录了数据分析方法与步骤，不仅助力用户理解数据处理流程,还有助于用户发现潜在错误、改进分析方法,推动分析流程持续优化。

(2)展示分析结果:借助图形、表格等形式,报告直观呈现了数据分析的结果,使复杂的数据变得易于理解。

(3)为决策者提供决策支持:基于数据分析结果,报告为决策者提供了有价值的信息和洞见,助力决策者做出更明智、以数据为导向的决策。

二、数据分析报告的类型

数据分析报告按内容深度和时间周期分为日常数据通报、专题分析报告和综合分析报告。

(一)日常数据通报

日常数据通报是时效性最强的一种数据分析报告,以定期数据分析报表为依据,及时反映业务计划执行情况。此类报告旨在通过数据揭示业务运营中的现状、问题、原因及趋势,为决策者提供实时、准确的信息支持,以便于及时调整策略、优化资源配置,一般应用于广告投放、库存管理、客户服务等数据通报。日常数据通报一般按每日、每周或每月进行报送。

(二)专题分析报告

专题分析报告是一种对特定主题或问题进行深入研究和分析的数据分析报告。此类报告旨在通过对相关数据的收集、整理和分析,为决策者提供制定政策或解决问题的依据,一般应用于消费者行为研究、生产效率分析、员工满意度调查等专题分析。专题分析报告一般为不定期的专项分析,内容集中且目标明确。

(三)综合分析报告

综合分析报告又称全面分析报告,是全面评价一个单位、部门业务或其他方面发展情况的数据分析报告。此类报告旨在从宏观分析着眼,对一个复杂的主题或业务领域进行系统、全面的分析,为决策者提供全面的信息和有价值的见解,一般应用于企业战略规划研究、企业绩效评估等综合分析。综合分析报告一般具有固定的时间节点,如季末、半年末或年末。

三、数据分析报告的一般结构

数据分析报告一般为"总—分—总"结构,即总述部分主要包括封面、目录和引言;分述部分主要包括数据来源与预处理、数据展示与解读;总结部分主要包括结论与解释、建议与决策支持、附录与参考资料,如图2-42所示。

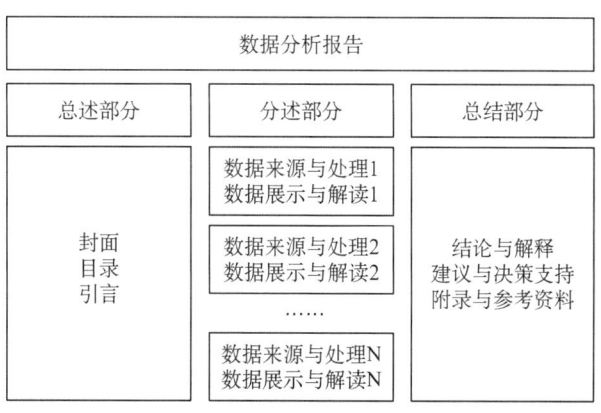

图2-42 数据分析报告的一般结构

（一）封面

封面，是数据分析报告的第一页，提供了报告标题、作者、日期等基本信息。封面应与报告的整体风格一致、设计简洁大方、信息简单明确。其中，报告标题，简洁明了地概括报告的主题和内容，如"2024年Q1销售数据分析报告"；为进一步说明报告的具体范围或目的，可以增加副标题，如"基于市场趋势与消费者行为的深入分析"。作者，列出报告的主要作者或负责团队，如"数据分析部"或"张三、李四联合撰写"。日期，标注报告的完成日期或提交日期，如"2025年4月16日"。

（二）目录

目录，是数据分析报告的重要组成部分，按照报告内容的顺序和层次，清晰地列出各部分的标题及对应页码，提供一个结构清晰的导航。通常在页面顶部居中放置"目录"二字，以明确这一页的功能；列出报告的主要章节和子章节标题，以及它们对应的页码。为确保标题的层次结构清晰，通常使用不同的缩进或编号来表示层级关系。

（三）引言

引言，是数据分析报告的开篇部分，主要提供报告的研究背景、目的与意义、分析思路等。引言应能够激发阅读兴趣，并为全面阅读报告奠定基础。

1. 研究背景

介绍必要的背景信息，以帮助读者更好地理解报告的背景和上下文。例如，简要描述数据分析所涉及的业务领域和行业环境；说明引发数据分析的具体事件或问题等。

2. 目的与意义

阐述报告的主要目的，即数据分析旨在解决的问题、达到的目标或期望获得的结论；阐述此项数据分析的重要性和紧迫性，及其对业务、研究或决策产生的影响。

3. 分析思路

在数据分析报告中，指标是体现分析思路的关键要素。合理选择和运用指标，可以清晰地展示分析逻辑和分析框架。

（1）明确关键指标：在明确分析目的的基础上，选择能够反映问题本质的关键指标。这些指标应具有代表性、可量化、易获取且能够直接或间接说明问题。

（2）阐述指标定义与计算方法：对于每个选定的指标，需要清晰地阐述其定义和计算方法。这有助于读者理解指标的内涵和外延，确保分析的一致性和可比性。

（3）展示指标间的逻辑关系：分析思路中需要展示各指标间的逻辑关系。这有助于读者理解各指标如何相互作用、共同反映问题本质。

（四）数据来源与处理

介绍数据分析所使用的数据来源渠道，如企业内部数据库、外部调研数据、第三方机构提供的数据等，这有助于读者评估数据的可靠性和权威性；阐述数据清洗与整理的过程，这有助于读者评估数据的准确性和一致性。

（五）数据展示与解读

介绍并使用描述性统计、相关性分析、回归分析、聚类分析等方法进行数据分析，同时解释选择这些方法的原因及其适用性；利用图形、表格等直观方式展示数据分析的主要结果，包括数据分布、趋势、关联性等；对数据变化的趋势、异常值、关联性等进行深入探讨。

(六)结论与解释

基于数据分析结果,总结报告的主要发现和见解,尤其要强调那些对业务决策产生直接影响或具有重大意义的发现;将分析发现与具体业务场景紧密关联,并与历史数据或行业标准进行对比,解释分析结论背后可能的业务原因。

(七)建议与决策支持

基于分析结论,提出具体可行的决策建议,这些建议应直接针对分析中发现的问题或机会。如果有多条建议,根据紧迫性和重要性进行排序,帮助决策者确定优先处理的事项。简要描述实施这些建议的可能路径和步骤,以及预期的成果和效益。

(八)附录与参考资料

附录,提供正文中涉及而未予阐述的有关资料,如专业名词解释、计算方法、重要原始数据等,以便读者深入了解数据分析的细节;参考资料,列出参考的文献、资料或数据来源。

四、数据分析报告的撰写原则

(一)规范性原则

规范性原则,是指在撰写数据分析报告时,需遵循一定标准与规范,以此保证报告内容准确、一致、可读,可提升报告质量、增强可信度,促进信息有效交流传播。具体内容如下。

1. 格式规范

(1)结构清晰:报告通常含标题、目录、引言、正文、结论与建议、附录等部分,各部分内容明确、层次分明,便于读者把握主旨与结构。

(2)图表编号统一:对报告图表统一编号,如"图1""表2",并在正文中准确引用。

(3)字体字号一致:采用宋体、黑体等常用字体,依内容合理设置字号,如标题用较大字号突出显示。

2. 语言规范

(1)用词准确:用精准词汇阐述分析结果与结论,避免模糊表述,如描述数据增长应用"增长了××%"。

(2)语句通顺:语句表达流畅,无语法错误与错别字,保证语言准确规范。

(3)专业术语恰当:根据报告的受众和分析内容,合理使用专业术语,且规范统一、前后一致。必要时对专业术语进行解释,确保读者正确理解。

3. 数据规范

(1)来源可靠:明确说明数据来源,保证其真实可靠。使用外部数据时,应注明数据来源的权威性和可信度。

(2)处理准确:运用科学合理的方法处理数据。例如,数据分析时应选择合适的分析方法和模型。

(3)呈现恰当:采用合适的图表呈现数据,使其更加直观清晰。图形应具有明确的标题和标注,坐标轴、图例等要素应完整。

4. 引用规范

(1)参考文献完整:引用其他文献资料时,在报告末尾按学术规范或行业标准列出全部参考文献。

(2)内部引用准确:引用报告内部内容时,在文中准确标注,如"见上文第××页"或"如图××所示"。

(二) 重要性原则

重要性原则,强调撰写数据分析报告时要突出关键信息与核心问题,确保分析成果的有效性和针对性,使报告更加聚焦、更有价值。具体内容如下。

1. 明确核心问题

(1) 确定关键目标:分析前需明确数据分析的核心目标,如解决业务问题、评估项目效果、发现市场趋势等,以便后续分析聚焦重点。

(2) 识别关键指标:依据核心目标,优先选取对业务影响大、能反映问题本质的指标进行分析,这些指标通常与企业战略、经营计划或市场趋势紧密相关。

2. 突出重点内容

(1) 筛选重要数据:在大量数据中,筛选出对核心问题有重要影响的数据进行深入分析,避免堆砌无关数据,分散读者注意力。

(2) 强调关键发现:在报告中重点突出对核心问题有重大影响的发现和结论,可以通过加粗、变色、单独列出等方式加以强调,让读者快速抓住重点。

(3) 提供关键建议:基于重要的分析结果,围绕核心问题,提出针对性强、具有可操作性和实际价值的建议。

3. 合理安排结构

(1) 主次分明:报告结构按重要性排序,将核心问题和关键发现置于开头和重要位置,次要内容可以放在后面或附录中。

(2) 逻辑清晰:确保报告内容逻辑连贯,各部分围绕核心问题展开,避免内容混乱影响读者对重要内容的理解。

(三) 谨慎性原则

谨慎性原则,要求在撰写数据分析报告时,始终保持高度的责任心和严谨性,以此确保报告数据真实完整、分析过程科学合理、结论可靠有效。具体内容如下。

1. 数据收集与处理

(1) 确保数据来源可靠:收集数据时,应选取官方统计机构、正规数据库、经过验证的企业内部系统等权威渠道,对来源不明或可靠性存疑的数据要审慎使用,防止影响分析结果的准确性。

(2) 严格数据清洗:仔细清洗收集的数据,去除异常值、错误数据和重复数据。处理时要谨慎判断数据的取舍,避免误删重要信息,同时记录数据清洗的过程和方法,方便后续审查和验证。

2. 分析与结论

(1) 合理选择分析方法:依据数据特点和分析目的筛选适宜的分析方法,并充分考虑其局限性与适用范围。

(2) 客观分析数据:秉持客观中立的态度,全面、客观地考量所有数据,从中得出合理结论。

(3) 考虑多种可能性:要分析不同因素对结果的影响以及可能存在的其他解释,切勿轻易得出唯一结论。

(4) 谨慎表述结论:报告结论的语言需严谨,避免使用过于绝对或夸张的表述。可以使用

"可能""倾向于""在一定程度上"等词汇体现结论的不确定性。同时,要明确指出结论的适用范围和局限性。

3. 风险提示与建议

(1) 识别潜在风险:分析过程中,需留意识别潜在风险因素并在报告中予以提示。例如,市场变化、政策调整、竞争对手动态等,均可能影响分析结果,要对这些风险进行评估与说明。

(2) 提出谨慎建议:依据分析结果提建议时,要充分考虑风险因素,给出谨慎且可行的建议。同时,要说明建议实施可能面临的困难与挑战。

(四) 创新性原则

创新性原则,要求数据分析报告撰写既遵循传统的分析方法与框架,又勇于尝试新思路、新方法和新工具,提高数据分析的准确性与效率,推动业务的发展与创新。具体内容如下。

1. 分析方法创新

(1) 尝试新工具与技术:持续探索并运用新的数据分析软件、算法和模型,获取更深入、准确的分析结果。例如,借助人工智能和机器学习算法开展预测分析。

(2) 结合多种分析方法:不局限于单一分析方法,尝试将不同方法结合,发挥各自优势。例如,将定量分析与定性分析结合,或者将时间序列分析与回归分析结合使用,以全面地理解数据。

2. 分析视角创新

(1) 多维度审视问题:突破传统思维模式,从新视角剖析数据,为问题解决提供全新方案。

(2) 关注新兴动态:紧跟行业发展步伐,关注新兴领域与趋势,将其融入数据分析。例如,分析新兴技术对业务的影响,或者研究新兴市场的机会和挑战。

3. 内容创新

(1) 提出独到见解:报告不应仅呈现数据,更要深入分析,提出具有前瞻性和启发性的独特观点,为读者开拓新思路。

(2) 引入案例故事:借助行业内的成功经验或失败教训的实际案例与故事,让报告更生动,引发读者共鸣。

4. 呈现形式创新

(1) 打造独特风格:在报告排版、图表设计和色彩搭配等方面创新,营造独特的视觉效果。采用简洁布局、创意图表和引人注目的色彩,提升报告的可读性与吸引力。

(2) 融入多媒体元素:除文字和图表外,运用图片、视频、音频等丰富报告内容。例如,通过视频展示分析过程与结果,或用音频讲述案例故事,带给读者全新阅读体验。

思 考 题

1. 请举例说明不同类型的数据(如结构化数据、半结构化数据、非结构化数据)在实际业务场景中的应用,并阐述其特点。

2. 大数据具有哪些特点?这些特点对数据可视化带来了哪些挑战和机遇?请举例说明。

3. 简述数据可视化分析流程的各个步骤,并说明在每一步骤中可能会用到的工具和技术。

4. 商业数据、互联网数据和传感器数据各有哪些获取途径？其获取过程中需要注意哪些要点？

5. 数据清洗过程中通常会遇到哪些问题？请列举至少三种数据清洗的方法，并说明其适用场景。

6. 数据集成的目标是什么？阐述数据集成过程中可能遇到的数据源异构问题及解决方法。

7. 数据归约有哪些常用技术？这些技术如何在不损失数据主要特征的前提下减少数据量？

8. 请举例说明数据变换在数据分析中的作用，如数据标准化、归一化等操作的应用场景。

9. 解释数据粒度的概念，并说明在维度建模中如何选择合适的数据粒度。

10. 对比事实表和维度表的区别，分别列举至少三个事实表和维度表的常见属性。

11. 分析维度建模中一对一、一对多和多对多关系的特点，并举例说明在实际业务中如何处理这些关系。

12. 比较星型模型、雪花模型和星座模型的优缺点，并指出在何种情况下适合选择哪种模型布局。

13. 当展示数据间比较关系、构成关系、联系关系和分布关系时，分别适合选择哪些图形？请举例说明其选择的依据。

14. 阐述数据可视化的视觉设计原则，如简洁性、一致性、对比度等原则在实际设计中的应用方法。

15. 排版布局和色彩搭配如何影响数据可视化的效果？请结合实例进行分析。

16. 举例说明有哪些交互设计的方式，及其在数据可视化中的作用及实现方式。

17. 简述数据分析报告的含义和作用，并分析其在企业决策流程中的地位。

18. 比较日常数据通报、专题分析报告和综合分析报告的特点和区别，各举一个适合的应用场景。

19. 详细说明数据分析报告一般结构中每个部分的内容和撰写要点，例如，引言部分如何引起读者兴趣。

20. 解释数据分析报告撰写的规范性、重要性、谨慎性和创新性原则的具体含义，并举例说明如何在报告中体现这些原则。

第三章
基于商业智能的数据可视化分析

知识目标

1. 知悉数据可视化分析工具的种类及特点,充分理解商业智能工具的综合优势。
2. 精准掌握商业智能数据可视化分析的分类体系,透彻理解描述性分析、诊断性分析、预测性分析和指导性分析各自的内涵与应用。

能力目标

1. 能够依据数据分析需求,精准判断并筛选出适合的数据可视化分析工具。
2. 熟练运用 Power BI Desktop,独立自主完成从数据获取、清洗、建模,到创建可视化报表的全流程操作。

素养目标

1. 培养数据驱动的决策意识,养成依靠数据进行分析和决策的思维习惯。
2. 提升数据敏感度和信息整合能力,能够敏锐捕捉数据中的关键信息,并将其整合为有价值的可视化内容,从而提高对数据信息的整体把控能力。

思政园地

近年来,党中央、国务院高度重视创新驱动发展,相继出台了一系列重大政策举措。在中共中央、国务院印发的《国家创新驱动发展战略纲要》中,明确提出了创新驱动发展的总体目标,即到 2020 年进入创新型国家行列,2030 年跻身创新型国家前列,2050 年建成世界科技创新强国。这一宏伟蓝图不仅体现了国家对科技创新的高度重视,也彰显了我国在全球创新格局中谋求领先地位的决心。党的二十届三中全会审议通过的《中共中央关于进一步全面深化改革、推进中国式现代化的决定》明确提出,构建支持全面创新体制机制,强调深入实施科教兴国战略、人才强国战略、创新驱动发展战略,统筹推进教育、科技、人才体制机制一体改革,旨在提升国家创新体系整体效能。

商业智能不仅是国家创新驱动发展战略在经济社会领域的具体实践,同时也有力地支撑了这一战略的实施。在智能制造、智慧金融、智慧城市等领域,商业智能可视化技术在数据洞察方面正发挥着越来越重要的作用。例如,在智能制造领域,通过可视化分析生产线上的实时数据,企业能够及时发现生产过程中的问题和瓶颈,优化生产流程,提高产品质量和生产效率;在智慧金融领域,商业智能可视化技术可以实时分析和控制各类金融风险、监测市场动态和趋势、优化投资策略,帮助金融机构和投资者做出更加明智的决策;在智慧城市建设中,商业智能可视化技术可以帮助城市管理者更好地掌握城市运行状况,优化资源配置,提升城市管理水平和公共服务质量。

请思考以下两个问题:

1. 在国家大力倡导创新驱动发展的背景下,作为一名学生,你将如何在学习生活中积极树立创新意识,培养创新能力,为将来投身国家创新发展贡献力量?

2. 商业智能在智能制造、智慧金融、智慧城市等领域广泛应用,我们在运用商业智能工具进行数据可视化分析时,如何从国家创新驱动发展战略的高度出发,进一步挖掘数据价值,助力相关领域实现更高水平的创新发展?

思维导图

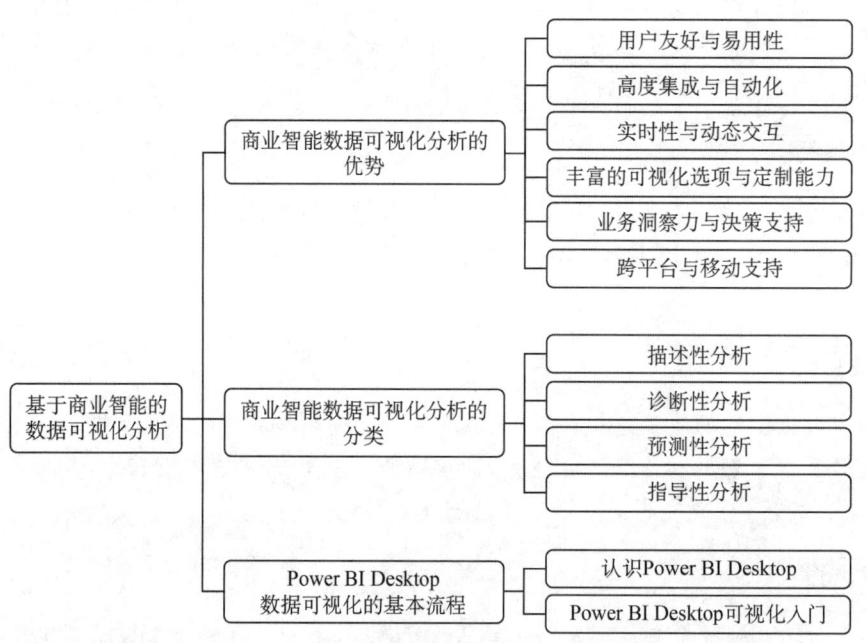

第一节 商业智能数据可视化分析的优势

Power BI、Tableau 和 Fine BI 等商业智能工具在数据可视化分析方面同时具备用户友好与易用性、高度集成与自动化、实时性与动态交互、丰富的可视化选项与定制能力、业务洞察力与决策支持以及跨平台与移动支持等优势。

一、用户友好与易用性

商业智能工具的设计注重用户体验,通常提供直观的图形用户界面(graphical user interface,GUI),使得非技术背景的用户可以通过拖拽等方式轻松创建复杂的报表和仪表板,无需编写复杂的代码。它们通常包含预设的模板和图表类型,用户只需简单配置即可生成专业级的报表和仪表板。

以下为其他数据可视化分析工具在此方面的表现:

(1)办公工具:Excel 在用户友好与易用性方面表现出色。其直观的界面设计、丰富的功能、简便的操作以及强大的兼容性都使得其成为一款广受欢迎的电子表格软件。无论是初学者还是专业用户,都能够轻松上手并高效地使用 Excel 进行数据处理和可视化分析。

(2)编程工具:Python、R 语言等拥有丰富的数据分析库,需要用户具备一定的编程基础,通过编写代码来实现数据可视化与分析。虽然对于技术用户来说非常灵活和强大,但对于非技术用户来说学习曲线较陡峭。

(3)数理统计工具:SAS、SPSS、Stata、MATLAB 等的用户界面可能相对更为专业化和技术化,对于非统计背景的用户来说可能存在一定的学习曲线。

(4)数据库工具:MySQL、Oracle、SQL Server 等关系型数据库管理系统,使用 SQL 语言作为操作界面,支持多种数据类型和数据结构,用于存储、检索和管理数据。同时,其均可通过各自的可视化工具实现可视化功能。用户需要具备一定的 SQL 编程能力,学习曲线较陡峭。对于非技术用户来说,操作可能不够直观和易用。

(5)Web 工具:ECharts、Highcharts、D3.js 等需要用户具备一定的编程基础或 JavaScript 知识。对于非技术用户来说,可能存在一定的学习曲线。

(6)特定行业或领域工具:Wind 资讯与同花顺等金融分析工具面向广大投资者,均具备用户友好与易用性特点,并强调用户体验和个性化服务,满足用户多样化的需求;ArcGIS、QGIS 等地理信息系统工具的用户界面相对专业且复杂,需要用户具备一定的 GIS 基础知识。

(7)在线工具与平台:Google 数据工作室作为免费的在线数据可视化工具,支持多种数据源和丰富的图表类型;Dycharts 是由镝数科技自主研发的一款在线数据可视化工具,旨在让用户轻松地创建高质量的数据可视化图表,而且无需编写复杂的代码。两者均具备用户友好与易用性特点。

二、高度集成与自动化

商业智能工具通常具备高度集成的能力,能够无缝对接多种数据源,包括企业内部数据库、Excel 文件、云服务等,实现数据的自动采集、清洗、整合和分析。这种集成性减少了手动操作和数据准备的时间,提高了工作效率。

以下为其他数据可视化分析工具在此方面的表现:

(1)办公工具:Excel 的数据集成能力有限,主要依赖于文件导入,数据处理和分析功能相对简单。

(2)编程工具:Python、R 语言等虽然支持多种数据源,但需要通过编写代码来实现数据的读取和处理。这对于非技术用户存在一定难度。

（3）数理统计工具：SAS、SPSS、Stata、MATLAB 等虽然支持多种数据源，但在集成性和自动化程度方面不及商业智能工具，更多地依赖于用户的手动操作和数据预处理步骤。

（4）数据库工具：MySQL、Oracle、SQL Server 等主要用于数据的存储、检索和管理。数据库仅提供数据筛选、排序、分组等简单的数据清洗和转换操作，而不能进行缺失值处理、数据标准化等更复杂的数据预处理。

（5）Web 工具：ECharts、Highcharts、D3.js 等数据整合和处理的能力相对较弱。用户需要自行准备数据，并需要使用其他工具或编程语言（如 JavaScript）来进行数据预处理。

（6）特定行业或领域工具：虽然 Wind 资讯、同花顺、ArcGIS、QGIS 等均能够对接多种数据源，具备数据预处理和强大的数据分析能力，但前两者侧重于金融领域的数据服务，后两者则专注于地理信息系统领域的数据处理与分析。

（7）在线工具与平台：Google 数据工作室和 Dycharts 均能够对接多种数据源，但在数据预处理功能方面较为有限。

三、实时性与动态交互

商业智能工具支持实时数据更新和动态交互功能，用户可以随时查看最新的业务指标和数据变化，并通过缩放、过滤、下钻等操作深入探索数据细节。这种实时性和动态交互对于需要快速响应市场变化的企业尤为重要。

以下为其他数据可视化分析工具在此方面的表现：

（1）办公工具：Excel 的实时数据更新和动态分析能力较弱。

（2）编程工具：Python、R 语言等在实时性与动态交互方面具备强大能力，技术用户可以根据具体需求选择合适的工具和库来构建实时、动态交互的数据处理和可视化应用。

（3）数理统计工具：SAS、SPSS、Stata、MATLAB 等在实时性与交互性方面不及商业智能工具，更关注数据的统计分析和建模功能，而非实时数据监控和动态交互。

（4）数据库工具：MySQL、Oracle、SQL Server 等主要关注数据存储和管理，通过配置和优化可以实现实时数据同步，利用 SQL 语句与数据库进行动态交互。

（5）Web 工具：ECharts、Highcharts、D3.js 等当与后端服务结合时，虽然支持动态交互和实时数据更新，但本身并不具备数据实时采集和更新的能力。

（6）特定行业或领域工具：Wind 资讯、同花顺、ArcGIS、QGIS 等在实时性与动态交互方面均表现出色。

（7）在线工具与平台：Google 数据工作室和 Dycharts 在实时性与动态交互方面均表现出色。

四、丰富的可视化选项与定制能力

商业智能工具通常具备丰富的可视化选项和高度定制化的能力，用户可以根据自己的需求选择图表类型、颜色、字体等设计元素，创建个性化的报表和仪表板。

以下为其他数据可视化分析工具在此方面的表现：

（1）办公工具：Excel 通过其丰富的可视化选项和强大的定制能力，为用户提供了灵活多样的数据展示和分析手段。

(2) 编程工具:Python、R 语言等提供了极高的自定义能力和丰富的可视化选项,用户通过编写代码实现复杂的数据可视化和交互效果。但要求用户具备较高的编程技能和设计能力。

(3) 数理统计工具:SAS、SPSS、Stata、MATLAB 等工具支持多种图表类型,但在可视化的丰富性和定制能力方面相对有限,因为这些工具更关注数据的统计表示。

(4) 数据库工具:MySQL、Oracle、SQL Server 等通过第三方工具,可以实现丰富的可视化选项与定制能力。

(5) Web 工具:ECharts、Highcharts、D3.js 等具备丰富的可视化选项与定制能力。

(6) 特定行业或领域工具:Wind 资讯、同花顺、ArcGIS、QGIS 等均具备丰富的可视化选项与定制能力。

(7) 在线工具与平台:Google 数据工作室和 Dycharts 均具备可视化选项与定制能力。

五、业务洞察力与决策支持

商业智能工具不仅关注数据的可视化分析,还注重将分析结果与企业的业务决策相结合。通过构建业务数据模型、设置关键绩效指标(KPIs)等方式,企业能更好地理解业务运营状况并制定有效的业务策略。此外,商业智能工具还通常提供数据挖掘、预测分析等功能,为企业的决策提供更加全面的支持。

以下为其他数据可视化分析工具在此方面的表现:

(1) 办公工具:Excel 具备一定的业务洞察力与决策支持能力。

(2) 编程工具:Python、R 语言等本身不具备业务洞察力与决策支持能力,但它们提供了强大的工具和库,用户可以根据需求自定义分析模型和算法,灵活处理复杂的数据关系和业务逻辑,进行更深入的数据挖掘和分析,为决策提供更为精确和全面的支持。

(3) 数理统计工具:SAS、SPSS、Stata、MATLAB 等工具支持数据分析和建模功能,但更关注于统计分析和科学研究领域,而非直接支持企业的业务决策过程。

(4) 数据库工具:MySQL、Oracle、SQL Server 等本身不具备直接的业务洞察力与决策支持能力,但它们是构建拥有该功能的系统的重要组成部分。

(5) Web 工具:ECharts、Highcharts、D3.js 等主要关注数据可视化本身,对于业务洞察力和决策支持的能力相对较弱。用户需要结合其他工具或方法(如数据挖掘算法、统计分析等)来获取更深入的业务洞察。

(6) 特定行业或领域工具:虽然 Wind 资讯、同花顺、ArcGIS、QGIS 等均具备显著的业务洞察力与决策支持能力,但前两者帮助用户快速获取市场信息进行投资决策,后两者则在城市规划、环境监测等领域为决策者提供科学依据。

(7) 在线工具与平台:Google 数据工作室和 Dycharts 具备业务洞察力与决策支持能力。

六、跨平台与移动支持

商业智能工具通常具备跨平台兼容性,可以在多种操作系统和设备上运行,同时支持移动端访问,使得用户可以在任何时间、任何地点查看和分析业务数据。

以下为其他数据可视化分析工具在此方面的表现:

(1) 办公工具:Excel 具备跨平台兼容性,并支持移动端访问。

(2) 编程工具：Python、R 语言等具备跨平台兼容性，可以在不同的操作系统上运行相同的代码。然而，它们并不直接支持在移动设备上运行代码。

(3) 数理统计工具：支持多种操作系统，但在移动支持方面不及商业智能工具。它们更多地作为桌面应用程序存在，对于移动办公的需求目前尚无法完全满足。

(4) 数据库工具：MySQL、Oracle、SQL Server 等具备跨平台兼容性，但直接支持移动端访问的能力有限。

(5) Web 工具：ECharts、Highcharts、D3.js 等具备跨平台兼容性，并支持移动端访问。

(6) 特定行业或领域工具：Wind 资讯、同花顺、ArcGIS、QGIS 等均具备跨平台兼容性，并支持移动端访问。

(7) 在线工具与平台：Google 数据工作室和 Dycharts 具备跨平台兼容性，并支持移动端访问。

综上所述，商业智能工具在数据可视化分析方面展现出了综合优势，这些优势使其成为企业数据分析、业务监控和决策支持等方面的有力工具。

第二节　商业智能数据可视化分析的分类

一、描述性分析

描述性分析，是对数据进行初步整理与概括的分析方法。它主要借助计算均值、中位数、标准差、频数、比例等统计量，以及绘制柱状图、折线图、饼图等图表，来描述数据的集中趋势、离散程度和分布形态等特征。作为数据分析的第一步，描述性分析为后续更深入的分析奠定基础。商业智能的以下功能常用于描述性分析。

(一) 数据计算与汇总

1. 求和、平均值、中位数等统计计算

商业智能可以对数据进行各种统计计算，涵盖求和、平均值、中位数、标准差等。这些计算结果有助于用户了解数据的集中趋势与离散程度。例如，计算某产品的平均销售价格，可以了解其市场定位和价格水平；计算销售数据的标准差，能判断销售业绩的稳定性。

2. 分组汇总

商业智能可以根据特定的维度对数据进行分组汇总。例如，按照产品类别、地区、客户类型等维度对销售数据进行分组，计算每个组别的销售总额、平均销售额等指标。分组汇总功能可以帮助企业深入了解不同维度下的数据特征，发掘潜在的业务机会和问题。

(二) 数据可视化

1. 图表生成

商业智能可以生成各种类型的图表，如折线图、柱状图、饼图、散点图等。这些图表可直观呈现数据的分布、趋势和比例关系。例如，折线图可呈现销售数据随时间的变化趋势，帮助企业了解销售业绩的波动情况。

2. 仪表盘

商业智能提供集中展示关键指标的仪表盘界面。用户可以通过一个页面快速了解企业整体运营状况，包括销售额、利润、客户数量等重要指标。仪表盘通常运用不同颜色和图标突出显示异常值或关键数据点，方便用户及时发现问题。

（三）报表生成

1. 自定义报表

商业智能支持用户根据自身需求选取特定的数据字段和指标，生成个性化报表。这些报表可依据不同维度（如时间、地区、产品类别等）进行分类与汇总。例如，企业能够生成按月份和地区划分的销售报表，从而了解不同时间段和地区的销售情况。

2. 定期报表

商业智能具备设置定期生成报表的功能，可生成日报、周报、月报等。这些报表会自动发送给相关人员，保证他们及时掌握企业的最新数据。定期报表有助于企业开展日常业务监控与决策，及时发现问题并采取应对措施。

二、诊断性分析

诊断性分析，是深入探究问题根源与本质的分析方法，旨在通过数据识别和解决特定问题，发掘潜在的改进机会。诊断性分析不仅仅关注数据的表面特征，更着力揭示数据背后的关联和因果关系，通过细致挖掘与剖析数据，找出引发特定现象或结果的原因。商业智能的以下功能常用于诊断性分析。

（一）数据钻取

1. 下钻和上钻

商业智能支持用户在汇总数据和详细数据间灵活切换。用户可以从整体销售数据逐步下钻，查看不同地区、不同产品类别的销售数据，甚至到具体销售订单，以精准定位问题所在；可以通过上钻操作，从详细数据回溯到更高层次的汇总数据，从宏观层面把握整体情况。

2. 切片和切块

商业智能具备切片和切块功能。切片是指选择特定维度值进行分析。切块是指选取多个维度值的组合进行分析。例如，仅选择特定时间段分析销售数据即为切片；同时选定特定时间段和特定地区进行分析则属于切块。这种操作方便聚焦特定业务场景，找出问题的关键因素。

（二）关联分析

1. 数据关系可视化

商业智能可以利用图表直观展示不同数据间的关系。例如，使用散点图展示两个变量之间的相关性，帮助用户判断它们之间是否存在关联。如果发现销售数量与广告投入呈正相关，便可进一步分析广告投入对销售业绩的具体影响。

2. 相关系数计算

商业智能可以计算不同变量之间的相关系数，以量化它们之间的关联程度。相关系数的取值范围在 -1 到 1 之间，绝对值越接近 1 表示相关性越强。通过相关系数计算，可以确定哪些因素对问题的影响最大，从而有针对性地进行诊断分析。

（三）异常检测

1. 自动识别异常值

商业智能运用算法，能够自动甄别数据里的异常值。例如，在销售数据中，若某个月份的销售额显著高于或低于其他月份的平均水平,该数据点便会被判定为异常值。这些异常值往往是问题的信号,需进一步剖析其成因。

2. 预警功能

一旦数据出现异常状况,商业智能会发出预警通知,以提醒用户及时关注。预警可以通过邮件、短信或仪表盘提示等方式实现,确保用户能在第一时间采取应对措施。

(四)假设分析

1. 模拟场景

用户能够在商业智能系统中设置不同的假设场景,模拟各类业务决策对数据产生的影响。例如,设定产品价格提高10%,预测销售数量和利润的变化情况。通过模拟场景能评估不同决策的可行性与潜在风险,为诊断问题提供参考依据。

2. 敏感性分析

商业智能可以对关键变量进行敏感性分析,从而了解这些变量的变化对结果的影响程度。例如,分析销售价格、成本、市场需求等因素的变动对利润的影响。敏感性分析能够明确问题的关键驱动因素,从而有针对性地进行调整和优化。

三、预测性分析

预测性分析,是一种借助历史数据、统计模型及机器学习算法,对未来事件或趋势进行预测的分析方法。预测性分析涵盖多种技术,核心是通过构建预测模型,深度挖掘与分析过往数据,探寻其中的内在规律、趋势及关系,并以此为基础对未来做出预测。商业智能的以下功能常用于预测性分析。

(一)趋势分析

1. 时间序列分析

商业智能可以对历史数据进行时间序列分析,识别数据的趋势、季节性和周期性模式。以销售数据为例,通过剖析其随时间的变化态势,企业可以预测未来的销售情况。例如,若过去数月销售数据呈稳步上升趋势,便有理由推测未来一段时间内销售仍可能延续增长。

2. 趋势线拟合

商业智能可以通过拟合趋势线预测未来数据走向。趋势线类型多样,包括线性、指数、多项式等,需依据数据特点进行恰当选择。例如,对于呈现线性增长趋势的数据,可运用线性回归拟合趋势线,再依据趋势线方程预估未来数值。

(二)预测模型

1. 回归分析

商业智能一般具备回归分析功能,用于构建因变量与一个或多个自变量间的关系模型。借助回归分析,能预测因变量在不同自变量取值时的变化。例如,构建销售金额与广告投入、市场需求等因素的回归模型。

2. 机器学习算法

部分先进的商业智能整合了诸如决策树、随机森林、支持向量机等机器学习算法。这些算法可自动从数据中学习模式与规律并展开预测。机器学习算法通常需要大量数据用于训练,以增强预测的准确性与可靠性。

(三)模拟和预测场景

1. 情景分析

情景分析是一种通过设定不同的情景假设,来评估各种可能情况下系统或事件发展趋势和结果的分析方法。它不局限于单一的预测,而是考虑多种可能的未来情景,以帮助决策者全面了解潜在的风险和机会,制定更具弹性和适应性的决策。

2. 蒙特卡洛模拟

蒙特卡洛模拟是商业智能中预测性分析的重要方法,常用于处理复杂的不确定性问题,如风险评估、项目投资分析等。蒙特卡洛模拟通过设定随机过程,大量重复模拟各种可能的情景,以获得系统行为的统计特征和规律,从而对未来情况进行预测和评估。

四、指导性分析

指导性分析,是一种基于描述性分析、诊断性分析和预测性分析成果,为决策者提供具体行动建议与方案的分析方法。指导性分析通过对特定对象、过程、现象或问题展开全面、深入且系统的研究,助力决策者更好地认识规律、理解问题、把握机遇、应对挑战,进而制定出切实可行的决策和行动计划。商业智能的以下功能常用于指导性分析。

(一)智能推荐

智能推荐功能是基于大量的数据挖掘、机器学习算法和行业经验,为企业决策提供有价值的参考,助力企业更高效地做出正确决策。部分先进的商业智能可以基于数据分析结果和预设的规则,为用户提供具体的策略推荐。例如,当销售数据表明某产品在特定地区销量欠佳时,商业智能可能建议调整该地区营销策略,如加大广告投放、开展促销活动或优化产品定位等。商业智能不仅提供策略建议,还会给出具体的行动方案推荐。例如,若推荐增加广告投放,商业智能可能会进一步建议在哪些渠道进行广告投放、如何分配投放预算以及预期的效果等。行动方案推荐可以帮助用户更有针对性地实施策略,提高决策的执行效率。

(二)决策支持仪表盘

决策支持仪表盘能够集成与整合多源数据,将销售额、利润、市场份额、客户满意度等关键业务指标,以图表、图形、数字等直观形式在一个界面上进行实时展示。商业智能仪表盘可根据用户需求定制,突出重要指标与异常情况,并支持用户通过调整参数进行情景分析,模拟不同决策场景下指标的变化,还能设置预警提示,帮助决策者快速、全面地了解业务运行状况,评估决策风险与收益,进而及时、明智地做出各种战略、营销、运营等方面的决策。

(三)数据驱动的决策流程整合

商业智能里,数据驱动的决策流程整合是助力企业科学决策的强大引擎。它先广泛收集来自企业内部各业务环节(如销售、生产、财务等系统数据)以及外部市场(如行业动态、竞品信息)的海量数据,通过严谨的数据清洗、转换和集成,将繁杂的数据梳理成有序可用的资源;接着运用高级数据分析技术,如数据挖掘、机器学习算法等,深度剖析数据,挖掘出隐藏其中的业务规律、潜在风险与机遇;这些基于数据得出的洞察会全面融入企业决策的制定、执行与评估环节,实现了从数据到决策的高效流转,全方位提升决策水平与运营效率。

第三节　Power BI Desktop 数据可视化的基本流程

一、认识 Power BI Desktop

(一) Power BI 组件

Power BI 是微软开发的商业智能工具,由多个核心组件构成,协同为用户提供强大的数据处理、分析及可视化功能。其主要组件如下:

(1) Power Query:承担数据获取与整理工作,能连接数据库、Web、文件等各类数据源,加载并转换数据,执行替换空值、新建列、表关联与表连接等数据预处理操作。

(2) Power Pivot:负责数据建模和分析。通过 DAX 引擎进行数据的建模和计算,支持创建复杂的数据模型、关系和多维数据集,能够处理大型数据集,突破 Excel 数据行数限制,提供强大的数据分析与查询能力。

(3) Power View:用于数据可视化,能生成各类交互式图表和图形,直观呈现数据。在 Power BI Desktop 中,其功能已被更强大的仪表板取代,但在早期作为 Excel 插件,为用户提供丰富的可视化选项。

(4) Power Map:是基于地图的可视化工具,以 3D 地图形式展示数据,帮助用户探索地理与时间维度的数据变化,提供沉浸式可视化体验,助力用户发现和理解复杂数据关系。

Power BI Desktop 集成了上述组件的主要功能,作为独立软件应用,用户能在同一界面内完成数据获取、整理、建模、分析及可视化全流程操作。

(二) Power BI Desktop 界面

由于 Power BI 的界面与功能会随版本更新而变化,此处介绍基于当前普遍可用的功能和界面布局。若想获取最准确、最新信息,用户可参考 Power BI 的最新官方文档与指南。Power BI Desktop 界面直观易用,支持自定义报表和仪表板,便于用户快速上手商业数据分析及可视化。其主界面简洁,由菜单栏、视图和报表编辑器三部分构成,如图 3-1 所示。

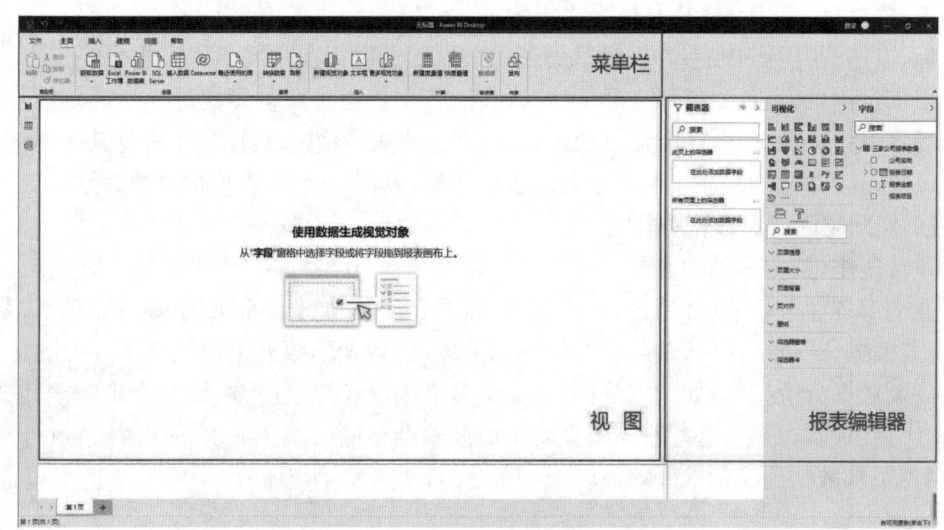

图 3-1　Power BI Desktop 界面

1. 菜单栏

顶部为菜单栏,涵盖文件、主页、插入、建模、视图、帮助等功能,用于执行数据的基本操作。

(1)"文件"菜单提供了一系列与文件管理和操作相关的功能,助力用户完成 Power BI 报表的创建、保存、发布以及管理等任务。

(2)"主页"并非传统意义的菜单项,而是将 Power BI 的相关内容和任务整合到一处,方便用户快速访问和管理。每位用户的"主页"视图具有个性化特征,会根据用户的使用习惯、角色和权限等因素来展示内容。

(3)"插入"菜单允许用户在报表中添加各种视觉元素和交互性组件。

(4)"建模"菜单是数据分析和报表制作过程中的核心功能区域,提供多种工具用于优化数据模型,确保数据准确性和分析的有效性。

(5)"视图"菜单旨在提升报表查看与分析体验,高度可定制,用户可以根据自身需求调整报表显示方式,以便更高效地分析和决策。

(6)"帮助"菜单是用户获取软件使用帮助和相关资源的入口。

2. 视图

Power BI Desktop 中有报表视图、数据视图、关系视图三种视图。

(1)报表视图:提供构建可视化图表的空白画布区域。在此视图中,可使用创建和导入的表来构建具有吸引力的视觉对象,报表可包含多个页面,并可分享给他人,如图 3-2 所示。

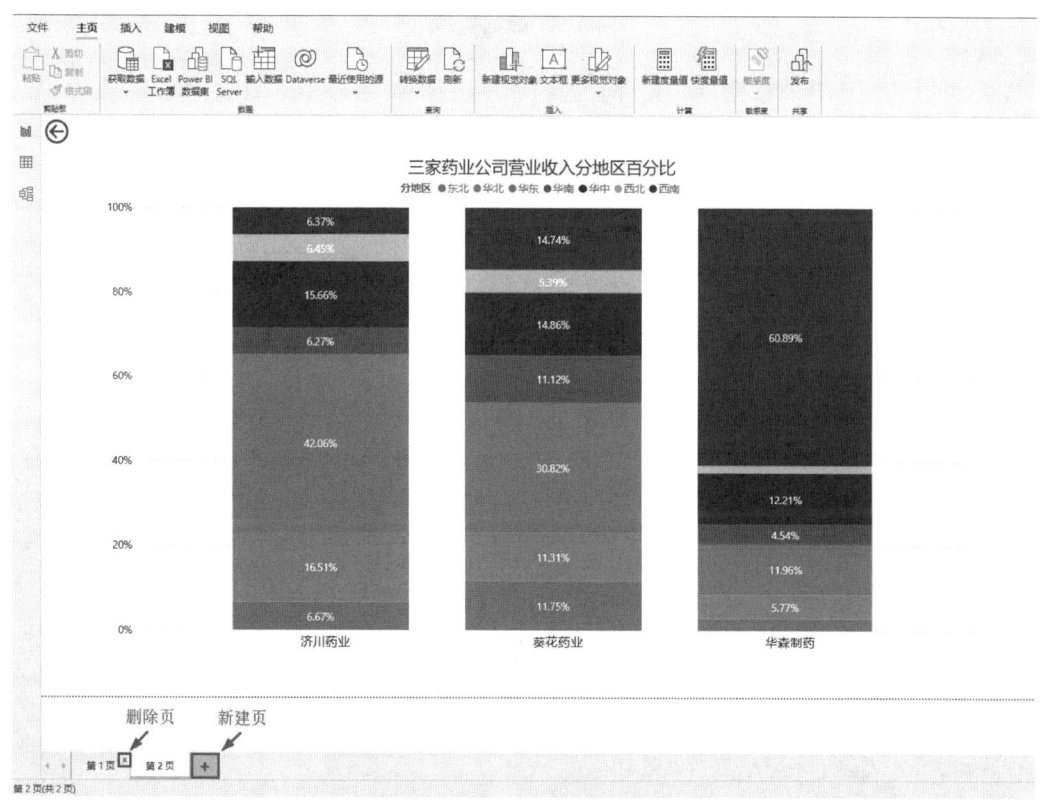

图 3-2　报表视图

单击报表视图底部的"新建页"按钮,可在报表中新建页面;单击报表视图底部页面选项卡中的"删除页",可删除选中页面。

(2) 数据视图:显示的是获取并整理后的数据,以数据模型格式查看报表中的数据,在其中可添加度量值、创建计算列,如图 3-3 所示。

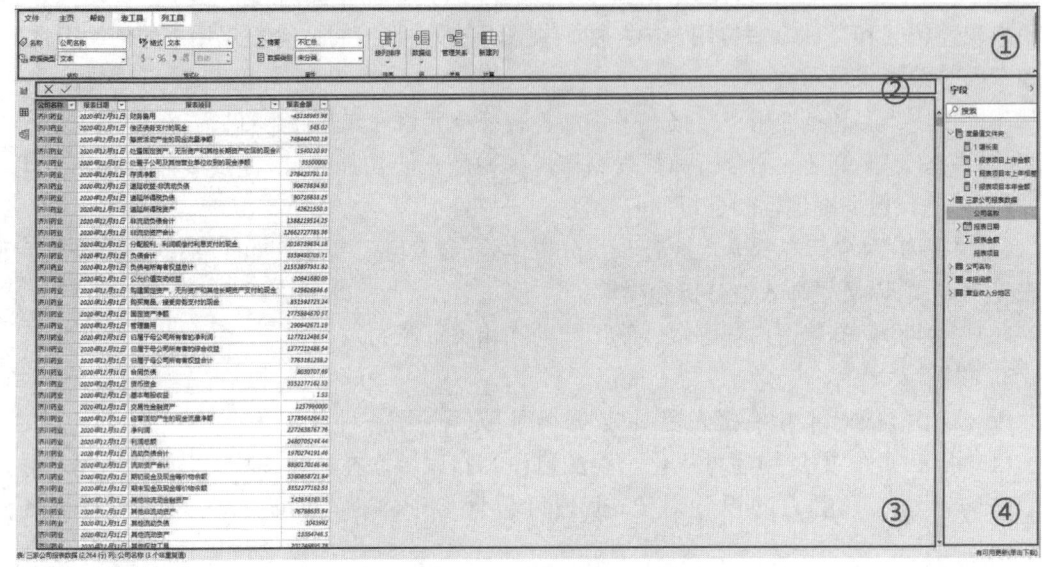

图 3-3　数据视图

① 功能区:用于获取数据、编辑查询、创建计算、管理关系等。
② 公式栏:用于输入各种表达式。
③ 数据网格:显示选中数据表的所有行和列。
④ 字段界面:显示所有的数据表及其全部字段。

(3) 关系视图:用于显示模型汇总的所有表、列和关系。该视图以图形化形式呈现数据模型中已建立的关系,并根据需要管理、修改或构建新关系。例如,"公司名称"数据表和"三家公司股票数据"数据表通过"公司名称"字段建立了一对多的关系,如图 3-4 所示。

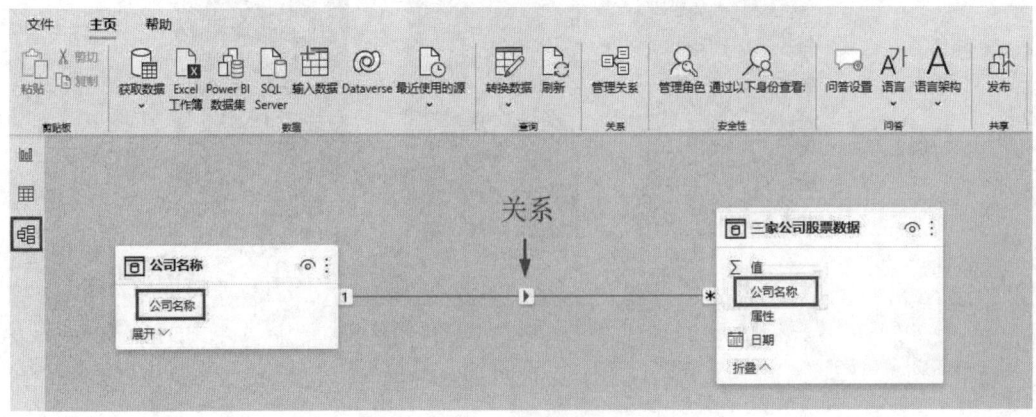

图 3-4　关系视图

将鼠标指针悬停在"关系"上时,可显示关联表所用的列,双击可弹出"编辑关系"对话框,如图 3-5 所示。

图 3-5 "编辑关系"对话框

3. 报表编辑器

报表编辑器位于界面右侧,由"可视化""字段""筛选器"三个窗格构成。其中,"可视化"窗格与"筛选器"窗格用于控制可视化对象的外观显示,以及编辑其交互功能;"字段"窗格则负责管理可视化展示维度的基础数据。

(1)"可视化"窗格:用户能够轻松创建和编辑报表中的可视化效果。"可视化"窗格是 Power BI 报表视图的关键构成部分,支持用户从柱形图、条形图、折线图等多种图表类型中选择,并可按需自定义图表的外观;支持创建交互性可视化效果。

(2)"字段"窗格:用户可在此选择所需的字段,用于构建报表中的各类可视化效果。这些字段涵盖数值、文本、日期等不同类型。除了直接应用于可视化效果,"字段"窗格还支持将选定的字段作为筛选器添加到报表中。

(3)"筛选器"窗格:用户可通过该窗格筛选数据,仅使用数据子集。使用特定条件过滤数据,用户能更好地分析与理解数据。"筛选器"窗格管理多种报表筛选器类型,包括"此视觉对象上的筛选器""此页上的筛选器"及"所有页面上的筛选器"。

二、Power BI Desktop 可视化入门

(一)了解入门案例

重庆华森制药股份有限公司(股票简称:华森制药,股票代码:002907)、湖北济川药业股份有限公司(股票简称:济川药业,股票代码:600566)和葵花药业集团股份有限公司(股票简称:葵花药业,股票代码:002737)均为药品研发、生产和销售一体的企业。华森制药专注消化系统、精神神经系统疾病等药物领域;济川药业产品在儿科、妇科领域市场占有率较高;葵花药业

产品线丰富，覆盖儿童药、妇科药、消化系统药等多个领域。

数据源：华森制药、济川药业和葵花药业三家上市公司 2020 年年度报告（.pdf）、使用 Python 中文分词组件对 2020 年年度报告全文进行词频检索的词频数据（.xls）、三家公司 2007—2020 年三大报表的报表项目数据（.xls）。

数据可视化要求：针对葵花药业、华森制药以及济川药业这三家上市公司，展开全面数据分析工作，具体包括：深入剖析 2020 年年度报告，一方面做词频统计，挖掘关键信息与高频词汇；另一方面聚焦营业收入，从多维度对比解读，展现营收规模、各地区营收分布等特征。细致分析这三家公司 2007—2020 年的报表项目金额，洞察财务数据规律与变化趋势，为了解三家公司经营情况和发展脉络提供数据支撑与决策依据。

（二）数据获取

1. 导入 Excel 类型数据

①点击导航栏"主页"中的"获取数据"；②弹出"获取数据"界面，选择"全部"中的"Excel 工作簿"，点击"连接"，如图 3-6 所示；③选择本地文件"三家公司报表数据.xlsx"，点击"打开"；④在弹出的"导航器"中，勾选"三家公司报表数据"，点击"加载"导入数据，如图 3-7 所示。

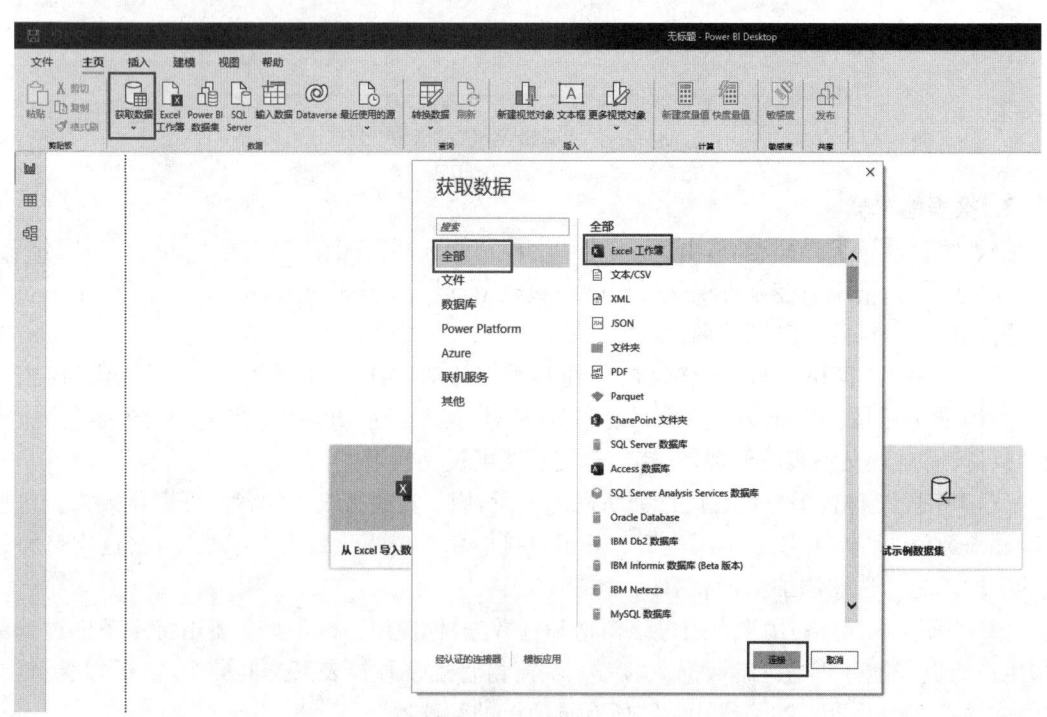

图 3-6 "获取数据"界面

2. 导入 PDF 类型数据

1）导入华森制药 2020 年年度报告

步骤 1：①点击导航栏"主页"中的"获取数据"；②弹出"获取数据"界面，选择"全部"中的"PDF"，点击"连接"；③选择本地文件"华森制药：2020 年年度报告"，点击"加载"；④在弹出的"导航器"中，勾选"Table022（Page 18）"数据表，点击"加载"导入数据，如图 3-8 所示。

图 3-7 "导航器"界面

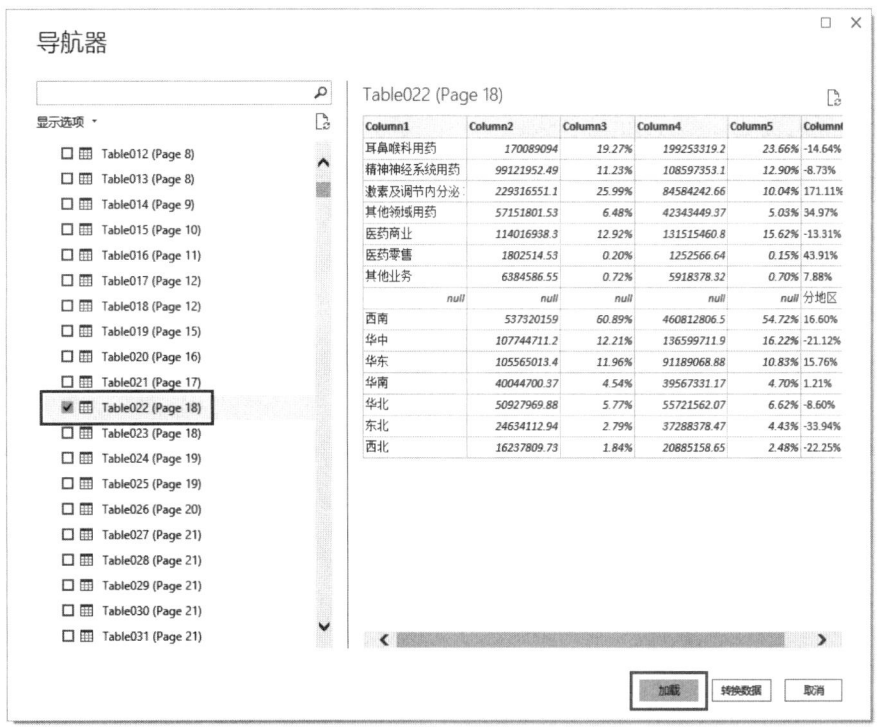

图 3-8 "导航器"界面

步骤2：①点击导航栏"主页"中的"转换数据"，进入"Power Query 编辑器"。②双击"Table022(Page 18)"名称或右键选择"重命名"，重命名为"华森制药营业收入分地区"，如图3-9所示。

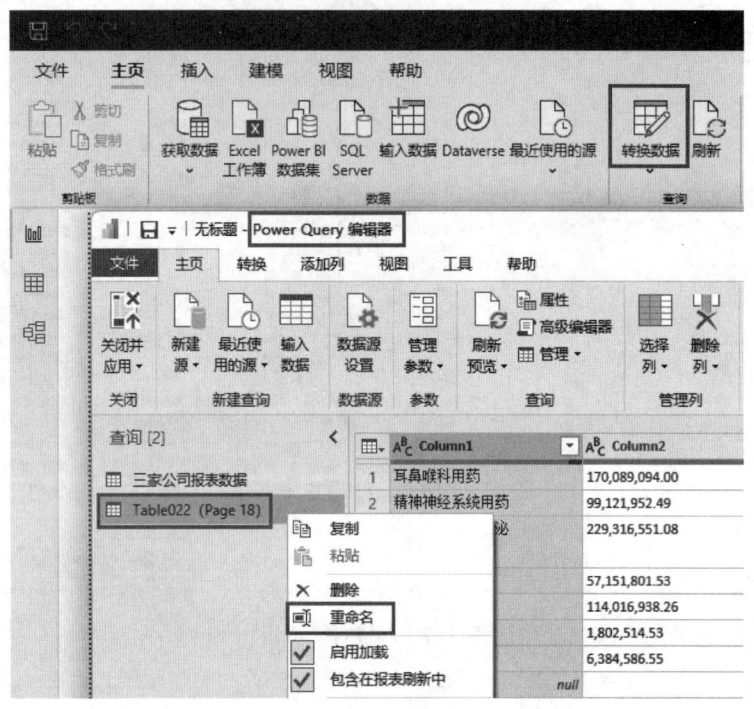

图3-9　如何"重命名"

2）导入济川药业2020年年度报告

步骤1：①在"Power Query 编辑器"中，点击导航栏"主页"中的"新建源"或点击下拉列表中"更多"；②弹出"获取数据"界面，选择"全部"中的"PDF"，点击"连接"；③选择本地文件"济川药业：2020年年度报告"，点击"打开"；④在弹出的"导航器"中，勾选"Table022(Page 17)"数据表，点击"确定"导入数据。

步骤2：①点击导航栏"主页"中的"转换数据"，进入"Power Query 编辑器"。②双击"Table022(Page 17)"名称或右键选择"重命名"，重命名为"济川药业营业收入分地区"。

3）导入葵花药业2020年年度报告

步骤1：重复"图3-8"操作，勾选"Table017(Page 15)"数据表，导入"葵花药业：2020年年度报告"，数据加载到导航器中。

步骤2：①点击导航栏"主页"中的"转换数据"，进入"Power Query 编辑器"。②双击"Table017(Page 15)"名称或右键选择"重命名"，重命名为"葵花药业营业收入分地区"。

三家公司2020年年度报告导入后的结果，如图3-10所示。

3. 导入文件夹类型数据

步骤：①在"Power Query 编辑器"中，点击导航栏"主页"中的"新建源"或点击下拉列表中"更多"；②弹出"获取数据"界面，选择"文件夹"，点击"连接"。③获取本地"年报词频"文件夹，点击"确定"；④在数据窗口中点击"合并并转换数据"；⑤在合并文件界面中选择"年报词频"，

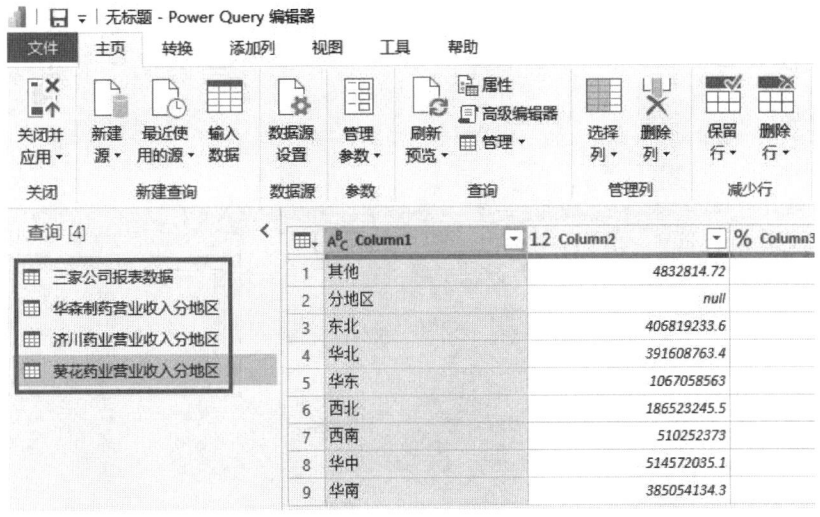

图 3-10 三家公司 2020 年年度报告导入后的结果

点击"确定",如图 3-11 所示。"年报词频"文件夹导入后的结果,如图 3-12 所示。

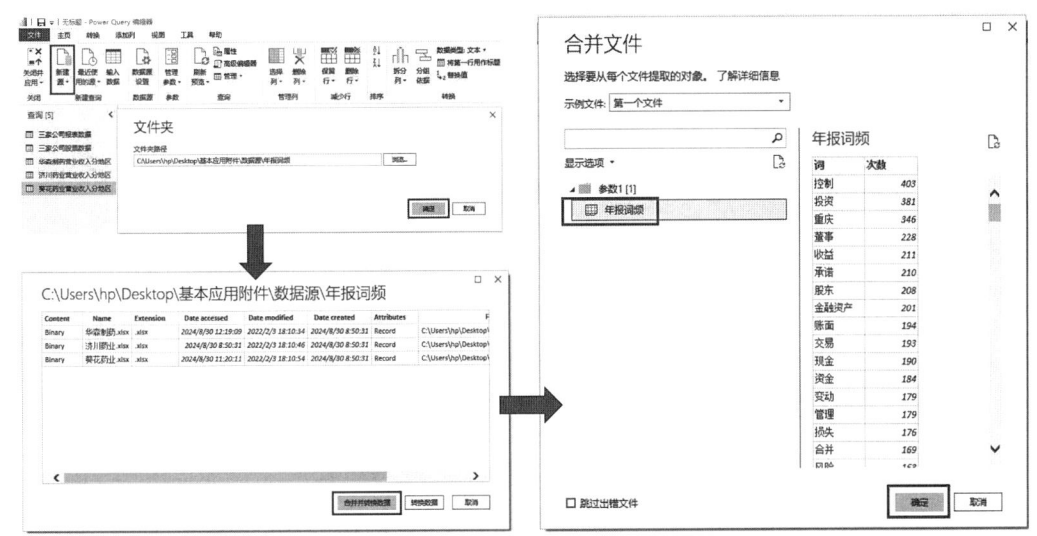

图 3-11 导入文件夹类型数据

(三)数据清洗

1. 清洗"三家公司报表数据"数据表

步骤:在左侧列表中选择"三家公司报表数据";②确认"报表日期"列是否为"日期/时间"类型、"报表金额"列是否为"小数"类型,确认无误后,清洗完毕,如图 3-13 所示。

2. 清洗三家公司"营业收入分地区"数据表

清洗"华森制药营业收入分地区""济川药业营业收入分地区"和"葵花药业营业收入分地区"等数据表,采用追加查询方式将三张表合并。

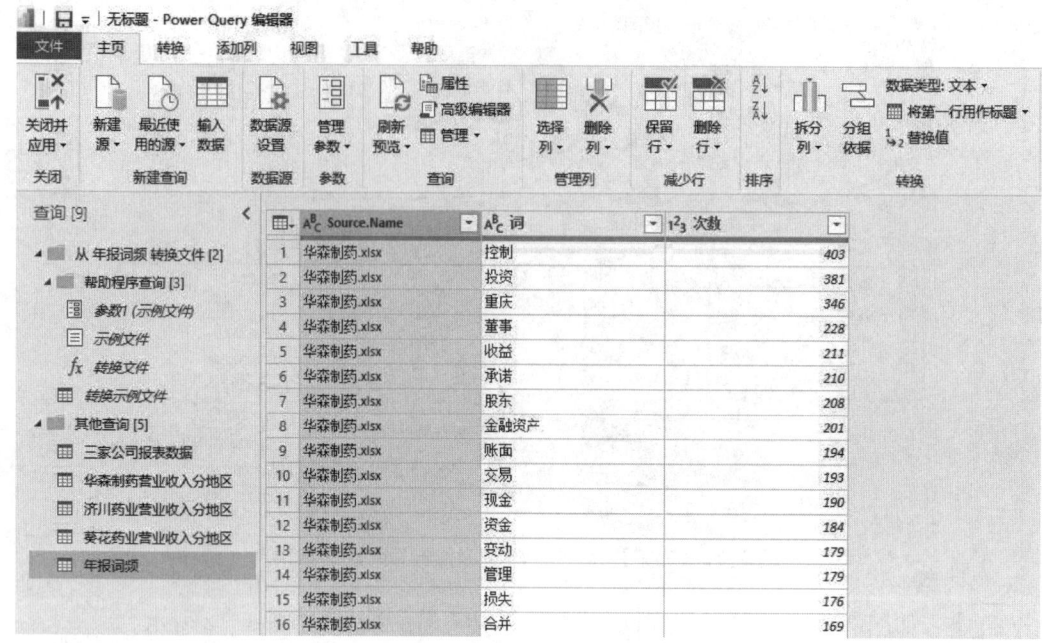

图 3-12 "年报词频"文件夹导入后的结果

图 3-13 清洗"三家公司报表数据"数据表

1) 清洗"华森制药营业收入分地区"数据表

步骤 1：①在左侧列表中选择"华森制药营业收入分地区"；②点击列"Column1"筛选下拉框，取消七大区域以外的勾选，点击"确定"，如图 3-14 所示。

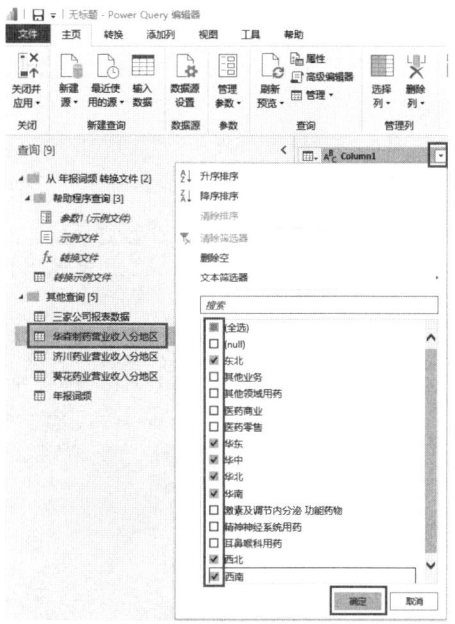

图 3-14 "Column1"筛选下拉框勾选情况

步骤2：①按住 Ctrl 键，选中"Column3、4、5、6"共四列数据；②鼠标右键列名，选择"删除列"，如图 3-15 所示。

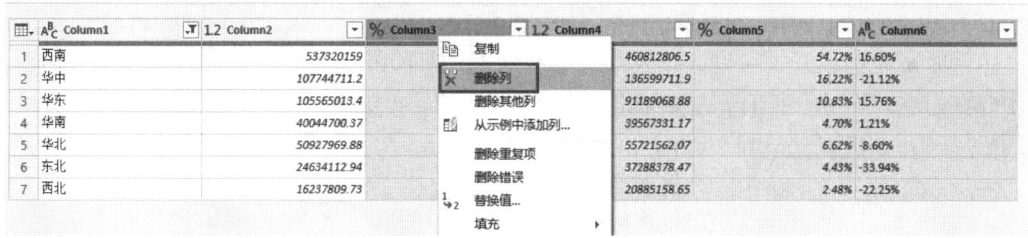

图 3-15 删除列

步骤3：双击列名，"Column1"和"Column2"分别重命名为"分地区"和"2020-12-31"，如图 3-16 所示。

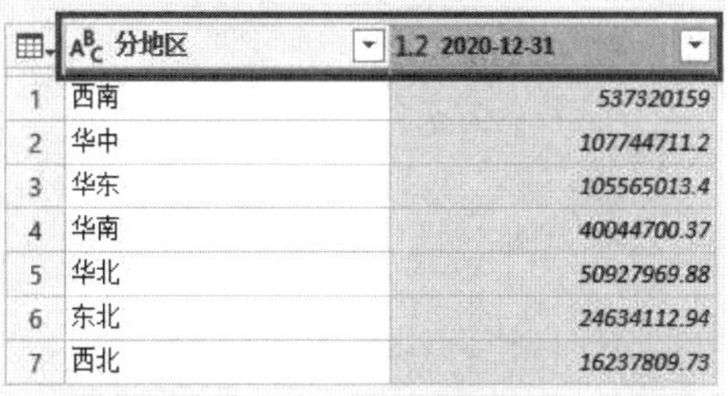

分地区	2020-12-31
西南	537320159
华中	107744711.2
华东	105565013.4
华南	40044700.37
华北	50927969.88
东北	24634112.94
西北	16237809.73

图 3-16 重命名列名

步骤4：①选中列"分地区"数据；②点击导航栏中的"转换"，展开"逆透视列"下拉列表，选择"逆透视其他列"，如图3-17所示。

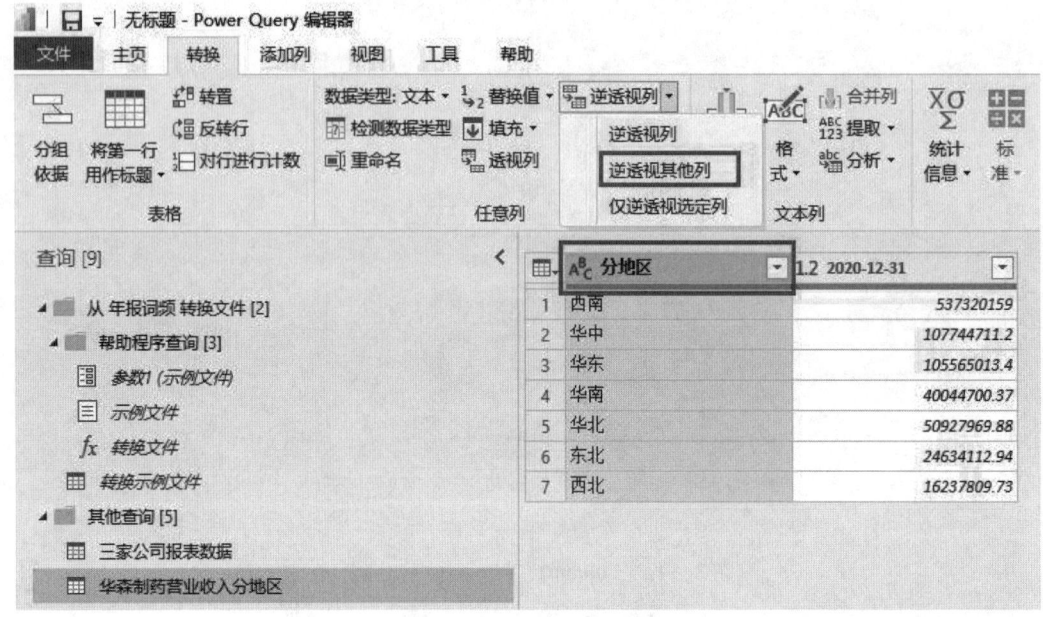

图3-17 选择"逆透视其他列"

"逆透视列"主要用于将二维表（宽表）转换为一维表（长表）。其中，二维表由行和列组成，行代表不同的记录或实体，每一行包含了一个完整的信息单元；列代表不同的属性或变量，用于描述行所对应的记录。一维表通常包含多个字段（列），每个字段代表一个独立的属性。在构建数据模型时，一维表更容易通过共同的属性列与其他表建立关联。如果是只逆透视部分列，可以使用"逆透视其他列"功能。

步骤5：双击列名，将"属性"重命名为"日期"，如图3-18所示。

	A^B_C 分地区	A^B_C 日期	1.2 值
1	西南	2020-12-31	537320159
2	华中	2020-12-31	107744711.2
3	华东	2020-12-31	105565013.4
4	华南	2020-12-31	40044700.37
5	华北	2020-12-31	50927969.88
6	东北	2020-12-31	24634112.94
7	西北	2020-12-31	16237809.73

图3-18 重命名列名

步骤6：①选择导航栏中的"添加列"，点击"自定义列"；②在"自定义列"窗口中，新列名输入"公司名称"，自定义列公式录入"＝"华森制药""（注意：公式中的引号为英文半角字符），点击"确定"，如图3-19所示。

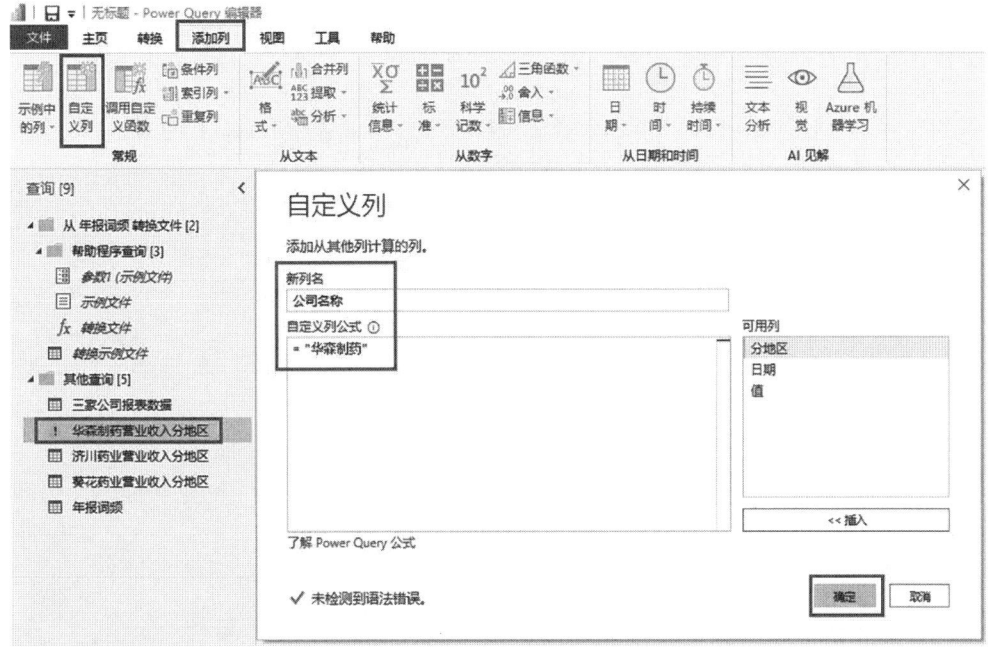

图 3-19 "自定义列"窗口

步骤 7：鼠标拖拽新加"公司名称"列至最前列，如图 3-20 所示。本数据表清洗完毕。

图 3-20 新加"公司名称"列至最前列

2）清洗"济川药业营业收入分地区"数据表

步骤 1：①在左侧列表中选择"济川药业营业收入分地区"；②点击列"Column1"筛选下拉框；③取消七大区域以外的勾选；④点击"确定"。

步骤 2：①按住 Ctrl 键，选中"Column3、4、5、6、7"共五列数据；②鼠标右键列名，选择"删除列"。

步骤 3：双击列名，"Column1"和"Column2"分别重命名为"分地区"和"2020-12-31"，如图 3-21 所示。

步骤 4：①选中列"分地区"数据；②点击"转换"；③展开"逆透视列"下拉列表；④选择"逆透视

图 3-21 重命名列名

其他列"。

步骤5：双击列名，将"属性"重命名为"日期"，如图3-22所示。

分地区	日期	值
东北	2020-12-31	410,537,759.08
华北	2020-12-31	1,015,778,773.30
华东	2020-12-31	2,587,278,939.35
华南	2020-12-31	385,632,316.76
华中	2020-12-31	963,383,049.31
西北	2020-12-31	396,543,547.16
西南	2020-12-31	391,564,961.70

图3-22　重命名列名

步骤6：①选择导航栏中的"添加列"，点击"自定义列"；②在"自定义列"窗口中，新列名输入"公司名称"，自定义列公式录入"=""济川药业"""，点击"确定"。

步骤7：鼠标拖拽新加"公司名称"列至最前列。

步骤8：①右键"值"列的列名；②在"更改类型"中选择"小数"类型，如图3-23所示。本数据表清洗完毕。

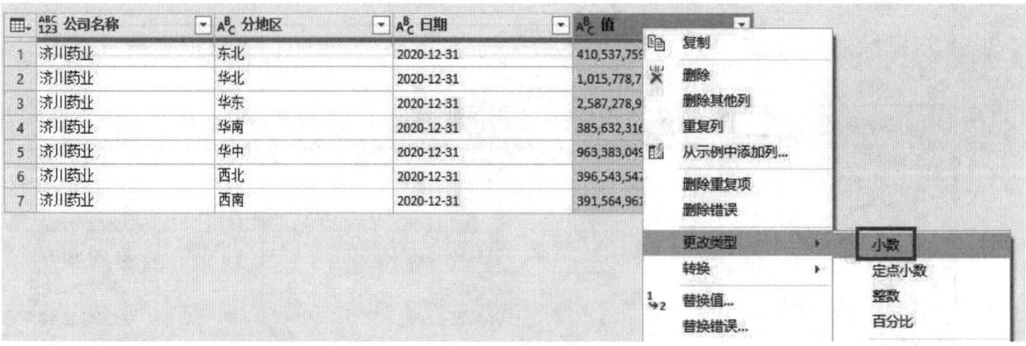

图3-23　更改"小数"类型

3）清洗"葵花药业营业收入分地区"数据表

步骤1：①在左侧列表中选择"葵花药业营业收入分地区"；②点击列"Column1"筛选下拉框；③取消七大区域以外的勾选；④点击"确定"。

步骤2：①按住Ctrl键，选中"Column3、4、5、6"共四列数据；②鼠标右键列名，选择"删除列"。

步骤3：双击列名，"Column1"和"Column2"分别重命名为"分地区"和"2020-12-31"。

步骤4：①选中列"分地区"数据；②点击"转换"；③展开"逆透视列"下拉列表；④选择"逆透视其他列"。

步骤5：双击列名，将"属性"重命名为"日期"。

步骤6：①选择导航栏中的"添加列"，点击"自定义列"；②在"自定义列"窗口中，新列名输入"公司名称"，自定义列公式录入"=""葵花药业"""，点击"确定"。

步骤7：鼠标拖拽新加"公司名称"列至最前列，如图3-24所示。本数据表清洗完毕。

	公司名称	分地区	日期	值
1	葵花药业	东北	2020-12-31	406819233.6
2	葵花药业	华北	2020-12-31	391608763.4
3	葵花药业	华东	2020-12-31	1067058563
4	葵花药业	西北	2020-12-31	186523245.5
5	葵花药业	西南	2020-12-31	510252373
6	葵花药业	华中	2020-12-31	514572035.1
7	葵花药业	华南	2020-12-31	385054134.3

图 3-24 新加"公司名称"列至最前列

4）合并三张表

步骤1：①选择"华森制药营业收入分地区"数据；②选择"主页"；③点开"追加查询"下拉列表；④选择"将查询追加为新查询"，如图3-25所示。

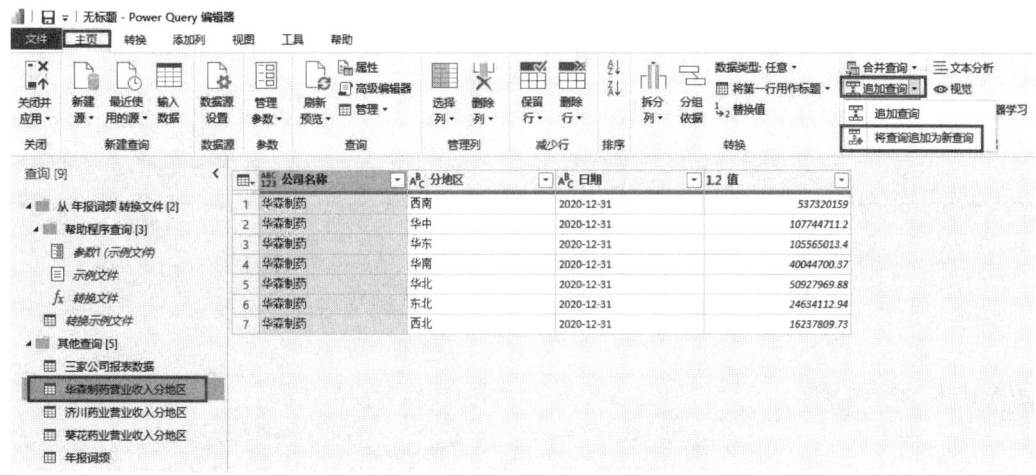

图 3-25 选择"将查询追加为新查询"

步骤2：①在追加界面中选择"三个或更多表"；②将左侧"华森制药营业收入分地区""济川药业营业收入分地区""葵花药业营业收入分地区"三个数据表通过"添加"添加至右侧列表中；③点击"确定"，如图3-26所示。

步骤3：双击新表名"追加1"，重命名为"营业收入分地区"，如图3-27所示。

3. 清洗"年报词频"数据表

步骤1：①选择"年报词频"；②双击"Source.Name"列名，重命名为"公司名称"。

步骤2：①选择"转换"，点击"替换值"下拉列表，选择"替换值"；②在"替换值"界面中，要查找的值输入".xlsx"，点击"确定"，如图3-28所示。

步骤3：依次右键选择左侧列表中的"华森制药营业收入分地区""济川药业营业收入分地区""葵花药业营业收入分地区"，取消"启用加载"的勾选，如图3-29所示。

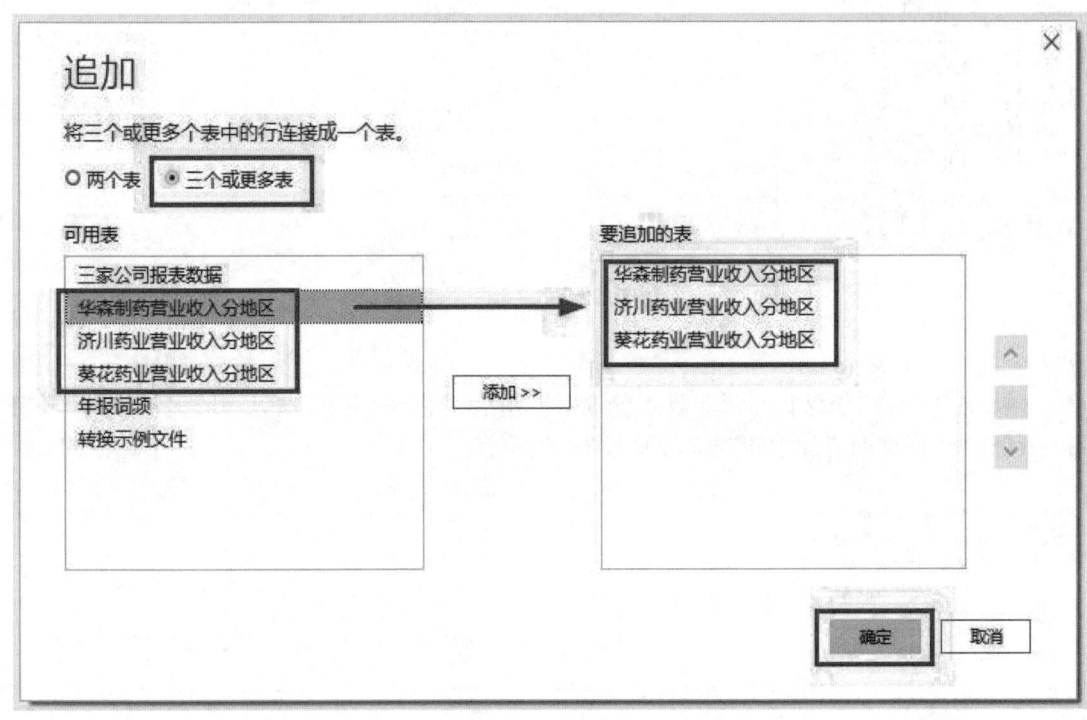

图 3-26　追加界面

图 3-27　重命名为"营业收入分地区"

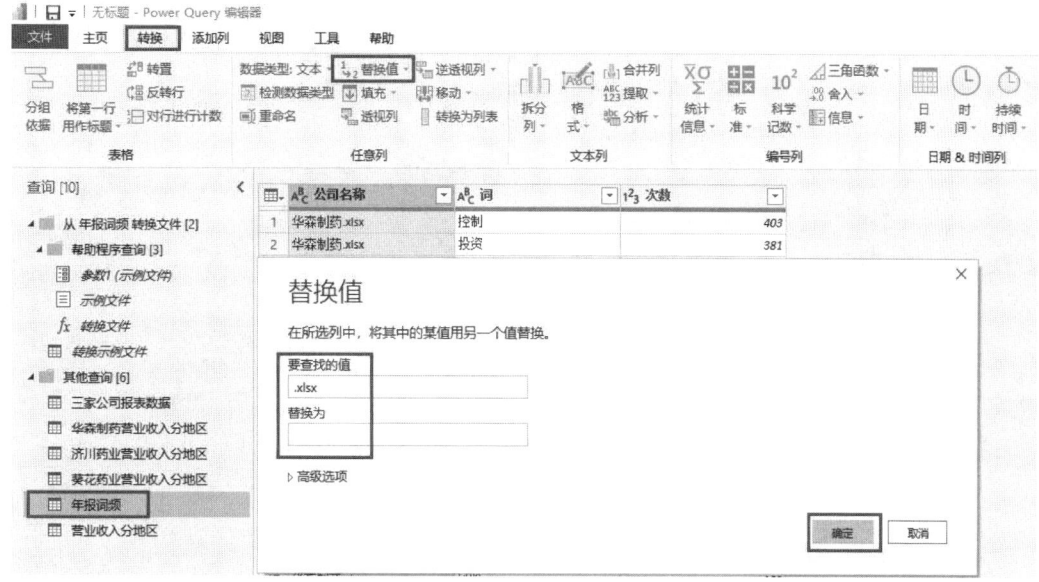

图 3-28 "替换值"界面

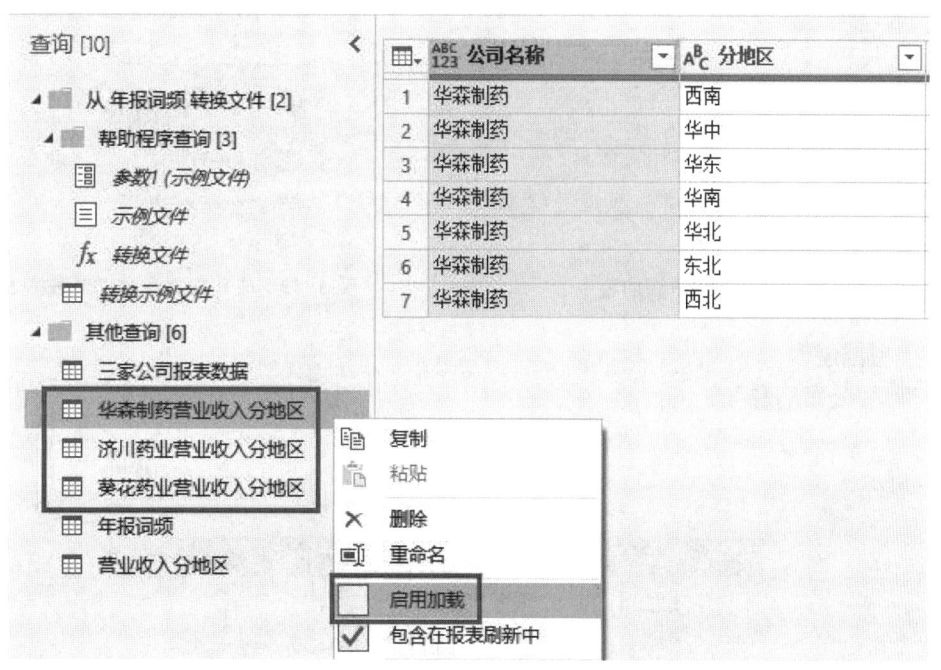

图 3-29 取消"启用加载"

4. 加载并应用

步骤：选择"主页"，点击展开"关闭并应用"下拉框，选择"关闭并应用"，如图 3-30 所示。

加载所有导入的数据中，如图 3-31 所示。加载成功后，在"字段"窗格显示成功加载的数据表，如图 3-32 所示。

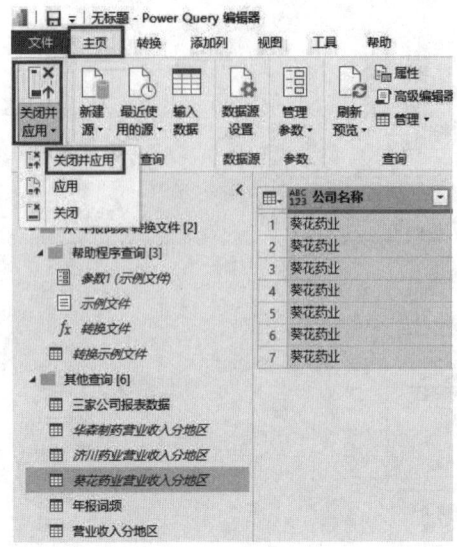

图 3-30 关闭并应用

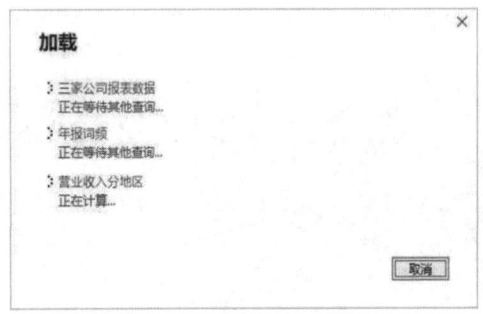

图 3-31 数据加载中

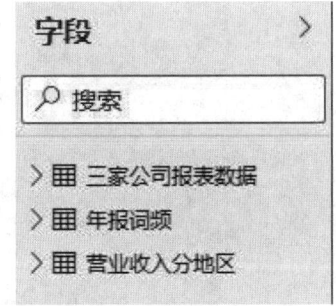

图 3-32 成功加载后的三个数据表

(四)数据建模

1. 新建"公司名称"表

步骤1:①点击左侧第一个图标"报表";②选择导航栏"主页";③点击"输入数据",如图 3-33 所示。

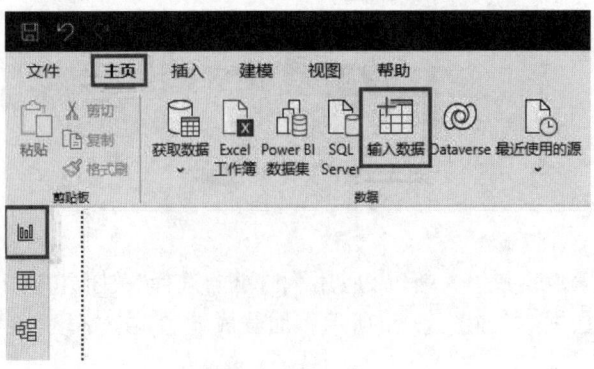

图 3-33 输入数据

步骤 2:①创建表界面中,在表格上方"列名"中输入"公司名称";②表格中数据分别输入"华森制药""济川药业""葵花药业";③表格下方"名称"输入"公司名称",点击"加载",如图 3-34 所示。加载成功后,在"字段"窗格显示成功加载的数据表,如图 3-35 所示。

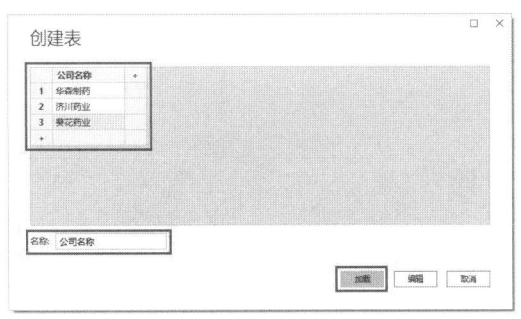

图 3-34　创建表界面　　　　图 3-35　成功加载的第四个数据表

2. 建立数据表的关联关系

数据建模时,要注意区分事实表和维度表。本案例共涉及 4 张数据表,其中"三家公司报表数据""营业收入分地区"和"年报词频"是事实表;"公司名称"是维度表。维度表中"公司名称"字段与三个事实表中"公司名称"字段,关系为一对多的关系。

步骤 1:①点击左侧第三个图标"模型"。②数据导入后,若发现系统自动建立了表与表之间的关系,建议删除表关系,重新建立。选中关系线,右键点击"删除"即可删除关系。

步骤 2:拖拽"公司名称"表中的"公司名称"分别到"三家公司报表数据"表、"营业收入分地区"表、"年报词频"表中的"公司名称"建立关系,如图 3-36 所示。

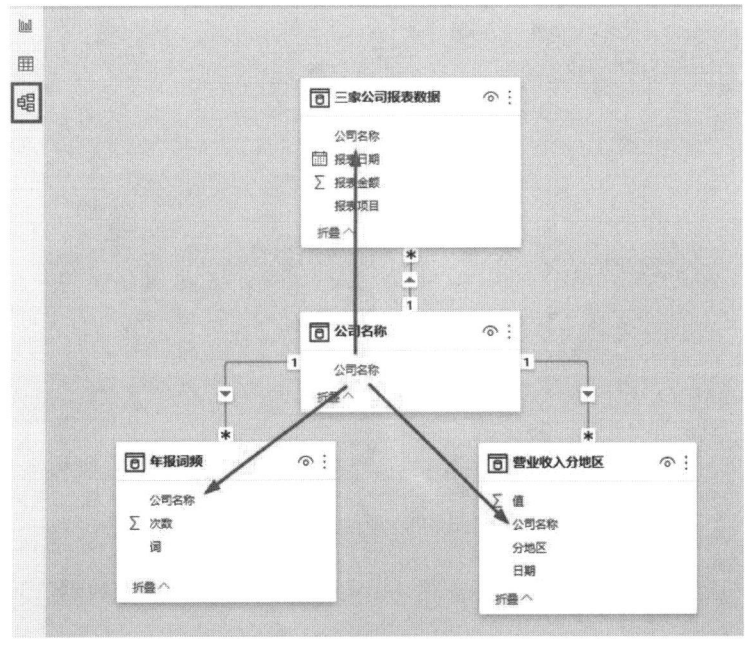

图 3-36　数据建模

3. 建立度量值

1）新建表"度量值文件夹"

步骤1：①点击左侧第一个图标"报表"；②选择"主页"；③点击"输入数据"。

步骤2：①创建表界面中，在表格下方"名称"输入"度量值文件夹"；②点击"加载"，如图3-37所示。

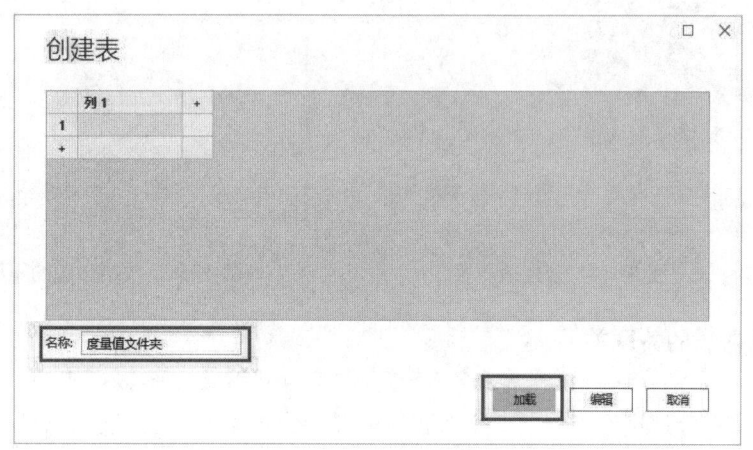

图3-37 创建表界面

2）新建度量值

步骤1：①展开"字段"窗口，点击"度量值文件夹"；②在"表工具"中选择"新建度量值"，如图3-38所示。

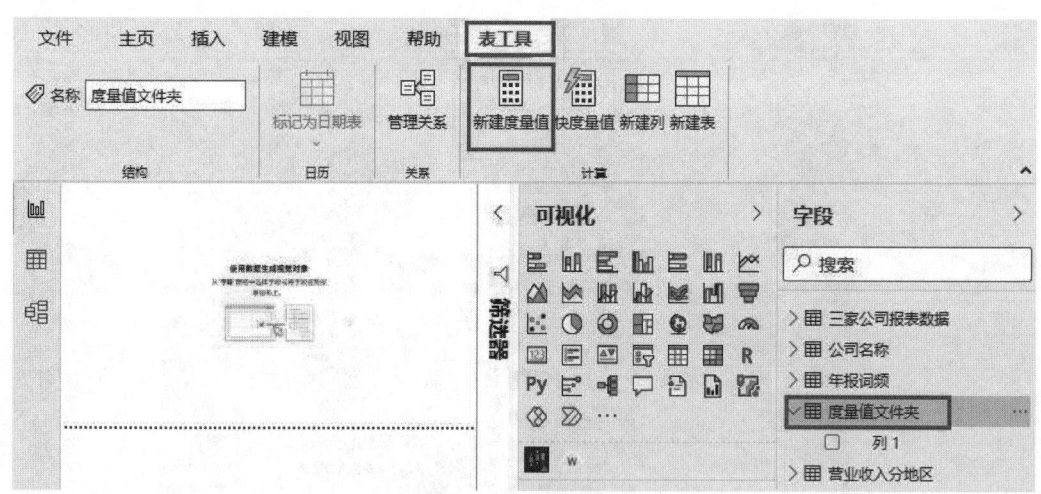

图3-38 新建度量值

步骤2：输入公式"1 报表项目本年金额 = SUM("三家公司报表数据"[报表金额])"，按回车确认，如图3-39所示。

步骤3：根据上述步骤2，再创建3个度量值，如图3-40所示。

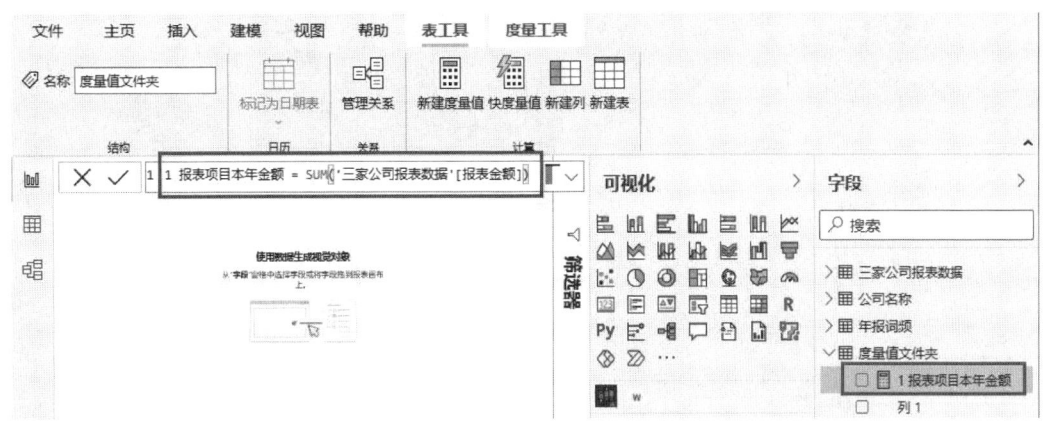

图 3-39　输入"1 报表项目本年金额"公式

1 增长率＝DIVIDE([1 报表项目本上年相差],[1 报表项目上年金额])

1 报表项目上年金额＝calculate([1 报表项目本年金额],SAMEPERIODLASTYEAR('三家公司报表数据'[报表日期]))

1 报表项目本上年相差＝[1 报表项目本年金额]－[1 报表项目上年金额]

步骤 4：选中"列 1"右键或点击"…"展开选项列表，点击"从模型中删除"，删除"列 1"，如图 3-41 所示。

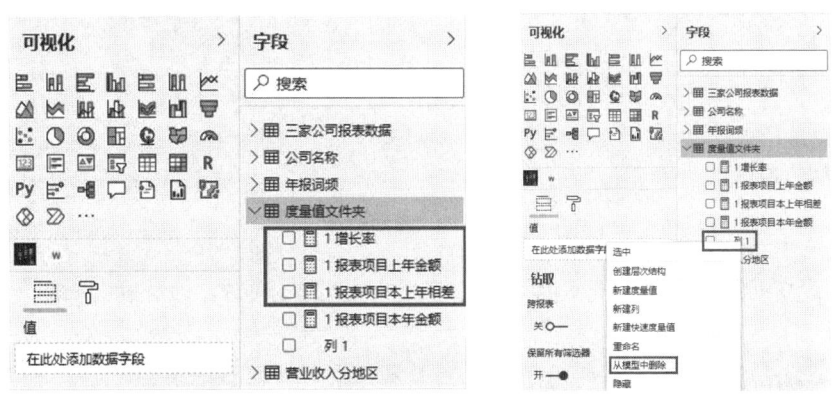

图 3-40　"字段"窗格显示新创建的 3 个度量值　　图 3-41　删除"列 1"

（五）数据可视化

1. 报表页面设置

步骤 1：①展开"可视化"，选择搜索框上方第二个图标"格式"；②展开"页面大小"；③展开"类型"下拉列表；④选择"自定义"，调整页面大小，宽度：1920 像素，高度：1080 像素，如图 3-42 所示。

步骤 2：①点击页面左侧第一个图标"报表"；②展开"可视化"，选择"格式"属性；③展开"页面背景"，点击"添加映像"，如图 3-43 所示。

步骤 3：①找到本地数据源，选择"背景图"；②点击"打开"，应用背景。

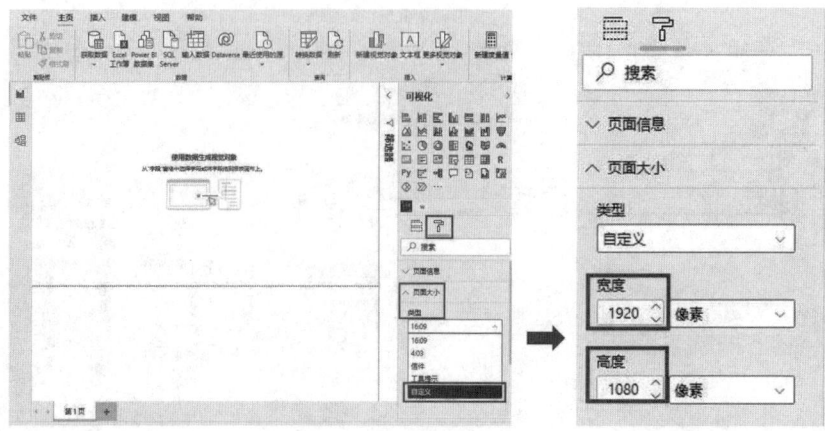

图 3-42　调整页面大小

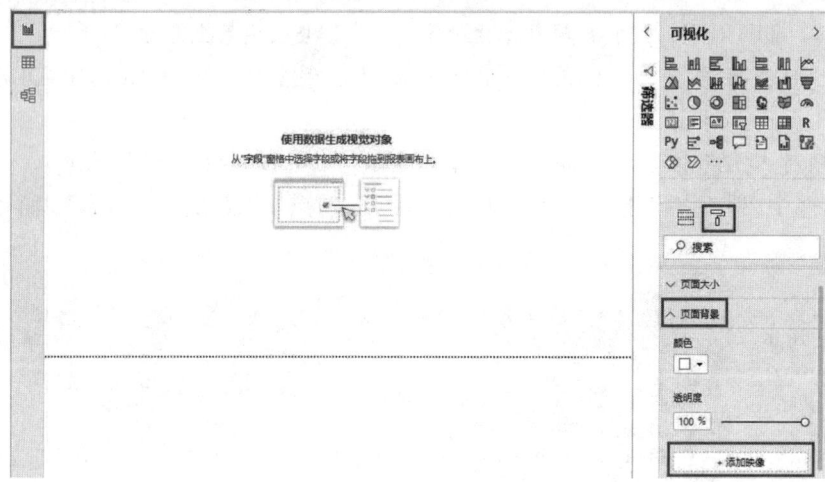

图 3-43　添加映像

步骤 4：设置背景参数，将"透明度"调至"0"；"图像匹配度"选择"匹配度"，如图 3-44 所示。

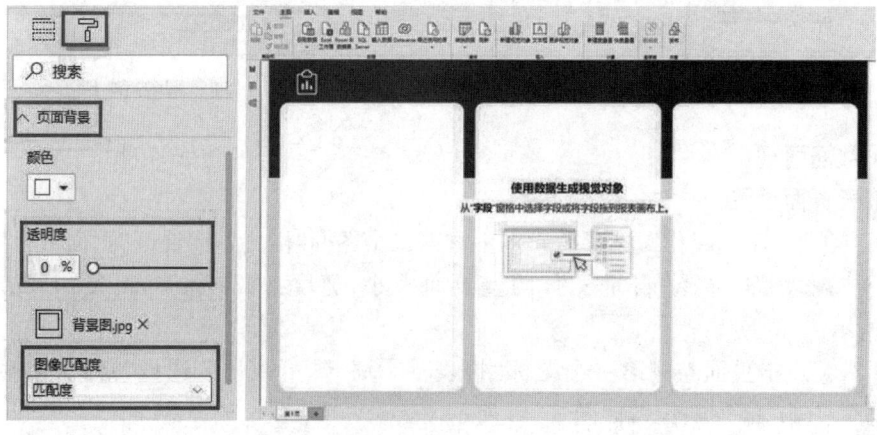

图 3-44　设置背景参数

2. 创建视觉对象"词云图"

步骤1：①点击"…"打开"获取更多视觉对象"列表；②选择"从文件导入视觉对象"；③弹出提示框，点击"导入"；④获取本地数据源，选择"WordCloud…pbiviz"文件；⑤点击"打开"；⑥等待自定义视觉对象导入成功，点击"确定"，如图3-45所示。

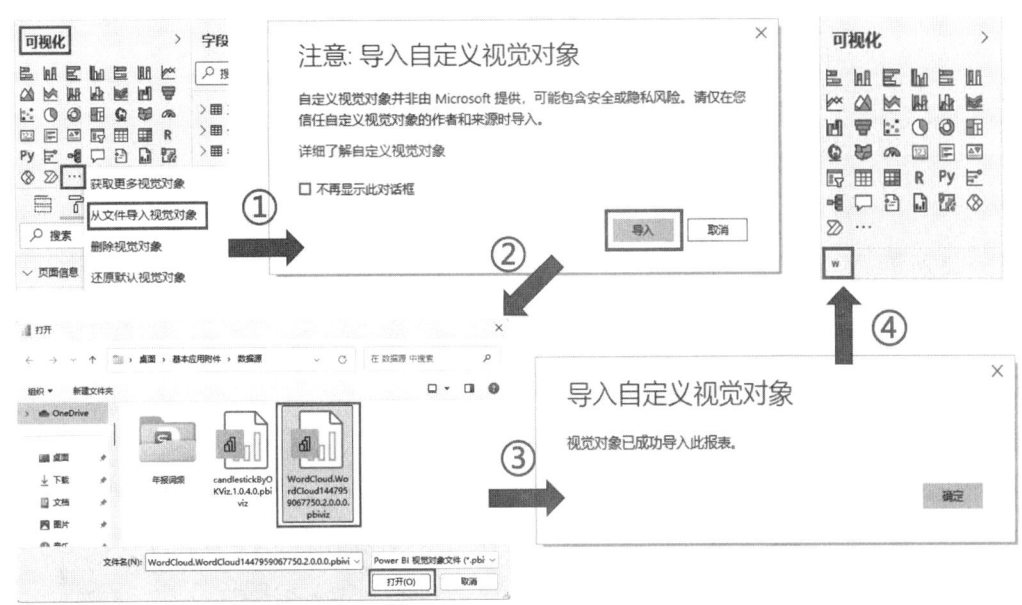

图 3-45　导入自定义视觉对象

步骤2：点击导入的新图标，在报表画布上生成对象，如图3-46所示。

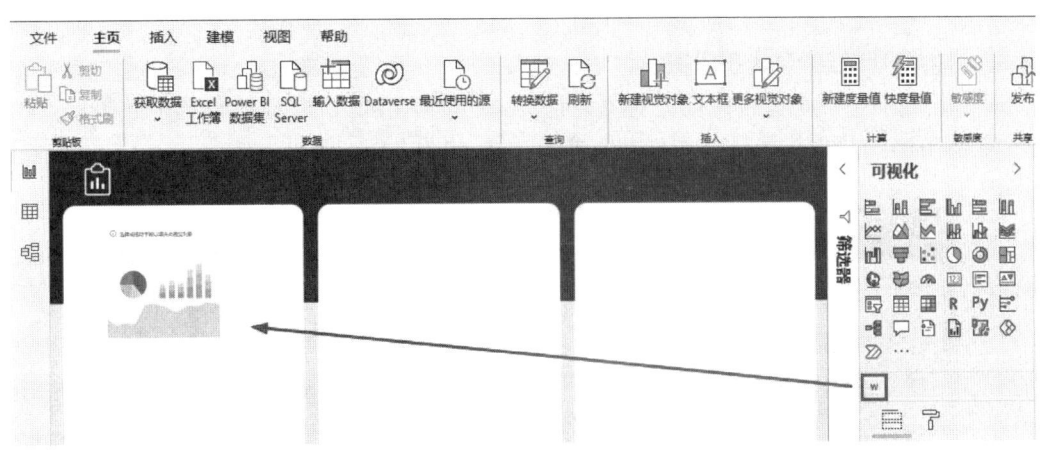

图 3-46　在报表画布上生成"词云图"视觉对象

步骤3：①选中对象；②展开字段界面中的"年报词频"；③选择可视化界面中的"字段"属性；④拖拽"词"到"类型"中、拖拽"次数"到"值"中，如图3-47所示。

步骤4：①选中对象；②选择"格式"属性；③"背景"关，"边框"开，"阴影"开；④"标题"设置，标题文本输入"年度报告词云图"，属性设置：居中对齐、14磅；⑤常规设置，最大字数：100，

图 3-47　生成年报词云图

如图 3-48 所示。年度报告词云图参数设置后,如图 3-49 所示。

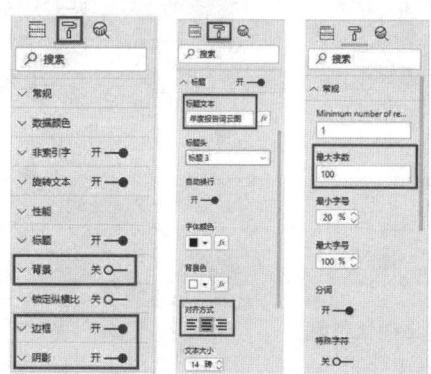

图 3-48　年度报告词云图参数设置　　　　图 3-49　美化后的年度报告词云图

3. 创建视觉对象"簇状条状图"

步骤 1:完成上一个可视化视觉对象设计后,单击空白区域,取消对象选中效果。点击可视化"簇状条形图"图标,在报表画布上生成新对象,如图 3-50 所示。

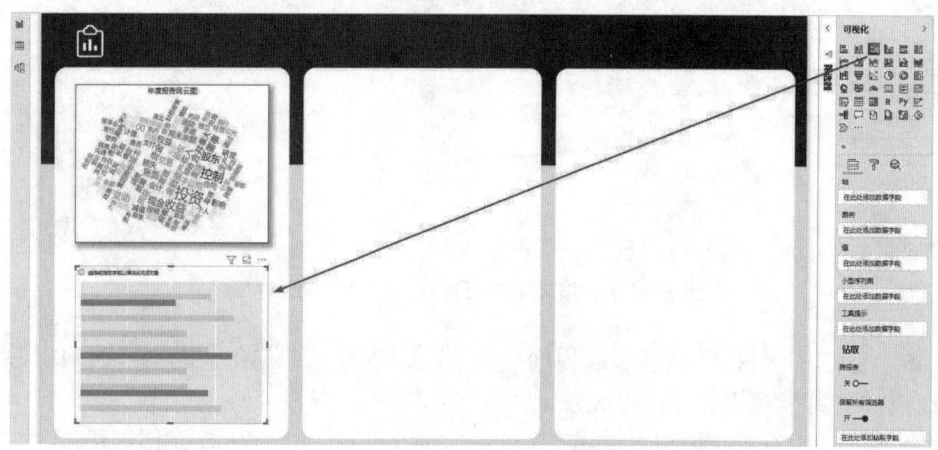

图 3-50　在报表画布上生成"簇状条形图"视觉对象

步骤2：①选中对象；②展开字段界面中的"年报词频"；③选择可视化界面中的"字段"属性；④拖拽"词"到"轴"中、拖拽"次数"到"值"中，如图3-51所示。

图3-51 生成年报词频簇状条状图

步骤3：①选中对象；②选择"格式"属性；③"数据标签"开，"背景"关，"边框"开，"阴影"开；④标题设置，标题文本输入"年度报告词频分析"，属性设置：居中对齐，14磅；⑤X轴设置：黑色、"标题"关；⑥Y轴设置：黑色、"标题"关，如图3-52所示。

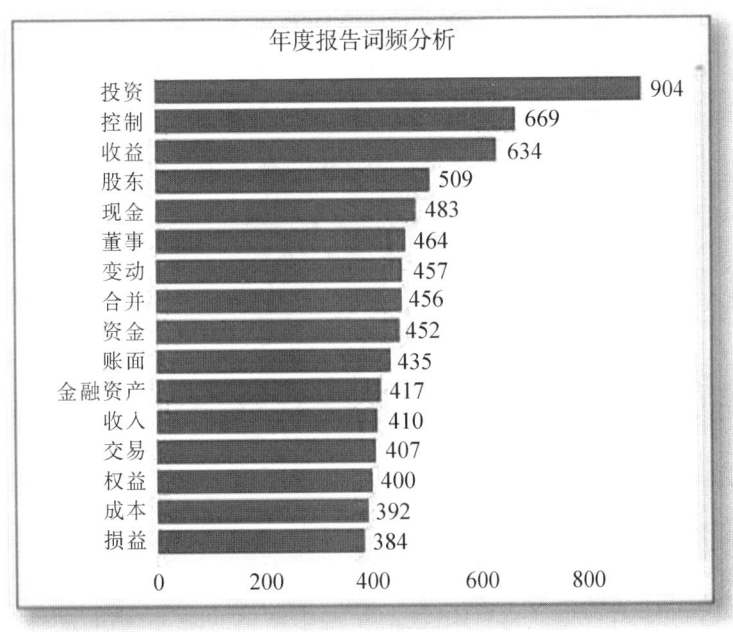

图3-52 美化后的年报词频簇状条状图

4. 创建视觉对象"饼图"

步骤1：完成上一个可视化视觉对象设计后，单击空白区域，取消对象选中效果。点击可视化"饼图"图标，在报表画布上生成新对象。

步骤2：①选中对象；②展开字段界面中的"营业收入分地区"；③选择可视化界面中的"字段"属性；④拖拽"公司名称"到"图例"中、拖拽"值"到"值"中，如图3-53所示。

图3-53　生成三家公司营业收入饼图

步骤3：①选中目标对象；②选择"格式"属性；③"背景"关，"边框"开，"阴影"开；④标题设置，标题文本输入"各公司收入占比"，属性设置：居中对齐，14磅；⑤图例设置，位置：顶部居中；⑥详细信息标签设置，标签样式："类别，总百分比"，属性设置：黑色，14磅，如图3-54所示。

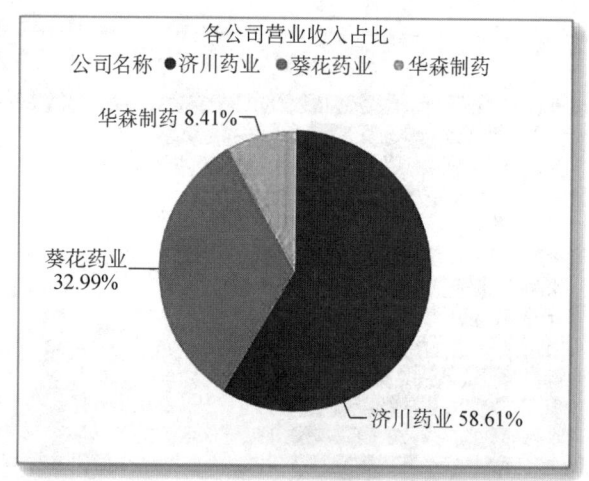

图3-54　美化后的三家公司营业收入饼图

5. 创建视觉对象"树状图"

步骤1：完成上一个可视化视觉对象设计后，单击空白区域，取消对象选中效果。点击可视化"树状图"图标，在报表画布上生成新对象。

步骤2：①选中对象；②展开字段界面中的"营业收入分地区"；③选择可视化界面中的"字段"属性；④拖拽"分地区"到"组"中、拖拽"值"到"值"中，如图3-55所示。

步骤3：①选中目标对象；②选择"格式"属性；③"数据标签"开，"背景"关，"边框"开，"阴影"开；④标题设置，标题文本输入"营业收入分地区"，属性设置：黑色，居中对齐，14磅；⑤图

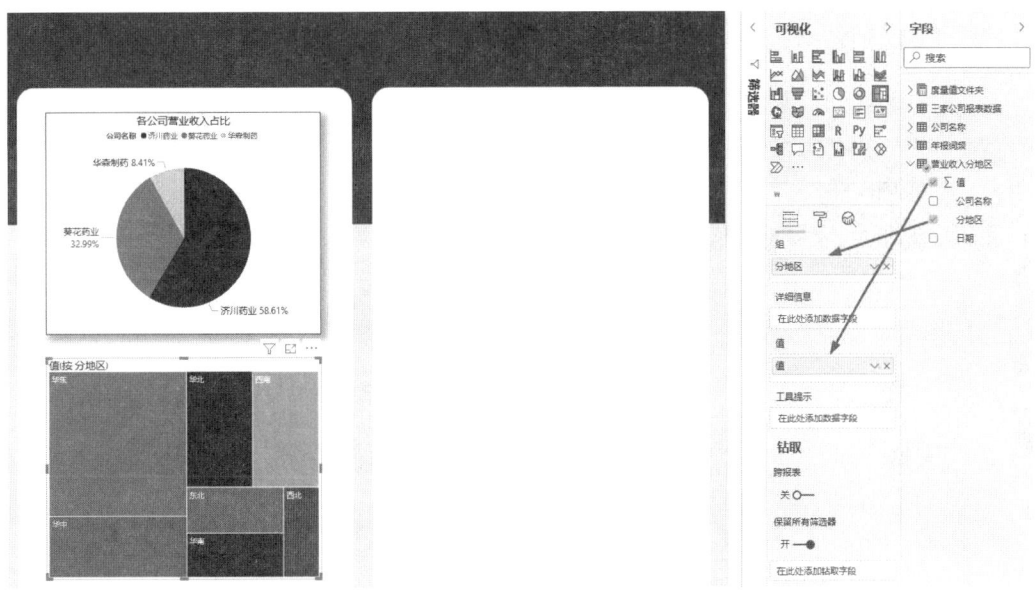

图 3-55　生成营业收入分地区树状图

例设置，位置：顶部居中，属性设置：黑色、10 磅，如图 3-56 所示。

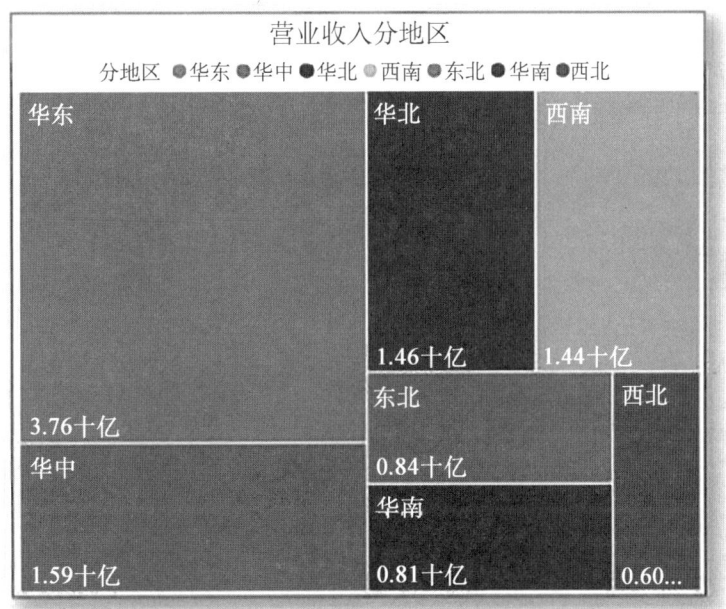

图 3-56　美化后的营业收入分地区树状图

6. 创建视觉对象"矩阵"

步骤1：完成上一个可视化视觉对象设计后，单击空白区域，取消对象选中效果。点击可视化"矩阵"图标，在报表画布上生成新对象。

步骤2：①选中对象；②展开字段界面中的"三家公司报表数据"；③选择可视化界面中的"字段"属性；④拖拽"日期"到"行"中；⑤点开"日期"下拉列表，选中"报表日期"，如图3-57所示。

图 3-57 选中"报表日期"

步骤3：①选中字段界面"三家公司报表数据"中的"报表日期"；②工具栏中选择"列工具"；③点开"格式"下拉列表；④选择日期格式下的第一项"2001年3月14日（yyyy"年"m"月"d"日"）"，调整日期显示方式，如图3-58所示。

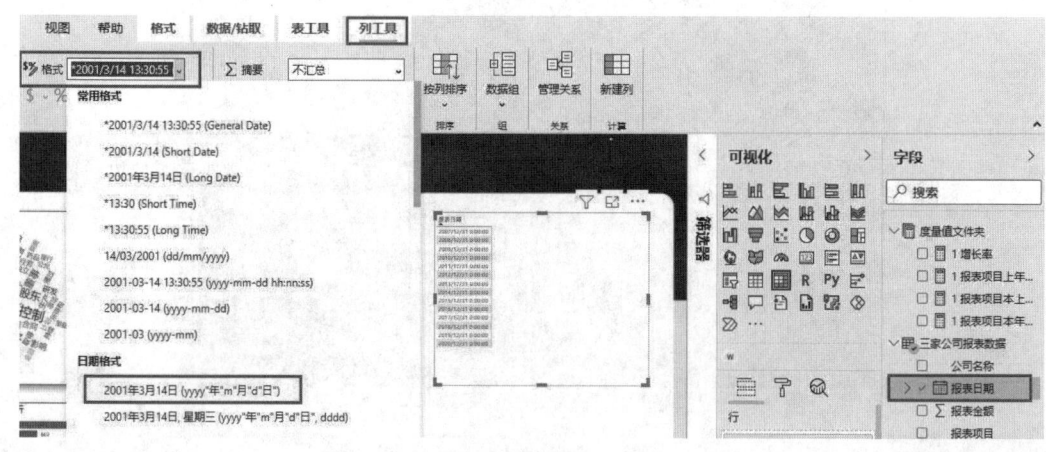

图 3-58 调整日期显示方式

步骤4：①选中对象；②展开字段界面中的"度量值文件夹"；③展开可视化中的"字段"属性；④将"1 报表项目上年金额""1 报表项目本年金额""1 增长率"全部拖拽至"值"中，如图3-59所示。

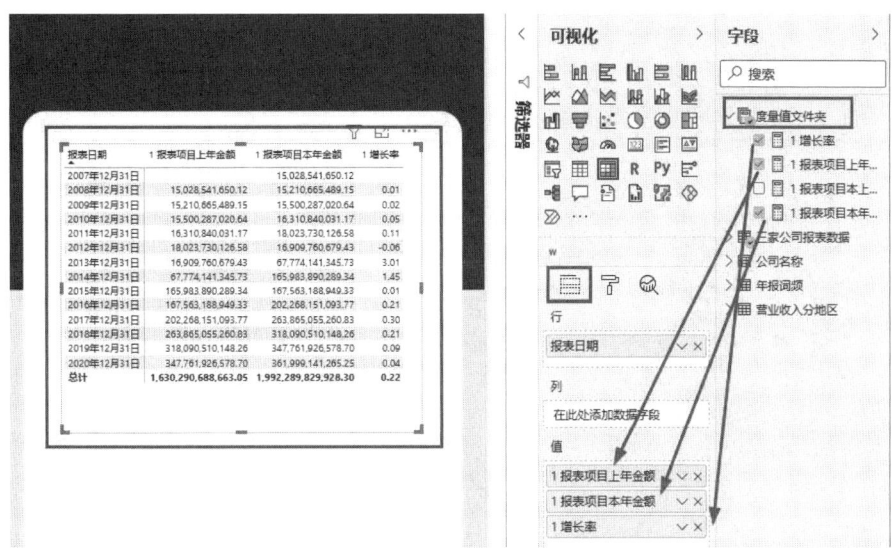

图 3-59　生成三家公司报表数据矩阵图

步骤5：选中"字段"中的"1 增长率"，选择"度量工具"栏中"格式"下拉菜单中的"百分比"。双击"值"下的字段，进行重命名，如图 3-60 所示。

步骤6：①选中对象；②选择"格式"属性；③"背景"关，"边框"开，"阴影"开；④开启标题设置，标题文本输入"报表项目金额变动情况"，属性设置：居中对齐、14 磅；⑤"小计"设置，行"小计"关。

步骤7：①选择"增长率"；②数据条：开；③点击"高级控件"，弹出"数据条—增长率"窗口；④设置颜色，正值条形图：♯F30C00、负值条形图：♯01ED50；⑤点击"确定"，如图 3-61 所示。

图 3-60　字段重命名

图 3-61　美化后的三家公司报表数据矩阵图

7. 创建视觉对象"折线和簇状柱状图"

步骤1:完成上一个可视化视觉对象设计后,单击空白区域,取消对象选中效果。点击可视化"折线和簇状柱形图"图标,在报表画布上生成新对象。

步骤2:①选中对象;②展开字段界面中的"三家公司报表数据";③选择可视化界面中的"字段"属性;④拖拽"报表日期"到"共享轴"中;⑤点开"报表日期"下拉列表,选中"报表日期"。

步骤3:①展开字段界面中的"度量值文件夹";②拖拽"报表金额"到"列值"中、拖拽"1 增长率"到"行值"中,如图 3-62 所示。

步骤4:①选中目标对象;②选择"格式"属性;③"背景"关,"边框"开,"阴影"开;④标题设置,标题文本输入"三大报表分项目",属性设置:居中对齐;⑤图例设置,位置:顶部居中,属性设置:黑色;⑥X轴设置,属性设置:黑色,"标题"关;⑦Y轴设置,属性设置:黑色,"标题"关,如图 3-63 所示。

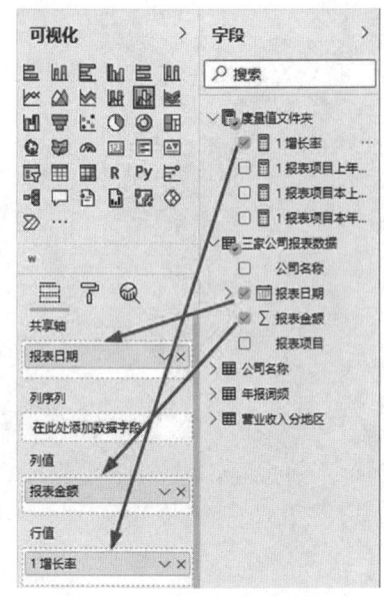

图 3-62 生成三家公司报表数据折线和簇状柱状图

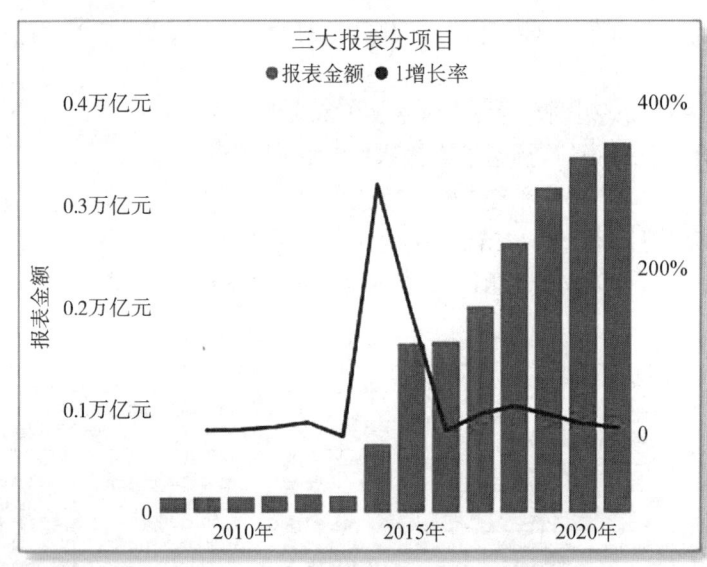

图 3-63 美化后的三家公司报表数据折线和簇状柱状图

8. 创建视觉对象"切片器"

1)创建视觉对象"公司切片器"

步骤1:完成上一个可视化视觉对象设计后,单击空白区域,取消对象选中效果。点击"切片器"图标,在报表画布上生成新对象。

步骤2:①选中对象;②展开字段界面中的"公司名称";③选择可视化界面中"字段"属性;④拖拽"公司名称"到"字段"中,如图 3-64 所示。

图 3-64　生成公司切片器

步骤 3：①选中目标对象；②选择"格式"属性；③"背景"关；④切片器标头设置，字体属性：白色、14 磅；⑤项目设置，字体属性：白色、14 磅，如图 3-65 所示。

2）创建视觉对象"报表项目切片器"

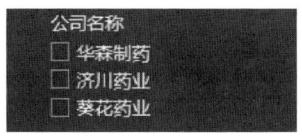

图 3-65　美化后的公司切片器

步骤 1：完成上一个可视化视觉对象设计后，单击空白区域，取消对象选中效果。点击"切片器"图标，在报表画布上生成新对象。

步骤 2：①选中对象；②展开字段界面中的"三家公司报表数据"；③直接拖拽"报表项目"到切片器中；④点开切片器右上角，设置为"下拉"，如图 3-66 所示。

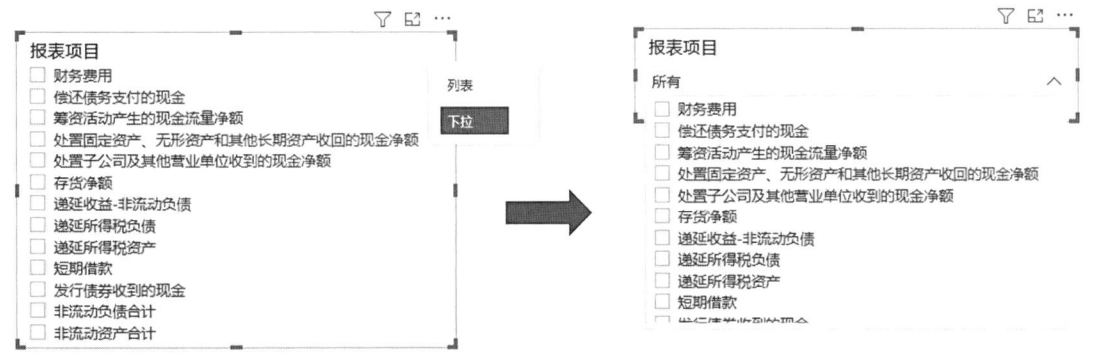

图 3-66　生成下拉报表项目切片器

步骤 3：①选中目标对象；②选择"格式"属性；③"背景"关；④切片器标头设置，字体属性：白色、14 磅；⑤项目设置，字体属性：白色、14 磅，背景：浅蓝色♯118DFF，如图 3-67 所示。

9. 向报表添加文本框

步骤 1：完成上一个可视化视觉对象设计后，单击空白区域，取消对象选中效果。

步骤 2：①选择导航栏中的"插入"；②点击"文本框"；③在文本框中录入"三家药业公司年度报告数据对比"，设置字体：白色、36 磅、加粗；④设置文本框格式："背景"关，如图 3-68 所示。

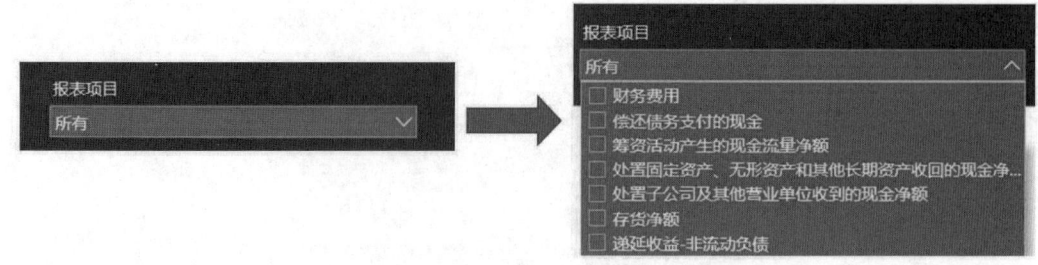

图 3-67 美化后的下拉报表项目切片器

图 3-68 插入文本框

步骤 3：调整切片器和文本框，并将其移至界面上方，形成最终效果，如图 3-69 所示。

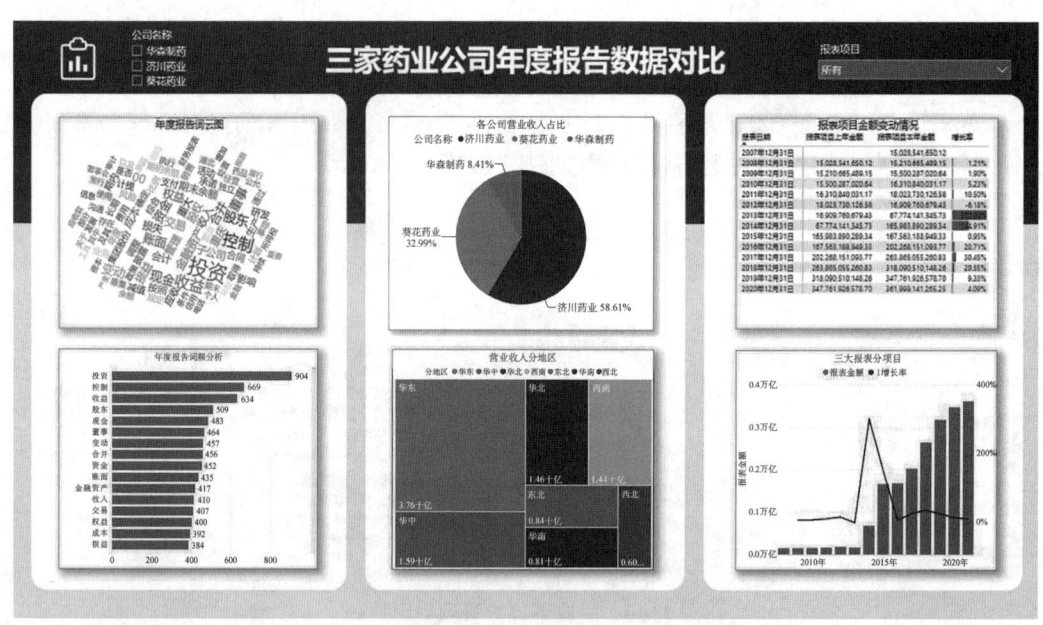

图 3-69 三家药业公司年度报告数据对比可视化最终效果

10. 发布与共享报表

步骤 1：登录 Power BI 账户。

①点击 Power BI Desktop 右上方"登录"按钮；②输入自己的企业邮箱地址作为用户名，然后单击"继续"，如图 3-70 所示。系统会向该邮箱发送验证码或允许直接输入密码（如果已设置密码登录方式）。在此处输入密码后，点击"登录"以完成身份验证。

3-1 发布与共享报表

图 3-70　登录 Power BI 账户

步骤 2：准备发布报告。

①在 Power BI Desktop 中确保准备发布的可视化报告已经完成并保存，选择导航栏"主页"，点击"发布"；②在弹出选择工作区的窗口，点击"选择"，如图 3-71 所示。工作区是指用于组织和管理报告、数据集等资源的逻辑容器。

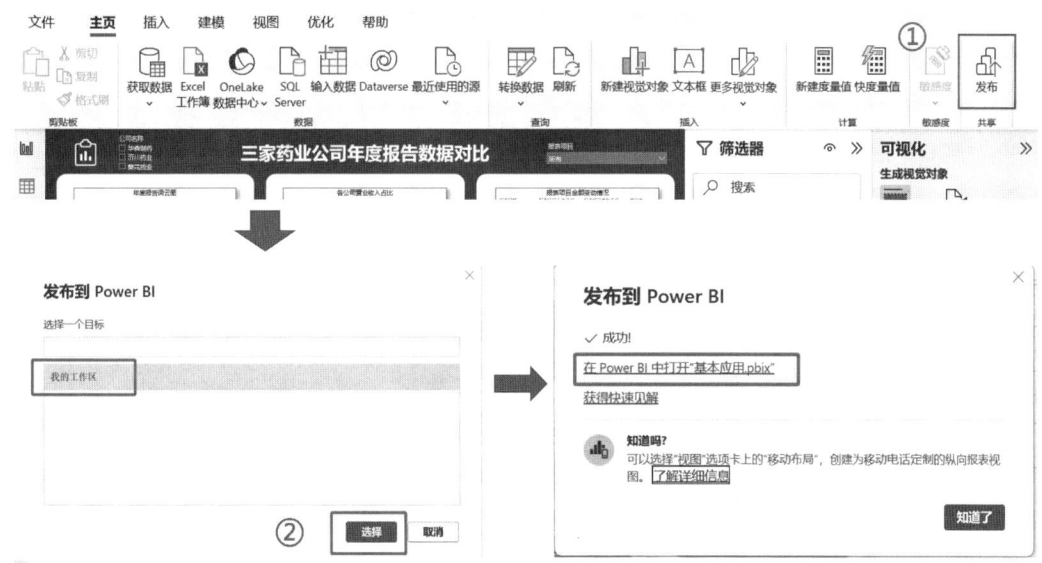

图 3-71　准备发布报告

步骤 3：发布到 Web。

①发布完成后，系统会自动在 Power BI 服务中打开该报告，点击界面左上方"文件"菜单，选择"嵌入报表"，点击"发布到 Web（公共）"；②系统处理并生成一个可用于直接访问的 URL

链接和一个可用于共享的 HTML 嵌入代码,如图 3-72 所示;③在线分享报告,只需复制提供的 URL 链接,这个链接可以直接粘贴到网页、邮件或其他通信工具中,供他人访问。三家药业公司年度报告数据对比可视化报告的 URL 链接为 https://app.powerbi.com/view?r=eyJrIjoiZjVlOWJhYzEtMDFkYy00Nzg4LWE1YjEtZGRjOGRlM2U5MzA4IiwidCI6IjE2ZGVlZGU4LTc5ZTktNGUzMy05OWU2LTlkOGQzOTQyZDc5NiIsImMiOjEwfQ％3D％3D。

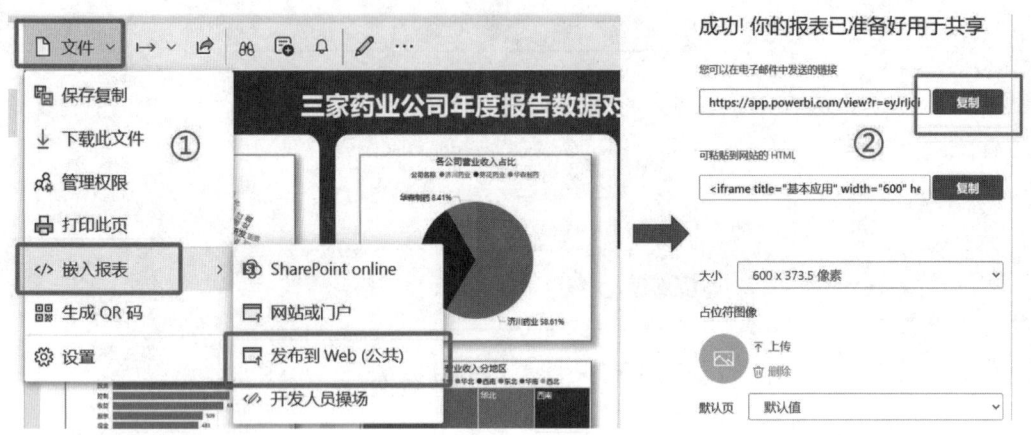

图 3-72 发布到 Web

步骤 4:访问与共享。

任何拥有该链接的人都可以在浏览器中打开它,并查看发布的 Power BI 可视化报告。无需额外的登录或身份验证(除非报告设置了额外的访问控制)。

> 注意:
> ① 安全性:发布到 Web 的报告对公众可见,因此要确保报告中的数据不包含敏感或机密信息。
> ② 访问控制:如果需要更精细的访问控制,可以考虑使用 Power BI 的共享功能,将报告共享给特定的用户或组,并设置适当的权限级别(如查看、编辑等)。
> ③ 更新与刷新:发布到 Web 的报告数据不会自动更新。如果需要更新数据,需要在 Power BI Desktop 中更新数据源并重新发布报告。同时,也可以利用 Power BI 的快速刷新功能来即时更新嵌入网页端的报表数据。

思 考 题

1. 请举例说明商业智能工具在用户友好与易用性方面的具体表现,并与编程工具在这方面进行对比。

2. 分析高度集成与自动化这一优势如何提升企业数据可视化分析的效率,试从数据处理流程的角度阐述。

3. 实时性与动态交互在商业智能数据可视化中有什么重要意义？以一个具体的商业场景（如电商销售监控）为例进行说明。

4. 假设你要向一个非技术背景的业务经理推荐商业智能工具进行数据可视化分析，你会如何突出其丰富的可视化选项与定制能力？

5. 在描述性分析中，数据汇总与计算、数据可视化和报表生成三者之间是如何相互关联和协同工作的？以一个销售数据的分析为例进行阐述。

6. 诊断性分析中的数据钻取功能如何帮助企业发现数据背后隐藏的问题？请结合一个实际的业务数据（如生产质量数据）进行详细分析。

7. 预测性分析中的趋势分析和预测模型有哪些常见的方法和技术？分别适用于哪些类型的数据和商业情境？

8. 指导性分析中的智能推荐是如何依据数据驱动的？以一个互联网产品的用户推荐系统为例，解释其数据可视化在其中的作用。

9. Power BI 组件中的 Power BI Service、Power BI Mobile 与 Power BI Desktop 之间如何协同工作以实现完整的数据可视化分析流程？请绘制一个简单的协同工作示意图并加以说明。

10. 当你在 Power BI Desktop 可视化入门过程中，遇到数据导入格式不兼容的问题，你会采取哪些步骤来解决？

11. 对比 Power BI Desktop 可视化操作与其他常见办公工具（如 Excel）的可视化操作，分析其在处理大数据集和复杂数据关系时的优势和劣势。

12. 以一个具体的数据集（如员工绩效考核数据）为例，简述在 Power BI Desktop 中进行可视化的完整流程，包括从认识界面到生成最终可视化作品的各个关键步骤和操作要点。

第四章 Power BI 的 DAX 基础知识

知识目标

1. 学习 DAX 的基本知识,理解 DAX 的基本概念。
2. 熟悉 DAX 的上下文,掌握 DAX 的基本语法和常用的 DAX 函数。

能力目标

1. 深入理解 DAX 原理,高效地编写 DAX 表达式,培养数据建模的能力。
2. 掌握 DAX 语句的写法,能独立完成数据建模,培养逻辑思维和解决问题的能力。

素养目标

1. 了解常用的 DAX 函数,掌握基本的 DAX 语法,提高数据思维素养和数据可视化的能力。
2. 熟悉数据建模的基本步骤和流程,锻炼数据建模和逻辑理解能力,提升数据分析能力。

思政园地

数字经济时代新的信息技术与生活互相融合交汇,全球数据呈现爆发性增长、海量积聚的特点,以数据采集、传输、储存、处理、应用为途径的大数据产业生态体系逐渐形成,数字化已经成为产业转型、创新发展、推动供给侧改革的重要力量,也正深刻改变着世界的经济格局,引发新的竞争方式。"十四五"时期是我国社会经济实现跨越式发展的重大战略机遇期,我国将进一步加快数字化发展,打造数字经济新优势,在夯实基础、推进产业生态化转型等方面发力。

新时代的新青年要不断提升自身数字修养,认识到数据质量的重要性,不仅要注重数量,更要提高质量,要意识到任何事物的发展都遵循量变引起质变的客观规律,尊重数据,尊重事实,不断提高我国原始创新能力,才能实现数字强国的伟大目标,建设世界科技强国,为全面推进中华民族伟大复兴而团结奋斗。

请思考以下两个问题:

1. 在数字化时代,当面临大量数据诱惑,有通过篡改数据获取学术成果或商业利益等现象发生时,学生应如何坚守诚信原则,确保数据的真实性和可靠性?

2. 结合"十四五"时期我国加快数字化发展的战略,思考在利用DAX进行数据建模和分析时,如何通过优化数据处理流程,助力产业生态化转型,为推动数字经济发展贡献力量?

思维导图

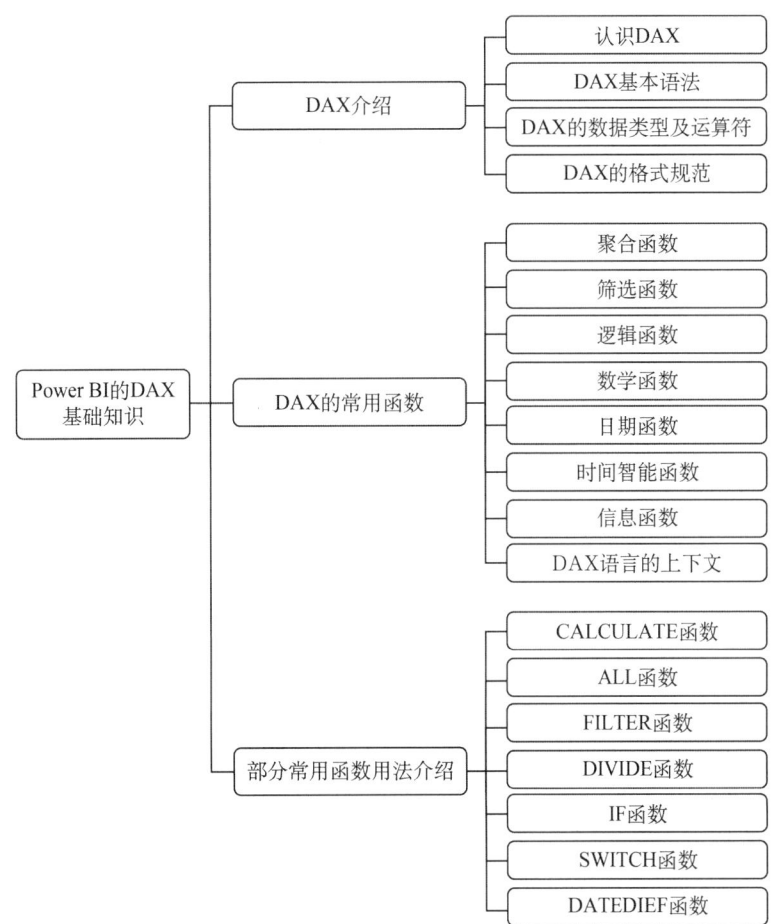

第一节 DAX 介绍

一、认识 DAX

DAX(data analysis expression)即数据分析表达式,可用于计算并返回一个或多个值的函数、运算或常量的集合,是专门进行数据分析的一种函数语言。从数据分析层面认识 DAX 会更有助于我们理解它的功能与特点。DAX 是一种表达式的语言,当数据加载到 Power BI 后,可以利用 DAX 语言对数据模型中的表和列进行处理,包括对数据进行筛选、分类、统计等操作,以及进行更为复杂的数学计算、逻辑计算以及统计计算等。

DAX 的主要结构包括函数、运算符和值,函数可以包含其他内容,如嵌套函数、条件语句及值引用。DAX 中的执行从最内部函数或者参数开始,逐步向外计算。通常情况下,Power BI 中的 DAX 公式在单个行中进行编写,函数正式的格式设置对于可读性至关重要。

Power BI 是一个功能非常强大的自助式商业智能工具,其主要特点是运用 DAX 语句进行智能与复杂的数据分析,使用 DAX 语句也可以达到事半功倍的效果。DAX 的主要功能是筛选和计算,DAX 的查询函数负责筛选出有用的数据集合,然后利用 DAX 的聚合函数执行运算,这就是 Power BI 的智能数据分析的体现。

二、DAX 基本语法

在创建 DAX 基本语句之前,了解 DAX 基本语法是十分必要的。DAX 语句中一般包括组成公式的各种元素,简单来说就是公式的编写方式。DAX 公式也有一些特点,具体如下:

1) 与 Excel 函数类似,但是 Excel 值对单元格进行操作,DAX 是对字段操作
2) 基于列或表的计算
3) 引用"表""列"或度量值
4) 通过"'"或者"["启动智能感知

例如:报表金额=SUM("报表金额表"[金额]),这个公式里包含了以下语法元素:

(1) 报表金额:是度量值的名称。

(2) 等号运算符(=)表示公式的开头,完成计算后将会返回结果。

(3) SUM:在 DAX 中同样是求和函数,表示函数名。对报表金额表中的金额列中的所有数据进行求和。

(4) ():括号中包含一个或者多个参数的表达式,所有函数都至少需要一个参数,一个参数会传递一个值给函数,参数之间用逗号分隔。

(5) ' ':引号用来引用表名。

(6) []:用来引用列名。

(7) 报表金额表:引用的表名。

(8) 金额:引用的字段列。

上述报表金额公式被添加到报表中后,此度量值就会把报表金额表中的所有金额列的金额相加,并返回值。金额列前加上了列所属的报表金额表,这就是所谓的完全限定列名称,因为其

包括列名称且前面加上了列名,同一表中引用的列不需要在公式中包含表名,这可以让引用许多列的冗长公式更简短且便于阅读,但是一般情况下,在书写度量值的时候最好写上表名。

另外,DAX 函数不区分大小写,但是通常情况下,为了 DAX 的简洁和统一,建议 DAX 都用大写字母书写。

三、DAX 的数据类型及运算符

DAX 的设计主要是针对表格中的数据进行处理,表中一般包含两个主要的数据类型:数字及其他。数字可以包括整数、小数、货币。其他可以包括字符串、二进制对象等,这就意味着如果构建 DAX 函数来处理一种类型的数值,那么可以确定该函数可以处理任何其他数值数据。

DAX 公式是使用运算符重载,表明可以在计算中混合各种数据类型,其结果将根据输入中使用的数据类型进行更改,且转换自动进行。因此,在 Power BI 中无须知道每一个字段的数据类型。与 Excel 一样,DAX 公式是使用+、-、*、/等符号进行运算的,并使用小括号()来调整运算的优先次序。DAX 公式的基本运算符如表 4-1 所示。

表 4-1 DAX 公式的基本运算符

运算符	符号	释义
算术运算符	+	加法
	-	减法或者负号
	*	乘法
	/	除法
比较运算符	=	等于
	==	严格等于
	<>	不等于
	>	大于
	>=	大于等于
	<	小于
	<=	小于等于
文本连接运算符	&	连接字符串
逻辑运算符	&&	且(and)
	||	或(and)
其他运算符	IN	取值范围,后用{}界定范围
	()	括号

💡 提示:

(1) 在比较运算符中,"="与"=="的区别在于:当列值为 0 或者 blank 时,表达式"[列名]=0"的结果为 true,仅当列值为 0 时,表达式"[列名]==0"的结果才为 true,而当列值为 blank 时,表达式"[列名]==0"的结果为 false。

(2) IN 运算符是在要与表进行比较的每一行之间创建逻辑 OR 条件,如"产品表"[型号]in{"大号""中号""小号"}。

四、DAX 的格式规范

在正式开始书写 DAX 公式之前,有必要先熟悉并掌握 DAX 语句书写的格式规范。

使用 DAX 语句进行数据分析时,可以进行简单的函数书写,也可以进行函数的嵌套书写。单一的函数书写如上报表金额的书写,如果是书写嵌套函数,那么在书写时将所有的代码都写在一行上,不做任何的格式化处理,那么代码可能比较难以理解,为了增强对代码的可理解性与可读性,需要注意以下书写规范:

(1) 如果函数只有 1 个参数,则和函数放在同一行。
(2) 如果函数具有 2 个或更多参数,则将每 1 个参数都另起一行。
(3) 如果函数及其参数写在多行上。
(4) 左括号"("与函数同一行。
(5) 参数是新行,从该函数对齐位开始缩进 4 个字符。
(6) 右括号")"与函数在同一行。
(7) 分割两个参数的逗号位于前一个参数的同一行。
(8) 如果必须将表达式拆分为更多行,则运算符作为新行中的首字符。

通过以上规则,很容易分辨出 DAX 代码中每一个函数的参数、起止位置、嵌套的层数等。

第二节 DAX 的常用函数

在 Power BI 中,DAX 函数分为多种类型,如聚合、筛选、逻辑、数学等,与 Excel 类似,当开始向 Power BI 输入公式时,会显示函数列表,以帮助确定要选择的可用函数,通过键盘上的向上与向下箭头,可以突出显示任何可用的函数,该函数的简要说明就会显示出来。当在公式栏输入公式时,会显示与当前输入的字母匹配的函数,如果仅输入 D,那么列表中就会显示出以 D 开头的函数。如果输入 Di,列表中就会显示名称中包括字母序列 Di。通过这种方式很容易使用 DAX 及查找可用的 DAX 函数。

一、聚合函数

常见的聚合函数如表 4-2 所示。

表 4-2 常见的聚合函数

函数	说明	函数	说明
SUM	求和	MAX	求最大值
AVERAGE	求平均值	MIN	求最小值

(续表)

函数	说明	函数	说明
COUNT	数值格式的计数	DISTINCTCOUNT	不重复值计数
COUNTROWS	计算表中的行数		

这几个函数和 Excel 中的函数一样，其用法和功能也基本一致，DAX 中还有一类特有的聚合函数实用性很强，其特点就是在原有函数的后面加了一个 X，具体如 SUMX、AVERAGEX、MAXX、MINX，这几个函数可以循环访问列表的每一行，并执行运算，所以被称为迭代函数。

二、筛选函数

常见的筛选函数如表 4-3 所示。

表 4-3 常见的筛选函数

函数	说明	函数	说明
FILTER	筛选	CALCULATE	筛选计算
ALL	所有值（清除筛选）	KEEPFILTERS	追加筛选
ALLEXCEEPT	保留指定行	REMOVEFILTERS	移除筛选
VALUES	返回不重复值		

这几个函数是 DAX 中典型的筛选函数，通过筛选函数，可以控制筛选的上下文的范围，在相关表中查找值，按相关值进行筛选。在 DAX 筛选函数中，有一个特别重要的函数是 CALCULATE 函数，其功能非常强大，适用范围比较广，学会了 CALCULATE 函数就基本掌握了 DAX 语句的基本原理。

三、逻辑函数

常见的逻辑函数如表 4-4 所示。

表 4-4 常见的逻辑函数

函数	说明
IF	根据某个或者多个逻辑判断是否成立，返回指定的数值
IFERROR	如果计算错误，返回指定的数值
AND	逻辑关系"且"—&&
OR	逻辑关系"或"—||
SWITCH	数值转换

上述函数为 DAX 中常见的逻辑函数，一般情况下，如果公式中存在两个及以上的条件，使用这些特殊函数时可以用运算符表达，如 AND 可以用"&&"表示，但是除了以上情况，最好还是使用函数名本身如 IF，以增强代码的可读性与通用性。

四、数学函数

常见的数学函数如表 4-5 所示。

表 4-5 常见的数学函数

函数	说明
ABS	绝对值
ROUND	四舍五入
ROUNDUP	向上舍入
ROUNDDOWN	向下舍入
INT	向下舍入到整数
DIVIDE	安全除法

以上为常见的数学函数，一般数学函数应用在相关的数学表达式中，主要是对返回值设置一些条件，其中 DIVEDE 安全除法区分于算术运算符中的"\"，其用法更安全。

五、日期函数

常见的日期函数如表 4-6 所示。

表 4-6 常见的日期函数

函数	说明
YEAR	返回当前日期的年份
MONTH	返回 1 到 12 的月份的整数
DAY	返回月中第几天的整数
TODAY	返回当前的日期
DATE	根据年、月、日生成日期
TIME	根据时、分、秒生成日期
WEEKDAY	返回 1 到 7 的整数(星期几)
WEEKMUN	当前日期在一整年中的周数(从 1 月 1 日开始算)

上述为常见的日期函数，用法基本与 Excel 类似，尽管这些函数对于从日期值中计算和提取的信息很有用，但是它们并不适用于使用日期表的时间智能。

六、时间智能函数

常见的时间智能函数如表 4-7 所示。

表 4-7 常见的时间智能函数

函数	说明
DATEDIFF	计算两个日期之间的时间间隔

(续表)

函数	说明
YEARFRAC	用于处理与分析日期和时间数据,包括计算日期之间的差异确定日期的星期几、将日期与文本相关转换等
DATEADD	移动一定间隔后的时间段
DATESBETWEEN	从起始日到结束日的时间段
STARTOFMONTH	月的第一天
ENDOFMONTH	月的最后一天
SAMEPERIODLASTYEAR	上年同期
CALENDAR	创建一个日期表,可以生成各种日期维度
EOMONTH	返回,移动至指定月份后的最后一天日期
PREVIOUSYEAR/Q/M/D	上一年/季/月/日

以上时间智能函数,用法很灵活,通过使用以上时间智能函数,可以筛选出一段需要的时间区间。做同比、环比、滚动预测、移动平均等数据分析时,都会用到这些函数。

七、信息函数

常见的信息函数如表4-8所示。

表4-8 常见的信息函数

函数	说明
ISBLANK	是否空值
ISNUMBER	是否数值
ISTEXT	是否文本
ISERROR	是否错误
ISFILTERED	判断是否被筛选

以上信息函数与Excel功能相似,尽管这些函数是判断函数类型的重要方法,但是在大多数情况下,都是提前了解每列的数据类型,而不是依赖这些函数去判断数据类型。

八、DAX语言的上下文

在DAX语言中,"上下文"是一个核心且十分重要的概念,它决定了DAX表达式如何被计算和解释。上下文,英文是Context,可以理解为环境、语境、上下文、范围等。

DAX语言的上下文主要有两种类型:行上下文(Row Context)和筛选上下文(Filter Context),两者共同定义了DAX表达式执行时的数据环境。

(一)行上下文

行上下文是DAX中最直接的上下文类型,是与数据模型中的特定行相关联的上下文环境。在行上下文中，DAX表达式能够直接访问当前行内的数据，逐行处理数据，并对每一行应用公式或计算。如果在查询或报表中使用DAX表达式，该表达式引用了表中的列，那么表达式就会在每一行上单独计算，此时就处于行上下文中。行上下文决定了表达式中引用的列值是哪一行的值。

在Power BI中，行上下文比较典型的应用场景是"新建列"。新建列是针对表中的数据进行计算后新建一个数据列，它的计算原理是逐一读取数据表中的每一行，根据行上下文函数对每一行数据进行计算。例如，新建列：销售金额＝单价＊数量，则意味着在现有表格中每行"单价"与每行"数量"相乘得到"销售金额"列。

（二）筛选上下文

筛选上下文是DAX表达式计算的另一个重要方面，决定了在计算DAX表达式之前，哪些数据行被包括在内，哪些被排除在外，即通过筛选条件来限制数据计算的范围，只有满足一定规则筛选后的数据列才进行计算。在Power BI中筛选上下文最常见的应用是创建度量值；度量值是对数据列进行计算，因此会受到筛选上下文的影响。筛选上下文可以来源于多个方面，包括但不限于：

（1）报表中的视觉对象：在Power BI报表中，将字段拖放到视觉对象（如表格、图表）中时，这些字段会自动为相关的DAX表达式创建筛选上下文。

（2）切片器：切片器是Power BI中的一种工具，允许用户通过选择特定的值来过滤报表中的数据。切片器选择的值也会为DAX表达式创建筛选上下文。

（3）DAX函数：一些DAX函数（如FILTER、CALCULATE、ALL、ALLSELECTED等）可以显式地改变筛选上下文。

（三）计算顺序和上下文转换

DAX表达式的计算顺序和上下文转换也是重要的概念。在某些情况下，DAX表达式中的子表达式可能会改变当前的上下文，在行上下文和筛选上下文之间进行转换，这会影响整个表达式的计算结果。例如，CALCULATE函数被调用时，会将行上下文中的信息转换为筛选条件，并应用于整个数据模型或数据集的子集。理解DAX函数的计算顺序和上下文转换对于编写复杂和有效的DAX表达式至关重要。

总之，DAX的上下文是理解和使用Power BI进行数据分析和可视化的关键。掌握行上下文和筛选上下文的概念及其相互作用，有助于用户更高效地利用DAX表达式进行数据处理和计算。

第三节　部分常用函数用法介绍

一、CALCULATE函数

CALCULATE函数被称为DAX函数中最强大的计算器函数，其一般格式为：

CALCULATE(表达式,条件1,条件2...)

其中，第一个参数为计算表达式，可以执行各种聚合运算；从第二个参数开始，是一系列的筛选条件，可以为空，如果有多个筛选条件，可以用逗号分隔；所有筛选条件的交集形成最终筛选的数据集合；根据筛选出的数据集合执行第一个参数的聚合运算并返回运算结果。

需要特别注意的是，CALCULATE函数内部的筛选条件若与外部筛选条件重合时，会强制删除外部筛选条件，按照内部筛选条件执行。

二、ALL 函数

ALL函数属于筛选函数，不能单独使用，一般与CALCULATE函数一起使用。ALL函数的一般格式为：

$$ALL(表或列)$$

ALL函数的功能是返回表或列的所有值，其作用是清除一切外部筛选，并扩大筛选范围。

三、FILTER 函数

FILTER函数也是筛选函数，被称为高级筛选器函数，不能单独使用，一般与CALCULATE函数一起使用，其作用是按指定的筛选条件返回一张表，利用FILTER函数可以实现更加复杂的筛选。其一般格式为：

$$FILTER(表，筛选条件)$$

其中，第一个参数是要筛选的表，第二个函数是筛选条件，返回的是一张表。

下面就CALCULATE函数及筛选函数结合的用法进行举例说明。

【案例4-1】 生成郑州市的不同产品、不同年度的销售金额表。

本案例需要先导入表格数据，其中包含3个维度表（产品表、日期表、门店表）和1个事实表（销售表），在销售表下创建"郑州市门店销售金额"的度量值。具体写法可为：

郑州市门店销售金额＝CALCULATE('销售表'[销售金额],FILTER('门店表'[店铺名称]='郑州市'))

【案例解析】

步骤1：在Power BI中，对"4-1案例数据"进行导入与数据清洗，然后新建度量值文件夹，并单击菜单栏中的"新建度量值"。

步骤2：在公式编辑栏中输入度量值公式"郑州市门店销售金额＝CALCULATE('度量值'[销售金额],FILTER('门店表','门店表'[店铺名称]='郑州市'))"，如图4-1所示。

图4-1 输入度量值公式

步骤3：单击左侧的"报表视图"图标，再单击可视化中的"矩阵"图标，设置相关参数，参数设置效果如图4-2所示。

步骤4：单击右侧的"格式"按钮，进行格式设置，输入文本大小为12，如图4-3所示。

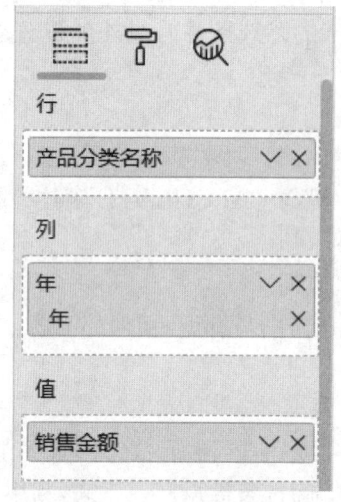

图 4-2 设置相关参数

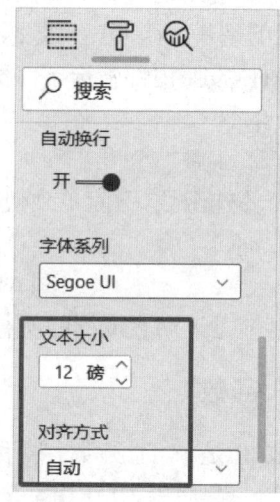

图 4-3 设置格式

步骤 5：生成的矩阵图，如图 4-4 所示。

图 4-4 生成的矩阵表

四、DIVIDE 函数

DIVIDE 函数又称安全除法函数。在做数据分析时，会涉及一些相对值，如环比增长率、利润率、离职率等，这些值在计算时，都要用到除法，可以用算术运算符"/"进行运算，但是当分母数值为 0 时，计算结果会报错。所以此时可以考虑 DIVIDE 函数，其特点为当分母为 0 时不报错，可以显示为空或者其他特定信息。

【案例 4-2】 计算销售金额环比增长率。

导入数据同[案例 4-1]，在度量值文件夹下新建两个度量值，用来计算销售金额的环比增长率。其计算公式分别为：

上月销售额 = CALCULATE('度量值'[销售金额],PREVIOUSMONTH('日期表'[日期]))

销售金额环比=DIVIDE('度量值'[销售金额]-'度量值'[上月销售额],'度量值'[上月销售额])

【案例解析】

步骤1：在 Power BI 中，打开数据表，依次点击度量值文件夹、新建度量值。

步骤2：在公式编辑栏中分别输入度量值公式，如图4-5和图4-6所示。

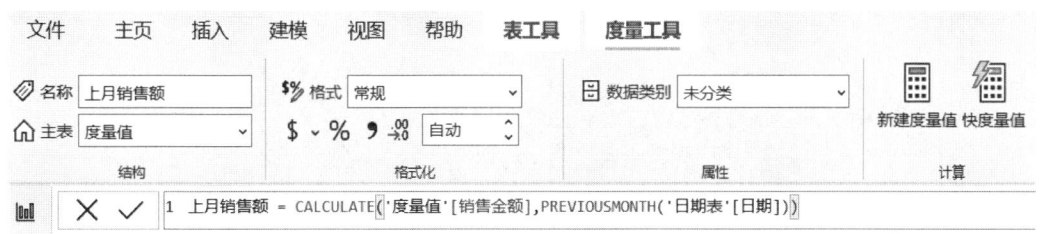

图 4-5　输入度量值

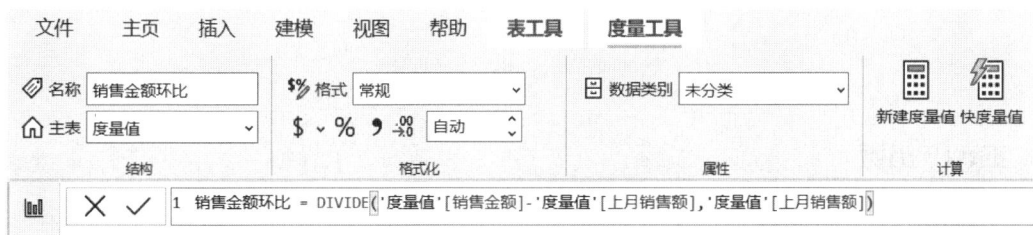

图 4-6　输入度量值

步骤3：点击报表视图，点击可视化图表中的"表格"图标，设置相关参数，如图4-7所示。

步骤4：设置表格的列标题的文本大小为12，如图4-8所示。

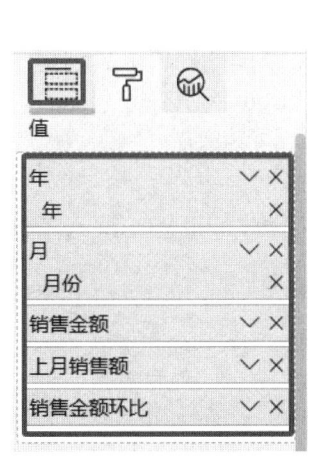

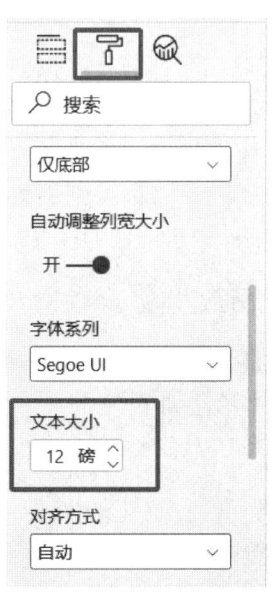

图 4-7　设置参数　　图 4-8　设置列标题的文本大小

步骤5：生成的表格效果如图4-9所示。

年	月份	销售金额	上月销售额	销售金额环比
2019	January	34,858.00		
2019	February	44,437.00	34,858.00	27.48%
2019	March	58,907.00	44,437.00	32.56%
2019	April	57,750.00	58,907.00	-1.96%
2019	May	55,820.00	57,750.00	-3.34%
2019	June	53,018.00	55,820.00	-5.02%
2019	July	56,747.00	53,018.00	7.03%
2019	August	56,300.00	56,747.00	-0.79%
2019	September	54,366.00	56,300.00	-3.44%
2019	October	56,101.00	54,366.00	3.19%
2019	November	56,311.00	56,101.00	0.37%
2019	December	58,319.00	56,311.00	3.57%
2020	January	53,826.00	58,319.00	-7.70%
2020	February	67,447.00	53,826.00	25.31%
2020	March	52,902.00	65,502.00	-19.24%
总计		1,735,129.00		

图 4-9 生成的表格效果图

五、IF 函数

IF 函数用于根据条件对数据进行条件判断，并返回不同的结果。DAX 的 IF 函数与 Excel 中的 IF 函数非常相似，但在处理表格数据时，需要考虑上下文（如行上下文和筛选上下文）。其基本语法如下：

IF(logical_test, value_if_true, [value_if_false])

其中，logical_test 是一个逻辑表达式，DAX 会评估其真假值。如果条件为真（即结果为 true），则函数返回"value_if_true"。

value_if_true 是指当条件为真时返回的值。[value_if_false]是一个可选参数，当条件为假（即结果为 false）时返回的值。如果省略此参数，并且条件为假，则函数将返回 BLANK()。

例如，根据某店铺销售表中总销售金额来判断该店铺的销售水平，当总销售金额大于 10 000 元时说明其销售水平高，否则销售水平低。则运用 IF 函数创建的度量值为：销售水平 = IF(SUM('销售表[销售金额])＞10000,"高","低")。

六、SWITCH 函数

SWITCH 函数是一个非常有用的条件逻辑函数，可根据一系列条件来返回不同的值。SWITCH 函数的基本语法如下：

```
SWITCH(
    expression,
    value1, result1,
    [value2, result2, ...],
    [else]
)
```

其中,

① expression:是要进行比较的基础表达式。

② valueN:是与 expression 进行比较的值。如果 expression=valueN 为真,则返回 resultN。

③ resultN:当 expression=valueN 为真时返回的结果。

④ [else](可选参数):如果 expression 的结果与任何 valueN 都不匹配,则返回这个值。

需要注意的是,SWITCH 函数从第一个参数开始顺序比较,找到匹配项后立即返回对应的结果,不会继续比较后续的值。如果存在"valueN"的匹配项,将返回对应"resultN"中的标量值。如果不存在"valueN"的匹配项,则返回"else"中的值。如果没有任何"valueN"的匹配项且未指定"else",则返回 blank。同时使用 SWITCH 函数时要确保条件表达式是互斥的,即没有重叠的情况,否则可能出现错误的结果。

【案例 4-3】 对学员成绩进行分组,组别为:"不合格""合格""良好""优秀"。

【案例解析】

步骤1:导入"学员成绩表",同[案例 4-1]。

步骤2:在表格视图下,选择"列工具",点击"新建列",按照以下表达式新建"成绩分组"列,如图 4-10 所示。

```
成绩分组 =
SWITCH (
    TRUE (),
    [测试成绩]<60, "不合格",
    [测试成绩]<=70, "合格",
    [测试成绩]<=80, "良好",
"优秀"
)
```

> 注意:
>
> 此处使用 TRUE() 作为 SWITCH 的第一个参数,是因为在 DAX 中,SWITCH 函数实际上并不需要第一个参数是一个表达式或值来与后续的值进行比较。相反,SWITCH 会按顺序检查每个 valueN 表达式(本例中是[测试成绩]<60、[测试成绩]<=70、[测试成绩]<=80),直到找到一个为真的表达式,然后返回对应的 resultN。如果没有任何条件为真,则返回 else 部分的值(如本例中[测试成绩]>80 为优秀)。

步骤3:在报表视图下,点击"新建度量值",创建学员人数度量值:学员人数=COUNT('学员成绩表'[学员编号]),如图 4-11 所示。

步骤4:在报表视图下,选择视觉对象"堆积柱形图",X 轴添加"成绩分组",Y 轴添加"学员人数",图例选择"成绩分组",得到学员成绩分组的柱形图,如图 4-12 所示。

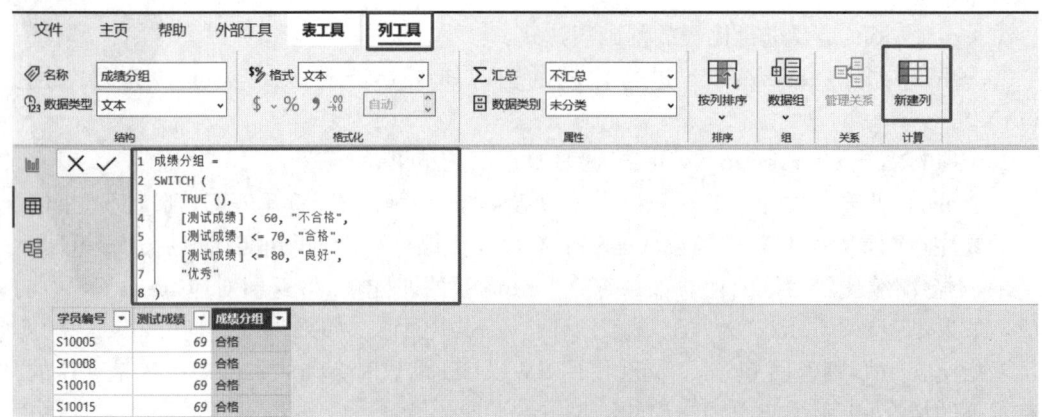

图 4-10 新建"成绩分组"列

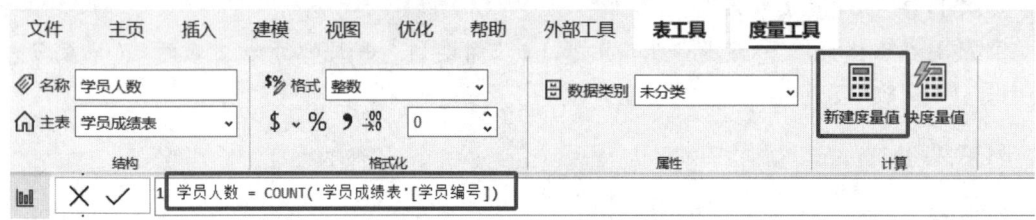

图 4-11 新建学员人数度量值

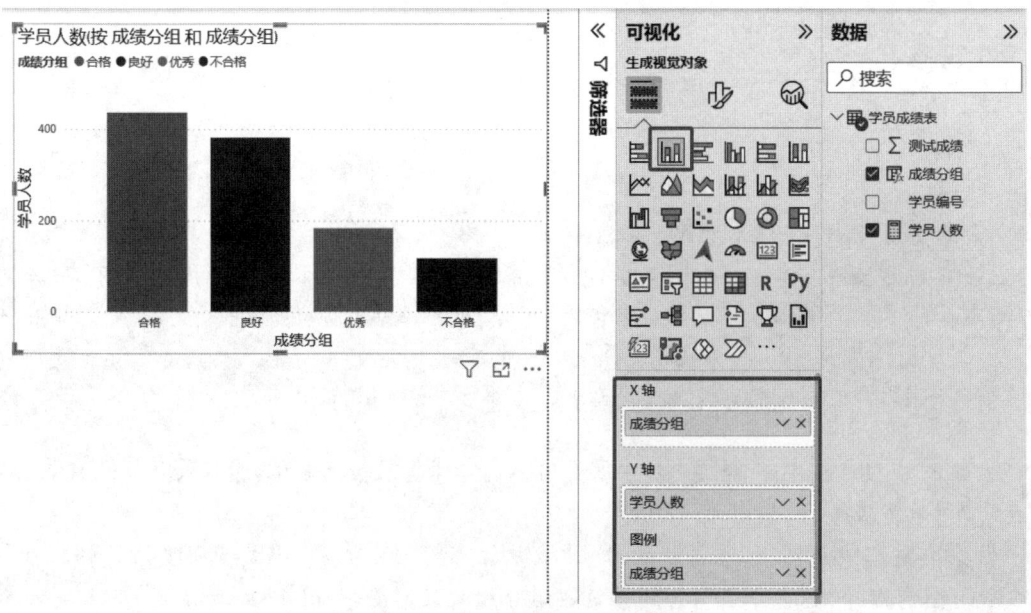

图 4-12 学员成绩分组柱形图

七、DATEDIFF 函数

DATEDIFF 函数用于计算两个日期之间的差异,并返回以指定时间单位表示的结果。这个函数在 Power BI 中非常常见,用于数据分析时计算时间间隔。其基本语法如下:

DATEDIFF(start_date, end_date, Interval)

其中,

① start_date:起始日期,可以是一个日期字段或包含日期的表达式。

② end_date:结束日期,同样可以是一个日期字段或包含日期的表达式。

③ Interval(时间间隔):比较日期时要使用的时间间隔的类型,可以是以下值的任一值:'DAY','MONTH','YEAR','QUARTER'(季度)、'WEEK'(周)、'HOUR'(小时)、'MINUTE'(分钟)、'SECOND'(秒)。

DATEDIFF 函数返回值是一个整数值,表示两个日期之间指定时间单位的差异。例如,计算 2023 年 4 月 1 日和 2023 年 5 月 20 日之间的天数差异,则 DAX 表达式为 DATEDIFF("2023-4-1","2023-5-20",DAY),返回结果为 49,如果计算月数差异,则表达式为 DATEDIFF("2023-4-1","2023-5-20",MONTH),返回结果为 1。

在使用 DATEDIFF 函数时需注意确保 start_date 和 end_date 是有效的日期或日期时间表达式。Interval(时间间隔)的大小写必须正确,因为 DAX 是区分大小写的。如果 end_date 早于 start_date,则返回的整数值将是负数。

思　考　题

1. 简述 DAX 在数据分析和报表制作中的作用,并举例说明它与其他数据分析工具或语言的区别。

2. 阐述 DAX 中常见的数据类型及其不同类型的特点,举例说明不同数据类型之间的转换。

3. 详细说明 DAX 的格式规范,包括函数命名、参数书写、表达式书写等方面的要求,并指出违反格式规范可能导致的问题。

4. 聚合函数在数据分析中起到什么作用?列举至少三个聚合函数,并分别举例说明如何使用它们对数据进行聚合计算,如计算销售总额、平均订单金额等。

5. 筛选函数是如何实现对数据的筛选操作的?以实际的数据集为例,演示如何使用筛选函数获取满足特定条件的数据子集,如筛选出特定地区的销售记录。

6. 逻辑函数在构建复杂条件判断时有什么优势?编写一个使用逻辑函数判断销售数据是否满足特定业务规则的表达式,如判断销售额是否大于一定阈值且产品类别为特定类别。

7. 数学函数可以进行哪些常见的数学运算?给出一个使用数学函数计算数据增长率或折扣率的实例,并解释计算过程。

8. 日期函数如何处理和分析日期相关的数据?例如,如何使用日期函数计算两个日期之间的间隔天数、获取某个日期所在的月份或季度等,并用实际数据进行演示。

9. 时间智能函数对于分析时间序列数据有什么重要性？以销售数据的时间序列为例，说明如何使用时间智能函数计算同比、环比等指标，分析销售趋势。

10. 信息函数能够提供哪些关于数据的信息？举例说明如何使用信息函数判断数据是否为空值、是否为数值类型等，以及这些判断在数据分析中的作用。

11. 解释 DAX 语言上下文的概念，并举例说明在不同的上下文中函数的计算结果可能会发生怎样的变化。

12. CALCULATE 函数的工作原理是什么？通过一个实际的数据分析场景，详细说明如何使用 CALCULATE 函数修改筛选条件，实现对数据的灵活计算，如计算特定产品在特定时间段内的销售额。

13. ALL 函数的作用是什么？举例说明在什么情况下需要使用 ALL 函数来清除筛选器，以获取完整的数据集合进行计算，如计算所有产品的总销售额而不受其他筛选条件的影响。

14. FILTER 函数如何根据指定的条件筛选数据？以一个包含多个字段的数据集为例，展示如何使用 FILTER 函数筛选出满足多个复杂条件的数据记录，如筛选出特定地区、特定年龄段的客户数据。

15. DIVIDE 函数在处理除法运算时如何避免除数为零的错误？编写一个包含 DIVIDE 函数的表达式，模拟实际业务中的除法计算场景，并说明如何通过 DIVIDE 函数确保计算结果的准确性和稳定性。

16. IF 函数是如何进行条件判断并返回不同结果的？给出一个使用 IF 函数对销售数据进行分类标记的示例，如根据销售额大小将销售记录标记为"高销售额""中销售额""低销售额"等。

17. SWITCH 函数与 IF 函数相比，在处理多条件判断时有什么优势？使用 SWITCH 函数编写一个根据产品类别进行不同计算的表达式，并说明如何优化代码结构和提高可读性。

18. DATEDIFF 函数如何计算两个日期之间的差值？以一个项目进度管理的数据为例，演示如何使用 DATEDIFF 函数计算项目开始日期和结束日期之间的天数间隔，并结合其他函数对项目进度进行分析。

第二篇
基于 Power BI 的数据可视化分析实训

2

第五章
描述性分析实训案例
—— 统计主题可视化分析

 知识目标

1. 了解数据可视化的基本思路,掌握从数据获取到数据可视化的基本步骤。
2. 学习和巩固 DAX 语句的语法,编写基本的 DAX 语句。
3. 明确制作统计主题可视化的基本方法和逻辑思路。

 能力目标

1. 了解数据可视化的基本思路,掌握从数据获取到数据可视化的基本步骤。培养大数据思维,增强大数据分析意识。
2. 学习和巩固 DAX 语句的语法,编写基本的统计计算语句。提高运用大数据分析问题、解决问题的能力。
3. 运用商业智能分析工具 Power BI,能独立进行数据获取到数据可视化的案例制作,锻炼学生的实践动手能力,增强学生的自主学习和自我判断能力。

 素养目标

1. 坚持以人为本,培养学生的责任感和担当意识。
2. 引导学生树立正确的人生观和价值观,激发学生的爱国情怀。
3. 提升学生的专业素养,挖掘学生的专业分析能力和数据报告能力。

 思政园地

伴随信息技术的迭代演进以及大数据、云计算、人工智能等新兴产业的发展,数字化媒介为传播中国传统文化、历史成就和当代实践提供了更为广阔的平台。中国作为古老的文明古国,拥有悠久的历史,灿烂的文化和独特的经济发展经验,对世界的影响深远,世界对中国的关注也非常之高,讲好中国故事不仅承载着中华民族的智慧和力量,也蕴含着丰富的价值观和普世意义。而数智化时代的到来,为讲好中国故事提供了前所未有的机遇与工具,讲好中国故事要充分利用数字技术的优势,以更广泛、更深入、更生动的方式传播中国大国的风采,增进国际社会对中国的了解和认同,提升中国的国际影响力和软实力。

讲好中国故事,讲好中国式现代化故事,是我们全社会坚定道路自信、理论自信、制度自信和文化自信的重要途径,通过生动、形象地讲述中国故事,向全世界展现中国的历史文化、社会发展、人民风貌和中国的独特魅力,从而激发和提升全社会的文化自信。文化兴则国运兴,文化强则民族强。《中华人民共和国国民经济和社会发展第十四个五年规划和2035年远景目标纲要》明确提出2035年建成文化强国,增强文化自信,继续坚持以社会主义核心价值观引领文化建设,围绕举旗帜、聚民心、育新人、兴文化、展形象的使命任务,促进满足人民文化需求和增强人民精神力量相统一,推进社会主义文化强国建设。围绕这一战略规划,我国深入实施中华优秀传统文化传承发展工程,推动中华优秀传统文化创造性转化、创新性发展,不断擦亮中国文化名片。党的二十大报告也指出,加快构建中国话语和中国叙事体系,讲好中国故事、传播好中国声音,展现可信、可爱、可敬的中国形象,不仅能使世界看到、听到新时代的中国,更能提升我国的文化自信和国际影响力,为建设社会主义文化强国提供有力支撑。

请思考以下两个问题:
1. 数字技术、数字媒介发展为传播中国文化带来了哪些机遇和挑战?
2. 利用数字技术讲好中国故事的策略与实施路径有哪些?

思维导图

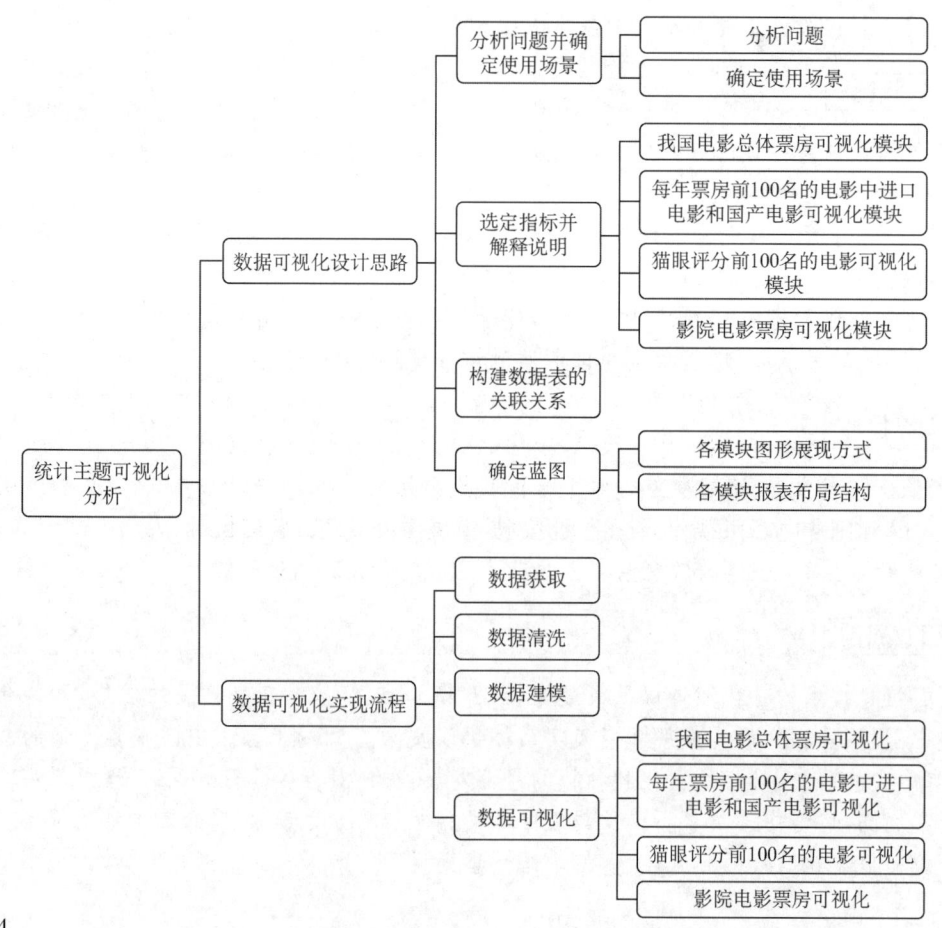

案例背景

讲好中国故事不仅有助于增强国民的民族自信,更能推动中国文化艺术的创新与发展。由于中国文化艺术的内容丰富、形式多样,表现方法与手段种类繁多,社会各界要想客观地评价中国文化艺术及其影响力,就必须寻找更多的途径和方法。随着数智化时代的到来,大数据等新兴技术的发展,能否为评价文化艺术提供新的思路和手段?具体通过何种方法评价中国文化的发展状况、国际影响力?本章将通过商业智能分析工具 Power BI,获取相关数据,搭建模型,可视化数据,分析数据,诊断数据,评价数据,以更好地展示中国文化的影响力。

互联网和科技的飞速发展对各行各业都带来了重大影响。电影行业的发展迎来了前所未有的机遇。电影市场整体持续繁荣,票房收入与观影人次也保持增长态势,尤其是中国等新兴市场,电影消费已经成为大众娱乐的重要部分,数字化制作、特效技术的革新、流媒体平台的崛起,都为电影产业注入了新的活力。多元化内容成为趋势,各种题材、类型的电影层出不穷,满足了不同观众的需求。在中国,电影市场也呈现出了稳定发展的良好局面,政策支持、技术进步和市场需求的增长共同推动了电影产业的蓬勃发展。

然而,电影行业也面临诸多挑战,如市场竞争不断加剧、内容创新难度较大、版权维护问题较多、技术与人才短缺等。为了更加全面地了解整个电影行业的发展状况与目前的困境,本案例基于猫眼专业版平台的票房数据,运用商业智能分析工具 Power BI 对我国电影总体票房、每年票房前 100 名的电影中的进口电影和国产电影、猫眼评分前 100 名的电影、影院电影票房四个方面进行数据可视化分析,揭示猫眼电影的营业状况和盈利情况,找到影响票房数据的因素和票房数据变化的主要原因,使管理层及时掌握企业经营活动状况,为下一步决策提供支持。

第一节 数据可视化设计思路

对猫眼电影票房的数据分析主要包括我国电影总体票房、每年票房前 100 名的电影中的进口电影和国产电影、猫眼评分前 100 名的电影、影院电影票房四大核心模块。我国电影总体票房可视化分析主要包括我国电影总体票房、总场次、各渠道出票数量、电影数量以及电影数量受档期、年份等的变化情况,从宏观上把握我国电影总体数据;每年票房前 100 名的电影中的进口电影和国产电影可视化分析主要是对进口电影的数量、平均售价、观影人次进行统计,进而对比国内外电影的评分、票房、场均人次等,通过分析评价国内外电影的发展情况,找到各自的差别和特点;猫眼评分前 100 名的电影可视化分析主要是对其电影元素、主演票房、不同类型电影的评分、电影票房与评分之间的关系等进行分析,发现评分高的电影的普遍规律;影院电影票房可视化分析主要对各大影院综合票房、观影人次及场均人次的变化、影院数量及总场次、不同线级城市票房情况进行分析,比较直观地分析各大影院的数据,进而反映行业发展状况。要想达到以上目标,实现猫眼电影票房数据可视化分析,首要任务是梳理清晰数据可视化实现的思路。

一、分析问题并确定使用场景

(一) 分析问题

(1) 如何通过分析我国电影总体情况,评价我国电影总体发展情况?以及目前面临的困境?

(2) 如何通过分析每年票房前 100 名的电影中的进口电影和国产电影数据,阐述进口电影和国产电影各自的特点及发展情况?

(3) 如何通过分析猫眼评分前 100 名的电影,总结出评分高的电影的共性特点和普遍规律?

(4) 如何通过分析影院电影票房,映射出城市发展水平与影院应对风险的能力的关系?以及影院数量与场均人次的关系?

(二) 确定使用场景

对猫眼电影票房的相关运营数据进行可视化分析,不仅可以对猫眼票房的业务数据进行指标量化和模型化,还可以通过可视化的图表来展现猫眼公司的运营状态,有助于评估电影的市场影响力和用户参与度,为电影营销和推广提供数据支持,也能协助决策层制定公司发展战略。

二、选定指标并解释说明

(一) 我国电影总体票房可视化模块

我国电影总体票房可视化模块指标解释,如表 5-1 所示。

表 5-1 我国电影总体票房可视化模块指标解释

选定指标	指标意义	计算方式	数据来源
总票房	反映猫眼电影近七年每年的票房金额	综合票房	总票房
总票房占比	反映猫眼电影近七年每年的票房金额占近七年总票房的比重	总票房/综合票房合计	总票房
电影总场次	反映猫眼电影近七年每年的电影播放总场次	总场次(亿场次)	总票房
平均售价	反映猫眼电影近七年电影的平均售价	平均售价(元)	总票房
总出票数(亿张)	反映猫眼电影近七年电影的总出票数,包括网络出票数和线下出票数	总出票(亿张)	总票房
网络出票数(亿张)	反映猫眼电影近七年电影的网络出票数	网络出票(亿张)	总票房
线下出票数(亿张)	反映猫眼电影近七年电影的线下出票数	总出票(亿张)—网络出票(亿张)	总票房
电影数量	反映猫眼电影近七年每年的电影数量	电影数量(部)	电影数量
档期	反映猫眼电影统计的电影所属的档期分布	档期	不同档期电影数量及票房

(续表)

选定指标	指标意义	计算方式	数据来源
档期票房	反映猫眼电影统计不同档期电影的票房	票房	不同档期电影数量及票房

（二）每年票房前100名的电影中进口电影和国产电影可视化模块

每年票房前100名的电影中进口电影和国产电影可视化模块指标解释，如表5-2所示。

表5-2 每年票房前100名的电影中进口电影和国产电影可视化模块指标解释

选定指标	指标意义	计算方式	数据来源
产地	猫眼电影中电影产地，电影产地为中国的为国产电影，产地为中国以外的电影统称为进口电影	产地	电影数据
进口电影数量	近七年每年票房前100名的电影中的进口电影数量统计	进口电影数量	电影占比
进口电影平均售价（元）	近七年每年票房前100名的电影中的进口电影的平均售价统计	平均售价	进口电影评分
进口电影观影人次（百万）	近七年每年票房前100名的电影中的进口电影的观影人次统计	观影人次（人次）	进口电影评分
进口电影评分	近七年每年票房前100名的电影中的进口电影的平均评分统计	评分	电影数据
国产电影评分	近七年每年票房前100名的电影中的国产电影的平均评分统计	评分	电影数据
综合票房	每年票房前100名的电影中所有电影的综合票房统计	综合票房	电影占比
国产电影票房	每年票房前100名的电影中的国产电影的票房统计	国产电影票房	电影占比
进口电影票房	每年票房前100名的电影中的进口电影的票房统计	进口电影票房	电影占比
国产电影票房占比	每年票房前100名的电影中的国产电影的票房占综合票房的比重	国产电影票房/综合票房	电影占比
进口电影票房占比	每年票房前100名的电影中的进口电影的票房占综合票房的比重	进口电影票房/综合票房	电影占比
国产电影场均人次	每年票房前100名的电影中的国产电影每场平均人次统计	场均人次	国产电影评分
进口电影场均人次	每年票房前100名的电影中的进口电影每场平均人次统计	场均人次	进口电影评分

（三）猫眼评分前 100 名的电影可视化模块

猫眼评分前 100 名的电影可视化模块指标解释，如表 5-3 所示。

表 5-3　猫眼评分前 100 名的电影可视化模块指标解释

选定指标	指标意义	计算方式	数据来源
电影元素分布（按评分）	猫眼电影的电影元素按照评分统计	猫眼评分	猫眼评分
猫眼评分	猫眼电影评分前 100 名的电影评分统计	猫眼评分	猫眼评分
累计票房（百万）	猫眼电影评分前 100 名的电影累计票房统计	累计票房（百万元）	猫眼评分
电影类型	猫眼电影评分前 100 名的电影所属的类型	电影类型	各类型电影数量
电影数量	猫眼电影评分前 100 名的电影中各类型影片的数量统计	电影数量	各类型电影数量
电影名	猫眼电影评分前 100 名的电影名称	电影名	猫眼评分
电影票房	猫眼电影评分前 100 名的电影票房统计	累计票房（百万元）	猫眼评分
主演电影票房	猫眼电影评分前 100 名的电影主演（剔除掉配音演员）的个人票房统计	主演（剔除配音演员）	猫眼评分

（四）影院电影票房可视化模块

影院电影票房可视化模块指标解释，如表 5-4 所示。

表 5-4　影院电影票房可视化模块指标解释

选定指标	指标意义	计算方式	数据来源
观影人次	全国影院票房观影人次（亿人次）	人次（亿人次）	全国影院票房
场均人次	全国影院票房场均人次（亿人次）	场均人次（亿人次）	全国影院票房
影院数量	全国影院数量	影院数量（家）	全国影院票房
总场次	全国影院播放电影总场次（亿次）统计	总场次（亿场次）	全国影院票房
影院	每年票房前 10 名的全国影院的名称	影院	每年前 10 名全国影院票房
综合票房	每年票房前 10 名的全国影院综合票房（万元）	综合票房（万元）	每年前 10 全国影院票房
主要城市	猫眼电影平台统计的主要城市名称	主要城市	2023 年不同级别影院数据
级别	猫眼电影平台统计的主要城市所属的级别	级别	2023 年不同级别影院数据
不同级别影院综合票房	2023 年不同级别影院的综合票房（亿元）	综合票房（亿元）	2023 年不同级别影院数据
热门城市	猫眼电影平台统计的热门城市名称	地点	热门城市影院票房
热门城市综合票房	热门城市影院综合票房统计	综合票房（亿元）	热门城市影院票房
平均售价	热门城市影院的平均票价（元）	平均票价（元）	热门城市影院票房

三、构建数据表的关联关系

本案例在构建数据关系时,采用的是星型模型。该模型以一张事实表为核心,所有维度表直接与事实表相连,形似星星,且表间关系较少,无复杂的层级或者间接关联,比较适合统计不同主题案例的数据。星型模型涵盖我国总体票房、进口电影票房和国产电影票房、猫眼评分前100名和影院电影票房四大维度数据,通过从诸多维度表中提取一个维度作为主键,这些维度再组合成以电影名、档期、电影类型、时间、城市、产地、影院等为中心的事实表主键,最后建立起完整的数据分析模型。这样既能确保统计数据的一致性和完整性,又便于数据分析人员更加直观地了解数据之间的关联,及时完成数据更新与维护。一方面,因为星型模型结构简单,表连接操作较少,数据查询无需复杂关联操作,对大数据量查询响应迅速,查询效率高;另一方面,简单直观的数据结构也能使业务人员无需具备复杂的技术知识,就能自助分析数据,大大提高了数据的使用率。

采用星型模型对猫眼电影票房数据进行分析,不仅能直观明确地看出基于不同维度的数据变化,如总体票房走势、国产电影与进口电影观影人次与平均售价对比、不同城市或者地区影院数据情况等,还能快速发现电影数据变化的特点,总结数据变化趋势,挖掘数据的潜在规律与趋势,为利益相关者进行决策提供全面的信息支持。各数据表的关联关系图,如图5-1所示。

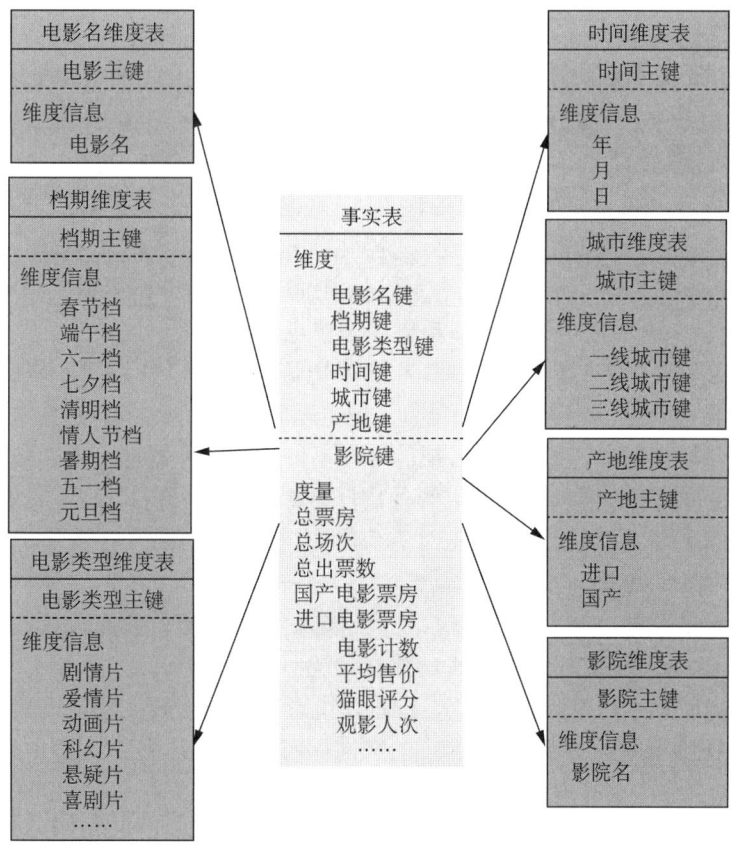

图 5-1 各数据表的关联关系图

四、确定蓝图

(一)各模块图形展现方式

1. 我国电影总体票房可视化

(1) 以六边形呈现标题"我国电影总体票房可视化":在对每个主题进行可视化呈现之前,先确定主题,明确分析内容。

(2) 以按钮切片器呈现统计猫眼电影票房数据的区间:为了明确分析区间,把统计的年份放在切片器中,整体把握时间变化。

(3) 以卡片图呈现核心数据:为了能一目了然地看出总票房、电影数量的统计结果,把核心指标用卡片图展示出来,能对核心数据进行宏观把握。

(4) 以折线图呈现总票房走势:一方面能统计出每年电影的总票房数据;另一方面能看出,随着时间的不断推移,我国电影总票房整体的走势。

(5) 以折线和簇状柱形图展示每年电影总场次及平均售价:把电影总场次及平均售价两个数据放在折线和簇状柱形图中,不仅能统计出每年电影总场次和平均售价数据变化,还能在同一时间维度下,对比分析每年电影总场次和平均售价。

(6) 以折线和堆积柱形图呈现不同档期电影票房及电影数量:把电影票房及电影数量两个数据放在折线和堆积柱形图中,不仅能统计出电影票房及电影数量的变化,还能统计在不同档期下,对比分析不同档期下的电影票房及电影数量。

(7) 以环形图展示不同年份电影数量的占比情况:把每年电影的数量放在环形图中能统计出每年电影的数量及其占近七年电影数量的比重,明确电影数量及其比重的变化情况。

(8) 以环形图展示不同年份票房的占比情况:把每年电影的票房放在环形图中能统计出每年票房的金额及其占近七年电影票房的比重,明确电影票房及其比重的变化情况。

(9) 以饼图展示各渠道出票占比情况:把各渠道出票数据放在饼图中,不仅能统计出各渠道出票数量,还能看出不同年份各渠道出票数量的比重,更好地分析渠道出票差异。

2. 每年票房前 100 名的电影中进口电影和国产电影可视化

(1) 以六边形呈现标题"每年票房前 100 名的电影中进口电影和国产电影可视化":在对每个主题进行分析时,首先要明确分析主题,并把主题放在六边形中,六边形的图像效果较好。

(2) 以切片器呈现电影产地和年份:把产地和年份放在切片器进行电影数据切换,能明确分析电影产地和区间,为后期进行进口电影及国产电影的数据分析打基础。

(3) 以折线图呈现进口电影数量:先对进口电影进行统计,能直接看出进口电影的数量,为后期进行国产和进口电影数量对比做铺垫。

(4) 以分区图呈现进口电影平均售价:把进口电影的平均售价放在分区图中,能看出平均售价随着时间的变化趋势,关注平均售价的变化情况。

(5) 以箱线图展示进口电影观影人次:把进口电影观影人次放在箱线图中,不仅能统计出进口电影观影人次随着时间的变化情况,还能在同一时间维度下,统计每一时期观影人次的最大值、最小值、平均值等,更好地分析进口电影的观影人次。

(6) 以小提琴图呈现进口电影与国产电影的评分对比:把进口电影评分及国产电影的评分两个数据放在小提琴图中,不仅能统计出进口电影评分及国产电影的评分,还能对比进口电影评分及国产电影的评分的最高分、最低分及平均分。

(7)以百分比堆积柱形图展示进口电影及国产电影票房的占比情况:把进口电影的票房与国产电影的票房放在百分比堆积柱形图中,一方面能直观看出两种电影的票房数据,另一方面能清晰看出两种电影的票房比重。

(8)以簇状柱形图展示进口电影与国产电影场均人次对比情况:把进口电影及国产电影的场均人次放在簇状柱形图中,能看出进口电影与国产电影场均人次的变化,同时更能直观、清楚对比出进口电影与国产电影场均人次,效果较好。

3. 猫眼评分前100名的电影可视化

(1)以六边形呈现标题"猫眼评分前100名的电影可视化":把分析主题放在六边形中,能直接有效地明确分析主题。

(2)以切片器呈现猫眼评分前100名的电影上映时间:明确猫眼评分前100名的电影上映时间分布。

(3)以词云图呈现电影元素分布及主演电影票房:词云图的特点比较鲜明,能把相关字段的内容通过词云的形式展示出来,不仅能展示出数据的大小,也能根据数据大小更改字段内容的大小,比较适合展示电影的元素和主演的电影票房。

(4)以折线与堆积柱形图呈现累计票房及电影数量:把猫眼评分前100名的电影累计票房及电影数量放在折线与堆积柱形图中,能够同时结合不同的档期对其进行对比分析,有助于全面把握猫眼评分前100名的电影累计票房及电影数量的变化情况。

(5)以散点图呈现电影票房及评分分布情况:把电影票房及评分数据放在散点图中,能直观看出电影评分与票房之间的变化,及两者之间的关系。

(6)以箱线图展示不同类型电影的评分分布情况:把电影评分数据放在箱线图中,能清楚呈现不同类型电影的评分数据,方便分析评分高低与电影类型之间的关系。

(7)以表格的形式展示电影排名、电影名、电影类型及评分等级:表格可以承载的数据比较多,且形式比较灵活。用表格呈现电影排名、电影名、电影类型及评分等级等数据,能从整体上把握猫眼评分前100名的电影的相关数据。

(8)以表格的形式展示电影名、电影海报、上映时间及剧情简介:作为(7)表格的工具提示。分析方法比较新颖,分析内容更加全面、丰富。

4. 影院电影票房可视化

(1)以六边形呈现标题"影院电影票房可视化":把分析主题放在六边形中,能直接有效地明确分析主题。

(2)以切片器呈现影院电影票房数据的统计年份:明确分析区间。

(3)以卡片图呈现观影人次、场均人次、影院数量、总场次数据:卡片图能够比较直观看出字段以及相关数据的金额,比较合适展示单一数据。

(4)以折线与堆积柱形图呈现影院观影人次及场均人次变化情况:把影院观影人次及场均人次数据放在组合的折线与堆积柱形图中,有助于分析不同年份影院观影人次及场均人次的变化。

(5)以折线与簇状柱形图呈现影院数量及总场次数据的变化情况:把影院数量及总场次等字段放在组合图中,不仅能统计出影院数量和总场次的数据,而且能分析影院数量与总场次之间的关系。

(6)以动态条形图展示不同影院综合票房的变化情况:把影院数据及影院综合票房数据

放在动态条形图中,点击"播放"按钮,能直接看出不同影院票房在不同年份的数据及变化情况。

(7) 以饼图呈现2023年不同线级城市影院票房情况:把线级和票房数据放在饼图中,能看出不同线级城市2023年的票房数据及其占比情况;考虑到城市影院的数据分析颗粒度,启用饼图中的钻取功能(向下钻取功能),对各线级主要城市的影院票房数据进行展示,能多层次分析城市影院的票房数据,效果甚好。

(8) 以分区图呈现热门城市综合票房变化情况:把猫眼电影专业平台当中统计的热门城市的票房数据放在分区图中,能清楚明了地统计出各城市的票房数据,以及票房数据变化情况。

(9) 以地图呈现热门城市的平均售价:用地图呈现热门城市的平均售价,能直接看出城市的地理位置以及平均售价的数据大小。通过其中地图工具的提示功能,点击"城市",能显示本城市售价随着年份的变化趋势,比较恰当地分析出热门城市的平均售价情况。

(二)各模块报表布局结构

1. 我国电影总体票房可视化

我国电影总体票房可视化布局,如图5-2所示。

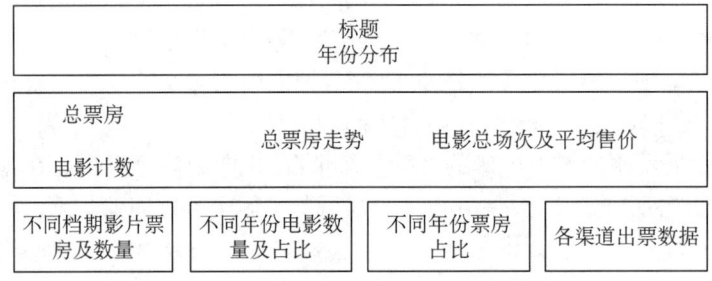

图5-2 我国电影总体票房可视化布局

2. 每年票房前100名的电影中进口电影和国产电影可视化

每年票房前100名的电影中进口电影和国产电影可视化布局,如图5-3所示。

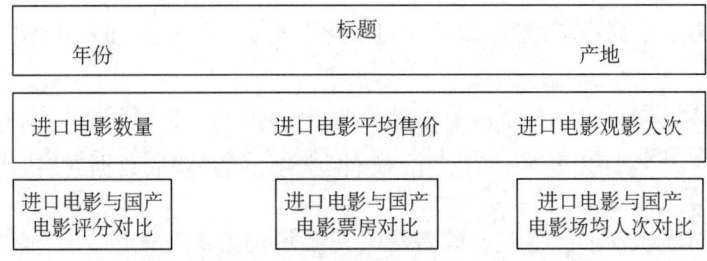

图5-3 每年票房前100名的电影中进口电影和国产电影可视化布局

3. 猫眼评分前100名的电影可视化

猫眼评分前100名的电影可视化布局,如图5-4所示。

4. 影院电影票房可视化

影院电影票房可视化布局,如图5-5所示。

标题
上映时间
电影元素分布
累计票房及电影数量
电影票房及评分分布
主演电影票房
不同类型电影的评分分布
电影类型、评分及评分等级

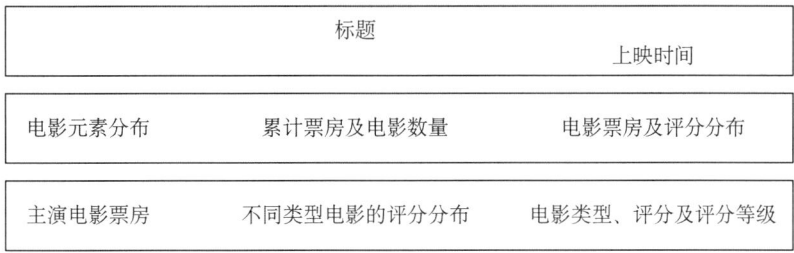

图 5-4　猫眼评分前 100 名的电影可视化布局

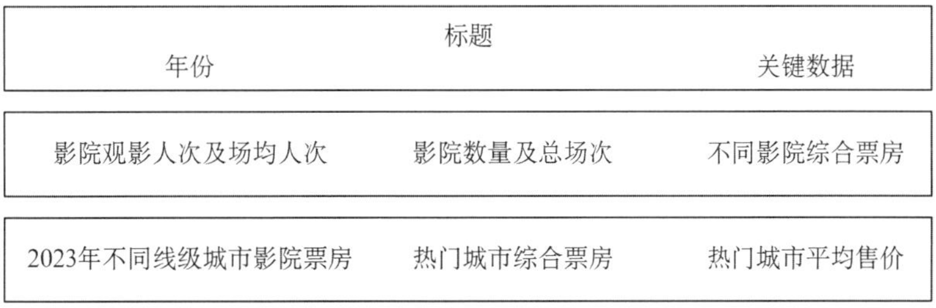

标题
年份
关键数据
影院观影人次及场均人次
影院数量及总场次
不同影院综合票房
2023年不同线级城市影院票房
热门城市综合票房
热门城市平均售价

图 5-5　影院电影票房可视化布局

第二节　数据可视化实现流程

数据可视化实现的基本流程一般为:数据获取、数据清洗、数据建模、数据可视化。下面就四个模块的数据可视化步骤逐一展开实现。

一、我国电影总体票房可视化

(一) 数据获取

从猫眼电影专业数据平台手工整理 2017—2023 年的总体票房、电影数量、不同档期电影票房及数量等 Excel 数据,运用商业智能工具 Power BI 完成数据导入。其具体步骤如下。

1. 从 Excel 中导入“近七年总票房数据”

步骤 1:打开 Power BI Desktop,点击“文件”选项下的“获取数据”按钮,打开“获取数据”对话框,点击“Excel 工作簿”,如图 5-6 所示。

步骤 2:“打开”对话框,找到并双击文件“近七年总票房数据”,打开“导航器”对话框,在导航器“对话框”左侧,勾选“近七年总票房数据”下的“总票房”,然后单击右侧“加载”选项,进行数据导入,如图 5-7 所示。

2. 同理从 Excel 中导入“电影数量”

导入数据后,可点击数据进行查看,导入效果如图 5-8 所示。

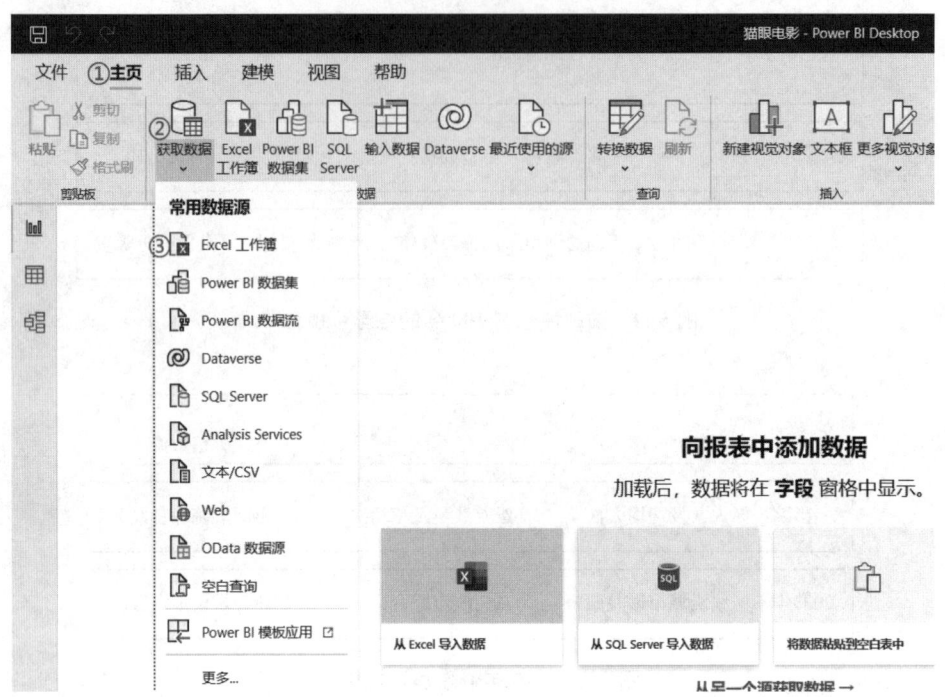

图 5-6 "获取数据"对话框

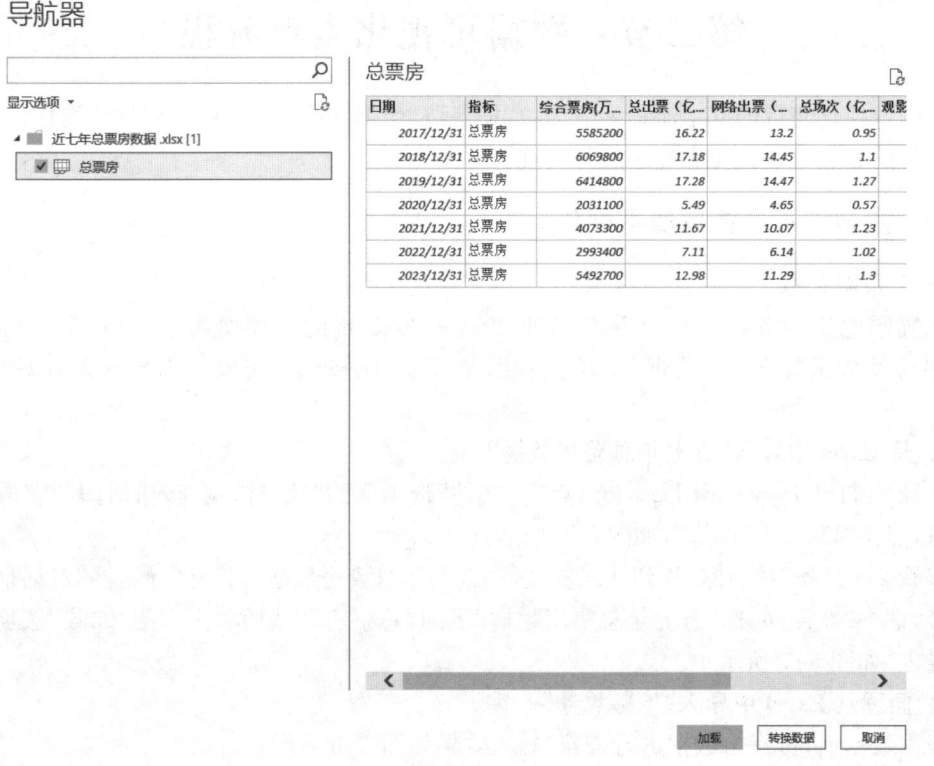

图 5-7 加载近七年票房数据

图 5-8　数据导入成功界面

（二）数据清洗

1. 对"近七年总票房数据"进行数据清洗

步骤 1：点击"主页"下的"转换数据"中的"转换数据"，如图 5-9 所示。

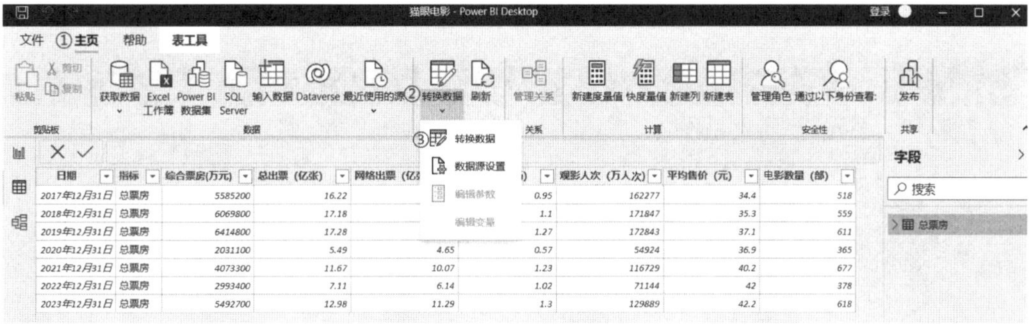

图 5-9　点击转换数据

步骤 2：打开 Power Query 编辑器，选中"总票房"数据。点击"转换"下的"将第一行用作标题"，依据标题的位置，决定所提标题的次数。提升标题结果如图 5-10 所示。

图 5-10　提升标题结果

步骤 3：更改各字段数据类型，更改"日期"为"日期"格式。日期字段在源表中是文本型，导入 Power BI 中需转换为日期型。点击 Power Query 编辑器下的"主页"菜单，找到右边的"数据类型：任意"，点击"任意"右边的下拉菜单，选择"日期"类型，对"日期"完成数据清洗。

155

"日期"清洗结果如图 5-11 所示。

图 5-11 "日期"清洗结果

步骤 4：参照步骤 3，更改字段"指标"为"文本"格式，更改字段"综合票房（万元）""总出票（亿张）""网络出票（亿张）""总场次（亿场次）""观影人数（万人）""平均售价（元）"为"定点小数"格式。"近七年总票房数据"清洗结果如图 5-12 所示。

日期	指标	综合票房(万元)	总出票（亿张）	网络出票（亿张）	总场次（亿场次）	观影人次（万人次）	平均售价（元）
2017年12月31日	总票房	5,585,200.00	16.22	13.20	0.95	162277	34.40
2018年12月31日	总票房	6,069,800.00	17.58	14.45	1.10	171847	35.30
2019年12月31日	总票房	6,414,800.00	17.28	14.47	1.27	172843	37.10
2020年12月31日	总票房	2,031,100.00	5.49	4.65	0.57	54924	36.90
2021年12月31日	总票房	4,073,300.00	11.67	10.07	1.23	116729	40.20
2022年12月31日	总票房	2,993,400.00	7.11	6.14	1.02	71144	42.00
2023年12月31日	总票房	5,492,700.00	12.98	11.29	1.30	129889	42.20

图 5-12 "近七年总票房数据"清洗结果

清洗结束，点击"主页"下的"关闭并应用"，关闭 Power Query 编辑器，并对清洗结果进行保存。

2. 对"电影数量"进行数据清洗

这一步主要是提升标题和更改数据类型，具体步骤同"近七年总票房数据"。"电影数量"清洗结果如图 5-13 所示。

（三）数据建模

在进行数据分析时，需要分析的往往不是单纯的一张表，而是要把事实表和维度表联系起来，以表明不同表格中数据的逻辑关系，这就要建立表关系，在此基础上新建度量值，这个过程就是数据建模。

1. 新建表关系

步骤 1：点击菜单栏上的"建模"，找到"管理关系"并点击"确认"，如图 5-14 所示。

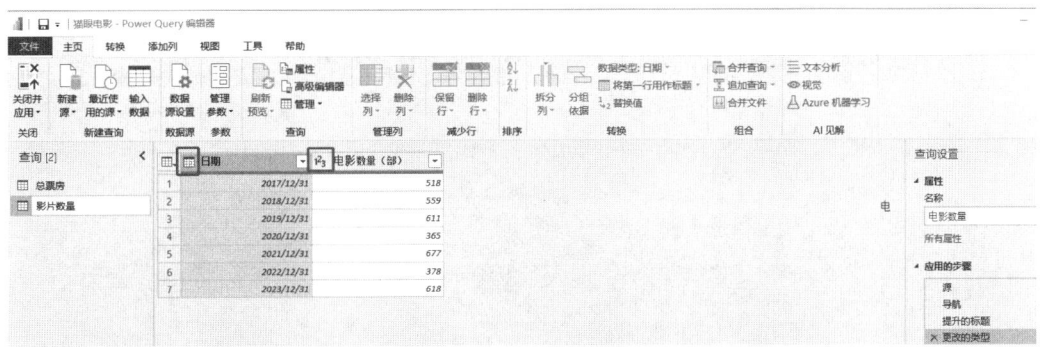

图 5-13 "电影数量"清洗结果

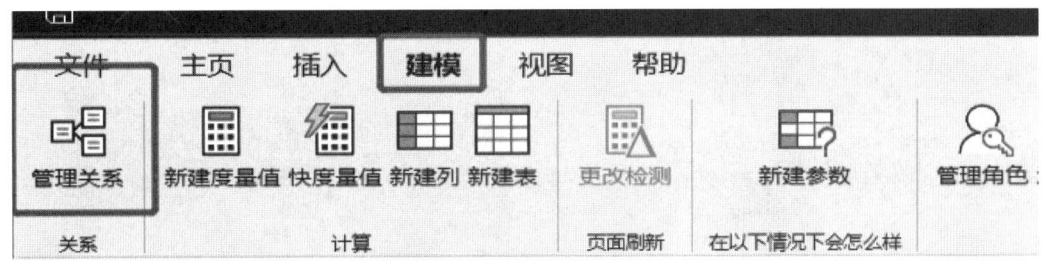

图 5-14 管理关系

步骤 2:打开管理关系之后,点开"新建",依次选择不同类型数据表中的共同项目,如"总票房"中的"日期"与"电影数量"中的"日期",并点击"确定",如图 5-15 所示。

图 5-15 创建表格关系

新建关系完成后,效果如图 5-16 所示。

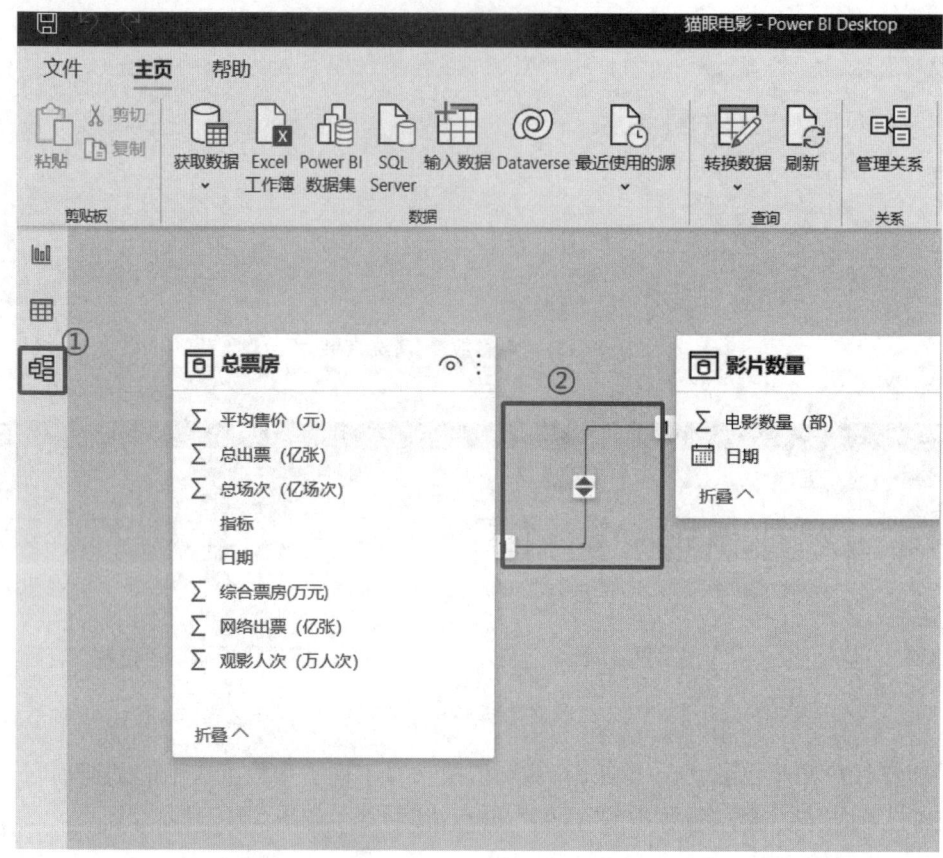

图 5-16　新建表关系效果图

2. 新建度量值

步骤 1:在进行新建度量值之前,要先建立存放度量值的表,在 Power BI Desktop 界面,点击"主页"下的"输入数据",如图 5-17 所示。

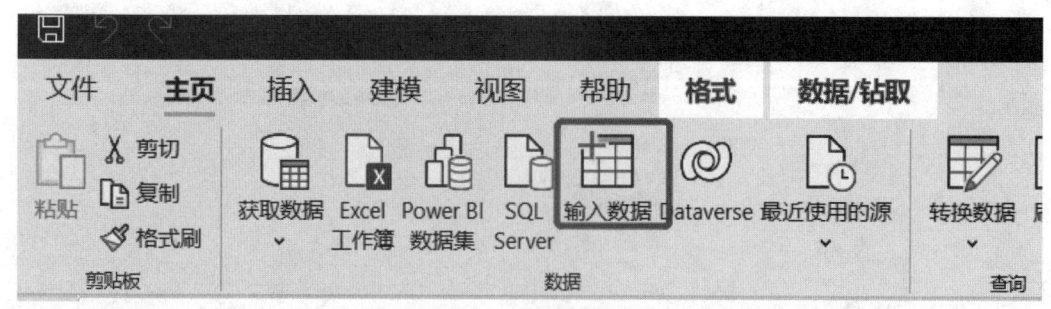

图 5-17　点击"输入数据"

步骤 2:修改新建的表的表名为"度量值文件夹"后,单击"加载"即完成修改表名的操作。在"字段"中选中"度量值文件夹",点击"新建度量值",如图 5-18 所示。

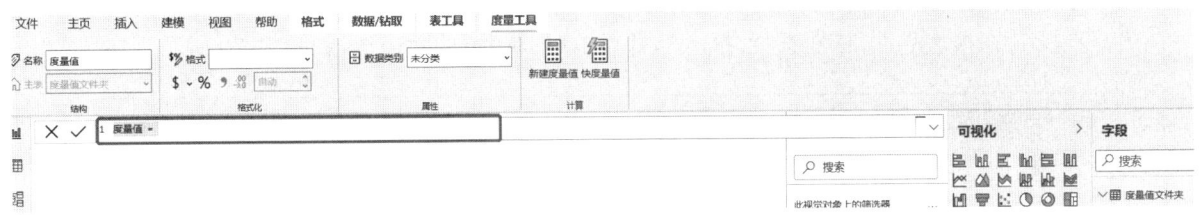

图 5-18 输入度量值的窗口

步骤 3:逐个输入度量值公式:

票房金额 = SUM('总票房'[综合票房])
总票房 = CALCULATE([票房金额],FILTER('总票房','总票房'[综合票房]))
总票房占比 = DIVIDE([总票房],CALCULATE([总票房],ALL('总票房')))
电影计数 = SUM('电影数量'[电影数量(部)])
平均售价(元) = SUM('总票房'[平均售价(元)])
总出票数(亿张) = SUM('总票房'[总出票(亿张)])
总场次(亿场次) = SUM('总票房'[总场次(亿场次)])
网络出票数(亿张) = SUM('总票房'[网络出票(亿张)])
线下出票数(亿张) ='度量值文件夹'[总出票数(亿张)]-'度量值文件夹'[网络出票数(亿张)]

新建度量值完成后,效果如图 5-19 所示。

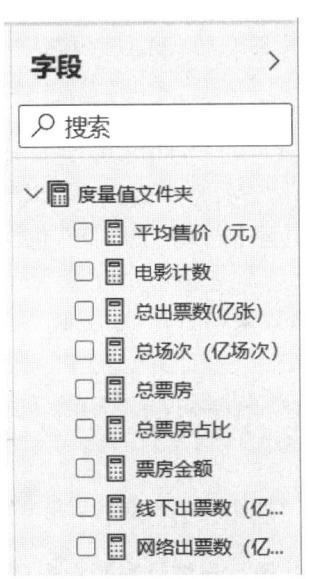

图 5-19 新建度量值效果

(四) 数据可视化

在操作完数据获取、数据清洗、数据建模、数据度量之后,就要进入 Power BI 最强大的"报表"界面,进行可视化设计。由于导入的数据特点与类型不同,需要选择适合数据的"图表"来更好地呈现数据。

1. 以六边形呈现标题"我国电影总体票房可视化"

步骤1：在报表界面，依次选择"插入"，并点击"形状"下的六边形，如图5-20所示。

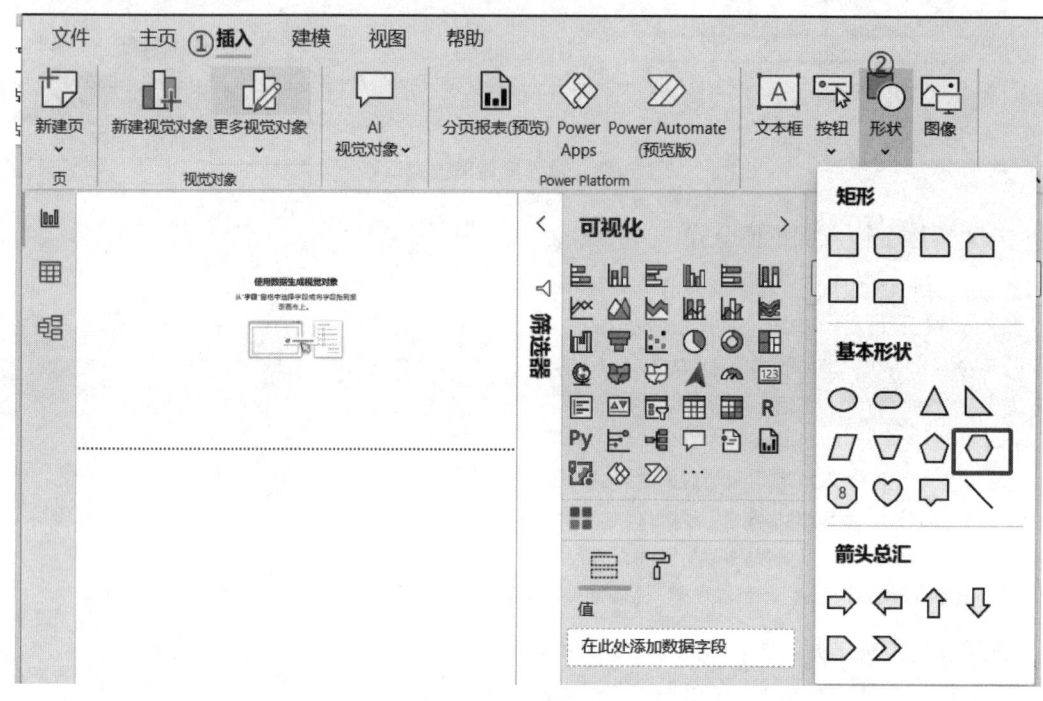

图5-20 插入"六边形"

步骤2：修改六边形填充背景为白色。选中报表中的六边形，在右边"设置形状格式"中，找到"填充"并打开下拉菜单，填充颜色选择"白色"。

步骤3：在"设置形状格式"中，找到打开"文本"下拉菜单，文本框中输入"我国电影总体票房可视化"，文本颜色和文本大小选择如图5-21所示。

标题修改效果如图5-22所示。

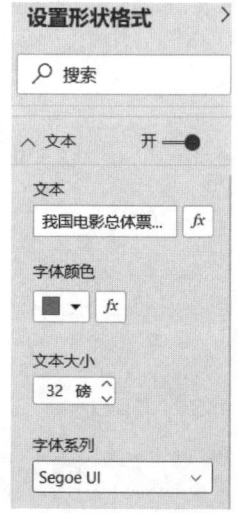

图5-21 六边形格式修改

5-1 插入按钮切片器

图5-22 "我国电影总体票房可视化"标题效果

2. 以切片器呈现统计猫眼电影票房数据的区间

步骤1：选择"可视化"下的…图标，选择"从文件导入视觉对象"，选择外部可视化对象"按钮切片器"，并导入，导入成功后效果如图5-23所示。

步骤2：在报表界面，选中"按钮切片器"，并把"电影数量"中的"日期"字段，拖拽到字段的"类别"中，并选择日期的层级关系到"年"，如图5-24所示。

按钮切片器选择效果，如图5-25所示。

图 5-23 按钮切片器导入效果图　　图 5-24 按钮切片器字段选择

| 2017 | 2018 | 2019 | 2020 | 2021 | 2022 | 2023 |

图 5-25 按钮切片器效果

3. 以卡片图呈现核心数据

步骤1：选择可视化下的"卡片"，并分别把度量值中的"总票房"拖拽到字段中，如图 5-26 所示。

"电影计数"卡片操作同"总票房"卡片。

步骤2：对两个卡片进行优化。依次展开类别标签，对类别颜色及大小进行优化，展开边框按钮，对边框颜色和像素进行修改。操作及效果如图 5-27 和图 5-28 所示。

图 5-26 卡片图字段选择

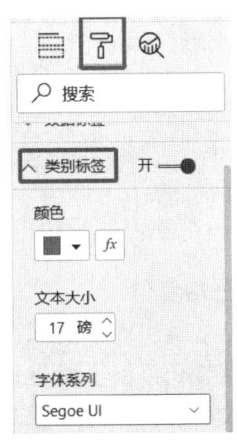
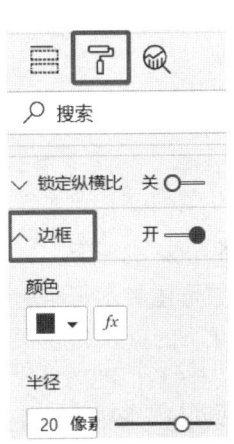

图 5-27 卡片图类别标签选择　　图 5-28 卡片边框选择

卡片图设置效果如图 5-29 所示。

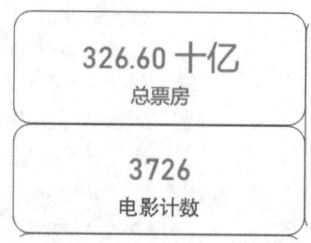

图 5-29　卡片图设置效果图

4. 以折线图呈现总票房走势

步骤 1：选中可视化下的"折线图"，拖拽总票房表下的"日期"至"轴"，度量值下的"总票房"至"值"。步骤同上。

步骤 2：修改折线图标题。选择格式下的标题，对标题文本进行修改，并修改标题字体颜色及字体大小，如图 5-30 所示。

步骤 3：对总票房走势图进行优化。在格式下，对 X 轴数据进行字体颜色和文本大小设置，如图 5-31 所示。

步骤 4：对 Y 轴修改方法同 X 轴，对数据颜色、数据标签进行颜色和大小修改，如图 5-32 所示。边框设置方法同上。

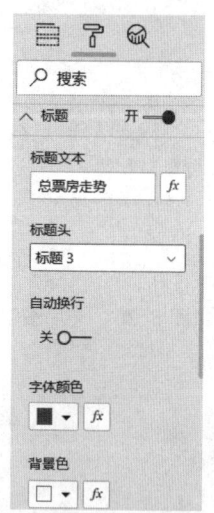 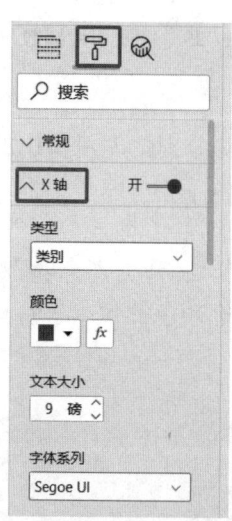 

图 5-30　对折线图标题　　图 5-31　对 X 轴进行　　图 5-32　对 Y 轴进行
　　　　　进行修改　　　　　　　　格式设置　　　　　　　　　格式设置

折线图设置效果如图 5-33 所示。

5. 以折线和簇状柱形图展示每年电影总场次及平均售价

步骤 1：选择可视化下的折线和簇状柱形图，拖拽总票房表下的"日期"至"共享轴"，度量值下的"平均售价（元）"至"行值""总场次（亿场次）"至"列值"。步骤同上。

步骤 2：对折线和簇状柱形图标题进行修改，文本大小、文本内容和文本颜色如图 5-34 所示。

步骤 3：对 X 轴的数据颜色及数据标签进行优化，如图 5-35 所示。

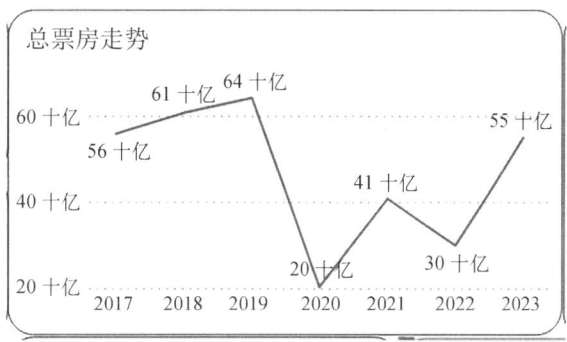

图 5-33 折线图设置效果图

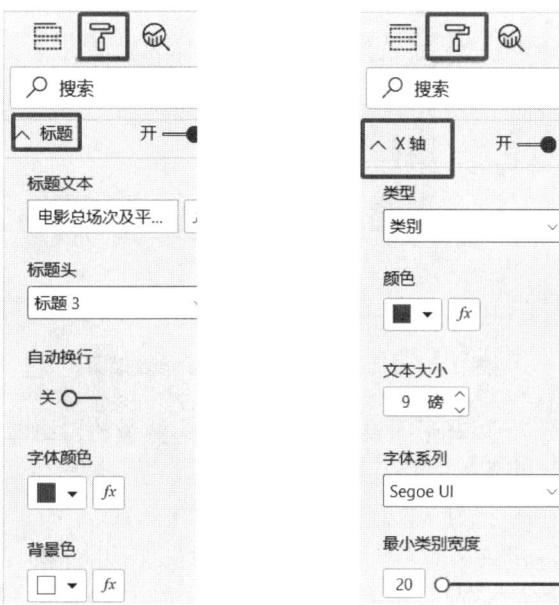

图 5-34 对折线和簇状柱形图标题进行修改

图 5-35 对 X 轴进行格式设置

步骤 4：对 Y 轴修改方法同 X 轴。边框设置方法同上。

折线和簇状柱形图设置效果如图 5-36 所示。

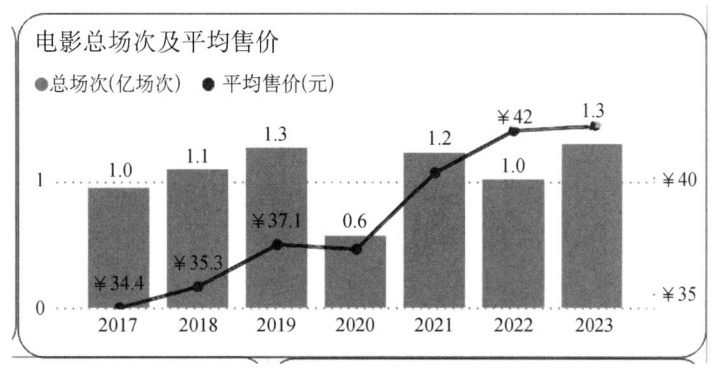

图 5-36 折线和簇状柱形图设置效果图

6. 以折线和堆积柱形图呈现不同档期电影票房及电影数量

步骤1：选择可视化下的折线和堆积柱形图，并拖拽"不同档期电影数量及票房"表下的"档期"至字段中的"共享轴""电影数量(部)"至"行值""票房(元)"至"列值"。步骤同上。

步骤2：对折线和堆积柱形图进行图形优化。对格式下的标题、边框、X 轴、Y 轴（同 X 轴）、数据颜色及数据标签进行优化，步骤同上，效果如图 5-37 所示。

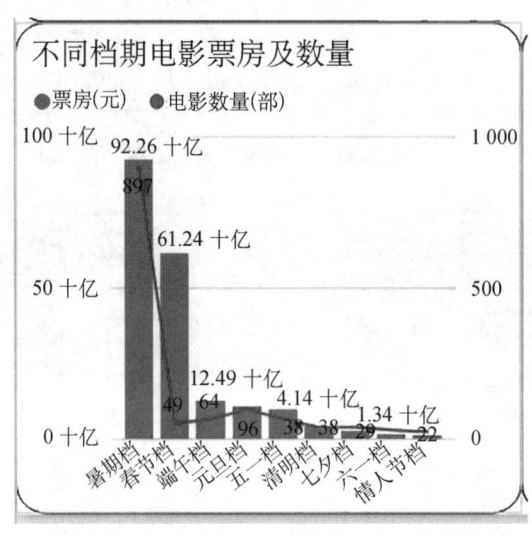

图 5-37 折线和堆积柱形图设置效果图

7. 以环形图展示不同年份电影数量的占比情况

步骤1：选择可视化下的环形图，并拖拽"电影数量"表下的"日期"至字段中的"图例"，并选择至"年"；拖拽"电影数量"下的"电影数量(部)"至"值"。

步骤2：对环形图进行优化。对格式下的标题、边框、详细信息标签进行修改。标题与边框的修改方法同上，通过"详细信息标签"修改标签样式、标签颜色、显示单位和标签文本大小等，标签位置选择外部，如图 5-38 所示。

环形图设置效果如图 5-39 所示。

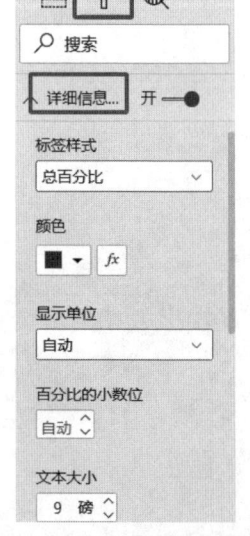

图 5-38 环形图详细信息标签设置

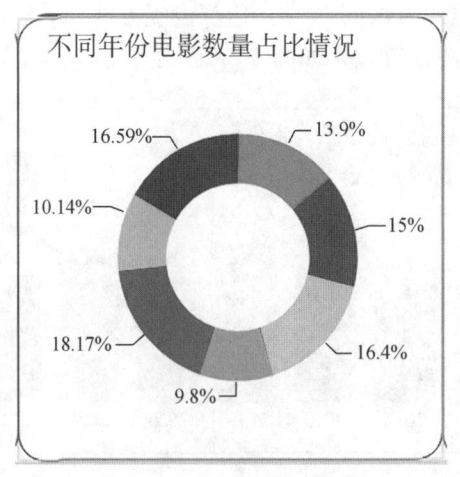

图 5-39 环形图设置效果图

8. 以环形图展示不同年份票房的占比情况

步骤1：选择可视化下的环形图，并拖拽"度量值文件夹"下的"总票房占比"至字段中的"值""总票房"表下的"日期"至字段下的"图例"。

步骤2：对环形图进行优化。对格式下的标题、边框、详细信息标签进行修改。

环形图设置效果如图5-40所示。

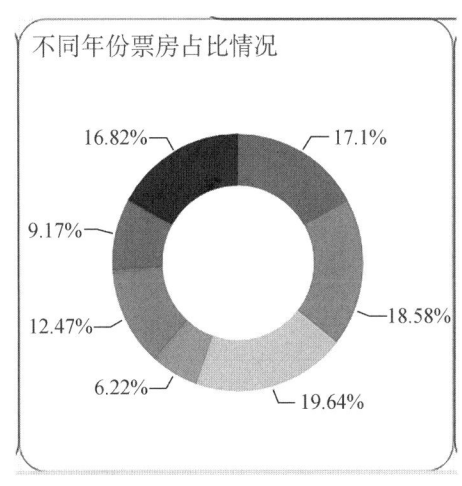

图5-40　环形图设置效果图

9. 以饼图展示各渠道出票占比情况

步骤1：选择可视化下的饼图，并把"度量值文件夹"下的"线下出票数（亿张）""网络出票数（亿张）"拖拽至字段下的"值"中。

步骤2：对环形图进行优化。对格式下的标题、边框、详细信息标签进行修改。如图5-41所示。

图5-41　饼图详细信息标签设置

饼图设置效果如图5-42所示。

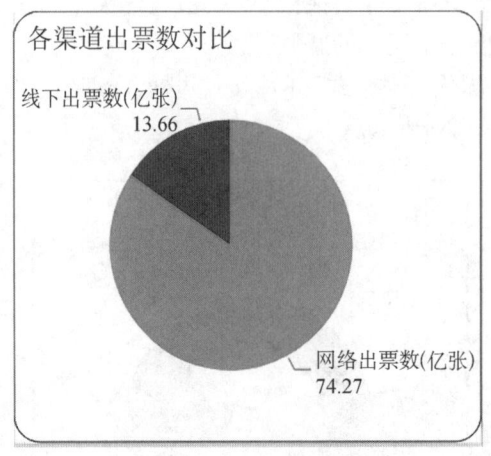

图5-42 饼图设置效果图

我国电影总体票房可视化效果如图5-43。

5-2 我国总体票房可视化效果

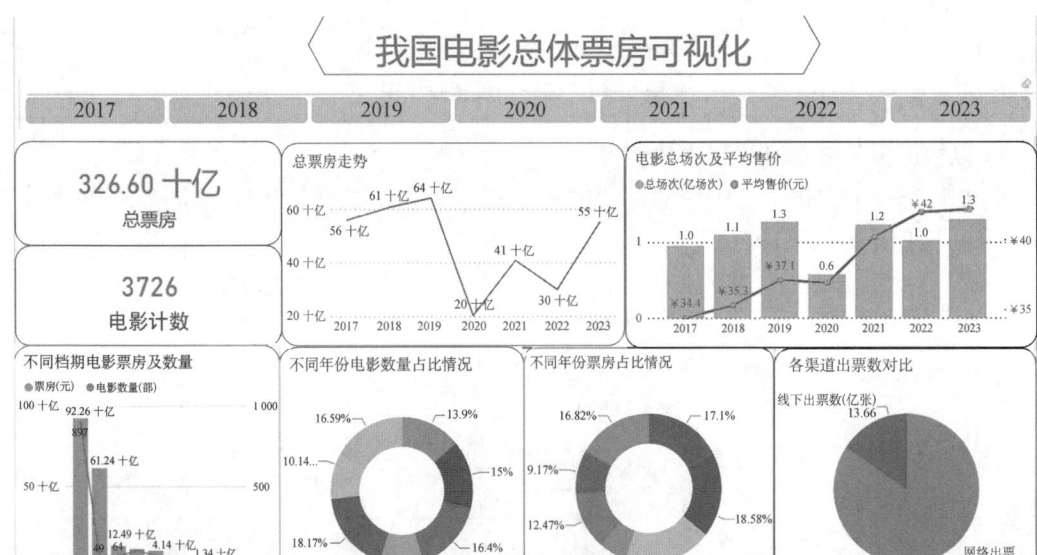

图5-43 我国电影总体票房可视化效果

二、每年票房前100名的电影中进口电影和国产电影可视化

（一）数据获取

从猫眼电影专业数据平台手工整理2017—2023年的进口电影和国产电影的电影数据，包括电影数据、电影占比、国产电影评分、进口电影评分等Excel数据，运用商业智能工具Power BI完成数据导入。其具体步骤如下。

步骤1：打开Power BI Desktop，点击"文件"选项下的"获取数据"按钮，打开"获取数据"

对话框,点击"Excel 工作簿"。

步骤2:"打开"对话框,找到文件"进口电影和国产电影",双击文件"进口电影和国产电影",打开"导航器"对话框,依次选择电影数据、电影占比、国产电影评分及进口电影评分等表,并点击加载,即数据导入成功。

在数据界面,可查看所导入的数据导入效果如图 5-44 所示。

图 5-44　进口电影和国产电影等数据导入成功界面

(二) 数据清洗

1. 对"电影数据"进行数据清洗

步骤1:打开 Power Query 编辑器。目前"电影数据"表格已经出现在 Power BI Desktop 中的"字段"列中,我们可以通过点击"主页"下的"转换数据"中的"转换数据",打开 Power Query 编辑器对数据进行清洗。

步骤2:点击"转换"下的"将第一行用作标题",完成提升标题处理,如图 5-45 所示。

图 5-45　提升标题结果

步骤3:更改名字段数据类型,更改"排名"为"整数"格式。点击 Power Query 编辑器下的"主页"菜单,找到右边的"数据类型:任意",点击"任意"右边的下拉菜单,选择"整数"类型,对"排名"完成数据清洗。

步骤4：对"年份""片名""票房（亿元）""产地""评分"进行数据清洗。"年份"改为"整数"格式，"片名"和"产地"改为"文本"格式，"票房（亿元）"和"评分"改为"定点小数"格式。"电影数据"清洗结果如图5-46所示。

图5-46 "电影数据"清洗结果

清洗结束，点击"主页"下的"关闭并应用"，关闭Power Query编辑器，并对清洗结果进行保存，"电影数据"清洗结果如图5-47所示。

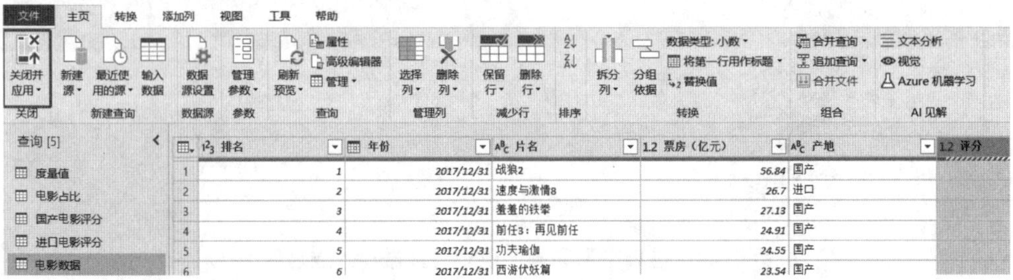

图5-47 "电影数据"清洗结果

2. 对"电影占比"进行数据清洗

步骤1：打开Power Query编辑器。目前"电影占比"表格已经出现在Power BI Desktop中的"字段"列中，通过点击"主页"下的"转换数据"中的"转换数据"，打开Power Query编辑器对数据进行清洗。

步骤2：通过检查发现电影占比的数据表格格式不规范，需要对数据进行清洗，先进行提升标题操作，步骤同"电影数据"，提升标题结果如图5-48所示。

日期	指标	综合票房	进口电影票房	国产电影票房	进口电影数量	国产电影数量
2017年12月31日	总票房	55852000000	24830000000	31022000000	44	56
2018年12月31日	总票房	60698000000	22932000000	37766000000	49	51
2019年12月31日	总票房	64148000000	21891000000	42257000000	47	53
2020年12月31日	总票房	20311000000	3101000000	17210000000	43	57
2021年12月31日	总票房	40733000000	6009000000	34724000000	29	78
2022年12月31日	总票房	29934000000	5322000000	24612000000	31	69
2023年12月31日	总票房	54927000000	7752000000	47175000000	28	72

图5-48 "电影占比"提升标题结果

步骤3：更改各字段数据类型，更改"综合票房"的数据类型为"小数"格式。点击Power

Query 编辑器下的"主页"菜单,找到右边的"数据类型:任意",点击"任意"右边的下拉菜单,选择"小数"类型,对"综合票房"完成数据清洗。步骤同"电影数据"。

"电影占比"清洗效果如图 5-49 所示。

日期	指标	综合票房	进口电影票房	国产电影票房	进口电影数量	国产电影数量
2017年12月31日	总票房	55852000000	24830000000	31022000000	44	56
2018年12月31日	总票房	60698000000	22932000000	37766000000	49	51
2019年12月31日	总票房	64148000000	21891000000	42257000000	47	53
2020年12月31日	总票房	20311000000	3101000000	17210000000	43	57
2021年12月31日	总票房	40733000000	6009000000	34724000000	29	78
2022年12月31日	总票房	29934000000	5322000000	24612000000	31	69
2023年12月31日	总票房	54927000000	7752000000	47175000000	28	72

图 5-49 "电影占比"清洗结果

3. 对"国产电影评分"进行数据清洗

步骤 1:打开 Power Query 编辑器。目前"国产电影评分"表格已经出现在 Power BI Desktop 中的"字段"列中,我们可以通过点击"主页"下的"转换数据"中的"转换数据",打开 Power Query 编辑器对数据进行清洗。

步骤 2:通过检查发现国产电影评分的数据表格格式不规范,需要对数据进行清洗,先进行提升标题操作,步骤同上,提升标题结果如图 5-50 所示。

排名	日期	片名	评分	场均人次	平均售价
29	2017年12月31日	追龙	9	22	34.2
31	2017年12月31日	三生三世十里桃花	7.1	22	34
32	2017年12月31日	妖猫传	7.5	22	31.4
37	2017年12月31日	缝纫机乐队	9.2	22	34.2
40	2017年12月31日	建军大业	9.1	22	35.3
42	2017年12月31日	拆弹专家	9	22	34.1
58	2017年12月31日	心理罪之城市有光	8.7	22	34.2

图 5-50 "国产电影评分"提升标题结果

步骤 3:更改各字段数据类型,更改"排名"的数据类型为"整型"格式,"日期"改为"日期"格式,"片名"改为"文本"格式,"评分"改为"小数"格式,"场均人次"改为"小数"格式,"平均售价"改为"小数"格式。点击 Power Query 编辑器下的"主页"菜单,找到右边的"数据类型:任意",点击"任意"右边的下拉菜单,选择对应的数据类型,具体操作及清洗效果如图 5-51 所示。

	排名	日期	片名	评分	场均人次	平均售价
1	1	2017/12/31	战狼2	9.7	39	35.6
2	3	2017/12/31	羞羞的铁拳	9.1	27	33.4
3	4	2017/12/31	前任3:再见前任	9.1	31	35.1
4	5	2017/12/31	功夫瑜伽	8.4	23	33.5
5	6	2017/12/31	西游伏妖篇	7.7	28	35.8
6	8	2017/12/31	芳华	9	24	33.3

图 5-51 "国产电影评分"数据清洗结果

4. 对"进口电影评分"进行数据清洗

步骤1：打开 Power Query 编辑器。目前"国产电影评分"表格已经出现在 Power BI Desktop 中的"字段"列中，我们可以通过点击"主页"下的"转换数据"中的"转换数据"，打开 Power Query 编辑器对数据进行清洗。

步骤2：发现进口片评分的数据表格格式不规范，需要对数据进行清洗，先进行提升标题操作，步骤同上，提升标题结果如图 5-52 所示。

排名	日期	片名	评分	观看人次（人次）	场均人次	平均售价
17	2017	蜘蛛侠：英雄归来	8	22039000	16	35.2
20	2017	猩球崛起3：终极之战	8	21176000	16	35
21	2017	金刚狼3：殊死一战	8.4	22552000	16	32.4
25	2017	新木乃伊	6.9	17776000	16	35.2
26	2017	神奇女侠	8.4	16807000	16	36.3
28	2017	美女与野兽	8	16829000	16	35.1
57	2017	东方快车谋杀案	8	7348000	16	31.3
63	2017	帕丁顿熊2	8.9	6999000	16	29.5
70	2017	刺客信条	7.2	4482000	16	35.2

图 5-52 "进口电影评分"提升标题结果

步骤3：更改各字段数据类型，更改"排名"的数据类型为"整型"格式，"日期"改为"日期"格式，"片名"改为"文本"格式，"评分"改为"小数"格式，"观看人次（人次）"改为"小数"格式，"场均人次"为"小数"格式，"平均售价"改为"小数"格式。点击 Power Query 编辑器下的"主页"菜单，找到右边的"数据类型：任意"，点击"任意"右边的下拉菜单，选择对应的数据类型，具体操作及清洗效果如图 5-53 所示。

图 5-53 "进口电影评分"数据清洗结果

（三）数据建模

对进口电影与国产电影相关数据进行分析时，我们需要在导入的电影数据表、电影占比表、国产电影评分表、进口电影评分表之间建立关系，以实现数据之间的联动，实现数据多维分析，并新建一些度量值，便于进行跨表分析，全面把握进口电影与国产电影的发展趋势。

1. 新建表关系

步骤1：点击菜单栏上的"建模"，找到"管理关系"并点击"确认"。

步骤2：打开管理关系之后，点开"新建"。依次选择不同类型数据表中的共同项目，如"电影占比"的"日期"和"电影数据"中的"年份","电影占比"的"日期"和"国产电影评分"中的"日期","电影占比"的"日期"和"进口电影评分"中的"日期",并点击"确定"。

新建关系完成后,效果如图 5-54 所示。

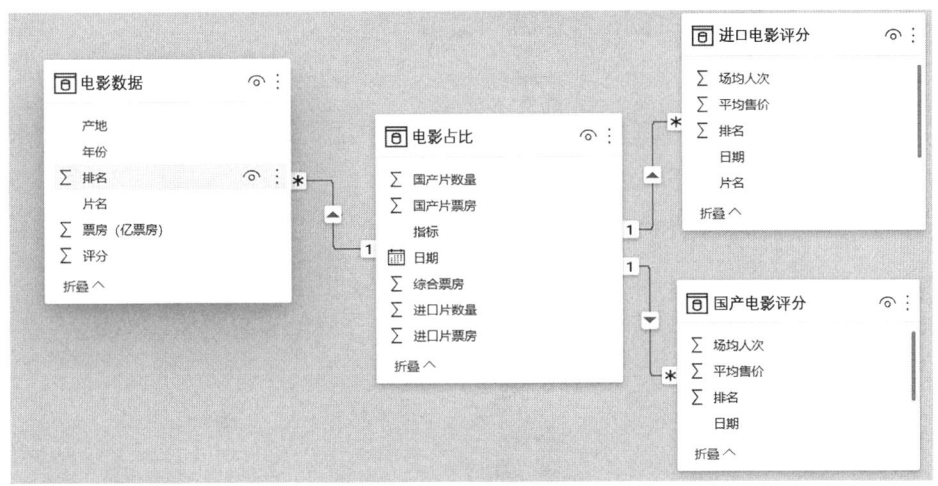

图 5-54　新建表关系效果图

2. 新建度量值

步骤1:在进行新建度量值之前,要先建立存放度量值的表,在 Power BI Desktop 界面,点击"主页",点击"输入数据"。

步骤2:修改新建的表的表名为"度量值文件夹"后,单击"加载","度量值文件夹"会显示到右侧"字段"中。

步骤3:在"字段"中选中"度量值文件夹",点击"新建度量值"。

步骤4:逐个输入度量值公式:

综合票房 = SUM('电影占比'[综合票房])
国产电影票房 = SUM('电影占比'[国产电影票房])
进口电影票房 = SUM('电影占比'[进口电影票房])
国产电影票房占比 = DIVIDE([国产电影票房],[综合票房])
进口电影票房占比 = DIVIDE([进口电影票房],[综合票房])

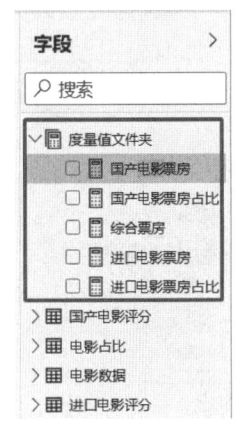

图 5-55　新建度量值效果

新建度量值完成后,效果如图 5-55 所示。

(四) 数据可视化

在操作完数据获取、数据清洗、数据建模、数据度量之后,就要进入 Power BI 最强大的"报表"界面,进行可视化设计。由于导入的数据特点与类型不同,需要选择适合数据的"图表"来更好地呈现数据。

1. 以六边形呈现标题"每年票房前 100 名的电影中进口电影和国产电影可视化"

步骤1:在报表界面,选择"插入"下的"形状",点击"形状"下的六边形。

步骤2:修改六边形填充背景为白色:选中报表中的六边形,在右边"设置形状格式"中,找到"填充"并打开下拉菜单,填充颜色选择"白色"。

步骤3:在右边"设置形状格式"中,找到"文本"并打开下拉菜单,文本框中输入"每年票房前

100名的电影中进口电影和国产电影可视化",并修改文本颜色和文本大小,如图5-56所示。

图5-56 文本设置结果

标题修改效果如图5-57所示。

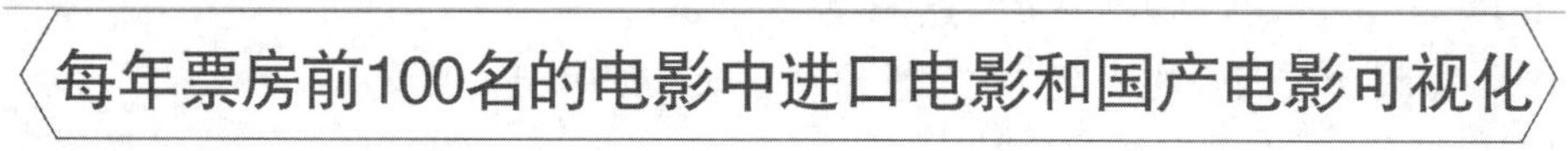

每年票房前100名的电影中进口电影和国产电影可视化

图5-57 "每年票房前100名的电影中进口电影和国产电影可视化"标题效果

2. 以切片器呈现统计电影的产地和年份

1) 以按钮切片器呈现统计电影的产地

步骤1:选择"可视化"下的…图标,选择"从文件导入视觉对象"。

步骤2:选择外部可视化对象"按钮切片器",并导入。

步骤3:在报表界面,选中"按钮切片器",并把"电影数据"中的"产地"拖拽到字段的"类别"中,并在格式下,修改切片器中字体的颜色、大小及背景等格式,如图5-58所示。

产地切片器效果如图5-59所示。

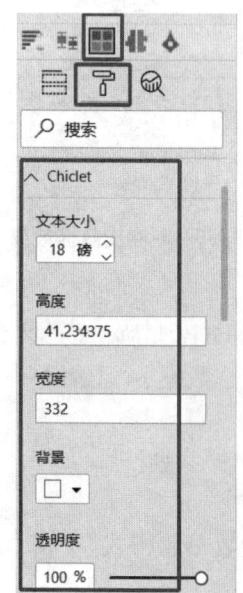

图5-58 切片器格式修改

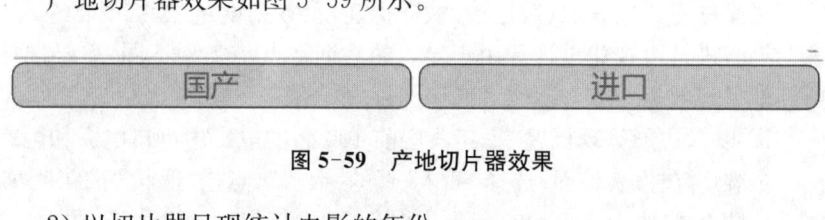

图5-59 产地切片器效果

2) 以切片器呈现统计电影的年份

选择可视化下的"切片器",并把"电影数据"中的"年份"拖拽到字段中,并修改项目格式。年份切片器效果如图5-60所示。

第五章 描述性分析实训案例——统计主题可视化分析

图 5-60 年份切片器效果

3. 以折线图呈现进口电影数量

步骤 1：选择可视化下的折线图，并把"电影占比"中的"日期"拖拽到字段"轴"中，把"进口电影数量"拖拽到字段"值"中。

步骤 2：对新建的折线图进行图形优化。主要是对 X 轴、Y 轴(同 X 轴)、数据颜色、数据标签、边框等进行优化。折线图优化效果如图 5-61 所示。

图 5-61 折线图优化效果

4. 以分区图呈现进口电影平均售价

步骤 1：选择可视化下的分区图，并把"电影占比"中的"日期"拖拽到字段"轴"中，把"进口电影数量"拖拽到字段"值"中。

步骤 2:对分区图的标题进行修改和优化。打开格式下的标题,在文本下输入"进口电影平均售价(元)",并修改字体颜色和字体大小。

步骤 3:对分区图的 X 轴、Y 轴(同 X 轴)、数据颜色、数据标签及边框进行修改。分区图优化效果图如图 5-62 所示。

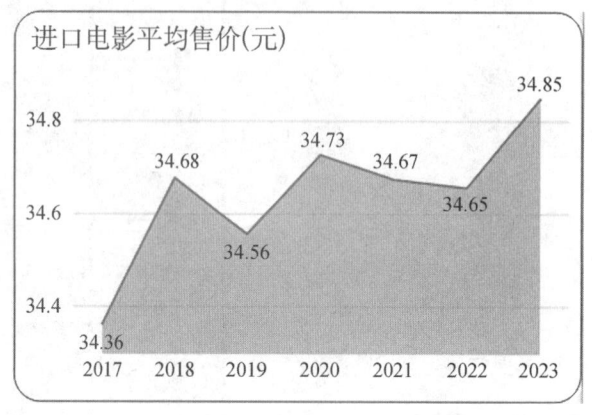

图 5-62 分区图优化效果

5. 以箱线图展示进口电影观影人次

步骤 1:在可视化下,先导入新的视觉对象箱线图。

步骤 2:选择外部视觉对象箱线图,并点击"导入"。导入成功后,如图 5-63 所示。

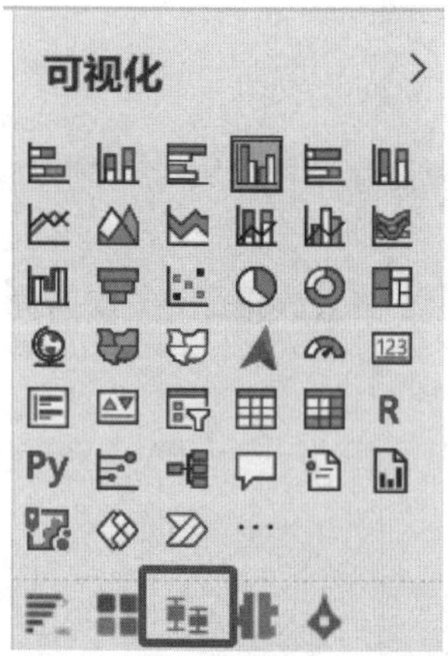

步骤 3:选中导入的箱线图,并把"进口电影评分"中的"日期"拖拽至字段中的"类型"中,把"片名"拖拽至"取样"中,把"评分"拖拽至"值"中。

步骤 4:修改标题内容和颜色。点击格式下的"标题",在标题文本处填"进口电影观影人次(百万人次)",并修改字体颜色和大小。

步骤 5:对箱线图进行优化,主要是修改 X 轴、Y 轴(同 X 轴)、数据颜色和数据大小等。箱线图优化效果如图 5-64 所示。

图 5-63 箱线图导入成功

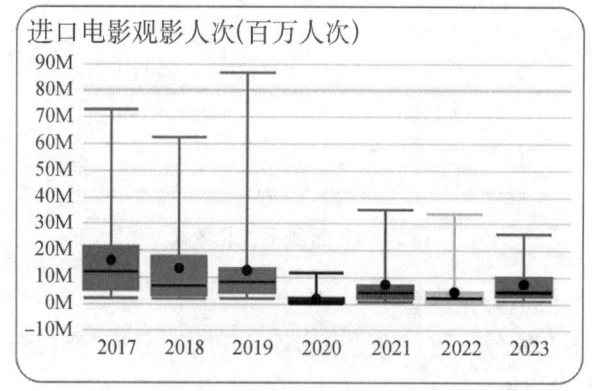

图 5-64 箱线图优化效果

6. 以小提琴图呈现进口电影与国产电影的评分对比

步骤1：在可视化下，插入外部图表小提琴图。

步骤2：选择外部可视化对象"小提琴图"，并导入。导入成功后，如图5-65所示。

步骤3：选中导入的小提琴图，并把电影数据中的"年份"拖拽到字段中的"取样"，"评分"拖拽到"衡量数据"中，"产地"拖拽到"类型"中。

步骤4：对小提琴图进行优化，主要是对标题、边框、X轴、Y轴（同X轴）、数据颜色等进行修改，小提琴图优化效果如图5-66所示。

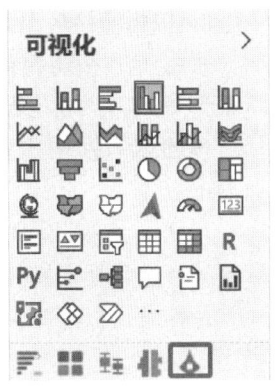

图5-65 小提琴图导入成功

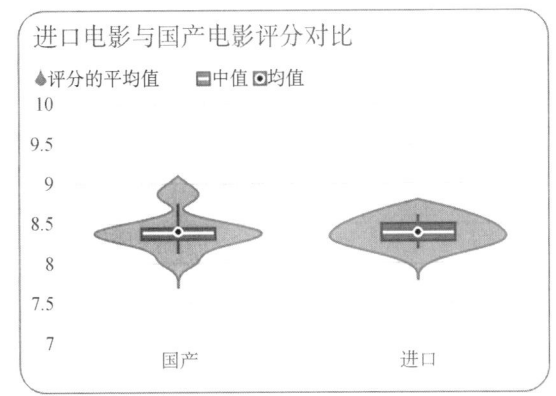

图5-66 小提琴图优化效果

7. 以百分比堆积柱形图展示进口电影及国产电影票房的占比情况

步骤1：选择可视化下的百分比堆积柱形图，并把"电影占比"中的"日期"拖拽至"轴"，并选到"年"，拖拽度量值文件夹下的"国产电影票房占比""进口电影票房占比"至"值"中。

步骤2：修改百分比堆积柱形图的标题。选择格式下的标题，并对其内容进行修改，标题文本大小改为14磅。

步骤3：对百分比堆积柱形图进行优化，主要是对X轴、Y轴（同X轴）、数据颜色、边框等进行修改。百分比堆积柱形图优化效果如图5-67所示。

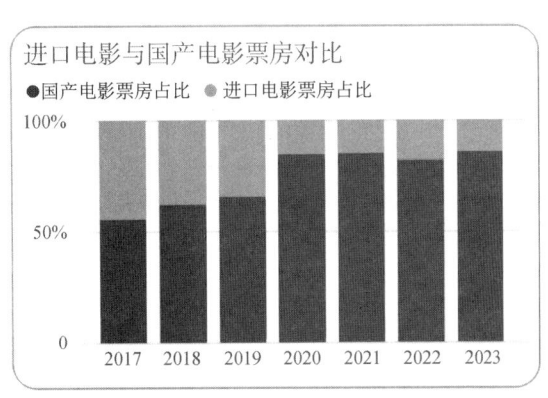

图5-67 百分比堆积柱形图优化效果

8. 以簇状柱形图展示进口电影与国产电影场均人次对比情况

步骤1：点击可视化下的簇状柱形图,把"电影占比"下的"日期"拖拽到字段"轴",把"进口电影评分"下的"场均人次"和"国产电影评分"下的"场均人次"拖拽到字段"值"。

步骤2：点击格式下的标题,对标题文本及标题颜色、大小等进行修改,标题文本大小改为14磅。

步骤3：对簇状柱形图进行优化,主要是修改边框、X 轴、Y 轴(同 X 轴)、数据颜色和数据标签等。簇状柱形图优化效果如图 5-68 所示。

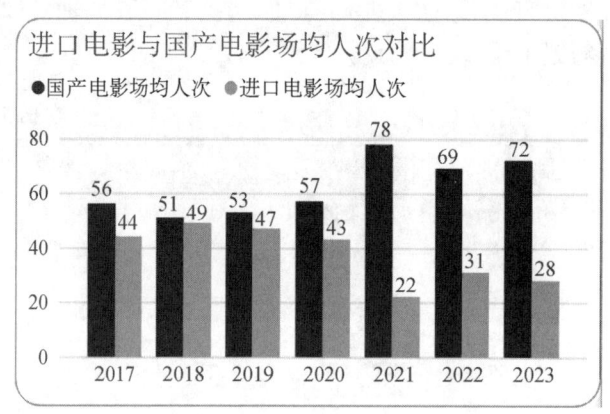

图 5-68　簇状柱形图优化效果

进口电影和国产电影数据可视化效果如图 5-69 所示。

5-3　进口电影和国产电影可视化效果

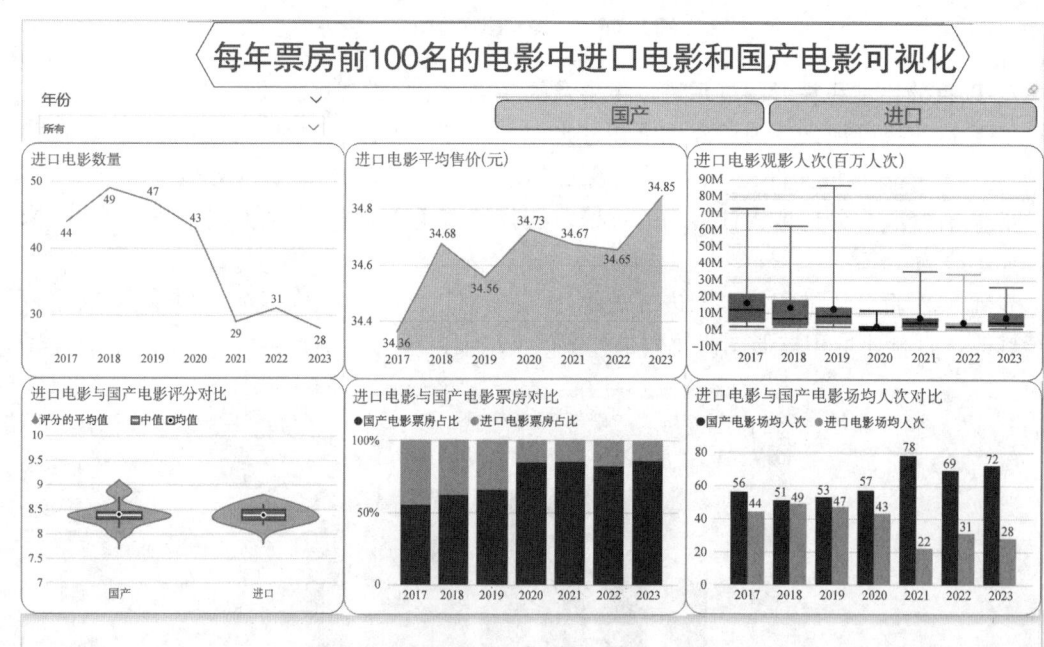

图 5-69　进口电影与国产电影数据可视化效果

三、猫眼评分前 100 名的电影数据可视化

(一) 数据获取

从猫眼电影专业数据平台手工整理 2017—2023 年的猫眼评分前 100 名、各类型电影数量、电影图片及剧情介绍等相关数据,运用商业智能工具 Power BI 完成数据导入。

步骤 1:打开 Power BI Desktop,点击"文件"选项下的"获取数据",打开"获取数据"对话框,点击"Excel 工作簿"。

步骤 2:"打开"对话框,找到文件"猫眼评分前 100 名的电影"。

步骤 3:勾选"猫眼评分""各类型电影数量""电影图片及剧情介绍"等数据,并点击"加载"。导入成功后,可通过数据界面查看数据,如图 5-70 所示。

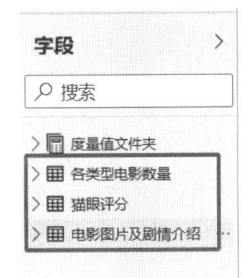

图 5-70 数据导入成功界面

(二) 数据清洗

1. 对"猫眼评分"进行数据清洗

步骤 1:打开 Power Query 编辑器。目前"猫眼评分"中的"总票房"表格已经出现在 Power BI Desktop 中的"字段"列中,我们可以通过点击"主页"下的"转换数据"中的"转换数据",打开 Power Query 编辑器对数据进行清洗。

步骤 2:我们发现猫眼评分的数据表格的格式不规范,需要对数据进行清洗,先对标题进行"把第一行作为标题"操作,操作步骤如上。

步骤 3:更改各字段数据类型,更改"上映时间"为"日期"格式,"累计票房(元)"为"小数"格式。

清洗结束,点击"主页"下的"关闭并应用",关闭 Power Query 编辑器,并对清洗结果进行保存。"猫眼评分"清洗结果如图 5-71 所示。

电影类型	上映时间	1.2 猫眼评分	1.2 累计票房(元)
剧情片	2018/7/5	9.6	3100000000
剧情片	1994/9/10	9.5	28839000
剧情片	2019/11/15	9.3	144000000
剧情片	2019/3/1	9.5	479000000
文艺片	1993/7/26	9.4	50000
剧情片	2020/1/3	9.3	59790000

图 5-71 "猫眼评分"清洗结果

2. 对"各类型电影数量"进行数据清洗

此处步骤同上。"各类型电影数量"清洗结果如图 5-72 所示。

3. 对"电影图片及剧情介绍"进行数据清洗

1)提升标题
2)拆分片名列

步骤 1:点击"转换",选中"片名"列,打开工具栏"拆分列"下的"按照从数字到非数字的转换",成功完成拆分。拆分效果如图 5-73 所示。

电影类型	电影数量
剧情片	55
文艺片	1
动作片	1
科幻片	4
爱情片	12
悬疑片	3
动画片	11
历史片	1
喜剧片	2
音乐片	1
教育片	2
传记片	3
灾难片	1
战争片	1
犯罪片	1
奇幻片	1

图 5-72 “各类型电影数量”清洗结果

片名.1	片名.2	宣传照
01	我不是药神	data:img/png;base64,iVBORw0KGgoAAAANSUhEUgAAAEwAAABmCAY...
02	肖申克的救赎	data:img/png;base64,iVBORw0KGgoAAAANSUhEUgAAAFMAAABzCAY...
03	海上钢琴师	data:img/png;base64,iVBORw0KGgoAAAANSUhEUgAAAFQAAABzCAY...
04	绿皮书	data:img/png;base64,iVBORw0KGgoAAAANSUhEUgAAAGMAAACGCA...

图 5-73 拆分效果

步骤 2:拆分完之后,对拆的两列进行重新命名,分别命名为“序号”和“电影名”。把“序号”改为“整型”,其他数据报错列删除。“电影图片及剧情介绍”清洗效果如图 5-74 所示。

序号	电影名	电影海报	剧情简介
1	我不是药神	data:img/png;base64,iVBORw0KGgoAAAANSUhEUgAAAEwAAABmCAY...	本片改编自慢粒白血病患者陆勇代购抗癌药的真实事迹。普通中...
2	肖申克的救赎	data:img/png;base64,iVBORw0KGgoAAAANSUhEUgAAAFMAAABzCAY...	1947年，银行家安迪·杜佛兰（蒂姆·罗宾斯 饰）被指控枪杀了妻...
3	海上钢琴师	data:img/png;base64,iVBORw0KGgoAAAANSUhEUgAAAFQAAABzCAY...	1900年的第一天，往返于欧美两地的邮轮Virginian号上，负责邮轮...
4	绿皮书	data:img/png;base64,iVBORw0KGgoAAAANSUhEUgAAAGMAAACGCA...	托尼就职的夜总会关门装修，亟需一份工作。有个朋友建议他去...
5	霸王别姬	data:img/png;base64,iVBORw0KGgoAAAANSUhEUgAAAFQAAAB0CAY...	1924年冬天，9岁的小豆子被当妓女的母亲切掉左手上那根畸形的...
6	美丽人生	data:img/png;base64,iVBORw0KGgoAAAANSUhEUgAAAEoAAABkCAYA...	1939年，第二次世界大战的阴云笼罩着整个意大利。圭多是一个...
7	这个杀手不太冷静	data:img/png;base64,iVBORw0KGgoAAAANSUhEUgAAAFMAAAB0CAY...	纽约贫民区住着一个意大利人，名叫莱昂（让·雷诺 饰），他是...
8	星际穿越	data:img/png;base64,iVBORw0KGgoAAAANSUhEUgAAAFUAAAB0CAY...	地球农作物因气候转变及枯萎病而经常失收，曾是美国国家航空...

图 5-74 “电影图片及剧情介绍”清洗效果

(三) 数据建模

1. 新建表关系

步骤 1:点击菜单栏上的“建模”,找到“管理关系”并点击“确认”。

步骤 2:打开管理关系之后,点开“新建”。

步骤 3:依次选择不同类型数据表中的共同项目,如“猫眼评分”的“电影类型”和“各类型电影数量”中的“电影类型”“猫眼评分”的“电影名”和“电影图片及剧情介绍”中的“电影名”,并点击“确定”。新建表格关系结果如图 5-75 所示。

2. 新建度量值

步骤 1:在进行新建度量值之前,要先建立存放度量值的表,在 Power BI Desktop 界面,点击“主页”,点击“输入数据”。

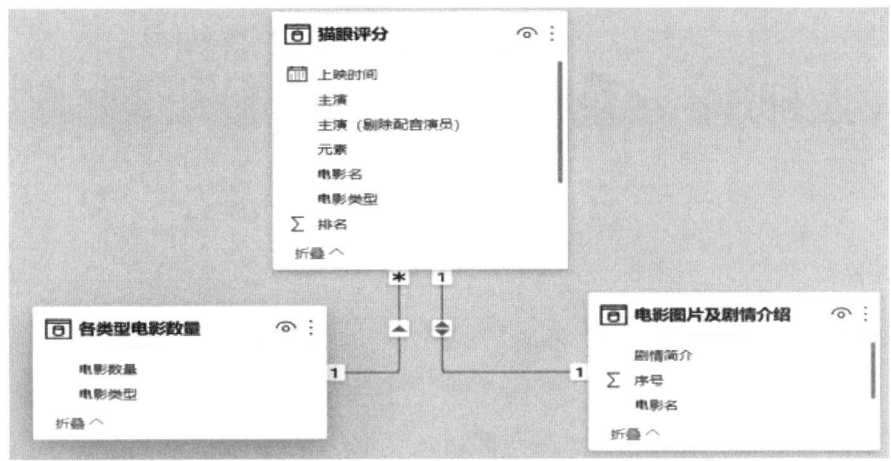

图 5-75 新建表格关系

步骤 2：修改新建的表的表名为"度量值文件夹"后，单击"加载"，"度量值文件夹"会显示到右侧"字段"中。

步骤 3：在"字段"中选中"度量值文件夹"，点击"新建度量值"，在弹出的窗口中输入度量值。

步骤 4：逐个输入度量值公式：

猫眼评分 = SUM('猫眼评分'[猫眼评分])
评分标记 = SWITCH(true,'度量值文件夹'[猫眼评分]>=9,"优秀",'度量值文件夹'[猫眼评分]>=8.5,"良好","合格")

新建度量值效果如图 5-76 所示。

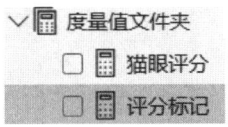

图 5-76 新建度量值效果

（四）数据可视化

1. 以六边形呈现标题"猫眼评分前 100 名的电影可视化"

步骤 1：在报表界面，依次选择"插入""形状"，点击"形状"下的六边形。

步骤 2：修改六边形填充背景为白色：选中报表中的六边形，在右边"设置形状格式"中，找到"填充"并打开下拉菜单，填充颜色选择"白色"。

步骤 3：在右边"设置形状格式"中，找到"文本"并打开下拉菜单，文本框中输入"猫眼评分前 100 名的电影可视化"，文本颜色和文本大小可自由设置。"猫眼评分前 100 名的电影可视化"标题效果如图 5-77 所示。

2. 以切片器呈现猫眼评分前 100 名的电影上映时间

切片器的使用方法同上，选择"猫眼评分"表中的"上映时间"，并对其字体颜色和大小进行

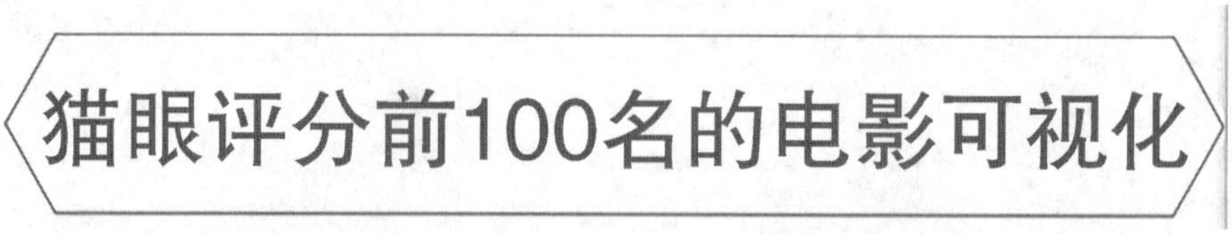

猫眼评分前100名的电影可视化

图 5-77 "猫眼评分前 100 名的电影可视化"标题效果

修改,导入效果图如图 5-78 所示。

图 5-78 导入上映时间切片器

3. 以词云图呈现电影元素分布及主演电影票房

步骤1:从外界导入词云图,具体方法同上。词云图导入效果如图 7-79 所示。

步骤2:选择导入的词云图,依次把"猫眼评分"中的"元素"拖拽到字段的"类别"中,把"猫眼评分"拖拽到"值"中。

步骤3:设置电影元素词云图标题为"电影元素(按评分)"。电影元素分布(按评分)效果如图 5-80 所示。

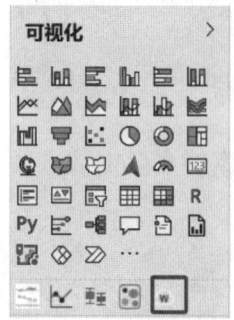

图 5-79 词云图导入效果图

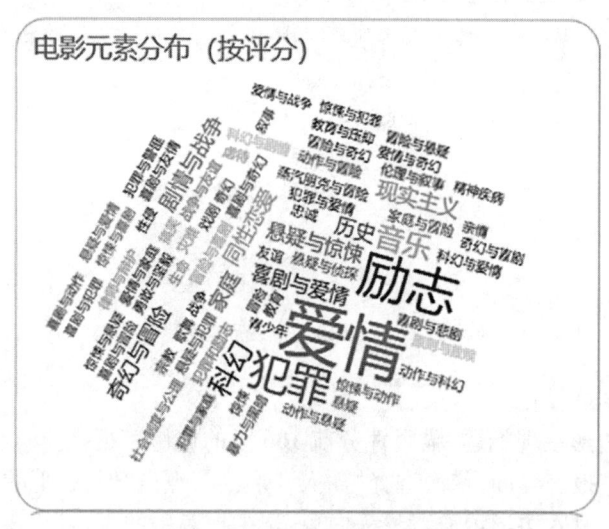

图 5-80 电影元素分布效果图

同理,制作"主演电影票房"词云图,步骤同上,效果如图 5-81 所示。

4. 以折线与堆积柱形图呈现累计票房及电影数量

步骤1:选择可视化下的折线与堆积柱形图,并把"各类型电影数量"下的"电影类型"拖拽至字段中的"共享轴","各类型电影数量"下的"电影数量"拖拽至字段中的"行值","猫眼评分"下的"累计票房(百万元)"拖拽至字段中的"列值"。

图 5-81 主演电影票房效果图

步骤 2:对折线与堆积柱形图进行优化:主要是设置标题,对 X 轴、Y 轴(同 X 轴)、数据颜色、数据标签等进行修改。折线与堆积柱形图优化效果如图 5-82 所示。

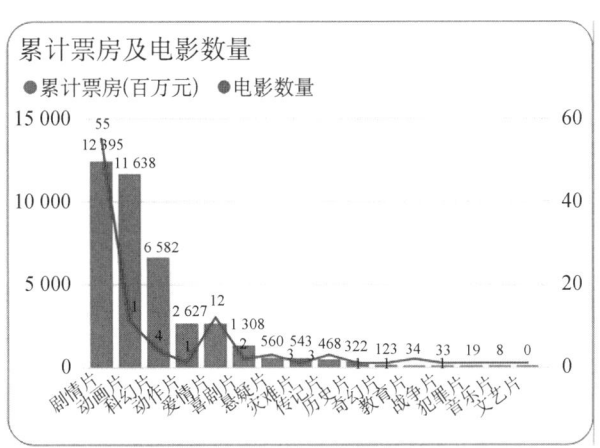

图 5-82 折线与堆积柱形图优化效果

5. 以散点图呈现电影票房及评分分布情况

步骤 1:选择可视化下的散点图,并把"猫眼评分"表中的"电影名"拖拽至字段中的"详细信息",把"猫眼评分"拖拽至字段中的"X 轴",把"累计票房(百万元)"拖拽至"Y 轴"。

步骤 2:修改散点图的标题。打开格式下的标题,找到标题文本,对标题文本进行修改。

步骤 3:对 X 轴和 Y 轴进行修改。打开格式下的 X 轴,修改 X 轴的数据颜色、数据大小等。边框修改同上,散点图优化效果如图 5-83 所示。

6. 以箱线图展示不同类型电影的评分分布情况

步骤 1:导入箱线图,导入成功后,点击箱线图,并把"猫眼评分"中的"电影类型"拖拽到字

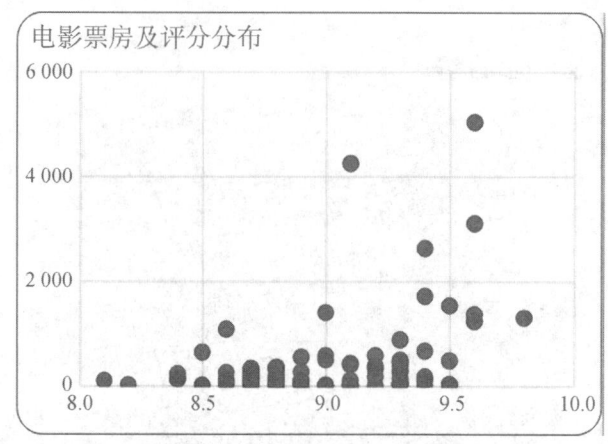

图 5-83　散点图优化效果

段中的"类型","上映时间"拖拽到"取样","猫眼评分"拖拽至"值"。

步骤 2:对箱线图的标题进行修改。在格式下,找到并展开标题按钮,对标题文本、颜色等进行修改。

步骤 3:修改 X 轴。打开格式下的类型轴,并对数据进行修改。

步骤 4:修改 Y 轴。在格式下找到值轴,并对值进行修改。

箱线图优化效果如图 5-84 所示。

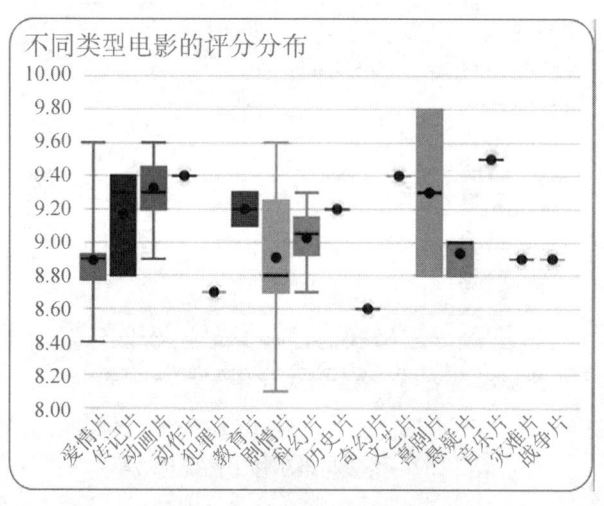

图 5-84　箱线图优化效果

7. 以表格的形式展示电影排名、电影名、电影类型及评分等级

步骤 1:选择可视化下的"表格",并把"猫眼评分"下的"排名""电影名""电影类型""猫眼评分"和度量值文件夹下的"评分等级"放在字段中的"值"处。

步骤 2:点击表格,在格式状态下,找到列标题,对列标题的字体、颜色等进行修改,字体大小改为 12 磅。

步骤 3:修改表格中值的格式。在格式状态下,找到"值",值的大小修改为 11 磅。

步骤 4:修改边框。在格式状态下,找到边框按钮,并进行修改。半径改为 20 像素。表格优化效果如图 5-85 所示。

排名	电影名	电影类型	猫眼评分	评分等级
1	我不是药神	剧情片	9.60	优秀
2	肖申克的救赎	剧情片	9.50	优秀
3	海上钢琴师	剧情片	9.30	优秀
4	绿皮书	剧情片	9.50	优秀
5	霸王别姬	文艺片	9.40	优秀
6	美丽人生	剧情片	9.30	优秀
7	这个杀手不太冷静	动作片	9.40	优秀
8	星际穿越	科幻片	9.30	优秀
9	小偷家族	剧情片	8.10	合格
10	怦然心动	爱情片	8.90	良好
11	盗梦空间	悬疑片	9.00	优秀
12	泰坦尼克号	爱情片	9.60	优秀
13	哪吒之魔童降世	动画片	9.60	优秀

图 5-85 表格优化效果

8. 以表格的形式展示电影名、电影海报、上映时间及剧情简介

步骤 1:新建报表页,并把报表页命名为"剧照及剧情介绍"。不选中"剧照及剧情介绍"的任何图表,在格式状态下,选择"页面大小",类型选择"自定义",宽度选择"900 像素",高度选择"500 像素"。

步骤 2:拖拽"猫眼评分"下的"上映时间","电影图片及剧情介绍"下的"序号""电影名""电影海报""剧情介绍"至字段"值"下。

步骤 3:修改列标题字体大小为 10 磅,修改值的大小为 10 磅。

工具提示制作结果如图 5-86 所示。

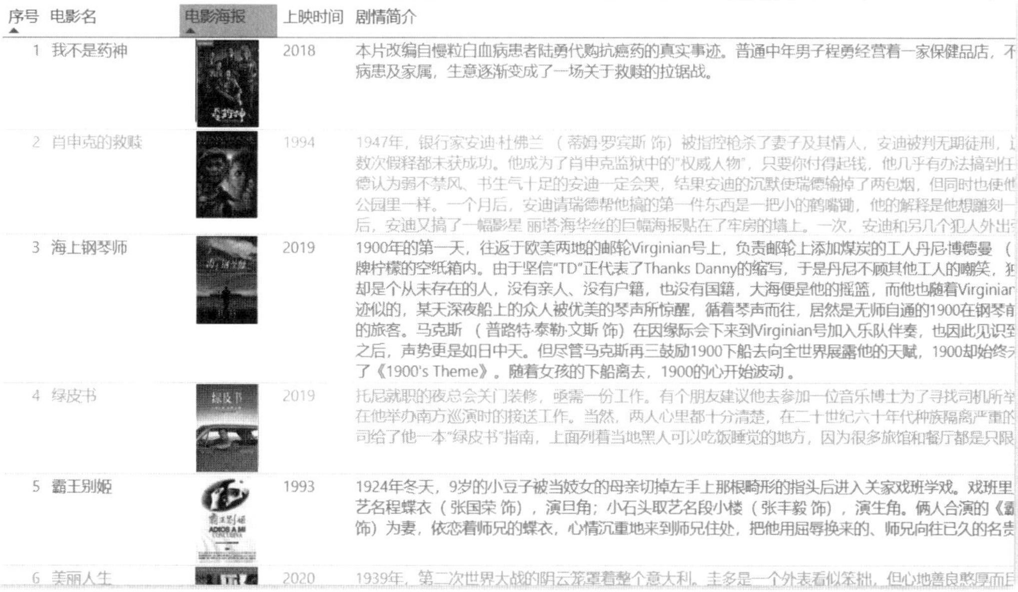

序号	电影名	电影海报	上映时间	剧情简介
1	我不是药神		2018	本片改编自慢粒白血病患者陆勇代购抗癌药的真实事迹。普通中年男子程勇经营着一家保健品店，不 病患及家属，生意逐渐变成了一场关于救赎的拉锯战。
2	肖申克的救赎		1994	1947年，银行家安迪·杜佛兰（蒂姆·罗宾斯 饰）被指控枪杀了妻子及其情人，安迪被判无期徒刑， 数次假释都未获成功。他成为了肖申克监狱中的"权威人物"，只要你付得起钱，他几乎有办法搞到 德认为弱不禁风、书生气十足的安迪一定会哭，结果安迪的沉默使瑞德输掉了两包烟，但同时也使他 公园里一样。一个月后，安迪请瑞德帮他搞的第一件东西是一把小的鹤嘴锄，他的解释是他想雕刻一 后，安迪又搞了一幅影星 丽塔海华丝的巨幅海报贴在了牢房的墙上。一次，安迪和另几个犯人外出
3	海上钢琴师		2019	1900年的第一天，往返于欧美两地的邮轮Virginian号上，负责邮轮上添加煤炭的工人丹尼·博德曼（ 牌柠檬的空纸箱内。由于坚信"TD"正代表了Thanks Danny的缩写，于是丹尼不顾其他工人的嘲笑， 却是个从未存在的人，没有亲人、没有户籍，也没有国籍，大海便是他的摇篮，而他也随着Virginian 迹似的，某天深夜船上的众人被优美的琴声所惊醒，循着琴声而往，居然是无师自通的1900在钢琴 的旅客。马克斯（普路特·泰勒·文斯 饰）在因缘际会下来到Virginian号加入乐队伴奏，也因此见识 之后，声势更是如日中天。但尽管马克斯再三鼓励1900下船去向全世界展露他的天赋，1900却始终 了《1900's Theme》。随着女孩的下船离去，1900的心开始波动。
4	绿皮书		2019	托尼就职的夜总会关门装修，亟需一份工作。有个朋友建议他去参加一位音乐博士为了寻找司机所 在他举办南方巡演时的接送工作。当然，两人心里都十分清楚，在二十世纪六十年代种族隔离严重的 司给了他一本"绿皮书"指南，上面列着当地黑人可以吃饭睡觉的地方，因为很多旅馆和餐厅都是只限
5	霸王别姬		1993	1924年冬天，9岁的小豆子被当妓女的母亲切掉左手上那根畸形的指头后进入关家戏班学戏。戏班里 艺名程蝶衣（张国荣 饰），演旦角；小石头取艺名段小楼（张丰毅 饰），演生角。俩人合演的《 饰）为妻，依恋着师兄的蝶衣，心情沉重地来到师兄住处，把他用屈辱换来的、师兄向往已久的名贵
6	美丽人生		2020	1939年，第二次世界大战的阴云笼罩着整个意大利。圭多是一个外表看似笨拙，但心地善良憨厚而

图 5-86 工具提示制作结果

步骤 5：实现表格 7 与表格 8 的数据联动。选中表格 7，在格式状态下，找到并打开"工具提示"功能，类型选择"报表页"，页码选择"剧照及剧情介绍"，文本大小选择"9 磅"。

工具提示功能效果如图 5-87 所示。

5-4 电影介绍工具提示效果

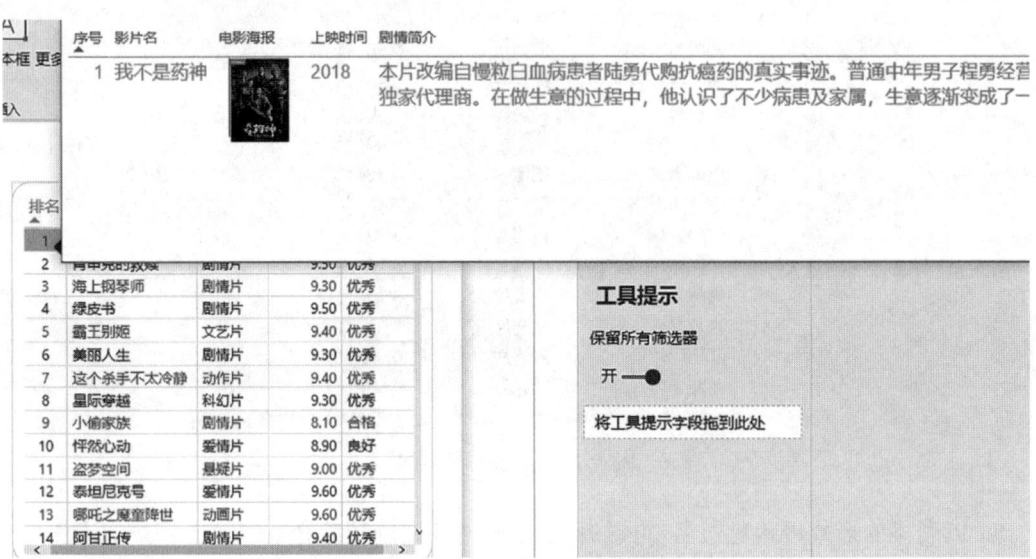

图 5-87 工具提示功能效果

猫眼评分前 100 名的电影可视化整体效果如图 5-88 所示。

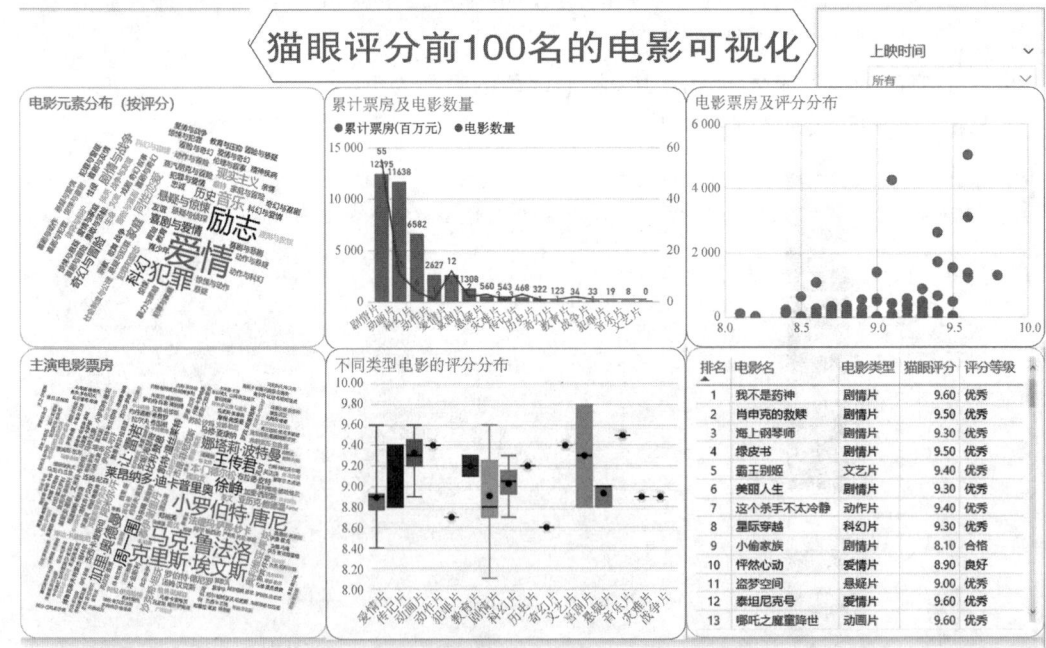

5-5 猫眼评分前 100 名电影可视化效果

图 5-88 猫眼评分前 100 名的电影可视化整体效果

四、影院电影票房可视化

(一) 数据获取

从猫眼电影专业数据平台手工整理 2017—2023 年的影院电影票房相关数据,运用商业智能工具 Power BI 完成数据导入。

步骤 1:打开 Power BI Desktop,点击"文件"选项下的"获取数据",打开"获取数据"对话框,点击"Excel 工作簿"。

步骤 2:"打开"对话框,找到文件"影院电影票房"。

步骤 3:双击文件"影院电影票房",打开"导航器"对话框,勾选"影院电影票房"下的"2 全国影院票房""每年前 10 名的全国影院票房""热门城市影院票房""2023 年不同级别影院数据",然后单击右侧"加载"选项,进行数据导入。影院电影票房相关数据导入成功界面如图 5-89 所示。

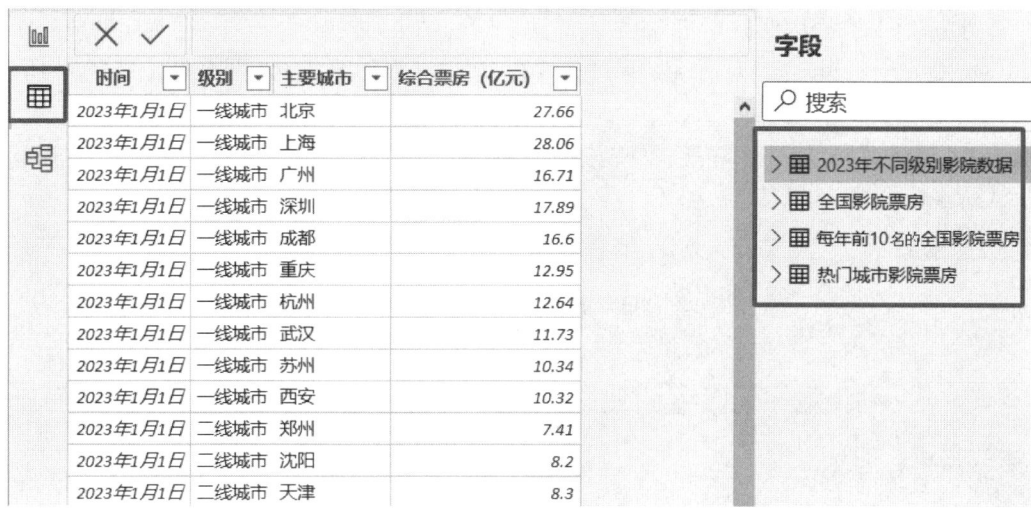

图 5-89　影院电影票房相关数据导入成功

(二) 数据清洗

1. 对"全国影院票房"进行数据清洗

步骤 1:打开 Power Query 编辑器,点击"主页"下的"转换数据"中的"转换数据",打开 Power Query 编辑器对数据进行清洗。

步骤 2:我们发现全国影院票房的格式不规范,需要对数据进行清洗,先对标题进行"把第一行作为标题"操作。提升标题结果如图 5-90 所示。

年份	指标	综合票房 (亿元)	观影人次 (亿人次)	场均人次 (人次)	平均售价 (元)	总出票 (亿张)	总场次 (亿场次)	影院数量 (家)
2015	全国影院	437.73	12.45	23.3	35.2	12.95	0.54	6123
2016	全国影院	454.47	13.71	18.4	33.1	13.73	0.75	7857
2017	全国影院	558.52	16.23	17.1	34.4	16.22	0.95	9342
2018	全国影院	606.98	17.18	15.5	35.3	17.18	1.1	10463
2019	全国影院	641.48	17.28	13.6	37.1	17.28	1.27	12408
2020	全国影院	203.12	5.49	9.7	37	5.49	0.57	13374
2021	全国影院	470.34	11.67	9.5	40.3	11.67	1.23	14480
2022	全国影院	299.39	7.11	7	42.1	7.11	1.02	12568
2023	全国影院	549.27	12.99	10	42.3	12.98	1.3	11839

图 5-90　提升标题结果

步骤3：更改数据类型更改数值型的字段为小数格式。

"全国影院票房"清洗结果如图5-91所示。

年份	指标	综合票房（亿元）	人次（亿人次）	场均人次（人次）	平均售价（元）	总出票（亿张）
2015	全国影院	437.73	12.45	23.3	35.2	12.95
2016	全国影院	454.47	13.71	18.4	33.1	13.73
2017	全国影院	558.52	16.23	17.1	34.4	16.22
2018	全国影院	606.98	17.18	15.5	35.3	17.18
2019	全国影院	641.48	17.28	13.6	37.1	17.28
2020	全国影院	203.12	5.49	9.7	37	5.49
2021	全国影院	470.34	11.67	9.5	40.3	11.67
2022	全国影院	299.39	7.11	7	42.1	7.11
2023	全国影院	549.27	12.99	10	42.3	12.98

图 5-91 "全国影院票房"清洗结果

2. 对"每年前 10 名的全国影院票房""热门城市影院票房""2023 年不同级别影院数据"进行数据清洗

此处方法同对"全国影院票房"的数据清洗。清洗结束，点击"主页"下的"关闭并应用"，关闭 Power Query 编辑器，并对清洗结果进行保存，清洗结果如图 5-92、图 5-93、图 5-94 所示。

图 5-92 "每年前 10 全国影院票房"清洗结果

图 5-93 "热门城市影院票房"清洗结果

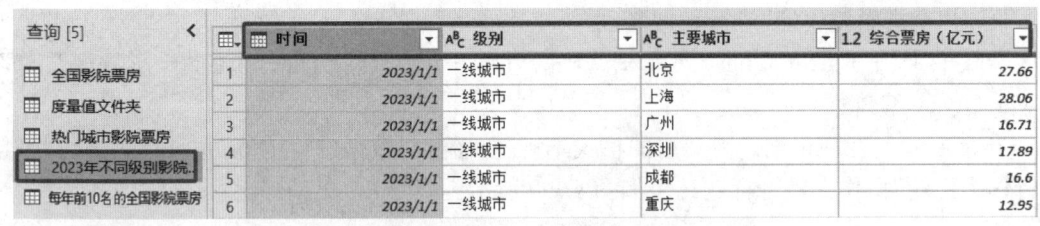

图 5-94 "2023 年不同级别影院数据"清洗结果

（三）数据建模

由于表中数据比较完整、丰富，此处我们只需要建立表关系即可。

步骤1：点击菜单栏上的"建模"，找到"管理关系"并点击"确认"，打开管理关系之后，点击"新建"。

步骤2：依次选择不同类型数据表中的共同项目，如"全国影院票房"中的"年份""热门城市影院票房"中的"日期""每年前10名的全国影院票房"中的"日期""2023年不同级别影院数据"中的"时间",并点击"确定",步骤同上。新建表关系效果如图5-95所示。

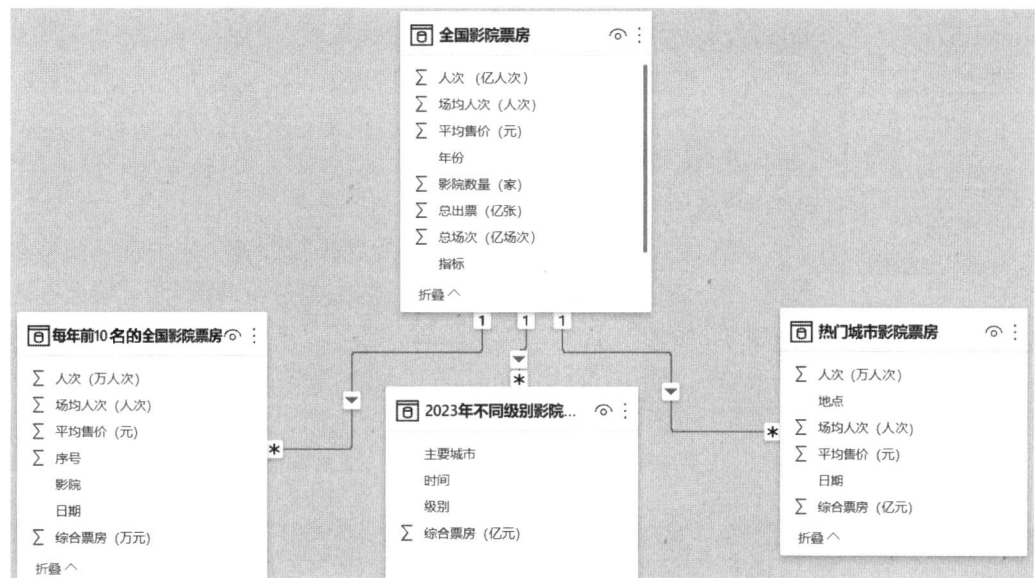

图5-95　新建表关系效果图

(四) 数据可视化

1. 以六边形呈现标题"影院电影票房可视化"

步骤1:在报表界面,依次选择"插入""形状",点击"形状"下的六边形。

步骤2:修改六边形填充背景为白色:选中报表中的六边形,在右边"设置形状格式"中,找到"填充"并打开下拉菜单,填充颜色选择"白色"。

步骤3:在右边"设置形状格式"中,找到"文本"并打开下拉菜单,文本框中输入"影院电影票房可视化",文本颜色和文本大小可自由设置。"影院电影票房可视化"标题效果如图5-96所示。

影院电影票房可视化

图5-96　"影院电影票房可视化"标题效果

2. 以切片器呈现影院电影票房数据年份

步骤同上,略。

3. 以卡片图呈现观影人次(亿人次)、场均人次(人次)、影院数量(家)、总场次(亿场次)数据

步骤1:以观影人次(亿人次)为例。点击可视化下的卡片图,把全国影院票房中的观影人次(亿人次)拖拽到字段中。

步骤2:对卡片图进行优化。选中观影人次(亿人次)卡片图,在右侧格式下,选择"数据标签",并对数据颜色、数据大小等进行修改。

187

图 5-97 卡片图设置效果

步骤 3：设置类别标签。同样选中观影人次（亿人次）卡片图，在右侧格式下，选择"类别标签"，并对类别颜色、类别大小等进行修改。

同理，插入场均人次（人次）、影院数量（家）、总场次（亿场次）卡片，并进行格式设置。卡片图设置效果如图 5-97 所示。

4. 以折线与堆积柱形图呈现影院观影人次及场均人次变化情况

步骤 1：点击可视化下的折线与堆积柱形图，并把"全国影院票房"中的"年份"拖拽至字段中的"共享轴"，把"观影人次（亿人次）"拖拽至"列值"，把"场均人次（人次）"拖拽至"行值"。

步骤 2：对折线与堆积柱形图的标题进行设置。选中折线与堆积柱形图，在右侧格式下找到"标题"，对标题文本进行修改，同时修改标题文本的格式，标题文本大小改为 12 磅。

步骤 3：对 X 轴与 Y 轴（同 X 轴）进行格式设置，以 X 轴为例。同样在格式状态下，找到并展开 X 轴，对 X 轴数据进行设置。

步骤 4：设置数据颜色。在格式状态下，找到数据颜色、数据标签进行设置。折线与堆积柱形图设置效果如图 5-98 所示。

图 5-98 折线与堆积柱形图设置效果

5. 以折线与簇状柱形图呈现影院数量及总场次数据的变化情况

步骤 1：在可视化下选择折线与簇状柱形图，并把"全国影院票房"中的"年份"拖拽至字段中的"共享轴""影院数量（家）"拖拽至"列值""总场次（亿场次）"拖拽至"行值"。

步骤 2：对折线与簇状柱形图进行标题设置，选中折线与簇状柱形图，并在格式状态下，找到并展开标题，设置标题文本、标题颜色，标题大小设置为 13 磅。

步骤 3：对 X 轴、Y 轴（同 X 轴）进行设置。

步骤 4：对数据颜色进行设置，同样在格式状态下，找到数据颜色，并进行格式设置。

步骤 5：对数据标签进行设置，同样在格式状态下，找到数据标签。首先对总场次（亿场次）进行格式设置，文本大小设置为 9 磅。其次，设置影院数量（家）数据标签。同样在格式状态下，打开数据标签，找到并打开自定义系列，选择影院数量（家），对其进行格式设置。

折线与簇状柱形图设置效果如图 5-99 所示。

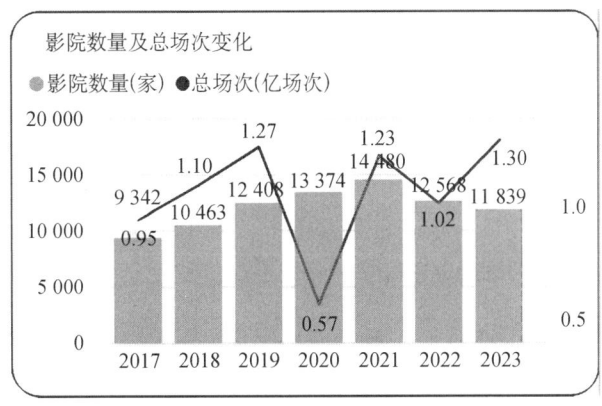

图 5-99 折线与簇状柱形图设置效果

6. 以动态条形图展示不同影院综合票房的变化情况

步骤 1:在可视化界面下,获取更多的视觉对象,选择从文件中导入视觉对象,并选中动态条形图,点击"确定"。

步骤 2:拖拽"每年前 10 名的全国影院票房"中的"日期"至字段中的"表格期间"中、"影院"拖拽至字段"表格信息"中、"综合票房(万元)"拖拽至"表格值"中。

步骤 3:修改动态条形图中的标题内容,标题文本大小改为 12 磅。

动态条形图设置效果如图 5-100 所示。

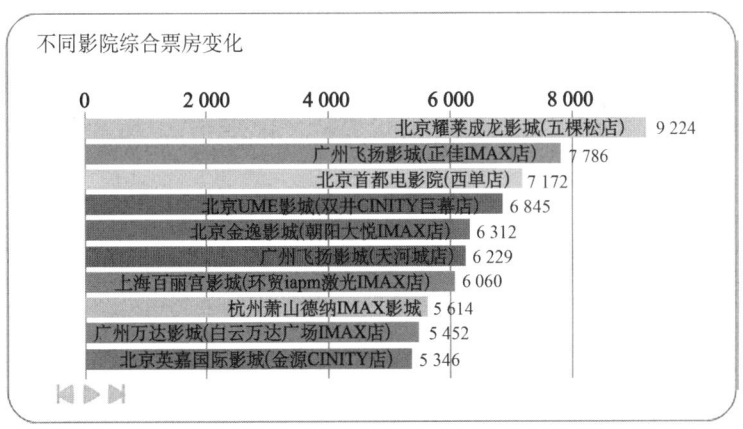

5-6 动态条形图可视化效果

图 5-100 动态条形图设置效果

7. 以饼图呈现 2023 年不同线级城市影院票房情况

步骤 1:点击可视化下的饼图,并把"2023 年不同级别影院数据"中的"级别""主要城市"拖拽到字段中的"图例"中、"综合票房(亿元)"拖拽至"值"中。

步骤 2:选中饼图,在右边格式状态下,找到并打开标题,对标题文本、标题颜色进行设置,标题文本大小设置为 12 磅。

步骤 3:选中饼图,在右边格式状态下,找到并打开数据颜色,对其进行修改。

步骤 4:修改图例,在格式状态下,找到并打开图例,对图例的位置、颜色等进行修改,图例

189

的大小改为8磅。

步骤5:修改详细信息标签。在格式状态下找到并打开详细信息标签,对其内容进行修改,标签位置设置为外部。线级城市饼图设置效果如图5-101所示。

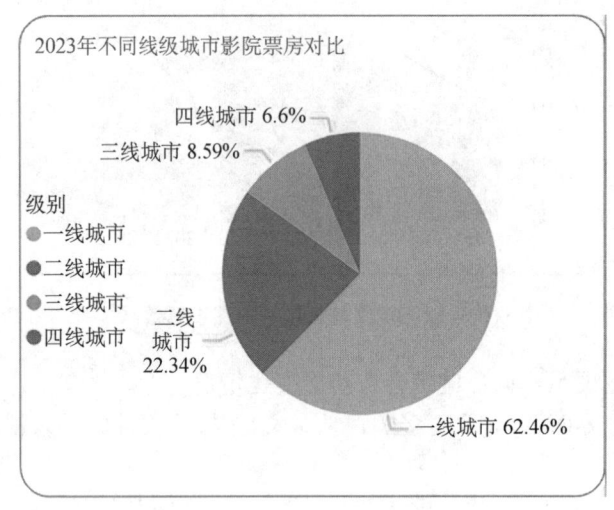

图 5-101 线级城市饼图设置效果

步骤6:开启饼图的钻取功能,在格式状态下,找到"视觉对象标头",对下面的内容进行设置,如图5-102所示。

5-7 钻取功能设置效果

图 5-102 设置钻取功能

饼图钻取设置效果如图5-103所示。

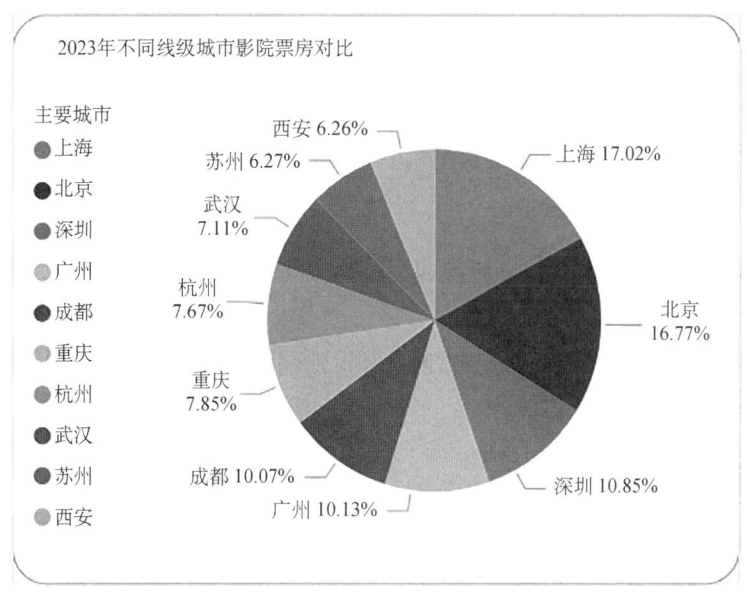

图 5-103　饼图钻取效果图

8. 以分区图呈现热门城市综合票房变化情况

步骤 1：在可视化下，点击分区图，并把"热门城市影院票房"中的"地点"拖拽至字段中的"轴""日期"拖拽至字段中的"图例""综合票房(亿元)"拖拽至"值"。

步骤 2：对分区图中的标题进行修改。在格式下找到标题，并设置标题大小为 12 磅，

步骤 3：对图例、X 轴和 Y 轴(同 X 轴)进行修改，图例的位置选择"上"。

分区图设置效果如图 5-104 所示。

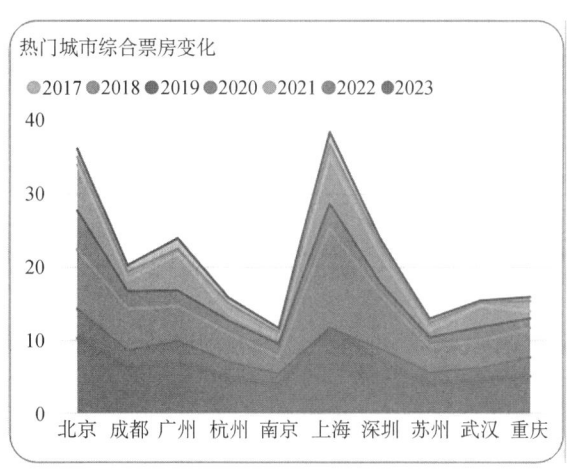

图 5-104　分区图设置效果

9. 以地图呈现热门城市平均售价

步骤 1：选择可视化下的地图，并把"热门城市影院票房"中的"地点"拖拽至字段中的"位置"，"平均售价"拖拽至字段中的"大小"，用平均售价的数值大小，显示在地图上不同地点的平均售价高低。

步骤2：选中地图，在右侧格式下找到并打开标题，设置标题内容和颜色，标题大小设置为12磅。

步骤3：选中地图，在右侧格式下，设置类别标签。

步骤4：设置气泡大小为-4。同样在格式下，找到气泡，并进行数据设置。

步骤5：设置热门城市平均售价折线图作为地图的工具提示。新建一个报表页，选中可视化下的折线图。

步骤6：修改折线图的标题内容和格式。在格式下，找到并打开标题，修改标题大小为12磅。

步骤7：修改数据颜色。同样在格式状态下，找到数据颜色并对颜色进行修改。折线图数据颜色优化效果如图5-105所示。

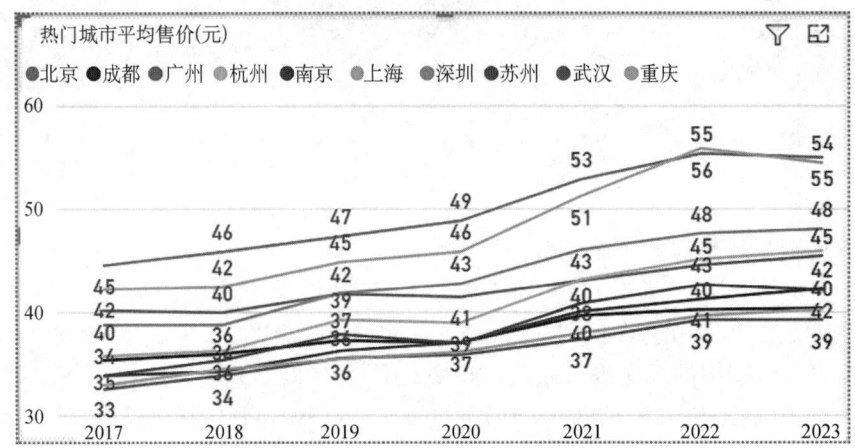

图5-105　折线图数据颜色优化效果

5-8　热门城市平均售价工具提示效果

步骤8：回到影院电影票房可视化界面，选中热门城市平均售价图表，在右侧的格式下，找到并打开工具提示，并设置工具提示相关操作，如图5-106所示。

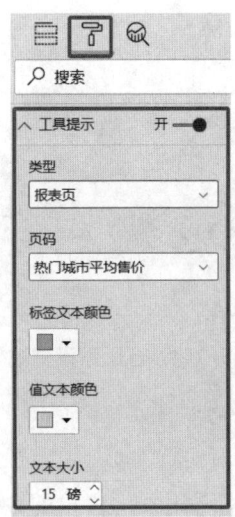

图5-106　设置工具提示

工具提示效果如图5-107所示。

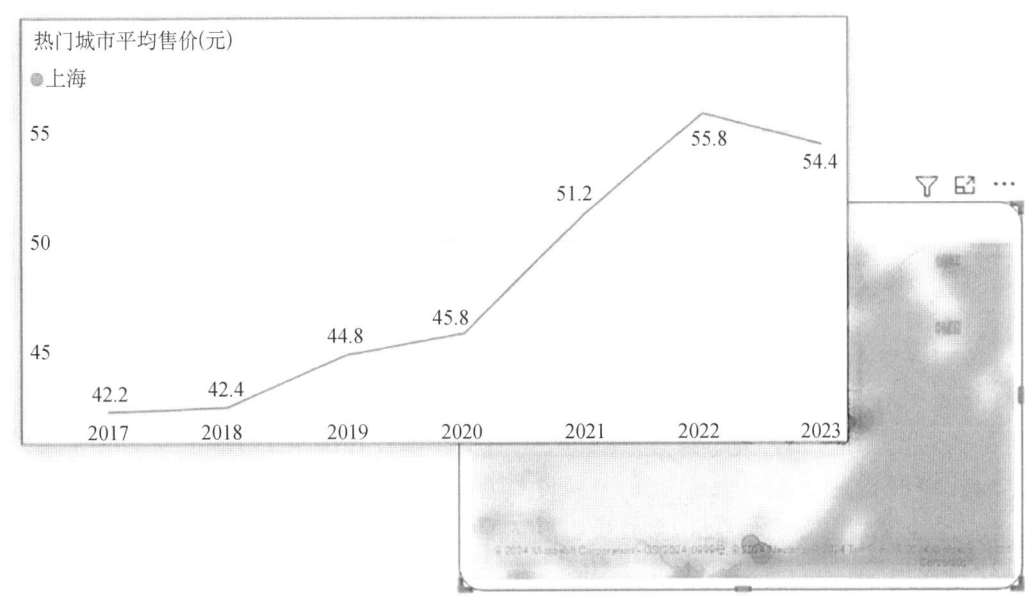

图5-107　工具提示效果

影院电影票房可视化效果如图5-108所示。

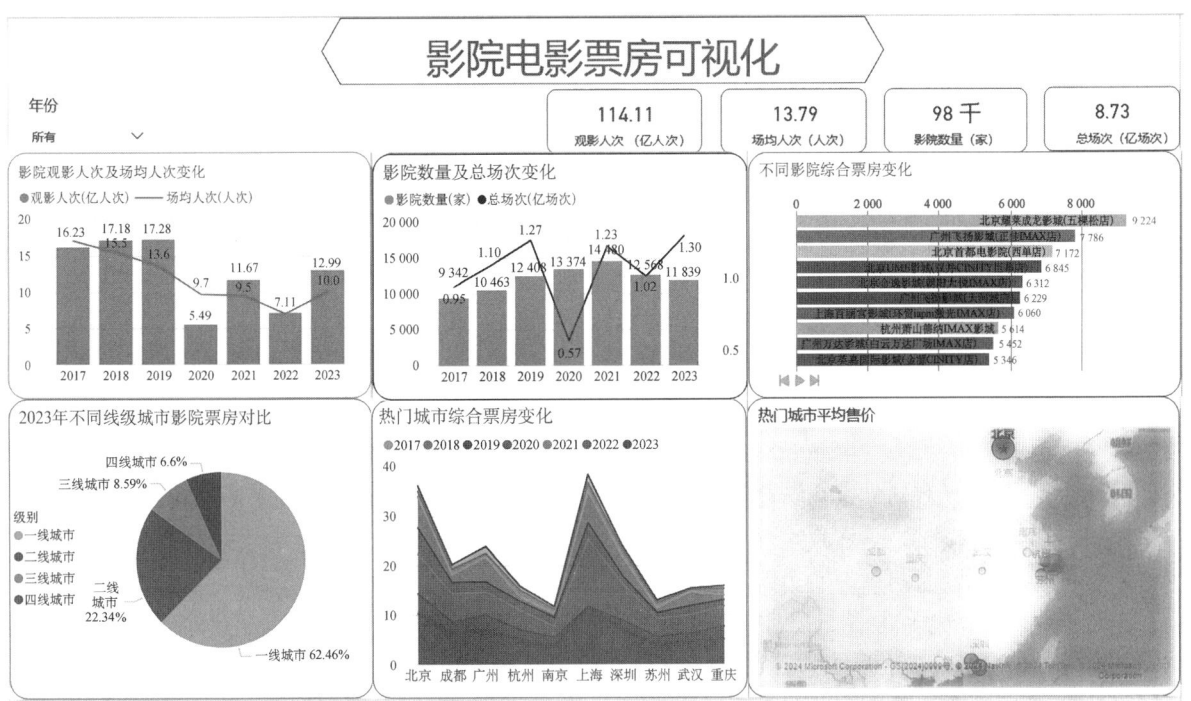

图5-108　影院电影票房可视化效果

[实训任务]

1. 实训要求

本实训以猫眼电影专业平台的相关数据为基础,展开猫眼电影数据可视化分析。其主要分为"我国电影总体票房可视化""每年票房前100名的电影中进口电影和国产电影可视化""猫眼评分前100名的电影可视化""影院电影票房可视化"四个模块,通过分析诊断出猫眼电影公司近七年的票房数据变化趋势,以及特殊年份的票房降幅。本实训任务是一次集数据处理、数据可视化与数据分析为一体的综合性任务,不仅锻炼学生的学习能力,更锻炼学生的实验操作能力。本实训任务主要有以下要求:

(1) 学生需要先了解猫眼电影专业数据平台的相关数据构成以及统计相关专业知识。

(2) 学习 Power BI 工具的入门及应用,了解 Power BI 在商业智能与可视化方面的应用以及工作流程,了解 DAX 语句的语法,掌握 SUM、CAlCULATE、DIVDE 等相关函数,能够运用 Power BI 完成数据获取、数据清洗、数据建模及数据可视化分析。

(3) 学生要结合可视化看板,对猫眼电影公司的数据可视化相关结果进行分析与汇报。

2. 实训内容

本实训对"我国电影总体票房可视化""每年票房前100名的电影中进口电影和国产电影可视化""猫眼评分前100名的电影可视化""影院电影票房可视化"这四大核心模块进行可视化处理。

1) 数据获取

将从猫眼电影专业数据平台整理的相关模块的数据导入 Power BI 平台。

2) 数据清洗

对导入的猫眼电影相关数据表进行数据清洗:提升标题、更改数据类型、拆分列、重命名、删除列等操作。

3) 数据建模

根据需求对事实表和维度表:新建表关系、新建度量值。

4) 数据可视化

实现"我国电影总体票房可视化""每年票房前100名的电影中进口电影和国产电影可视化""猫眼评分前100名的电影可视化""影院电影票房可视化"报表页的制作。

3. 实训步骤

1) 确定分析思路

首先,通过了解猫眼电影所处的行业以及近几年的发展进程,掌握猫眼电影目前的发展现状及面临的困境。其次,抓取在猫眼电影数据可视化中每个模块需要重点关注的信息,选定相关分析指标和数据,明确分析内容。再次,导入相关数据表格,构建表格之间的关系,为实现表格之间的联动提前做准备。最后,确定蓝图,为可视化作品中的指标选择合适的图形予以呈现,并规划这些图形的所在位置,即每个模块的图形展现方式和报表布局结构。

2) 确定实现流程

首先,从公司获取猫眼电影相关数据,并将数据导入平台。其次,对获取到的数据进行数据整理与数据清洗,使其满足 Power BI 的使用要求。再次,构建表格之间的逻辑关系,并在此基础上新建度量值,即数据建模。最后,实现猫眼电影相关模块的可视化设计。

3)对猫眼电影相关模块的数据进行分析并汇报

本实训任务从"我国电影总体票房""每年票房前100名的电影中进口电影和国产电影""猫眼评分前100名的电影""影院电影票房"这四大核心模块,对猫眼电影相关数据进行可视化分析与汇报。

第一,我国电影总体票房可视化分析,可以分析我国电影总票房、电影数量、电影总场次及平均售价、不同档期票房及电影数量、不同年份票房占比情况、各渠道出票数等情况,有助于从宏观上把握我国电影总体票房情况。

第二,每年票房前100名的电影中进口电影和国产电影可视化分析,可以分析进口电影的基本情况,从进口电影的数量、进口电影平均售价、进口电影观影人次分析进口电影的相关数据,同时对比进口电影与国产电影的数据,如评分对比情况、票房对比情况、场均人次对比情况等,形成对比分析,得出进口电影与国产电影的最大特点与区别。

第三,猫眼评分前100名的电影可视化分析,可以分析猫眼电影公司截至2023年,评分前100的电影数据情况。分析评分前100名的电影的电影元素分布,推断电影元素与评分之间的某种潜在关系;分析主演电影的票房数据,推断电影主演与评分之间是否存在某种正向关系;分析累计票房与电影数量,诊断出不同类型电影的数量及票房情况;分析电影票房及评分分布,判断电影票房与评分之间的关系;分析不同类型电影的评分情况,得出评分与电影类型之间的关系;最后展示电影的基本剧情与评分等情况。

第四,影院电影票房可视化分析,可以分析猫眼电影公司所有全国影院的票房等数据。分析影院观影人次及场均人次变化,可以找出所有全国影院的人次变化,主要分析受客观因素影响程度;分析全国影院数量及总场次变化,可以得出全国影院的经营情况;分析不同影院综合票房数据,可以得出全国不同影院的票房情况,有利于发现不同影院的经营现状;分析热门城市的综合票房和平均售价数据,可以就热门城市的电影数据进行重点分析,得出重点城市影院的经营状况;分析2023年不同线级城市的影院票房情况,可以看出当前猫眼票房数据紧密相关年份的城市影院经营情况,有助于预测2024年不同城市的票房数据情况。

最后,要根据四个模块可视化结果,形成电影行业整体分析报告并进行汇报。

第六章
诊断性分析实训案例
——人力资源可视化分析

📖 知识目标

1. 了解数据可视化的基本思路,掌握从数据获取到数据可视化的基本步骤。
2. 学习和巩固 DAX 语句的语法,编写基本的 DAX 语句。
3. 熟练运用 CALCULATE、IF、LOOKUPVALUE 函数。

📖 能力目标

1. 增强运用信息和信息技术发现、分析和解决问题的意识,全面提高信息技能。
2. 学习和巩固 DAX 语句的语法,编写基本的 DAX 语句,熟练运用 CALCULATE、IF、LOOKUPVALUE 函数,提高自主学习和自我判断能力。

📖 素养目标

1. 坚持以人为本,培养学生责任感和担当意识。
2. 考核要公平公正,引导学生树立正确的人生观和价值观。
3. 修炼良好的专业素养,培养学生专业分析能力和洞察判断力。

📖 思政园地

数智时代,产业能力竞争、高科技能力竞争、市场能力竞争空前激烈,而应对这一系列时代挑战的决定性力量就是人才的力量。人才能够运用先进的技术组织生产。如今我国基础研究和原始创新不断加强,研发经费投入强度持续提高,科技事业实现历史性、整体性、格局性重大变化,在一些前沿领域开始进入并跑、领跑阶段,一些关键核心技术实现突破,战略性新兴产业发展壮大,载人航天、探月探火、深海深地探测、超级计算机等取得重大成果,进入创新型国家行列。这一系列成果得益于人才队伍的不断壮大和人才创新创造活力的竞相迸发。

人才是富国之本、强国之基。党的二十大报告指出,必须坚持人才是第一资源,深入实施人才强国战略,坚持人才引领驱动。国家人力资源和社会保障部制定的《人力资源和社会保障事业发展"十四五"规划》明确贯彻落实,尊重劳动、尊重知识、尊重人才、尊重创造方针,深入实施人才强国战略,深化人才发展体制机制改革,加强人才队伍建设,实施人才服务行动,优化人才创新创业创造生态,全方位培养、引进、用好人才,充分发挥人才作为第一资源作用。

请思考以下两个问题:

1. 在数智时代背景下,如何深刻理解和践行"人才是第一资源"的理念,作为新时代的青年,你认为自己应该如何提升自我,以适应国家对高素质人才的需求,并为实现人才强国战略贡献自己的力量?

2. 结合思政园地中关于人才强国战略的描述,分析企业在数智时代背景下应如何优化人才结构,激发人才创新活力,以提升自身的产业能力和市场竞争力?

思维导图

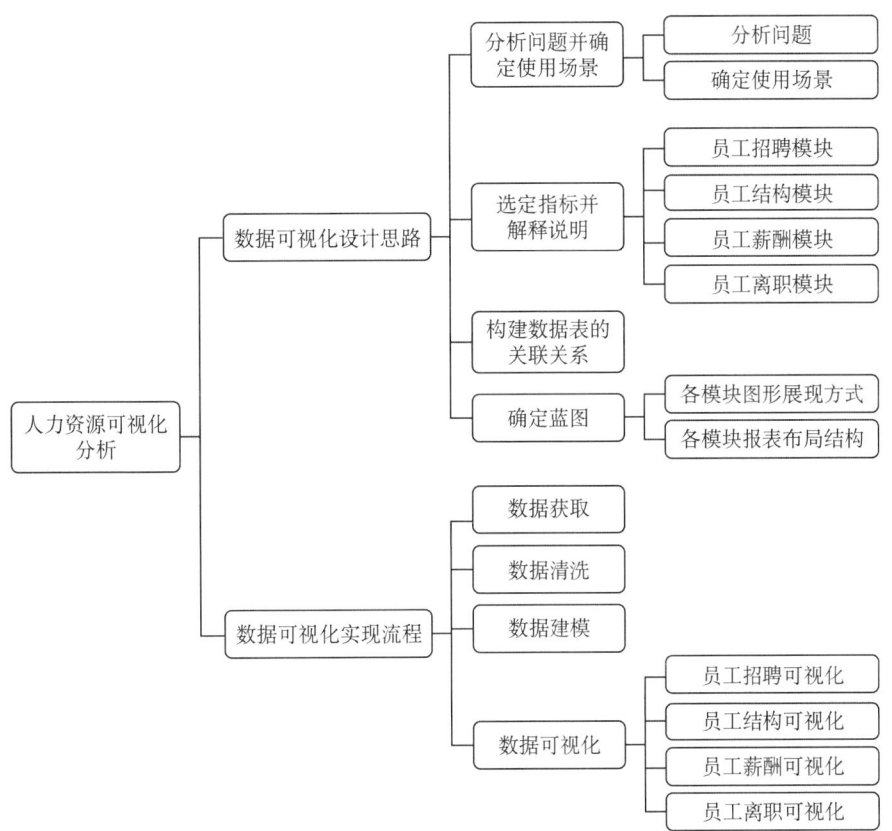

案例背景

人才不仅是国家的核心竞争力,更是企业的核心竞争力,但同时也是企业最难管理的资源,如人才的筛选、组织的调整、各式的考核、薪资的制定、人员的离职等,可以说事务繁琐且信息繁多。在信息化时代,人力资源部门应该怎样才能提高效率、诊断出企业人力资源存在问题的成因,并针对性地提出解决措施,以达到吸引人才,留住人才的目标?本章将通过商业智能工具 Power BI,有效获取数据、整理数据、构建模型、可视化数据、分析数据、诊断数据。

升达软件技术服务有限公司是一家专业从事网络信息软件开发、信息技术咨询服务的小型软件公司,成立于2015年5月,坐落在河南省郑州市,注册资本200万元。该公司始终坚持"以客户为中心、以产品为生命、以服务求生存、以创新促发展"的经营理念。经过近十年的持续发展,该公司现有员工50多人,95%以上的员工具有本科以上学历。

然而,升达软件技术服务有限公司人力资源近年来频繁出现一些问题。第一,虽然公司经营业绩在不断增加,但是近三年公司员工却不断离职,为了保证公司的正常运转,人员招聘成为人力资源部门的首要任务,通常公司每年的招聘分两次进行,但在把控招聘过程,提高招聘工作方面明显不足。第二,公司员工总数不断增加,但是今年公司整体的运转效率却降低了,人力资源部门要从员工结构上找找问题。第三,公司近年来发展势头很足,击败了许多竞争对手,而成功的关键得益于公司有许多优秀的员工,但是,最近公司一些优秀员工干劲明显不足,工作有懈怠感和抱怨情绪,有的甚至跳槽去了竞争对手公司。第四,公司员工不断离职是一个巨大的风险,有时甚至没有招来新的员工,老员工就离职了,导致公司有的业务无法正常开展。如何才能降低人员流失,留住优秀人才呢?人力资源部门要尽快诊断出员工离职的原因。为了高效诊断出升达软件技术服务有限公司人力资源存在的问题,人力资源部门基于升达软件技术服务有限公司人力资源相关数据,运用商业智能工具Power BI从员工招聘、员工结构、员工薪酬、员工离职四个方面进行数据可视化分析,及时诊断出公司人力资源存在的问题,并提出对应的解决措施。

第一节 数据可视化设计思路

任何一家企业的人力资源管理都离不开员工招聘、员工结构、员工薪酬、员工离职这四大核心模块,这些模块涵盖人力资源管理的各个方面,包括选拔、调整、激励和留住人才。员工招聘模块是指通过招聘适合岗位要求的员工来满足企业的人力需求;员工结构模块是指根据企业的经营运转及业务需要,优化人力资源配置;员工薪酬模块是指设计合理的薪资体系,激励员工提高工作绩效和满足员工的生活需求;员工离职模块是指管理员工的离职情况,包括员工离职原因调查、离职时间和离职员工背景,以降低员工离职率。通过对这四个模块有效的管理可以帮助企业吸引和留住优秀员工,提高员工工作绩效,增强团队合作和凝聚力,从而实现企业的战略目标。

通过对升达软件技术服务有限公司员工招聘、员工结构、员工薪酬、员工离职数据进行可视化设计与分析能更加直观地反映该公司人力资源的情况,诊断出公司人力资源存在的问题,以利于更有效地提出解决措施。要实现人力资源数据的可视化分析,首要任务是梳理清晰数据可视化实现的思路。

一、分析问题并确定使用场景

(一)分析问题

(1)如何通过员工招聘情况,诊断出公司招聘环节是否高效,各部门招聘质量的高低呢?

(2)如何通过员工结构情况,诊断出公司及各部门员工结构是否合理?如何提高公司运营效率?

(3) 如何通过员工薪酬情况，诊断出公司各部门员工薪酬结构是否合理？员工绩效是否发挥作用？员工薪酬是否具有竞争力？

(4) 如何通过员工离职情况，诊断出公司各部门工作环境，员工离职原因，公司员工满意度？如何提升公司员工幸福感，降低员工离职率？

(二) 确定使用场景

(1) 公司高层主管要查看公司整体的员工招聘情况，如公司整体的招聘计划完成率、年度实际招聘人数、到岗人数及到岗率、试用期通过人数及通过率、岗位招聘原因等核心信息，了解公司招聘环节的效率、当前的招聘形势和面临的挑战。各部门主管要分析本部门的员工招聘情况，找出存在的问题和不足，并对症下药，以提高本部门的员工招聘质量。公司人力资源部门要分析每个部门的员工招聘情况，诊断出招聘环节中存在的问题和不足，提出改进措施和优化建议，与其他部门合作，共同完善招聘计划和招聘流程，确保招聘工作的高效，并与公司整体战略保持一致。

(2) 公司高层主管要查看公司整体的员工结构情况，如公司员工总数、管理层人数、管理层占比、性别占比、员工户籍分布、公司部门及岗位人数、员工平均年龄及司龄、员工文化程度及职称、职级结构等核心信息，了解公司人力资源配置状况及对公司运营的影响。各部门主管要分析本部门的员工结构情况，找出存在的问题和不足，并对症下药，提高部门业务运作效率。公司人力资源部门要分析每个部门的员工结构情况，诊断出在人力资源配置、员工发展、团队协同等方面的问题，提出改进措施和优化建议，与其他部门合作，共同优化人力资源配置，提高公司运营效率，从而推动公司整体战略目标的实现。

(3) 公司高层主管要查看公司整体的员工薪酬情况，如人均工资、人均绩效工资、人均奖金、员工薪酬结构占比、员工绩效评分与实发工资之间的配比关系、员工绩效评分与能力评分之间的匹配关系、员工薪酬与行业对比等核心信息，了解公司员工薪酬竞争力及潜在的优化空间。各部门主管要分析本部门的员工薪酬情况，找出存在的问题和不足，并完善相应的薪酬策略，以更好地激励员工、提升部门绩效和保持内部公平性。公司人力资源部门要分析每个部门的员工薪酬情况，诊断出各部门员工薪酬结构、员工绩效、员工薪酬竞争力等方面的问题，与其他部门合作，共同制定相应的改进措施和优化策略，包括调整薪酬结构、优化薪酬与绩效的关联性、提高薪酬水平，从而激发员工的工作积极性和创造力，为公司的持续发展提供有力支持。

(4) 公司高层主管要查看公司整体的员工离职情况，如离职总人数、离职率、离职原因、离职时间、离职员工背景、员工满意度等核心信息，了解公司员工流动状况。各部门主管要分析本部门的员工离职情况，深入了解部门内员工离职的具体原因、趋势和潜在问题，从而制定有效的员工保留和激励策略，改善部门工作环境，提升部门员工幸福感。公司人力资源部门要分析每个部门的员工离职情况，诊断出各部门在员工离职方面存在的问题和潜在原因，与其他部门合作，降低员工离职率，提高员工满意度和忠诚度，促进公司的稳定发展。

二、选定指标并解释说明

(一) 员工招聘模块

员工招聘模块指标解释，如表 6-1 所示。

表 6-1 员工招聘模块指标解释

选定指标	指标意义	计算方式	数据来源
计划招聘人数	反映公司根据实际需求与发展需要规划的招聘周期内(一个自然年度)员工招聘数量	计划招聘的员工数量	招聘计划表
实际招聘人数	反映公司招聘周期内通过试用期考核正式录用的员工数量	试用期通过的员工数量	招聘信息表
招聘计划完成率	反映公司在招聘周期内计划招聘完成情况和招聘效率	实际招聘人数/计划招聘人数	招聘计划表和招聘信息表
有效简历数	反映公司及不同岗位对人才的吸引度	筛选符合公司岗位招聘要求的简历数量	招聘信息表
初试通过人数	反映公司应聘员工的专业知识,也能够反映公司各岗位初试环节的难度	初试通过的员工数量	招聘信息表
复试通过人数	反映公司应聘员工的职业素质,也能够反映公司各岗位复试环节的难度	复试通过的员工数量	招聘信息表
到岗人数	反映公司复试通过的员工按时报到的数量	员工实际到岗数量	招聘信息表
到岗率	反映公司在规划的招聘周期内(一个自然年度)计划招聘完成情况及公司对人才的吸引度	到岗人数/复试通过人数	招聘信息表
试用期通过人数	反映招聘员工的实际质量	试用期通过的员工数量	招聘信息表
试用期通过率	反映公司员工招聘质量,是到岗人数通过试用期的一个数据分析	试用期通过人数/到岗人数	招聘信息表
岗位招聘原因	反映公司招聘的目的及公司员工发展状况	岗位招聘原因	招聘计划表

(二)员工结构模块

员工结构模块指标解释,如表 6-2 所示。

表 6-2 员工结构模块指标解释

选定指标	指标意义	计算方式	数据来源
员工总数	反映公司年度内员工总体规模	在职员工总数	人员信息表
管理层人数	反映公司管理层人员数量	在职管理层员工数量	人员信息表
管理层占比	反映公司管理层的配比结构是否合理	管理层人数/员工总数	人员信息表
平均年龄	反映公司现有员工平均年龄是否符合行业特征	员工年龄总和/员工总数	人员信息表
平均司龄	反映公司现有员工行业经验是否丰富及员工稳定性状况	员工司龄总和/员工总数	人员信息表
部门岗位人数	反映不同部门及岗位人数是否合理	不同部门和岗位的在职员工数量	人员信息表

(续表)

选定指标	指标意义	计算方式	数据来源
性别	反映公司现有政策是否符合公司员工性别特征	在职员工性别对比	人员信息表
员工户籍分布	反映公司哪个区域的人数占据公司员工比例最大,这样在不同岗位招聘时,为了不同的目的(稳定或者避嫌)可以考虑制定不同策略	员工户籍	人员信息表
文化程度	反映公司现在员工学历的组成情况,根据数据对员工招聘的学历要求做调整,同时可以根据部门的学习信息,在进行沟通和相关事宜的时候适当调整策略	员工文化程度	人员信息表
职级	反映公司不同职级员工的数量,判断不同职级的员工构成是否合理	员工职级	人员信息表
年龄	反映公司员工年龄的构成,通过年龄的分析来调整岗位,并建立公司企业文化	根据公司实际情况,进行年龄的分段(本案例为:25—30,31—35,36—40,41—45)	人员信息表
司龄	反映公司员工司龄的构成,通过司龄分析来判断不同部门的工作环境及稳定性是否需要优化,在制定相关政策的时候可以适当调整	根据公司实际情况,进行年龄的分段(本案例为:0—3,4—6,7—9)	人员信息表
职称	反映公司现在员工职称的组成情况,根据数据对员工招聘的职称要求做调整,同时可以判断公司人员的技能水平	员工职称信息	人员信息表

(三)员工薪酬模块

员工薪酬模块指标解释,如表6-3所示。

表6-3 员工薪酬模块指标解释

选定指标	指标意义	计算方式	数据来源
绩效目标完成度	反映公司不同部门绩效完成情况,以此来判断部门绩效目标设置是否合理	年度内公司员工绩效目标完成率(员工绩效评分/员工绩效目标值)	员工绩效——能力评分表
人均工资	反映公司及不同部门员工的平均工资,判断不同部门员工的薪资差	年度内公司员工工资总和/年度内公司在职员工总数	2023年员工薪酬表
人均绩效工资	反映公司及不同部门员工的平均绩效工资,判断不同部门员工的绩效工资差	年度内公司员工绩效工资总和/年度内公司在职员工总数	2023年员工薪酬表
人均奖金	反映公司及不同部门员工的平均奖金,判断不同部门员工的奖金差	年度内公司员工奖金总和/年度内公司在职员工总数	2023年员工薪酬表

(续表)

选定指标	指标意义	计算方式	数据来源
员工薪酬结构占比	反映年度部门薪酬中各个类别(基本工资,绩效工资,加班工资,奖金)的薪酬占比,从而判断各个类别的占比是否合理	部门薪酬中各类别工资(基本工资,绩效工资,加班工资,奖金)/部门总工资	2023年员工薪酬表
薪酬矩阵模型	薪酬矩阵模型是指公司员工绩效评分与实发工资之间的匹配关系,做这个数据模型的目的主要是分析绩效和薪酬数据的相关性,来帮助分析判断公司内部现在在实行的绩效方案是否合理,因为根据绩效和薪酬的相关性,在同一个岗位,绩效高的相对应的薪酬肯定也是高的,是一个正向的关系,所以可以通过员工的薪酬在绩效区间的数据分布,来做分析判断	员工绩效评分——实发工资数据列示	员工绩效——能力评分表和2023年员工薪酬表
人才九宫格	人才九宫格是公司员工绩效评分与能力评分之间的匹配关系,通过岗位员工在九宫格的数据分布,来识别员工的能力特点,判断能力与绩效是否呈合理态势,另外也有利于为岗位员工制定有针对性的培训计划	员工绩效评分——能力评分数据列示	员工绩效——能力评分表
部门薪酬与市场分位值对标	部门薪酬与市场分位值对标是指用公司部门员工薪酬的中位值与当地人力资源和社会保障局发布的同行业同规模企业的5个分位人工成本的对比,通过这个指标,可以判断公司不同部门薪酬的市场竞争力,反映员工的满意度和幸福指数	部门员工薪酬中位值与郑州市人力资源和社会保障局发布的同行业同规模企业的5个分位人工成本的对比	郑州市2023年度分行业门类企业规模企业人工成本水平和2023年员工薪酬表

(四)员工离职模块

员工离职模块指标解释,如表6-4所示。

表6-4 员工离职模块指标解释

选定指标	指标意义	计算方式	数据来源
离职人数	反映公司从企业建设初期至今,公司及不同部门离职员工数量,反映公司人员稳定性状况	离职人数	人员信息表
离职率	反映公司及部门的离职率,分析公司及各个部门的人员稳定情况,对于离职率高的部门,需要分析原因,从而控制部门的离职人数,同时通过对部门离职率的分析,可以对来年的数据进行预测,提早做好人员离职和入职的相关准备工作	离职人数/公司总人数	人员信息表
员工满意度调查	反映公司员工满意度及幸福感,判断公司在哪些制度上存在不足	在职员工满意度列示	员工满意度调查及意见反馈统计表

(续表)

选定指标	指标意义	计算方式	数据来源
在职员工主要意见反馈	反映公司及不同部门员工的关注点,判断公司在哪些制度上存在问题及如何优化	在职员工主要意见反馈列示	员工满意度调查及意见反馈统计表
离职主要原因	反映公司员工为什么离职,员工最关注什么因素,从而帮助公司预防离职人数,同时改进相应的措施,以提升员工的留存率	员工离职原因	人员信息表
离职员工司龄	反映公司不同司龄员工的离职数量及离职的主要原因,从而有针对性地调整相关政策,以提升员工的留存率	根据公司实际情况,对离职员工司龄进行分段(本案例为:0—3,4—6)	人员信息表
离职员工文化程度	反映公司不同文化程度员工离职的数量及主要原因,从而有针对性地调整相关政策	离职员工文化程度	人员信息表
离职员工职称	反映公司不同职称员工离职的数量及主要原因,从而有针对性地调整相关政策	离职员工职称	人员信息表
离职员工性别	反映公司不同性别员工离职的数量和主要原因,以及公司不同性别员工的稳定性,从而有针对性地调整相关政策,也为员工招聘提供参考	离职员工性别	人员信息表
离职员工年龄段	反映公司不同年龄段员工离职的数量及主要原因,从而有针对性地调整相关政策	根据公司实际情况,对离职员工年龄段进行分类(本案例为:25—30,31—35,36—40)	人员信息表
离职时间	反映公司员工离职的年份及月份,从而对来年的数据进行预测,提早做好人员离职和入职的相关准备工作	员工离职时间	人员信息表

三、构建数据表的关联关系

本案例在构建数据模型时,采用的是星座模型,该模型基于多张事实表,并且共享维度表信息,能够很好地适应企业人力资源复杂的业务场景。星座模型涵盖员工招聘、员工结构、员工薪酬、员工离职四大核心模块及多个业务过程,不仅能够清晰划分不同模块的数据逻辑,还能通过共享维度表,如部门维度、学历维度、职称维度,实现数据的高效整合与关联分析。同时,星座模型支持模块化设计,有利于人力资源数据的动态更新与维护,并具备较强的可扩展性,能够灵活应对新增业务需求如培训管理、绩效考核等,为后期人力资源数据可视化提供坚实的技术支撑。此外,星座模型的多维分析能力与高效查询性能,能够帮助企业快速洞察人力资源管理的核心问题,如招聘效率、员工结构合理性、薪酬竞争力、离职原因及趋势等,从而为决策者提供精准的数据支持,实现"复杂业务简单呈现,海量数据敏捷响应"的目标。各数据表的关联关系图,如图6-1所示。

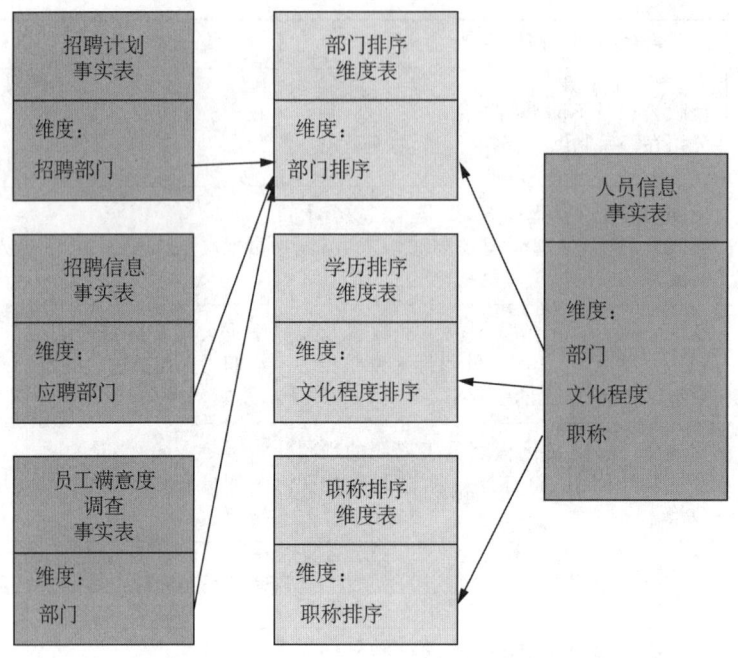

图 6-1　各数据表的关联关系图

四、确定蓝图

（一）各模块图形展现方式

1. 员工招聘可视化

（1）以卡片图呈现核心数据：计划招聘人数、招聘计划完成率、到岗率、试用期通过率，这些核心数据用文本框呈现更能凸显其重要性。

（2）以切片器筛选不同部门：为了更好地了解不同部门员工招聘情况，要建立部门分析维度，按照部门做切片器，查看不同部门情况。

（3）以仪表图呈现公司招聘计划完成率：仪表图以指针的形式来反映各种"率"，通过仪表图可以很直观地看到招聘计划完成率的数据以及计划完成率的KPI指标。

（4）以簇状柱形图呈现不同月份实际招聘人数：簇状柱形图不同的序列使用不同的柱子以此来比较各序列的数值大小，公司不同月份实际招聘人数适合采用该图形展示，同时，需要考虑时间维度，通过钻取功能（向上钻取），查看年度实际招聘人数。

（5）以漏斗图呈现员工招聘环节：通过漏斗各环节业务数据的比较能够直观地发现和说明问题所在的环节，公司招聘环节是按照：筛选简历—初始—复试—到岗—试用，这样的一个阶段，因此采用漏斗图比较合适。

（6）以折线和簇状柱形图呈现到岗人数及到岗率、试用期通过人数及通过率：折线和簇状柱形图可以同时显示数值和比率，公司新招聘员工到岗人数及到岗率、试用期通过人数及通过率采用该图形呈现比较合适，同时，要考虑指标颗粒度，通过钻取功能（向下钻取），查看部门各个岗位情况。

（7）以饼状图呈现招聘原因分析：饼图用于统计数据占比情况，简单明了，易于理解，员工招聘原因采用饼图,效果很好。

2. 员工结构可视化

(1) 以卡片图呈现核心数据:员工总数、管理层人数、管理层占比、平均年龄、平均司龄,这些核心数据用文本框呈现更能凸显其重要性。

(2) 以切片器筛选不同部门:为了更好地了解不同部门员工结构状况,需要建立部门分析维度,按照部门做切片器,查看不同部门情况。

(3) 以树状图呈现各部门及各岗位人数、不同职级员工人数:簇状柱形图不同的序列使用不同的柱子以此来比较各序列的数值大小,公司各部门、各岗位人数、不同职级员工人数采用该图展示比较合适,同时,需要考虑指标的分析维度,通过钻取功能来实现部门与岗位的切换。

(4) 以堆积柱形图呈现员工性别对比:堆积柱形图不仅可以直观地看出每个系列的值,还能够反映出系列的总和,尤其是当需要看某一单位的综合及各系列值的比重时,最适合,因此员工性别对比适合运用该图形。

(5) 以地图呈现员工户籍分布:公司员工的户籍分布不同,颗粒度要求很细,采用着色地图能够直观地呈现这一地理数据,效果明显。

(6) 以饼图呈现员工文化程度占比及职称占比:饼图用于统计数据占比情况,简单明了,易于理解,员工文化程度及职称占比采用饼图,效果很好。

(7) 以环形图呈现员工司龄及年龄分布:环形图和饼图类似,通过环形的长度展示占比的大小,公司员工年龄及司龄适合采用该图形展示。

3. 员工薪酬可视化

(1) 以卡片图呈现核心数据:人均工资、人均绩效工资、人均奖金,这些核心数据用文本框呈现更能凸显其重要性。

(2) 以 KPI 图呈现公司不同部门员工绩效目标完成率:KPI 图形专门用来衡量员工绩效目标的完成程度。

(3) 以百分比堆积柱形图呈现各部门薪资构成占比:百分比堆积柱形图不仅可以直观地看出每个系列的值,还能够反映出系列的总和。尤其是当需要看某一单位的综合及各系列值的比重时,百分比堆积柱形图最适合。例如,用该图反映公司各部门基本工资、绩效工资、加班工资及奖金占比。

(4) 以散点图呈现员工绩效评分与实发工资之间的配比关系、员工绩效评分与能力评分之间的配比关系:散点图用于显示数据在某个坐标系中数据的分布情况,常用于处理数据集数据,可以让大量散乱的数据变得通俗易懂,易于得出规律。员工绩效与实发工资之间的相关性以及员工绩效评分与能力评分之间的相关性,通过散点图可以清晰地看出。

(5) 以折线图及恒定线呈现各部门员工工资与市场各层级薪资分位值对标:折线图连接单个的点,能够清晰地展现变化趋势。恒定线代表市场各层级薪资分位值,组合起来可以清晰地看出各部门员工工资与市场各层级薪资的对比情况。

4. 员工离职可视化

(1) 以卡片图呈现核心数据:员工离职人数、离职率、员工满意度,这些核心数据用文本框呈现更能凸显其重要性。

(2) 以切片器筛选不同部门:为了更好地了解不同部门员工离职状况,需要建立部门分析维度,按照部门做切片器,查看不同部门情况。

(3) 以雷达图呈现离职员工离职原因分布：雷达图可以直观地展现多维数据集，适合用于查看哪些变量在数据集内得分较高或较低，离职员工原因分布是一个多维数据集，如何看出哪些离职原因占比较大，选用雷达图比较合适。

(4) 以词云图呈现员工主要意见反馈情况：词云图主要用来做文本内容关键词出现的频率分析，员工主要意见反馈采用词云图可以清晰地反映每个意见出现的频率大小。

(5) 以饼图呈现离职员工司龄占比、文化程度占比、职称占比、性别占比、年龄段占比：饼图用于统计数据占比情况，简单明了，易于理解，同时要考虑分析维度，通过提示功能，对不同司龄、职称、性别、年龄的离职员工进行对比。

(6) 以折线和堆积柱形图呈现年度离职人数、离职率及离职原因：折线图连接单个的数据点，能够清晰地展现数据变化趋势，可以看出不同时间点离职员工数量，堆积柱形图加上色彩辨别则可以清晰地看出离职员工数量及离职原因，同时，要考虑时间维度分析，通过钻取功能（向上钻取），查看年度离职员工情况。

（二）各模块报表布局结构

1. 员工招聘可视化

员工招聘可视化布局，如图 6-2 所示。

标题	核心数据文本框 部门筛选	
招聘计划完成率	实际招聘人数	招聘漏斗
到岗人数和到岗率	试用期通过人数和通过率	招聘原因

图 6-2　员工招聘可视化布局

2. 员工结构可视化

员工结构可视化布局，如图 6-3 所示。

标题	核心数据文本框 部门筛选		
部门岗位人数	性别	员工户籍分布	文化程度
职级	年龄	司龄	职称

图 6-3　员工结构可视化布局

3. 员工薪酬可视化

员工薪酬可视化布局，如图 6-4 所示。

4. 员工离职可视化

员工离职可视化布局，如图 6-5 所示。

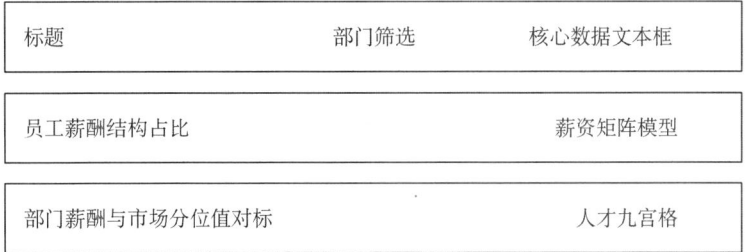

图 6-4 员工薪酬可视化布局

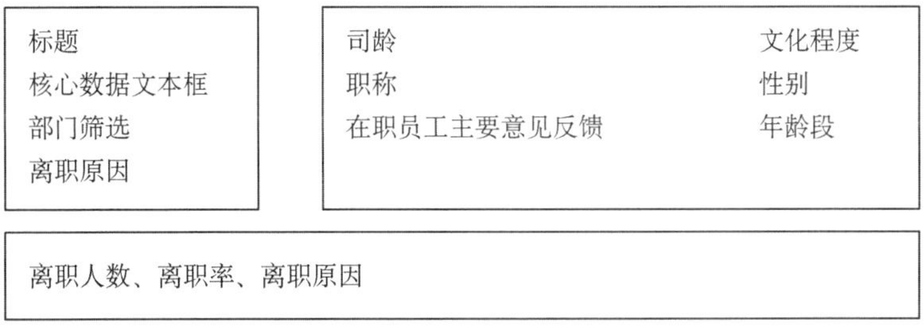

图 6-5 员工离职可视化布局

第二节 数据可视化实现流程

一、数据获取

为了实现升达软件技术服务有限公司员工招聘、员工结构、员工薪酬、员工离职四个模块的人力资源数据的可视化,需要用到7张原始数据表。其中,"2023年员工薪资表""人员信息表""员工绩效—能力评分表""员工满意度调查及意见反馈统计表""招聘计划表"和"招聘信息表"来自企业内部,"附件4郑州市2023年度分行业门类企业规模企业人工成本水平"来自郑州市人力资源和社会保障局关于发布郑州市2023年度部分职业人力资源市场工资价位和部分行业人工成本信息的通知。

从Excel中分别导入"2023年员工薪资表""附件4郑州市2023年度分行业门类企业规模企业人工成本水平""人员信息""员工绩效—能力评分表""员工满意度调查及意见反馈统计表""招聘计划表"和"招聘信息表"。

步骤1:打开Power BI Desktop,点击"文件"选项下的"获取数据",打开"获取数据"对话框,如图6-6所示。

步骤2:在"获取数据"对话框的界面,点击"Excel工作簿",如图6-7所示。

步骤3:在数据源界面中找到"2023年员工薪资表.xls",双击文件,打开"导航器"对话框,并勾选"sheet1",然后单击右侧"加载"选项,进行数据导入,如图6-8所示。

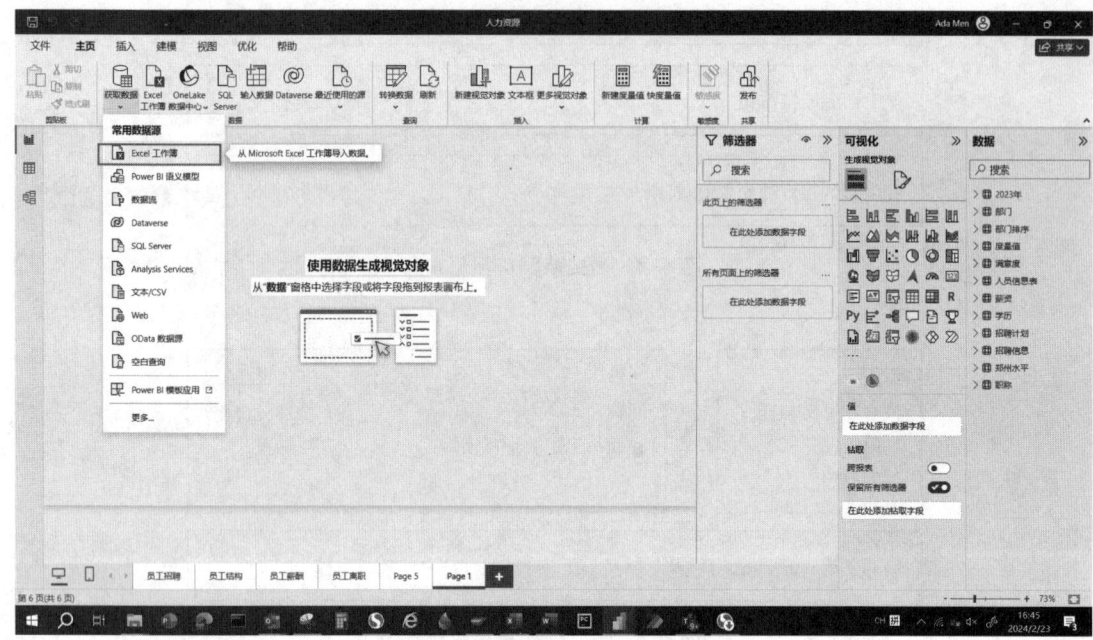

图 6-6 "获取数据"对话框

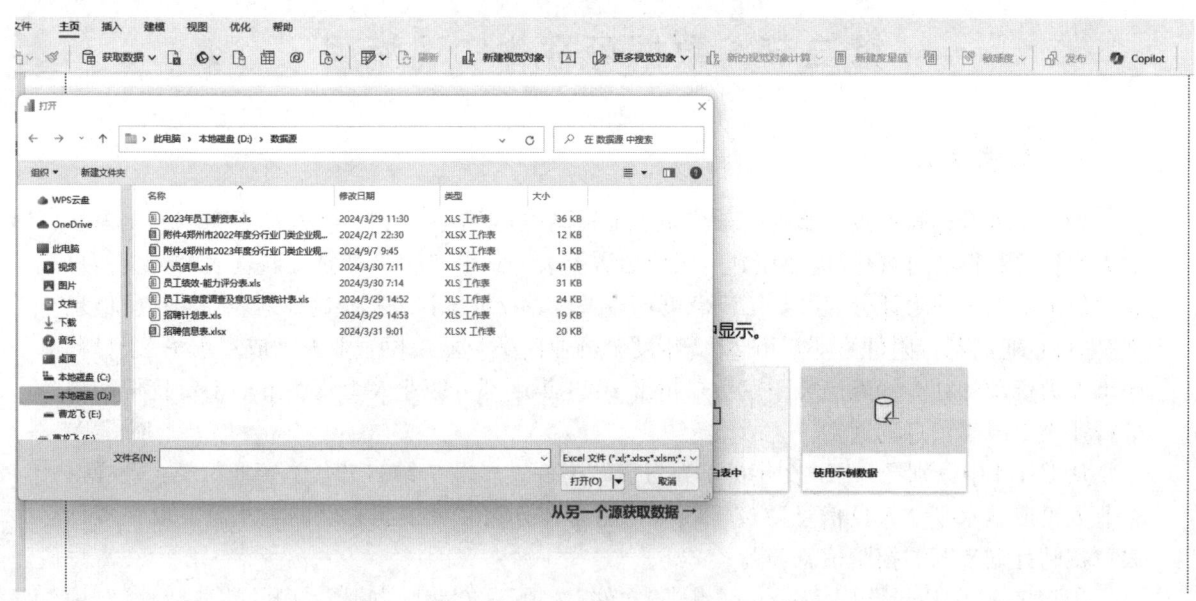

图 6-7 数据源界面

6-1 导入数据

步骤 4：双击"sheet1"将文件名更改为"薪酬"，如图 6-9 所示。

其余 6 张 Excel 表格也按照以上方式操作完成加载，如图 6-10 所示。

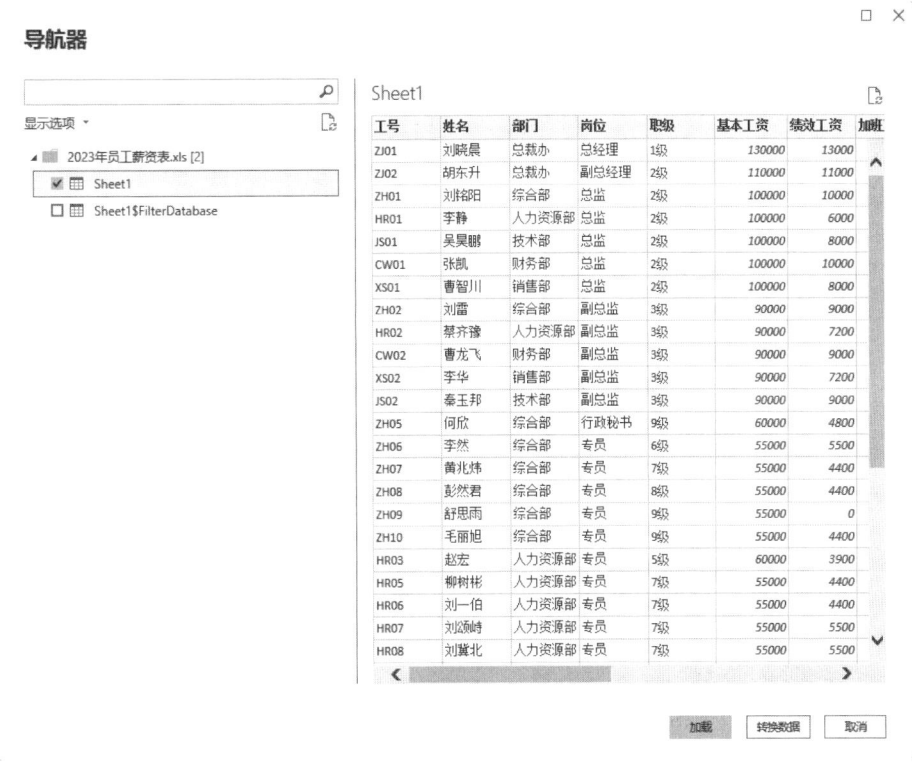

图 6-8 "导航器"对话框

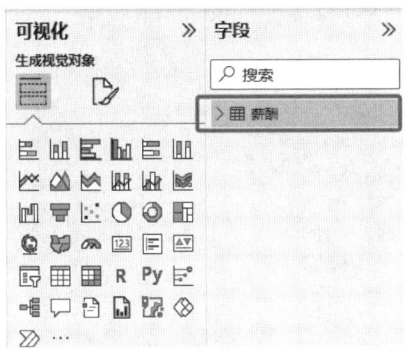

图 6-9 重命名

二、数据清洗

数据获取以后,为了确保数据质量、提高分析结果的准确性、简化数据处理流程,需要对原始数据进行清洗。7 张原始数据表中,"2023 年员工薪资表""人员信息表""员工绩效—能力评分表""招聘计划表""招聘信息表""附件 4 郑州市 2023 年度分行业门类企业规模企业人工成本水平"6 张需要进行数据清洗,而"员工满意度调查及意见反馈统计表"由于其数据的单一性,不需要再进行清洗,即可直接使用。

1. 对"人员信息表"进行数据清洗

"人员信息表"又称人员花名册,用来记录公司人员的基本信息,内容丰富且繁杂,为了删

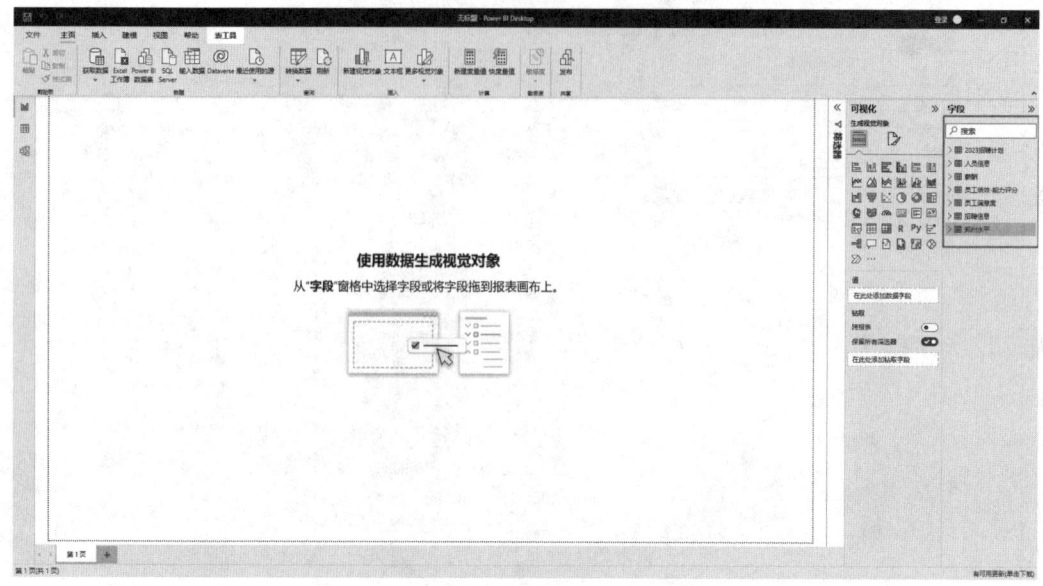

图 6-10 完成数据加载

除重复项保证数据的准确性,需要对人员工号进行去重处理;为了满足年龄段、工龄段分组的需求,要对人员的出生日期和入职时间设置函数;为了将人员离职日期的年份和月份拆分,需要设置函数进行操作。

步骤 1:对"人员信息表"工号进行去重处理,打开主页上的"转换数据",进入 Power Query 编辑器,点击"删除行"选择"删除重复项",如图 6-11 所示。

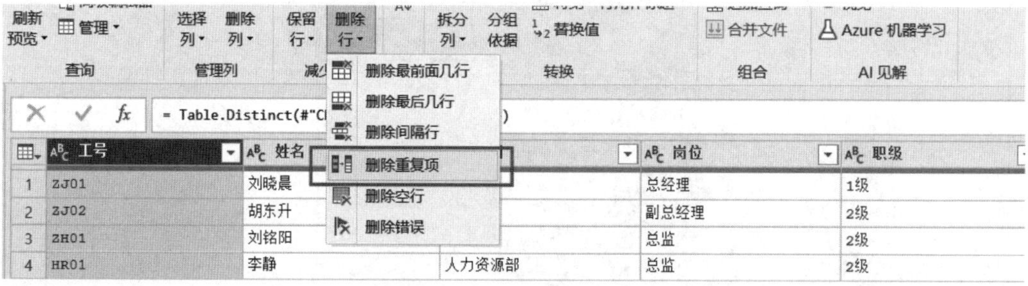

图 6-11 删除重复项

步骤 2:新建列:年龄段、工龄段、离职年、离职月,并输入函数:

年龄段 = if('人员信息'[年龄]>=25&&'人员信息'[年龄]<=30,"25—30",if('人员信息'[年龄]>=31&&'人员信息'[年龄]<=35,"31—35",if('人员信息'[年龄]>=36&&'人员信息'[年龄]<=40,"36—40",if('人员信息'[年龄]>=41&&'人员信息'[年龄]<=45,"41—45"))))

工龄段 = if([司龄]>=0&&[司龄]<=3,"0—3",if([司龄]>=4&&[司龄]<=6,"4—6",if([司龄]>=7&&[司龄]<=9,"7—9")))

离职年 = year([离职时间])

离职月 = month([离职时间])

新建列并输入函数后,如图 6-21 所示。

图 6-12 新建列并输入函数

为了后续实现表格的联动性,需要在这里建立三张维度表,即部门、学历、职称排序表,作为表格关联的枢纽,以关联其他表格。同时,为了删除重复项保证数据的准确性,需要对这三张表进行去重处理。

步骤1:复制人员信息表,如图6-13所示。

步骤2:选中"部门"列,点击"删除列",选择"删除其他列",并双击表名称改为"部门排序",如图6-14所示。

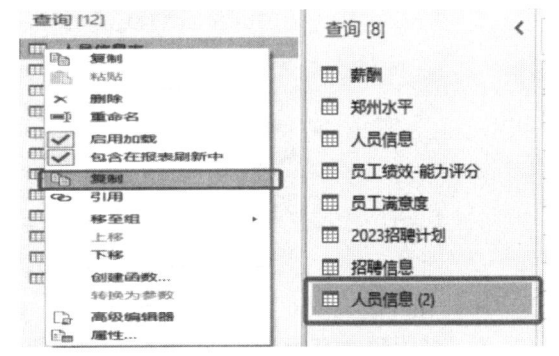

图 6-13 复制人员信息表

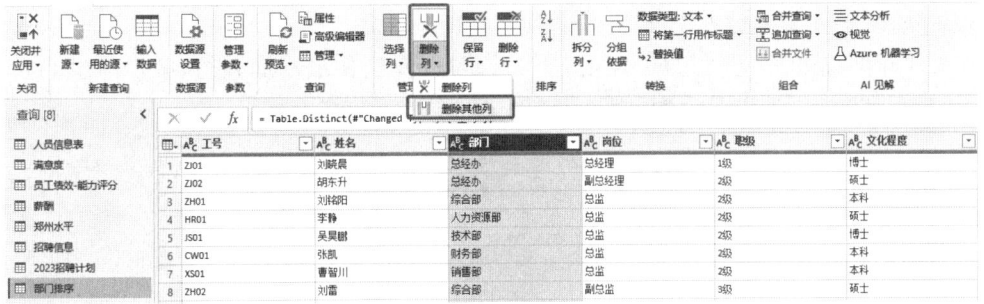

图 6-14 删除其他列

步骤3:选择"部门"列,点击"删除行",选择"删除重复项",如图6-15所示。

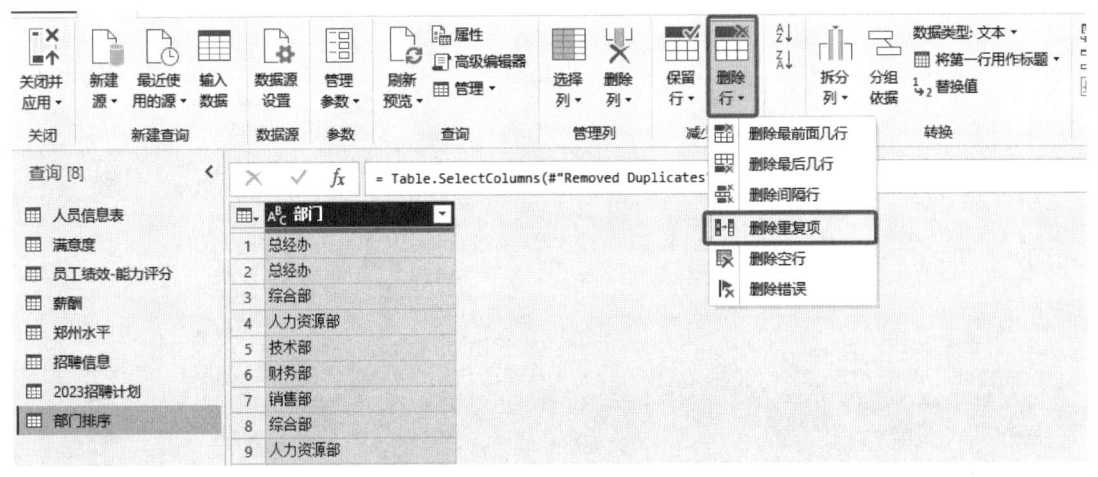

图 6-15 删除重复项

步骤4：新建"序列号"列，选择添加列栏目，点击"索引"列，选择"从1"，如图6-16所示。

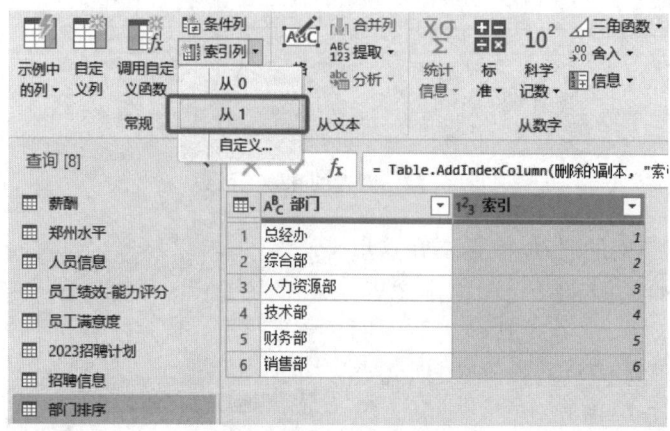

图6-16 新建序列号

用同样方法完成职称、学历表格的新建。

2. 对"附件4 郑州市2023年度分行业门类企业规模企业人工成本水平"表进行数据清洗

为了删除无关信息保证数据的准确性，需要对表格数据进行删除行操作，同时为了保证数据格式的正确，需要更改数据类型，并且对列名称进行重命名。

步骤1：删除表格最上面三行，点击"删除行"，选择删除最前面几行，弹出"删除行"对话框，输入"3"，如图6-17和图6-18所示。

6-2 数据能清晰-创建部门、学历、职称三张排序表

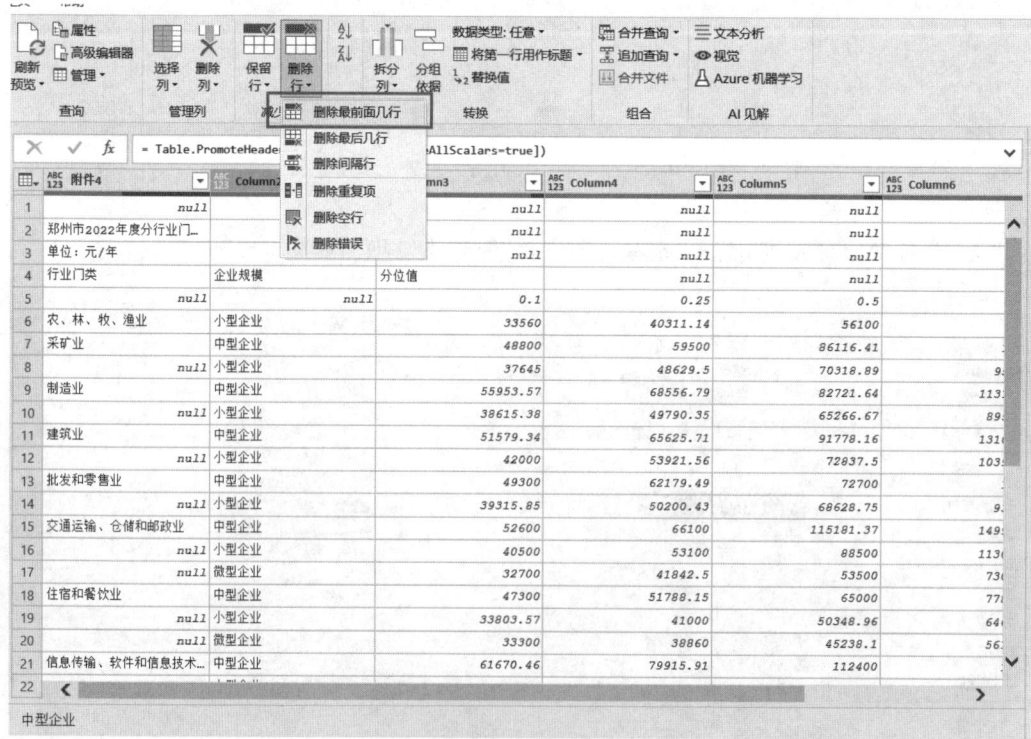

图6-17 删除行

图 6-18 "删除行"对话框

步骤2:提升标题,选择转换栏目,点击"将第一行用作标题",如图6-19所示。

图 6-19 提升标题

步骤3:将分位值列的数据类型转化为数字格式,选择该栏后,点击鼠标右键,选择"更改类型"中的"小数",如图6-20所示。

步骤4:同步骤1的方法,删除最上面一行。

步骤5:行业门类列字段空白值填充,选择该栏后,点击鼠标右键,选择"填充"中的"向下",如图6-21所示。

步骤6:筛选需要使用的类目,点击筛选图标,进行勾选,如图6-22所示。

步骤7:更改列名称,双击需要更改的列,直接键入新的列名称,如图6-23所示。

图 6-20 "更改类型"对话框

图 6-21 "填充"对话框

图 6-22 筛选类目

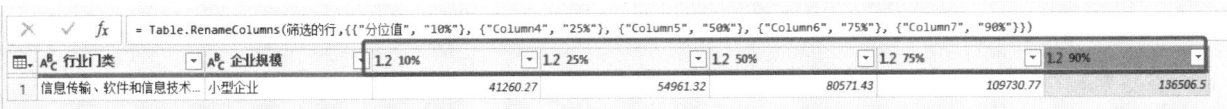

图 6-23 更改列名称

3. 对"员工绩效—能力评分表"进行数据清洗

为了保证数据的准确性,需要删除表格数据中无效列。

4. 对"招聘信息表"进行数据清洗

为了保证数据格式正确,需要将表格中时间数据更改为日期格式。同时,为了将人员应聘日期的年份和月份拆分,需要设置函数进行操作。

步骤1:对"招聘信息表"的应聘时间列更改数据类型,选中应聘时间列,点击"替换值",弹出"替换值"对话框,将所有的"."替换成"/",如图6-24和图6-25所示。

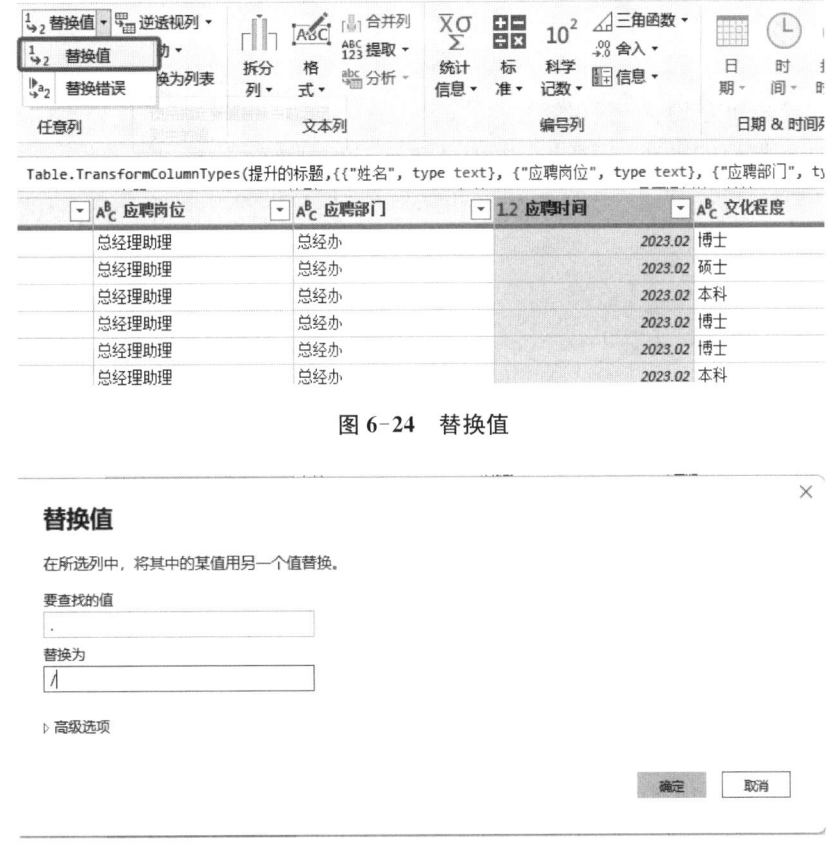

图 6-24 替换值

图 6-25 "替换值"对话框

步骤2:将应聘时间列改为日期格式,如图6-26所示。
步骤3:新建列并输入函数:

应聘年份 = year([应聘时间])

应聘月份 = month([应聘时间])

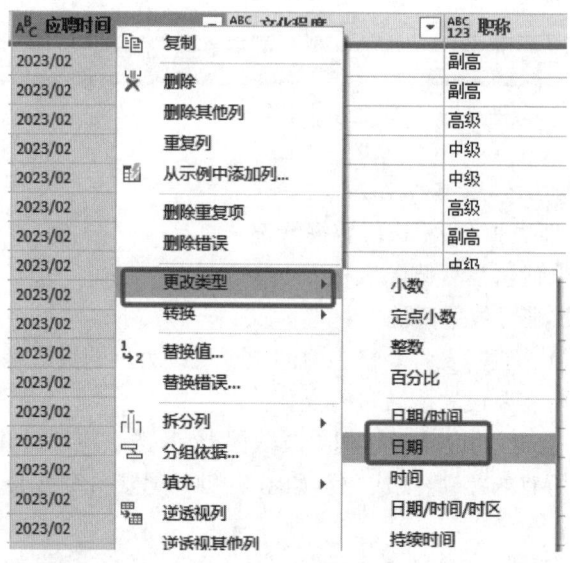

图 6-26　更改类型

5. 对"招聘计划表"进行数据清洗

为了保证数据的准确性,需要将表格中的无效行及无效列删除。

步骤:筛掉"招聘计划表"中的无效行和无效列,操作步骤上文已讲解,结果如图 6-27 所示。

图 6-27　删除无效行及无效列

6. 对"2023 年员工薪资表"进行数据清洗

为了统计人员的司龄及雇佣状态,需要设置函数进行操作。

步骤:新建列并输入函数:

司龄 = LOOKUPVALUE('人员信息'[司龄],'人员信息'[工号],'薪酬'[工号])

雇佣 = LOOKUPVALUE('人员信息'[雇佣状态],'人员信息'[工号],'薪酬'[工号])

三、数据建模

在进行数据分析时,需要分析的往往不是单纯的一张表,而是需要把各个相关信息表联系起来,实现数据的联动。因此要先梳理清表格之间的关联关系,上文已经构建了表格关联图(图 6-2),按照这个图构建表格之间的逻辑关系,并在此基础上新建度量值,这个过程就是数据建模。

1. 新建表关系

步骤：进入建模界面，删除系统自动匹配的表关系，按表格关联图构建表格之间的逻辑关系，建立数模。即将表格之间对应字段拉到重合，软件即自动识别建立一对多或一对一关系，如图 6-28 所示。

6-3 新建表关系

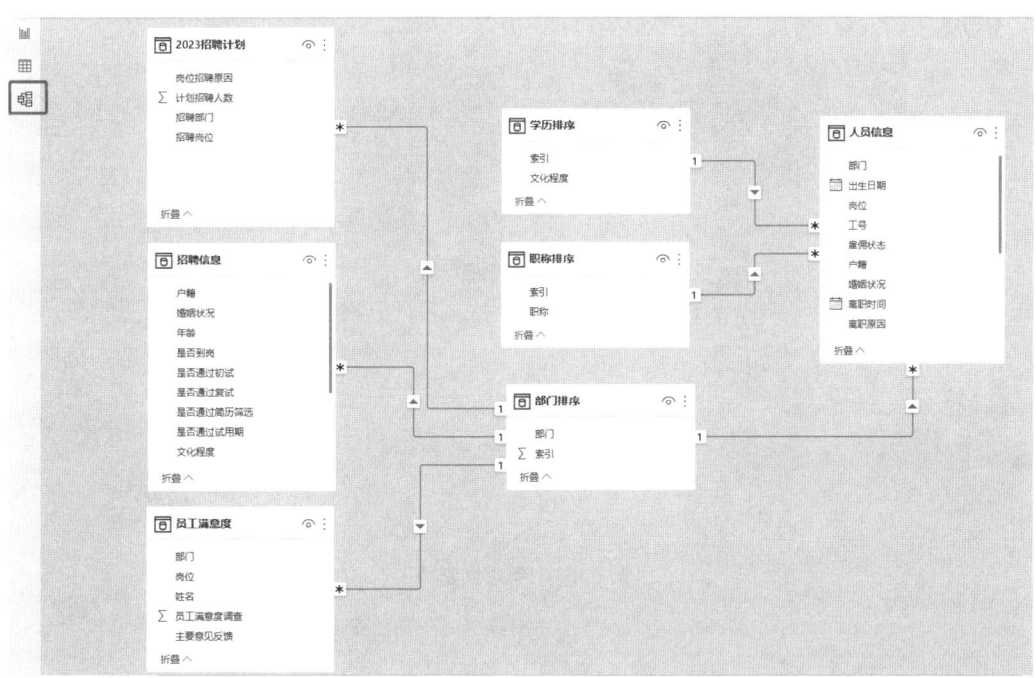

图 6-28 新建表关系

2. 新建度量值

步骤 1：在进行新建度量值之前，要先建立存放度量值的表，在 Power BI Desktop 界面，点击"主页"，点击"输入数据"，如图 6-29 所示。

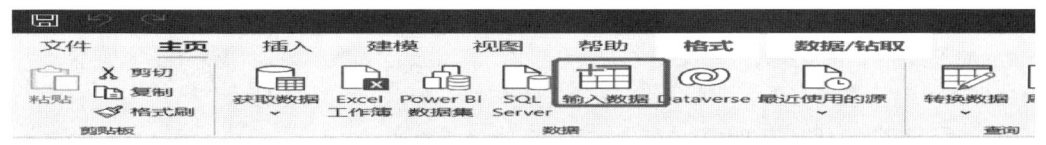

图 6-29 点击"输入数据"

步骤 2：修改新建的表的表名为"度量值"后，单击"加载"，"度量值"会显示到右侧"字段"中，如图 6-30 所示。

步骤 3：在"字段"中选中"度量值"，点击"新建度量值"，如图 6-31 所示。

步骤 4：上述步骤之后弹出可以填写度量值的地方，如图 6-32 所示。

步骤 5：逐个输入度量值公式：

初试通过 = CALCULATE(COUNTROWS('招聘信息'),'招聘信息'[是否通过初试]="是")

初试通过率 = CALCULATE(COUNTROWS('招聘信息'),'招聘信息'[是否通过初试]="是")/(CALCULATE

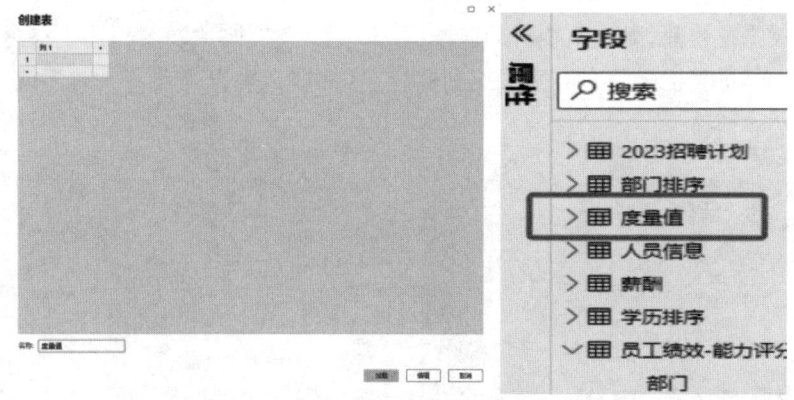

图 6-30 度量值字段

图 6-31 新建度量值

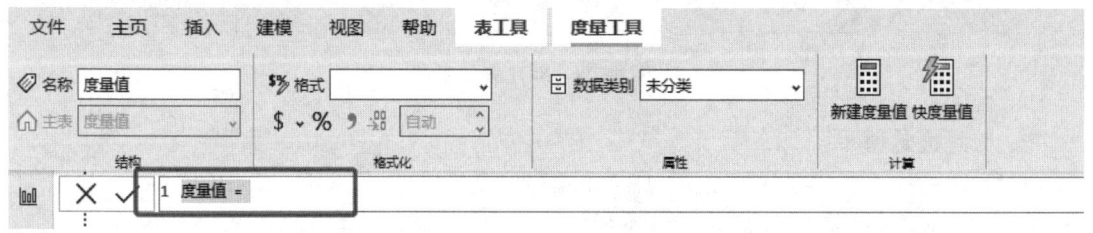

图 6-32 度量值填写框

(COUNTROWS('招聘信息'),'招聘信息'[是否通过初试] = "是") + CALCULATE(COUNTROWS('招聘信息'),'招聘信息'[是否通过初试] = "否"))

到岗 = CALCULATE(COUNTROWS('招聘信息'),'招聘信息'[是否到岗] = "是")

到岗率 = CALCULATE(COUNTROWS('招聘信息'),'招聘信息'[是否到岗] = "是")/(CALCULATE(COUNTROWS('招聘信息'),'招聘信息'[是否到岗] = "是") + CALCULATE(COUNTROWS('招聘信息'),'招聘信息'[是否到岗] = "否"))

复试通过 = CALCULATE(COUNTROWS('招聘信息'),'招聘信息'[是否通过复试] = "是")

管理层占比 = CALCULATE(COUNTROWS('人员信息'),'人员信息'[岗位] = "副总监"||'人员信息'[岗位] = "副总经理"||'人员信息'[岗位] = "总监"||'人员信息'[岗位] = "总经理")/CALCULATE(COUNTROWS('人员信息'),'人员信息'[雇佣状态] = "在职")

离职占比 = CALCULATE(COUNTROWS('人员信息'),'人员信息'[雇佣状态] = "离职")/CALCULATE(COUNTROWS('人员信息'),all('人员信息'))

试用通过 = CALCULATE(COUNTROWS('招聘信息'),'招聘信息'[是否通过试用期] = "是")

试用通过率 = CALCULATE(COUNTROWS('招聘信息'),'招聘信息'[是否通过试用期] = "是")/(CALCULATE

(COUNTROWS('招聘信息'),'招聘信息'[是否通过试用期] = "是") + CALCULATE(COUNTROWS('招聘信息'),'招聘信息'[是否通过试用期] = "否"))

有效简历 = CALCULATE(COUNTROWS('招聘信息'),'招聘信息'[是否通过简历筛选] = "是")

招聘计划完成率 = CALCULATE(COUNTROWS('招聘信息'),'招聘信息'[是否通过试用期] = "是")/sum('2023招聘计划'[计划招聘人数])

四、数据可视化

操作完数据获取、数据清洗、数据建模之后,就要进入 Power BI 最强大的"报表"界面,进行数据可视化,由于导入的数据特点与类型不同,需要选择适合数据的"图表"来更好地呈现数据。

6-4 员工招聘可视化操作

(一) 员工招聘可视化

1. 以卡片图呈现核心数据

步骤:选择卡片图,将"招聘计划表"中的"计划招聘人数"字段拖拽到"字段"中,如图 6-33 所示。

图 6-33 插入卡片图

招聘计划完成率、到岗率、试用期通过率,也同上述方法,完成可视化图。

2. 以切片器筛选不同部门

步骤:选择切片器,将"部门排序表"的"部门"字段拖拽到"字段"中,在"筛选器"窗格里将(空白)取消勾选,在"可视化"窗格里点击"选项"按钮,样式选择"磁贴",如图 6-34 和图 6-35 所示。

图 6-34 插入切片器

图 6-35　筛选器及可视化窗格

3. 以仪表图呈现公司招聘计划完成率

步骤：选择仪表图，将"度量值"表中的"招聘计划完成率"度量值拖拽到"值"中，并在视觉对象卡中录入测量轴中，最大值选择"1"，如图 6-36 所示。

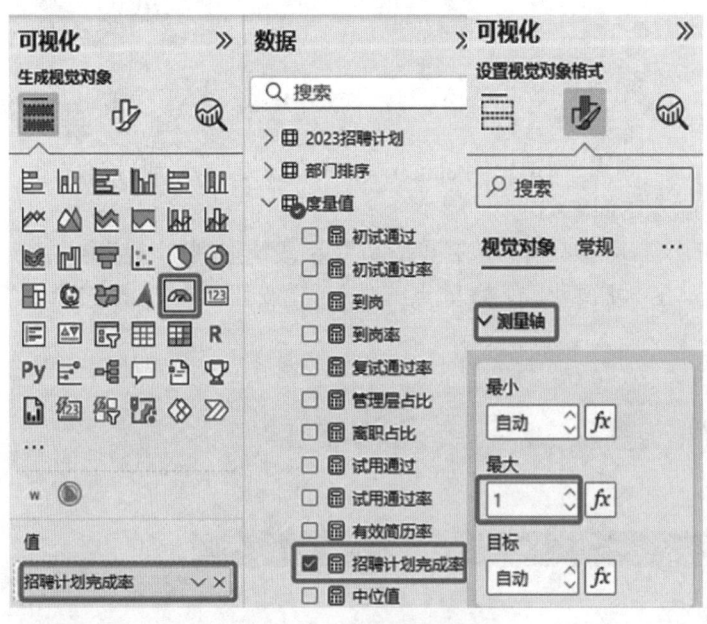

图 6-36　插入仪表图

4. 以簇状柱形图呈现不同月份实际招聘人数

步骤 1：选择簇状柱形图，将"招聘信息表"中的"应聘年份"和"应聘月份"字段拖拽到"X

轴",将"是否通过试用期"拖拽到"Y 轴"和筛选器,选中"是"选项,如图 6-37 所示。

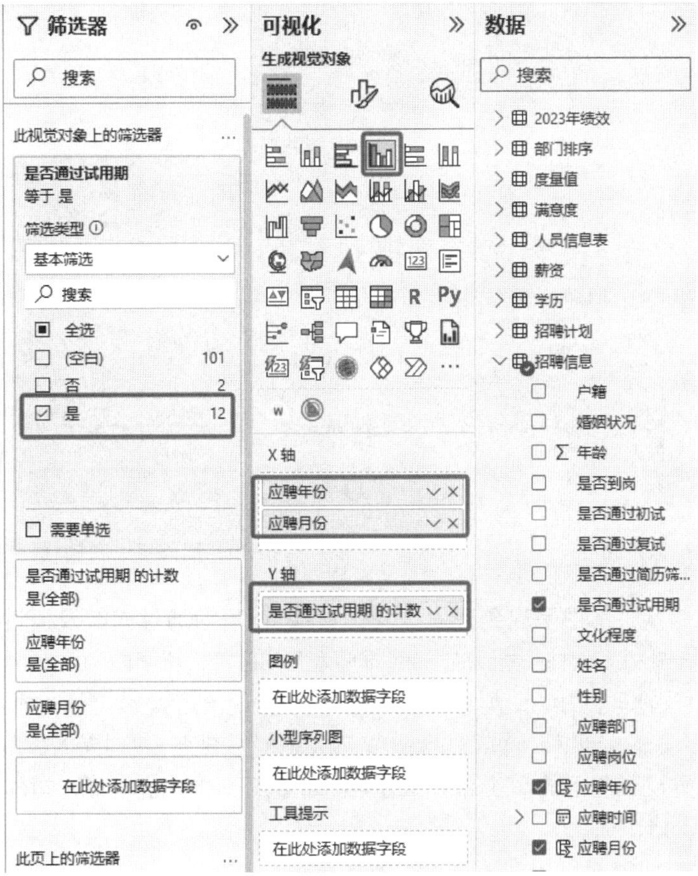

图 6-37 插入簇状柱形图

步骤 2:点击可视图向下的箭头可完成下钻,即显示不同月份实际招聘人数,同理点击向上箭头完成上钻,即显示年度实际招聘人数,如图 6-38 所示。

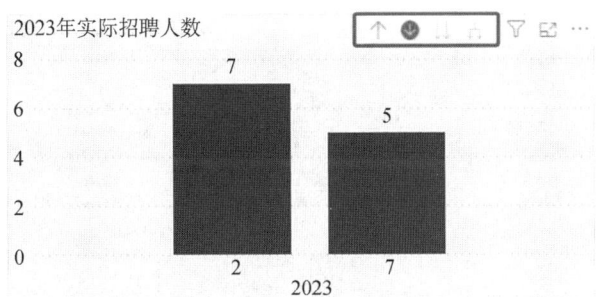

图 6-38 钻取数据

5. 以漏斗图呈现员工招聘环节

步骤:选择漏斗图,将"度量值"表中的"有效简历""初试通过""复试通过""到岗""试用通过"字段拖拽到"值"中,如图 6-39 所示。

221

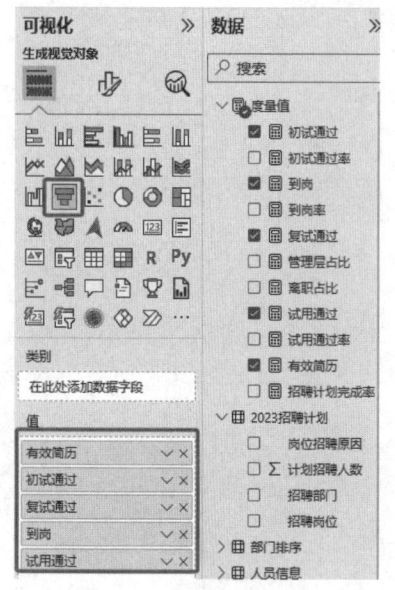
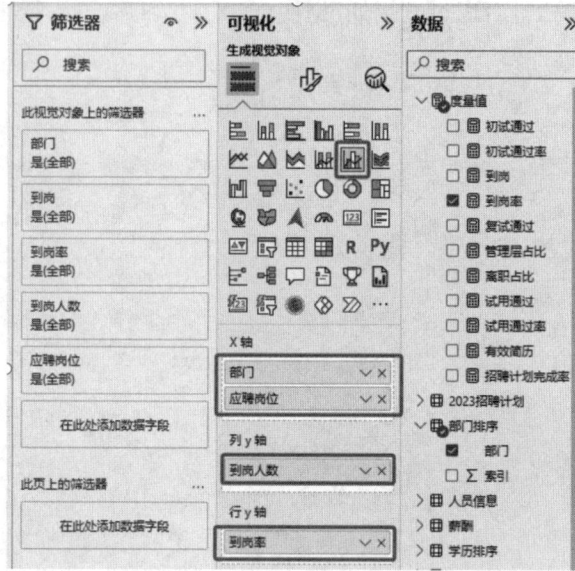

图 6-39　插入漏斗图　　　　　图 6-40　插入折线和簇状柱形图

6. 以折线和簇状柱形图呈现到岗人数及到岗率、试用期通过人数及通过率

步骤 1：选择折线和簇状柱形图，将"部门排序表"中的"部门"字段和"招聘信息表"中的"应聘岗位"字段拖拽到"X 轴"，将"度量值"表中的"到岗率"度量值拖拽到"行 y 轴"，将"招聘信息表"中的"是否到岗"字段拖拽到"列 y 轴"，并双击"是否到岗"重命名为"到岗人数"，如图 6-40 所示。

步骤 2：点击可视图向下的箭头可完成下钻，即显示不同岗位情况，同理点击向上箭头完成上钻，即显示不同部门情况。

同样，用上述方法完成试用期通过人数及通过率可视图。

7. 以饼状图呈现招聘原因分析

步骤：选择饼图，将"招聘计划表"中的"岗位招聘原因"拖拽到"图例"，将"计划招聘人数"字段拖拽到"值"中，如图 6-41 所示。

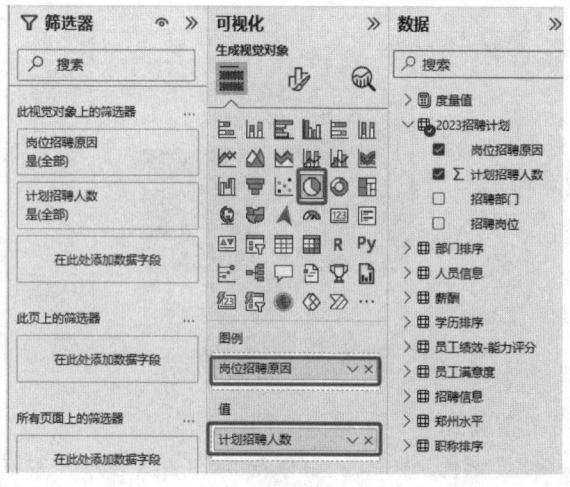

图 6-41　插入饼图

最终实现的员工招聘可视化效果,如图 6-42 所示。

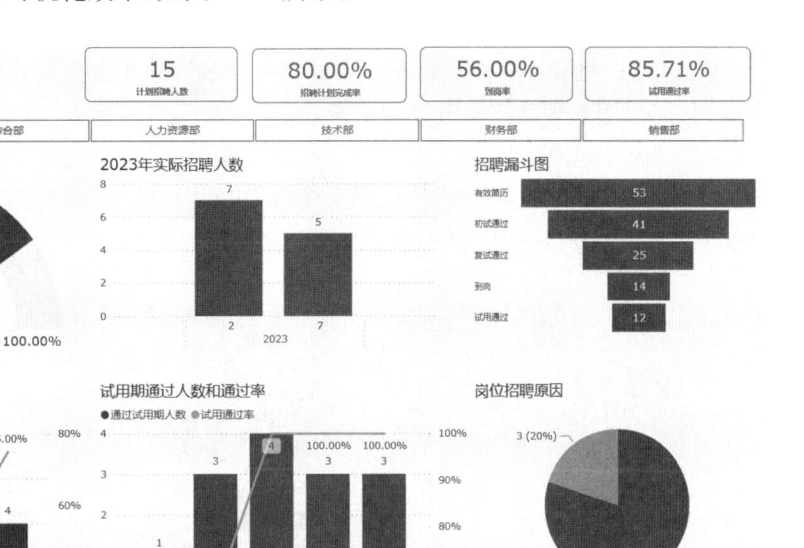

6-5 员工招聘可视化效果图

图 6-42　员工招聘可视化效果

(二) 员工结构可视化

1. 以树状图呈现员工性别对比

步骤:选择树状图,将"人员信息表"中的"性别"字段拖拽到"类别",将"工号"字段拖拽到"值",将"雇佣状态"拖拽到筛选器中并选中"在职"选项,如图 6-43 所示。

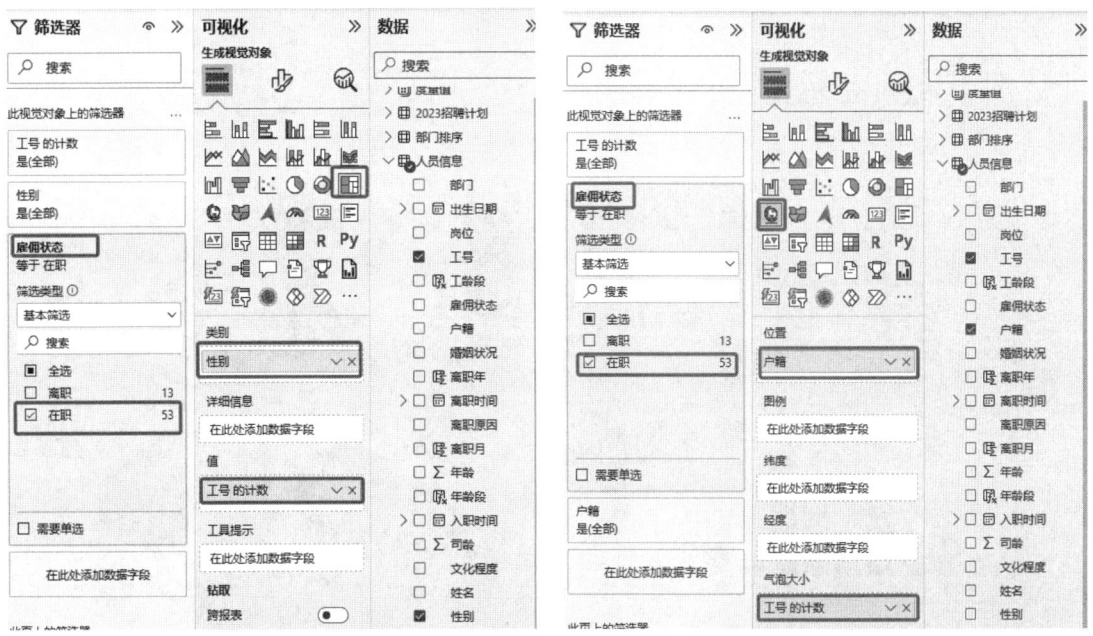

图 6-43　插入树状图　　　　　　图 6-44　插入地图

2. 以地图呈现员工户籍分布

步骤：选择地图，将"人员信息表"中的"户籍"字段拖拽到"位置"，将"工号"字段拖拽到"气泡大小"，将"雇佣状态"拖拽到筛选器中并选中"在职"选项，如图6-44所示。

3. 以环形图呈现员工司龄及年龄分布

步骤：选择环形图，将"人员信息表"中的"工龄"字段字段拖拽到"图例"（若为年龄分布则将"人员信息表"中的"年龄"字段字段拖拽到"图例"），将"工号"字段拖拽到"值"，将"雇佣状态"拖拽到筛选器中并选中"在职"选项，如图6-45所示。

图 6-45 插入环形图

其他可视图操作步骤可参考员工招聘可视化方法完成，此处略。

最终实现的员工结构可视化效果，如图6-46所示。

6-6 员工结构可视化效果

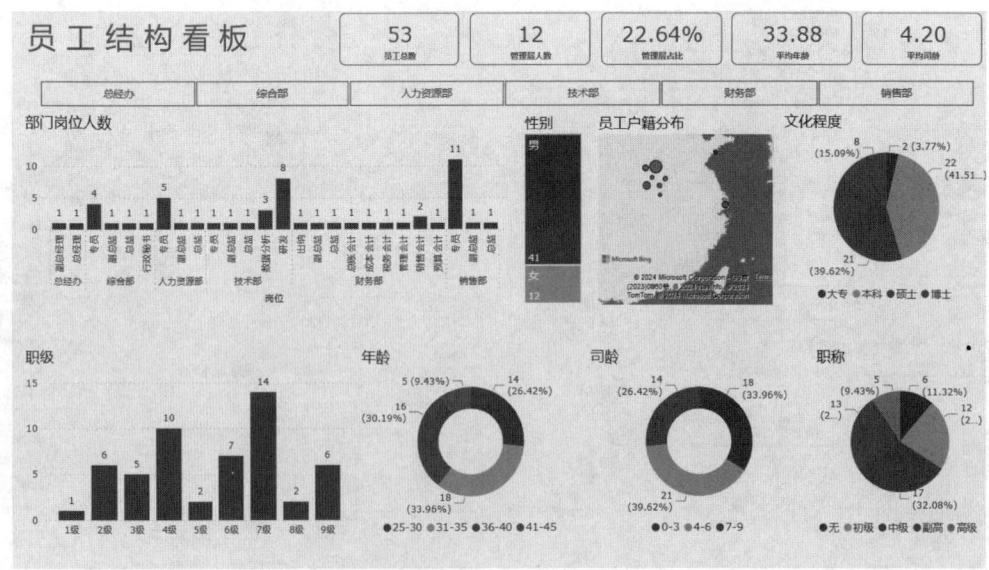

图 6-46 员工结构可视化效果

(三) 员工薪酬可视化

1. 以 KPI 图呈现公司不同部门员工绩效目标完成率

步骤：选择 KPI 图形，将"员工绩效—能力评分表"中的"员工绩效评分"字段拖拽到"值"，并选择"平均值"，将"部门"字段拖拽到"走向轴"，将"绩效目标值"字段拖拽到"目标"，并选择"平均值"，如图 6-47 所示。

图 6-47 插入 KPI 图　　　　　图 6-48 插入百分比堆积柱形图

2. 以百分比堆积柱形图呈现各部门薪资构成占比

步骤：选择百分比堆积柱形图，将"薪酬表"中的"部门"字段拖拽到"X 轴"，将"基本工资""绩效工资""加班工资"和"奖金"拖拽到"Y 轴"，如图 6-48 所示。

3. 以散点图呈现员工绩效评分与实发工资之间的配比关系、员工绩效评分与能力评分之间的配比关系

步骤：选择散点图，将"员工绩效—能力评分表"中的"员工绩效评分"拖拽到"Y 轴"，将"薪酬表"中的"实发合计"字段拖拽到"X 轴"，并将"姓名"字段拖拽到"值"，如图 6-49 所示。

员工绩效评分与能力评分之间的配比关系散点图（即人才九宫格）操作可类比上述方法完成可视图，需要注意最后在绘图区背景中设置已获取的人才九宫格图片背景即可，如图 6-50 所示。

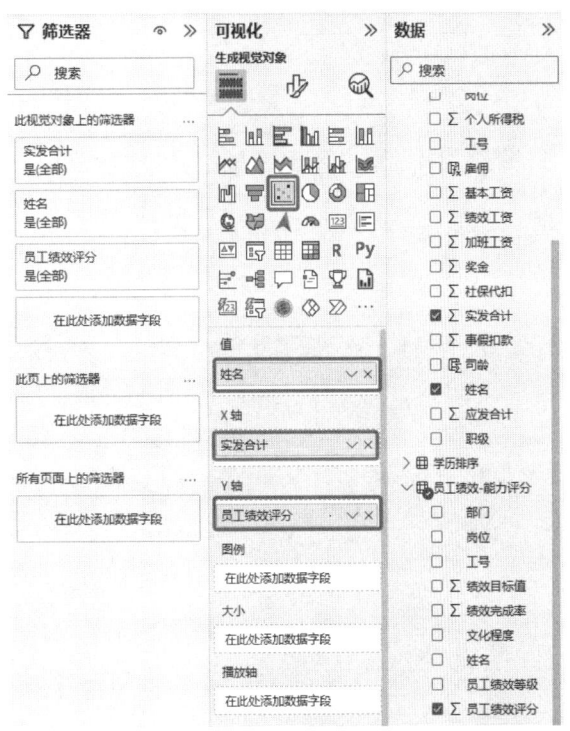

图 6-49 插入散点图

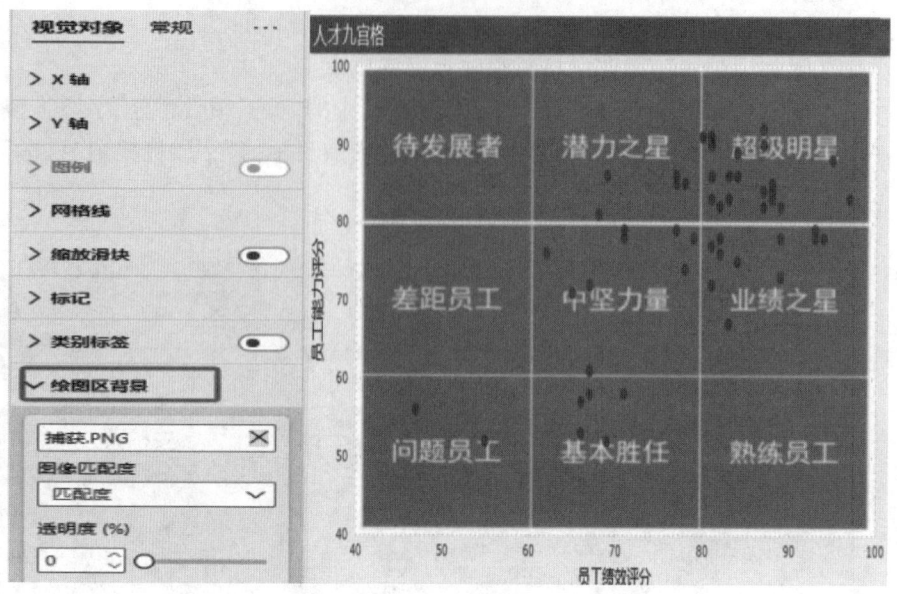

图 6-50　添加背景

4. 以折线图及恒线呈现各部门员工工资与市场各层级薪资分位值对标

步骤：选择折线图，将"薪酬表"中的"部门"字段拖拽到"X 轴"，并选择"中位值"，将"实发合计"拖拽到"Y 轴"，在可视化框里选中分析 Y 轴恒线，手动添加"附件 4 郑州市 2023 年度分行业门类企业规模企业人工成本水平"表中对应的分位值，并选择恒线的颜色，如图 6-51 所示。

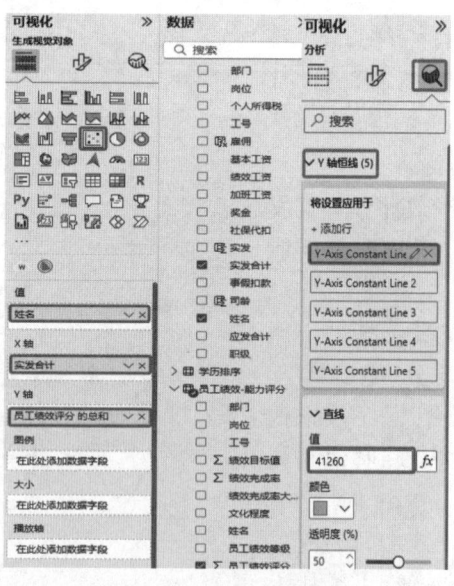

图 6-51　插入折线图

最终实现的员工薪酬可视化效果，如图 6-52 所示。

其他可视图操作步骤可参考员工招聘可视化或者员工结构可视化方法完成，此处略。

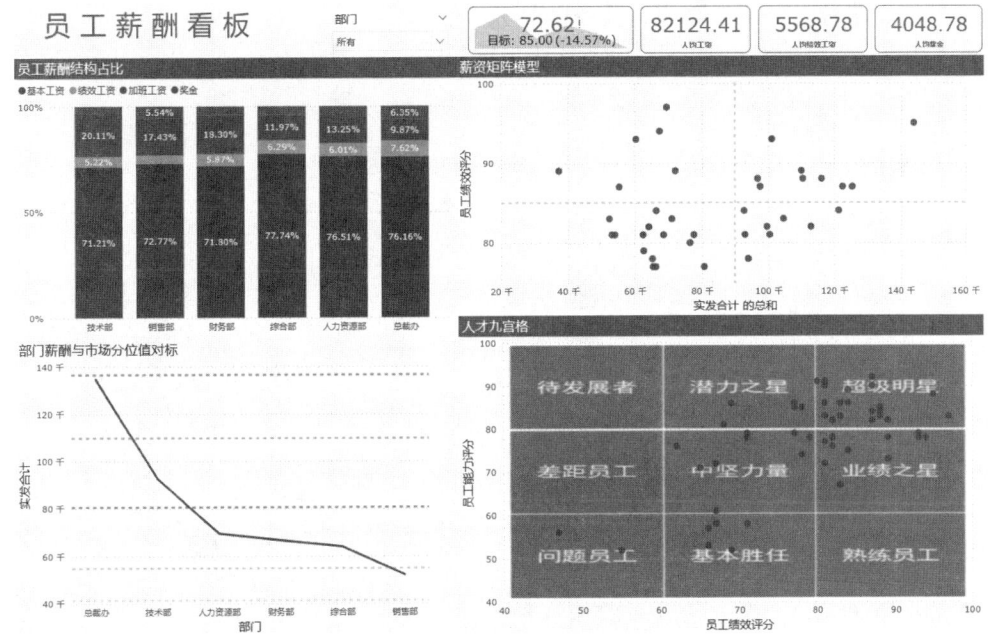

图 6-52 员工薪酬可视化效果

(四) 员工离职可视化

1. 以雷达图呈现离职员工离职原因分布

步骤:选择雷达图,在可视化框里选择左下角的"…"图标,获取雷达图并加载,将"人员信息表"中的"工号"字段拖拽到"Y 轴",将"离职原因"拖拽到"类别",将"雇佣状态"拖拽到筛选器中并选中"离职"选项,如图 6-53 所示。

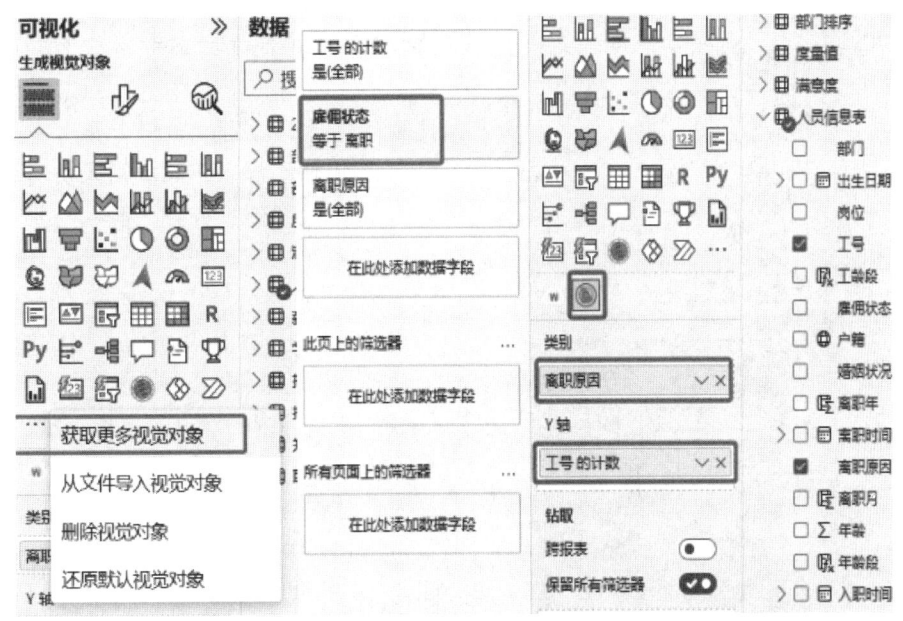

图 6-53 插入雷达图

227

2. 以词云图呈现员工主要意见反馈情况

步骤:用与雷达图相同的方法加载词云图,将"员工满意度表"中的"主要意见反馈"字段分别拖拽到"类别"和"值",如图 6-54 所示。

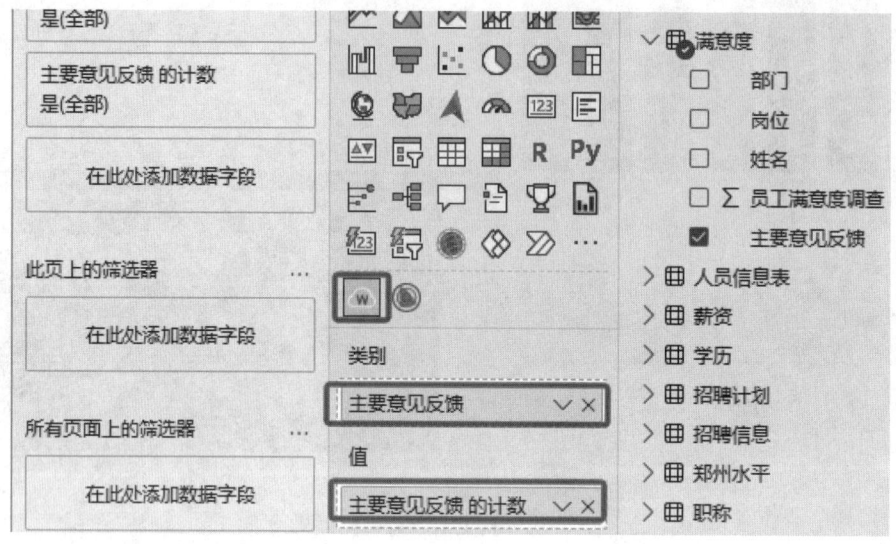

图 6-54 插入词云图

3. 以折线和堆积柱形图呈现年度离职人数、离职率及离职原因

步骤:选择折线堆积柱状图,将"人员信息表"中的"离职年"和"离职月"字段拖拽到"X轴",将"雇佣状态"字段拖拽到"列 y 轴",并双击"雇佣状态"将其更改为"离职人数",将"雇佣状态"拖拽到筛选器中并选中"离职"选项,将"度量值表"中的"离职占比"拖拽到"行 y 轴",将"人员信息表"中的"离职原因"字段拖拽到"列图例",如图 6-55 所示。

4. 以饼图提示不同类别人员离职的原因

步骤 1:新建页并插入簇状柱形图,将"人员信息表"中的"离职原因"字段分别拖拽到"X 轴"和"Y 轴";选中新建页,在设置报表页面格式窗口里,打开页面信息中的"允许用作工具提示";在数据添加到可视化窗口里,将"学历排序表"中的"学历"字段拖拽到"保留所有筛选器";依次选中离职页面中的饼图,在设置视觉对象格式窗口中打开工具提示下拉菜单,在选项中将提示页设置为"page5",如图 6-56 所示。

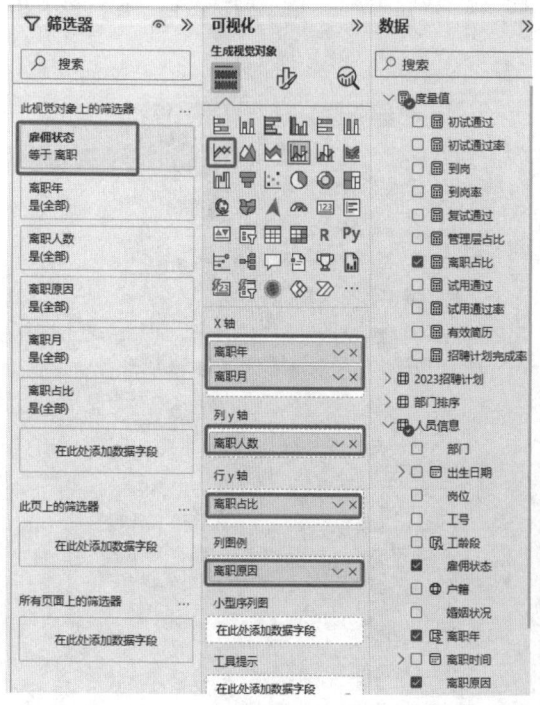

图 6-55 插入折线和堆积柱状图

图 6-56 实现饼图提示功能

其他可视图提示功能操作步骤可参照上述可视化方法完成,此处略。

最终实现的员工离职可视化效果,如图 6-57 所示。

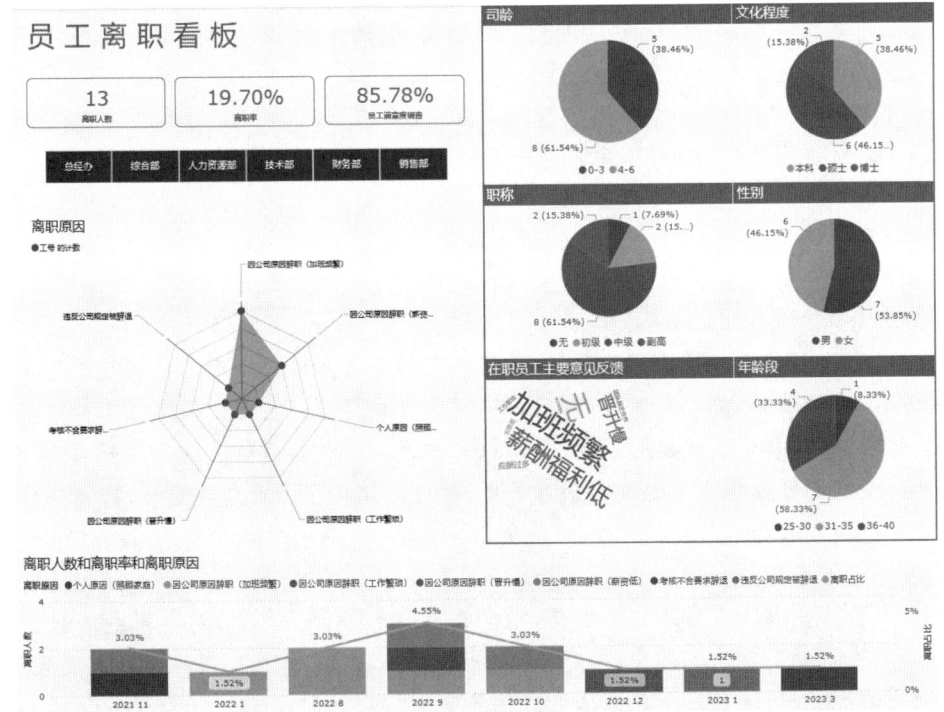

图 6-57 员工离职可视化效果

[实训任务]

1. 实训要求

本实训以升达软件技术服务有限公司的人力资源数据为基础,具体包括"2023年员工薪资表""附件4郑州市2023年度分行业门类企业规模企业人工成本水平""人员信息表""员工绩效—能力评分表""员工满意度调查及意见反馈统计表""招聘计划表"和"招聘信息表",从员工招聘、员工结构、员工薪酬、员工离职这四大核心模块,对该公司人力资源数据进行可视化设计与分析,诊断出公司人力资源存在的问题,是一次综合性极强的实训课程。本实训任务主要有以下要求:

(1) 要求学生上网收集资料,了解公司人力资源管理的基本知识。

(2) 学习Power BI工具的入门及应用,了解Power BI在商业智能与可视化方面的应用以及工作流程,了解DAX语句的语法,掌握CALCULATE、IF、LOOKUPVALUE等相关函数,能够运用Power BI完成数据获取、数据清洗、数据建模以及数据可视化分析。

(3) 要求学生结合可视化看板,对案例公司人力资源管理情况进行分析并汇报。

2. 实训内容

本实训对案例公司四大人力资源管理核心模块进行可视化处理:

1) 数据获取

将案例公司人力资源相关数据表导入Power BI平台。

2) 数据清洗

对导入的案例公司人力资源数据表进行数据清洗:删除行、删除列、删除表格、新建列、新建表格、提升标题、更改数据类型、填充等操作。

3) 数据建模

根据需求对事实表和维度表:新建表关系、新建度量值。

4) 数据可视化

实现员工招聘、员工结构、员工薪酬、员工离职可视化。

3. 实训步骤

1) 确定分析思路

首先,通过案例公司背景的阅读分析,了解公司目前人力资源管理的现状及迫切需求。其次,明确要在可视化图中重点表现哪些信息,选定人力资源管理四个模块所需要的指标并明确其意义。再次,构建表格之间的关联图,为实现表格之间的联动提前做准备。最后,确定蓝图,为可视化图中的指标选择合适的图形予以呈现,并规划这些图形的所在位置,即每个模块的图形展现方式和报表布局结构。

2) 确定实现流程

首先,从公司获取人力资源相关数据,并将数据导入平台。其次,对获取到的数据进行清洗整理,使其满足使用要求。再次,构建表格之间的逻辑关系,并在此基础上新建度量值,即数据建模。最后,实现公司人力资源数据可视化分析。

3）对案例公司人力资源管理情况进行分析并汇报

第一，员工招聘模块可视化分析，可以分析公司在招聘环节，招聘的效率、质量、应试的难度，公司的人才吸引度等状况。

第二，员工结构模块可视化分析，可以分析公司员工的数量规模、平均年龄，平均司龄是否达到行业平均指标；诊断公司员工结构是否合理，如管理层人员配比、部门及岗位人员配比、员工性别占比、不同职级员工数量等；同时评价员工素质的高低，员工素质可以从员工文化程度和技能水平两方面进行评价。

第三，员工薪酬模块可视化分析，可以分析公司薪酬的构成是否合理；诊断公司薪酬是否具有行业竞争力；诊断公司绩效制度是否能够调动员工积极性，如绩效评分与员工能力之间是否匹配，绩效与员工薪酬是否呈正相关关系等。

第四，员工离职模块可视化分析，可以分析公司不同部门及岗位的员工流失情况、不同背景离职员工的离职原因、员工的离职时间、员工的满意度及主要意见、公司工作环境、员工的幸福感、公司人才留存率等。

最后，要根据四个模块分析和诊断的结果，提出针对性建议，完善案例公司人力资源管理，形成诊断报告并进行汇报。

第七章

诊断性分析实训案例
——会员数据可视化分析

知识目标

1. 了解零售行业客户管理的基本内容及会员数据分析的作用。
2. 熟悉会员新增、复购、消费行为转化的业务场景,掌握会员数据分析的基本方法。
3. 熟悉会员生命周期、RFM模型等分析方法,学习和编写会员数据结构的相关度量值。

能力目标

1. 理解客户管理的价值,通过会员数据可视化分析的实践学习掌握客户数据分析的基本方法。
2. 能够根据会员数据可视化结果,识别并尝试解决企业客户管理中出现的常见问题。

素养目标

1. 利用商业智能工具提高工作效率,提升业务分析能力,培养自主学习能力和新技术应用能力。
2. 能够自主探索客户数据分析的其他分析模型和方法,利用数据分析工具对客户数据进行深入分析和挖掘,帮助企业进行高效的客户管理工作,为企业的战略决策提供支持。

思政园地

互联网技术的深入发展和大数据技术的广泛应用使企业在客户管理方面获得了前所未有的优势和价值。相较于传统的信息获取渠道,互联网让企业可以通过网站、社交媒体、电子邮件、移动应用等多种方式收集客户信息,了解客户需求和偏好,进行市场分析和预测。大数据技术的应用使得企业能够处理和分析海量的客户数据,通过对客户数据的挖掘和分析,企业可以深入了解客户的消费习惯、购买行为、兴趣爱好等,从而为客户提供更加个性化、精准的产品和服务。这种基于数据的客户管理能够显著提高客户满意度和忠诚度,增强企业的市场竞争力。

然而随着数据价值的增加,数据泄露所带来的损失也相应升级,一旦敏感数据如客户个人信息、交易记录、企业机密等被非法获取或泄露,不仅可能导致企业声誉受损、客户信任度下降,还可能面临法律诉讼、巨额罚款等风险。此外,数据泄露还可能被用于网络诈骗、身份盗窃等犯罪活动,对受害者造成直接的经济损失和心理压力。

2024年政府工作报告提出"健全数据基础制度,大力推动数据开发开放和流通使用","以高质量发展促进高水平安全,以高水平安全保障高质量发展""提高网络、数据等安全保障能力",可以看出2024年政府工作报告在部署数字经济创新发展的同时,还高度重视数据安全与合规流动。数据安全不仅关乎个人隐私和企业利益,更是国家安全和经济发展的重要保障。因此,数字化时代企业在享受数据带来红利和价值的同时应当高度重视数据安全和隐私保护的问题,确保数据在流动和使用过程中的安全性和合规性。

请思考以下两个问题:

1. 《中华人民共和国数据安全法》是规范数据处理活动,保障数据安全,促进数据开发利用,保护个人、组织的合法权益,维护国家主权、安全和发展利益的重要法律,自2021年9月1日起正式施行。请思考,随着人工智能、大数据和云计算等技术的快速发展,数据处理量和复杂度急剧增加,如果没有相关法律法规的约束,这些新兴技术在数据处理活动中可能引发哪些特有的混乱局面?

2. 某公司近期要上线一款新的移动应用,该应用会收集用户的个人信息,如姓名、联系方式、位置信息等,用于提供个性化服务和推送内容。请从数据安全保障和合规使用角度,分析在应用开发、运营和维护过程中可能面临的风险,并提出相应的防范措施。

思维导图

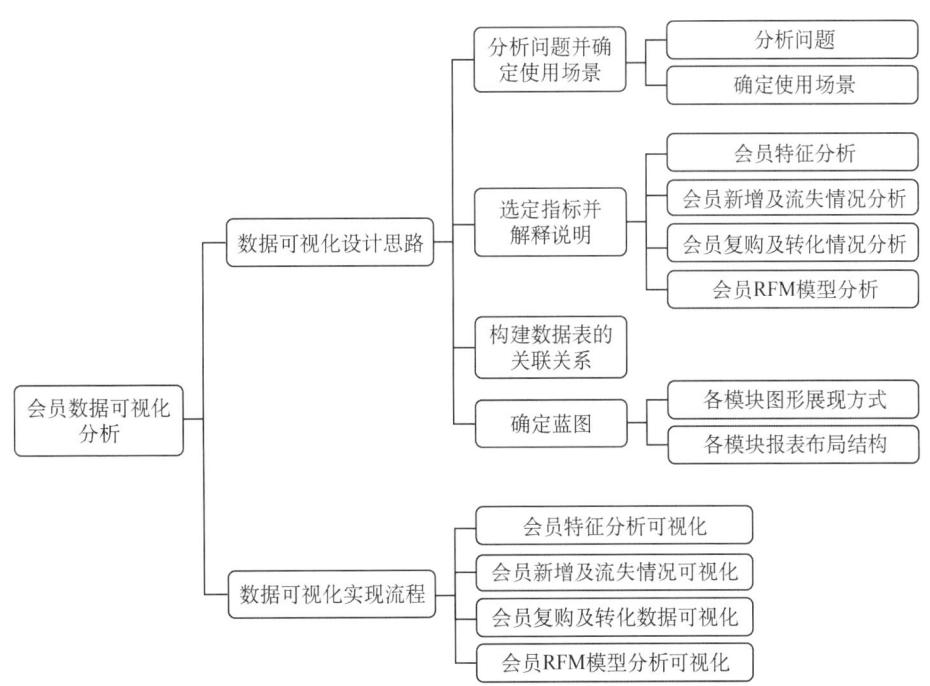

案例背景

随着消费升级和人们消费理念的转变,低脂健康零食产品的需求越来越大,为满足消费者方便、快捷、实惠的食品需求,健康零食市场逐渐兴起并不断扩大,成为食品零售行业的重要组成部分。越来越多的企业进入零食领域,竞争也日益激烈。

升达极简零食是一家专注健康零食研发与销售的零售企业,近几年发展迅速,已经围绕河南省在全国重点城市开设多家零食门店。作为零食研发与销售企业,目标客户的获取、现有客户的保持是企业持续发展的原动力。升达极简零食之所以能发展如此迅速,归功于其始终重视客户管理,利用客户数据分析了解市场需求和消费者行为,不断优化产品和管理策略。近期该企业更是采取了一系列会员新增、转化以及促进会员复购的措施。例如,使用社交媒体平台(如微信、微博、抖音等)进行广告投放和内容推广,吸引潜在会员;通过举办线下活动或节日庆典等形式提高品牌知名度;针对会员提供专属优惠和特权,如会员日、会员专属折扣等;将多个产品组合在一起销售,提供优惠价格,方便会员一次性购买等。

然而这些措施尚未达到所期望的客户增长规模,近3个月该企业的销售额增长幅度较小,因此企业考虑采用目前主流的商业智能工具 Power BI 对会员数据进行相关分析,了解会员数据的整体特征、识别不同营销区域不同店铺会员业绩状况,挖掘异常问题,有针对性地采取激励措施和营销策略。

第一节 数据可视化设计思路

数字时代企业营销策略的制定不再仅仅依赖传统的市场直觉或经验,而是更多地依赖于对目标客户的深入了解和分析。这种了解和分析通常来自对目标客户信息的收集、整理和挖掘。升达极简零食采用的一系列增加客户价值的措施也正是基于已获取的目标客户信息,尤其是会员信息。因此该企业进行客户数据分析时,首先,对会员特征进行可视化分析,了解包括会员数量、非会员数量、会员销售额占比、会员性别分布、年龄分布、会员生命周期分布、会员消费等级分布等特征和现状;其次,对不同月份会员新增及流失情况进行分析,获取不同店铺会员业绩表现;再次,对会员复购及转化进行分析,了解会员复购情况,探究会员转化的发力点;最后,运用 RFM 模型对会员价值进行分层,以便针对不同价值客户采取不同营销策略。

一、分析问题并确定使用场景

(一)分析问题

(1)如何分析会员基本信息,了解各营销区域、各店铺会员指标,确定目标客户群体的基本信息、特征和偏好?

(2)如何利用现有会员数据分析会员新增及会员流失情况?诊断各店铺会员新增比率和流失比率是否合理,识别优秀店铺和劣势店铺?

(3)如何分析会员复购情况,了解会员忠诚度;如何通过会员消费转化情况,分析会员转化规律,寻找会员转化的关键节点和发力点?

(4)如何运用 RFM 模型分析会员价值,区分重要价值客户、重要深耕客户、重要挽留客户等,并据此采取不同的营销策略,提高品牌竞争力和企业盈利能力?

(二)确定使用场景

零售行业每天会产生大量数据,包括销售数据、库存数据、客户数据等。这些数据不仅数量庞大,而且类型多样,这给零售行业数据分析带来了很多难点,如数据来源多样、数据质量参差不齐,各区域各店铺数据分散、整合困难,行业竞争激励、数据时效性要求高等。传统的数据分析工具如 Excel 难以克服这些难点,但借助商业智能工具 Power BI 可以将各个来源的数据整合到同一平台上,实现数据的多维分析和大数据的批量清洗、转换等,并最终通过数据可视化将分析结果以图表、报表等形式直观地展示给信息使用者,可以让信息使用者更好地理解数据,洞察业务。

本案例对会员数据进行可视化分析,可以帮助管理层深入剖析企业会员管理的实际状况,及时察觉其中存在的管理弊病,为企业开拓客户资源、驱动业绩增长及规划差异化竞争战略提供依据。营销部门可以据此了解客户需求和市场状况,评价各店铺会员新增、转化、流失情况,制定更加精准的营销策略和产品推荐;同时,业务人员可以查看客户拓展带来的业绩变化,提高数据分析能力和工作效率。

二、选定指标并解释说明

(一)会员特征分析

会员特征相关指标解释,如表 7-1 所示。

表 7-1 会员特征相关指标解释

选定指标	指标意义	计算方式	数据来源
会员数量	反映企业目前有消费记录的会员数量	销售表中会员 ID 非重复计数	会员表、销售表
非会员数量	反映企业目前有消费记录的非会员数量	销售表中会员 ID 为空的非重复计数	会员表、销售表
销售额	反映企业总销售额	每笔订单金额总计	会员表、销售表
会员销售额占比	反映企业会员销售额占总销售额的比重	会员销售额/总销售额	会员表、销售表
年龄	反映会员年龄	当前报表日期减会员生日	会员表
最后消费距今月数	反映会员最后一次消费日期与报表日期间隔月数	当前报表日期减会员最后一次消费日期	销售表
会员生命周期	反映企业会员不同生命周期(活跃期、沉默期、沉睡期、流失期)的分类	最后消费距今月数不超过 2 个月为活跃会员,最后消费距今月数大于 2 个月不超过 4 个月为沉默会员,最后消费距今月数超过 4 个月不超过 6 个月为沉睡会员,最后消费距今月数超过 6 个月为流失会员	会员表、销售表

(续表)

选定指标	指标意义	计算方式	数据来源
会员等级	反映企业会员不同等级的分类	会员累计销售额不超过200元为"普通会员",会员累计销售额超过200元不超过500元为"白银会员",会员累计销售额超过500元不超过1 000元为"黄金会员",会员累计销售额超过1 000元不超过2 000元为"铂金会员",会员累计销售额超过2 000元为"钻石会员"	会员表、销售表

(二)会员新增及流失情况分析

会员新增及流失情况相关指标解释,如表7-2所示。

表7-2 会员新增及流失情况相关指标解释

选定指标	指标意义	计算方式	数据来源
新会员数量	反映会员首次消费在当期的会员数量	会员首次消费日期等于销售表中最早消费日期	会员表、销售表
老会员数量	反映会员首次消费不在当期的会员数量	会员首次消费日期小于销售表中最早消费日期	会员表、销售表
新会员销售额	反映新会员总销售额	新会员的订单金额总计	会员表、销售表
新会员占比	反映新会员数量占总会员数量的比重	新会员数量/会员数量	会员表、销售表
近6个月新增会员	反映近6个月新增会员数量	7~12月新会员数量	会员表、销售表
近6个月新增会员比率	反映近6个月新增会员占会员数量的比重	7~12月新会员数量/会员数量	会员表、销售表
近6个月流失时间节点	反映近6个月会员最近消费时间超过6个月的流失时间节点(这里时间节点是相对时间)	最近消费时间加上6个月	会员表、销售表
近6个月流失会员	反映近6个月流失会员数量	7~12月流失会员数量	会员表、销售表
近6个月新增会员比率	反映近6个月新增会员占会员数量的比重	7~12月流失会员数量/会员数量	会员表、销售表

(三)会员复购及转化情况分析

会员复购及转化情况相关指标解释,如表7-3所示。

表7-3 会员复购及转化情况相关指标解释

选定指标	指标意义	计算方式	数据来源
首次消费日期	反映会员第一次消费的日期	销售表中会员消费最小的订单日期	会员表、销售表
二次消费日期	反映会员第二次消费的日期	销售表中会员第二次消费的订单日期	会员表、销售表

(续表)

选定指标	指标意义	计算方式	数据来源
首次与二次消费间隔天数	反映会员第一次与第二次消费的时间间隔	二次消费日期减首次消费日期	会员表、销售表
订单数量	反映销售表中订单总数量	销售表中订单编号的不重复计数	会员表、销售表
消费次数	反映会员总消费次数	等于会员的订单数量	会员表、销售表
复购人数	反映会员消费超过2次的会员人数	会员订单数量大于2的人数	会员表、销售表
复购率	反映复购会员占会员数量的比重	复购人数/会员数量	会员表、销售表

(四) 会员RFM模型分析

会员RFM模型相关指标解释,如表7-4所示。

表7-4 会员RFM模型相关指标解释

选定指标	指标意义	计算方式	数据来源
F消费次数	反映会员消费总次数	销售表中订单编号的不重复计数	销售表
F平均消费次数	反映所有会员平均消费次数	总消费次数/会员总人数	会员表、销售表
F值	反映会员消费次数与平均消费次数的比较	会员消费次数大于平均消费次数则F值为1,否则为0	会员表、销售表
M消费金额	反映会员总消费金额	销售表中订单金额求和	销售表
M平均消费金额	反映所有会员平均消费金额	总消费金额/会员总人数	会员表、销售表
M值	反映会员消费金额与平均消费金额的比较	会员消费金额大于平均消费金额则M值为1,否则为0	会员表、销售表
R最后消费距今月数	反映会员最近一次消费距离现在的间隔月数	最后报表日期－会员最近一次消费日期	销售表
R平均间隔月数	反映所有会员平均最后消费距今月数	最后消费距今月数/会员总人数	会员表、销售表
R值	反映会员最后消费距今月数与平均间隔月数的比较	会员最后消费距今月数小于平均间隔月数则R值为1,否则为0	会员表、销售表
RFM值	反映会员RFM值的大小	[R值]&[F值]&[M值]	会员表、销售表

三、构建数据表的关联关系

本案例在构建数据模型时,采用的是星型模型,该模型由一张事实表与一组维度表构成。相比其他维度模型,星型模型结构清晰,极大降低了业务人员和分析师理解数据关系的难度,助力他们快速定位、获取分析所需数据,在会员数据分析场景中优势突出。该模型能将销售系统中的销售数据、会员管理系统中的会员信息,以及产品管理系统中的产品数据等整合在一起。这些来自不同系统或部门的数据以销售事实表为核心,关联各个维度数据,形成统一的数据分析模型,既保障了数据的一致性和完整性,又让数据更新和维护变得更加便捷。一旦会员信息、产品信息等发生变化,仅需在相应维度表中更新,不会影响事实表数据,确保能及时反映业务的最新动态,保障数据分析结果的准确性。

借助星型模型对会员数据展开深度分析,既能为企业制定精准营销策略提供全方位支持,助力企业推出个性化促销活动、优化产品库存,还能帮助企业洞察会员数据中的潜在问题和市场机会,从而针对性地采取客户挽留措施,挖掘新的业务增长点。各数据表的关联关系,如图7-1所示。

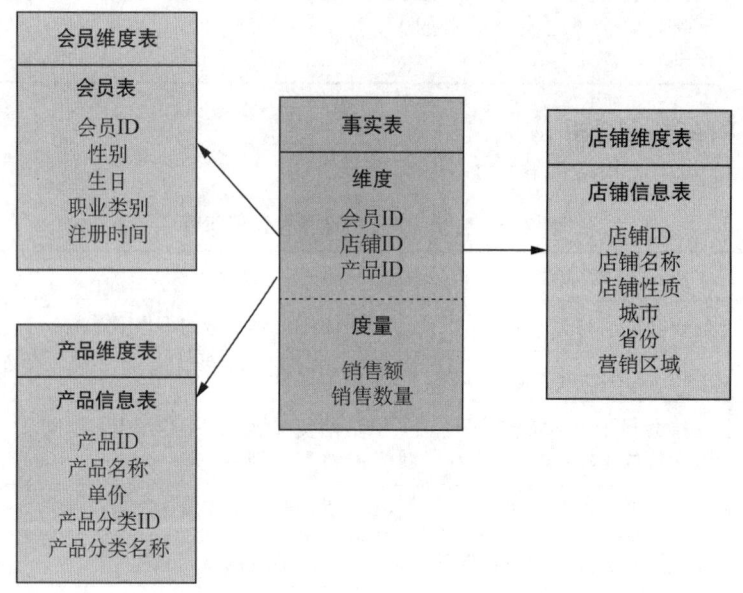

图7-1 各数据表的关联关系图

四、确定蓝图

(一)各模块图形展现方式

1. 会员特征可视化

(1) 以卡片图呈现会员核心数据:会员数量、非会员数量、会员销售额占比,这些数据显示的是企业会员人数总量及会员对企业销售额贡献比率。利用卡片图将这些数据分别显示在一个方块(即卡片)里,可以展示清晰直观的数据,能够帮助信息使用者快速找到所需的信息,无需在繁杂的页面中搜索。

(2) 以切片器筛选不同营销区域:该企业根据店铺的不同地理位置划分了4个营销区域,分别对4个营销区域进行产品销售及营销管理。切片器作为一个可视化的筛选工具,可以让使用者根据筛选条件实时筛选不同营销区域,分别查看不同区域会员数据情况。

(3) 以堆积柱形图呈现会员年龄与性别分布:堆积柱形图通过柱子的高度和颜色堆叠来展示不同类别或维度之间的数据关系,使数据之间的差异和比例关系一目了然,方便使用者直观了解会员中不同年龄及性别的人数构成,进行横向和纵向的比较分析。

(4) 以树状图呈现会员职业分布：对会员职业类别进行分析可以揭示不同职业群体的消费习惯、购买力和消费心理，帮助企业识别不同职业群体的需求和偏好。通过树状图的呈现，使用者可以清晰地看到数据的结构和分布，便于进行后续的数据分析和挖掘。

(5) 以词云图呈现会员产品偏好：词云图通过不同大小、颜色和布局的词汇来展示数据，视觉效果强烈，便于发现会员对不同产品类型的购买量大小，直观揭示哪些产品更受欢迎，哪些产品销量不佳。基于这些数据，企业可以调整产品组合，优化产品线，将资源集中在更受欢迎的产品上，同时改进或淘汰销量不佳的产品。

(6) 以环形图呈现会员生命周期：通过了解会员生命周期的各个阶段，了解会员在各个阶段的需求和期望，企业可以通过提供个性化的服务和关怀，建立与会员之间的深厚联系，提高会员的忠诚度，减少会员流失。环形图（也称为甜甜圈图）通过环形区域的大小能够直观地展示不同阶段会员生命周期的数据占比关系，让信息使用者迅速理解会员生命周期的各个阶段的分布和比例。

(7) 以堆积条形图呈现会员等级分布：会员等级分析有助于企业识别那些具有潜在价值的客户。而堆积条形图通过条形的长度和堆叠的层次，能够直观地展示不同会员等级的分布和数量大小。

(8) 以桑基图呈现不同等级会员分流情况：桑基图通过有向箭头和节点之间的连接，能够直观地展示数据在不同分类或阶段之间的流动情况。这种展示方式使得数据流动路径清晰可见，帮助企业发现不同等级会员与不同阶段会员生命周期间的流转趋势和关联关系，为企业的业务发展提供新的思路和方向。

2. 会员新增及流失情况可视化

(1) 以折线和簇状柱形图呈现新会员数量及占比：新会员数量是衡量企业营销政策优劣和业务增长的重要指标之一。折线和簇状柱形图可以通过柱形长度直观显示不同时间或店铺新增会员数量，同时通过折线展示新会员数量与总会员数量占比，反映数据随时间或其他因素变化的趋势，能够帮助信息使用者快速识别新会员数量的增减和波动特征。

(2) 以百分比堆积柱形图呈现不同会员数量及销售额占比：百分比堆积柱形图通过柱子的不同颜色和层次直观地显示每个类别在整体中的比例大小，能够清晰地展示不同类别客户在总客户群体中的占比情况，能够为企业客户关系管理以及业务增长提供重要信息。

(3) 以散点图呈现不同店铺会员数量及销售额：会员数量及销售额是评价不同店铺竞争力及经营状况的重要指标，同时也是企业评估不同销售策略和效果的重要指标。查看不同店铺间会员数量及销售额的差距可以帮助企业发现劣势店铺的潜在的问题和改进空间。散点图中点的大小、颜色、密集程度等直观地显示会员数量及销售额的分布情况，帮助信息使用者轻易识别异常值并进行处理。

(4) 以散点图呈现新增与流失会员比率：对不同店铺新增会员及流失会员比率进行分析能够帮助企业评估店铺表现，较高的新增会员比率意味着店铺能够成功吸引新客户，具有较大的市场潜力。但过高的流失率可能意味着店铺在服务质量、产品质量或客户体验方面存在问题，需要加以改进。对于企业来说表现良好的店铺应是具备较高会员增长率和较低会员流失率的店铺，因此散点图显示在不同维度上点的密集和分布情况能够有效显示新增与流失会员比率,此外通过添加趋势线、平均值线等元素能进一步分析数据在不同区域的大小和趋势。

3. 会员复购及转化情况可视化

(1) 以漏斗图呈现会员消费次数转化情况:通过分析会员的消费次数转化可以帮助企业识别客户消费次数转化的关键节点,激励会员更频繁地消费,促进低消费次数向高消费次数转化,提升会员的忠诚度。漏斗图通过其独特的形状(宽口在上,窄口在下,形似漏斗)直观展示会员从首次消费到多次消费(案例中以消费次数超过 5 次为终点)的转化过程,使会员消费次数转化情况一览了然,便于理解。

(2) 以折线和簇状柱形图呈现会员首次与二次消费间隔时间:会员首次与二次消费是会员多次消费次数转化的关键节点,以折线和簇状柱形图构建帕累托图,呈现首次与二次消费不同间隔时间的分布情况,能够清晰显示会员首次与二次消费间隔的关键时间点,指导企业进行资源分配,找准促进转化的发力点。

(3) 以折线图呈现复购率:复购率是指客户对产品或者服务的重复购买次数,复购率越高,反映出客户对品牌的忠诚度就越高,反之则越低。折线图可以直观地显示复购率随时间或有序类别(如不同店铺)而变化的趋势,有助于反映复购率的动态变化情况。

(4) 以表呈现会员消费时间:表格是数据整理的重要工具,在表中可以将会员 ID、会员首次消费日期、会员首次消费距今天数展示出来,便于查看首次消费后需要进行二次消费转化的会员信息。

4. 会员 RFM 模型可视化

(1) 以卡片图呈现 RFM 核心指标:最近一次消费时间(recency)、消费次数(frequency)和消费金额(monetary)三个维度是划分不同的 RFM 等级的关键指数,以卡片图呈现能够突出显示企业会员整体平均消费金额和次数以及最近一次消费距今时间。

(2) 以环形图呈现不同 RFM 等级会员数量占比:不同 RFM 等级的会员代表着不同的客户价值,通过环形图环形区域的不同长度展示不同 RFM 等级的会员数量,能够直观地展示不同 RFM 等级会员的分布和比例。

(3) 以簇状条形图呈现不同 RFM 等级会员销售额占比:分析不同 RFM 等级会员销售额情况可以探究不同 RFM 等级会员对企业收入的贡献程度;簇状条形图通过条形长短能够直观地展现出不同 RFM 等级会员销售额的大小,对比各个等级之间的差异,让信息使用者快速了解不同 RFM 等级会员销售额间的数量关系。

(4) 以簇状柱形图呈现会员消费次数分布情况:簇状柱形图通过柱子的高度来直观展示会员消费次数各个组别的数据大小,方便使用者快速比较和识别消费次数分布差异,针对不同消费次数会员采取营销激励政策。

(5) 以饼图呈现会员折扣种类分布:通过分析会员折扣类型,企业可以了解不同折扣策略对客户的吸引作用。根据这些分析,企业可以调整其营销策略,以最大化其效果。饼图通过每个扇区的面积和角度大小表示各个部分在整体中所占的百分比,可以让信息使用者快速识别出哪一种折扣类型占比最大,哪一种折扣类型占比最小,以及它们之间的相对大小关系,有助于企业找到折扣的最佳平衡点,调整其营销策略,设置合理的折扣政策,实现销售额和利润的最大化。

(6) 以表呈现会员 RFM 等级:通过表格可以详细列出不同 RFM 等级的会员 ID、消费次数、消费金额、最后消费距今月数、折扣种类等,使信息使用者对会员 RFM 等级相关数据有一个整体的认识。

(二) 各模块报表布局结构

1. 会员特征可视化

会员特征可视化布局,如图 7-2 所示。

标题	核心数据文本框	营销区域筛选
会员年龄性别分布	会员职业分布	会员产品偏好
会员生命周期分布	会员等级分布	不同等级会员分流情况

图 7-2 会员特征可视化布局

2. 会员新增及流失可视化

会员新增及流失可视化布局,如图 7-3 所示。

标题	月度、营销区域筛选
新会员数量及占比	新会员、老会员、非会员数量分布
不同店铺会员数量及销售额情况	近6个月新增会员比率和流失会员比率

图 7-3 会员新增及流失可视化布局

3. 会员复购及转化可视化

会员复购及转化可视化布局,如图 7-4 所示。

标题	核心数据文本框	营销区域、店铺筛选
会员消费次数转化漏斗图		近3个月会员复购率变化
会员首次与二次消费间隔天数帕累托图		各店铺会员首次消费距今天数

图 7-4 会员复购及转化可视化布局

4. 会员 RFM 模型分析可视化

会员 RFM 模型分析可视化布局,如图 7-5 所示。

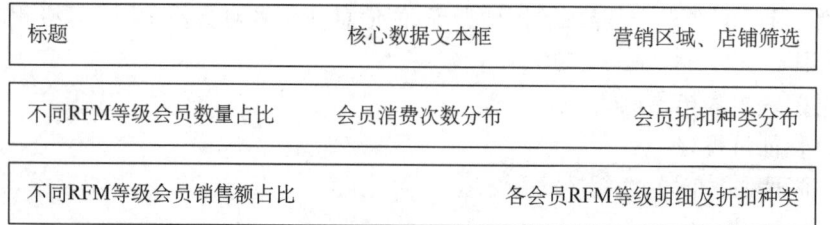

图 7-5　会员 RFM 模型分析可视化布局

第二节　数据可视化实现流程

一、会员特征分析可视化

（一）数据获取

从 Excel 中导入"销售表""会员表""店铺信息表"和"产品信息表"。

步骤：打开 Power BI Desktop，点击"文件"选项下的"获取数据"按钮，打开"获取数据"对话框，点击"Excel 工作簿"，在对话框中打开案例数据文件夹，找到销售表，点击打开，进行表格勾选，点击"加载"，如图 7-6 所示。同样操作，依次打开"会员表""店铺信息表"和"产品信息表"Excel 文件。

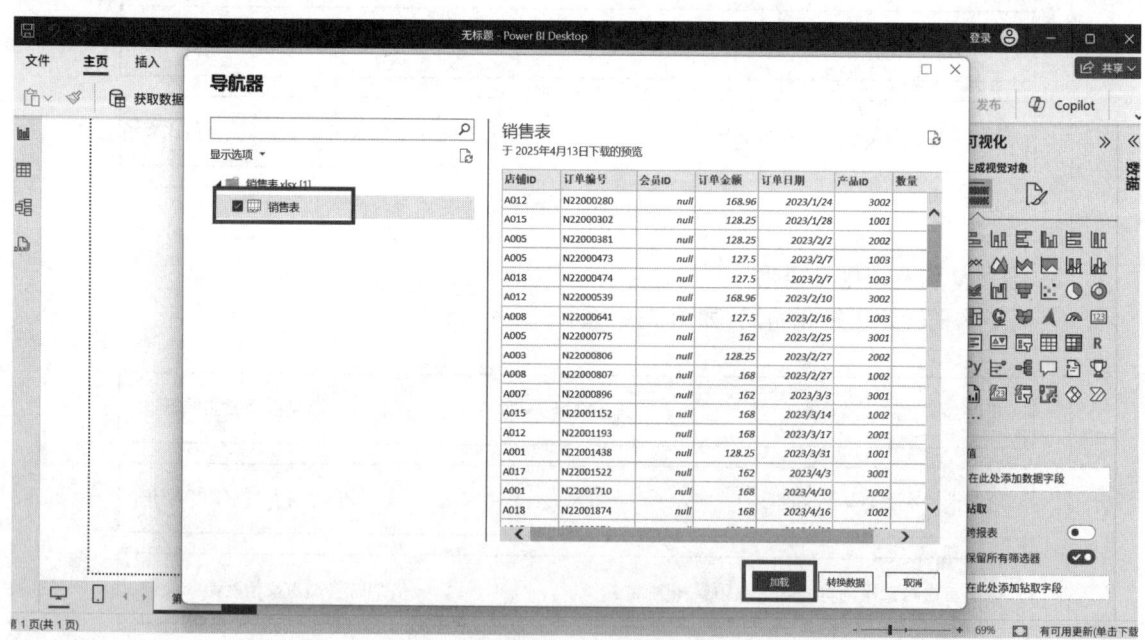

图 7-6　加载"销售表"数据

（二）数据清洗

数据清洗主要是对数据格式进行处理，把数据转换成 Power BI Desktop 能识别的格式，清洗数据之前，需选择"主页"，点击"转换数据"，进入 Power Query 编辑器。以下分别对销售表、会员表、店铺信息表、产品信息表进行清洗，使原始数据达到 Power BI Desktop 可使用状态。

1. 对销售表进行数据清洗

步骤：将销售表中的"会员 ID"字段更改为"文本"格式；将"订单金额"字段更改为"小数"格式，"产品 ID"字段更改为"文本"格式。

2. 对会员表进行数据清洗

步骤：将会员中的"会员 ID"字段更改为"文本"格式，"生日"字段更改为"日期"格式。

3. 对店铺信息表进行数据清洗

步骤：选中店铺信息表，点击"主页—将第一行用作标题"。

4. 对产品信息表进行数据清洗

步骤：将产品信息表中的"产品 ID""产品分类 ID"字段更改为"文本"格式，"单价"字段更改为"小数"格式。数据清洗完毕后，选择"主页"，点击"关闭并应用"，关闭 Power Query 编辑器。此时经清洗的数据，其格式达到可使用状态，确保了分析数据的准确性。

（三）数据建模

1. 新建日期表

步骤：切换至模型视图，点击"主页—新建表"，输入以下度量值，创建日期表，如图 7-7 所示。

日期表 = ADDCOLUMNS(
　　CALENDAR(date(2023,1,1),date(2023,12,31)),
"年",YEAR([Date]),
"季度",ROUNDUP(MONTH([Date])/3,0),
"月",MONTH([Date]),
"周",WEEKNUM([Date]),
"年季度",YEAR([Date]) &"Q"& ROUNDUP(MONTH([Date])/3,0),
"年月",YEAR([Date]) * 100 + MONTH([Date]),
"年周",YEAR([Date]) * 100 + WEEKNUM([Date]),
"星期几",WEEKDAY([Date]))

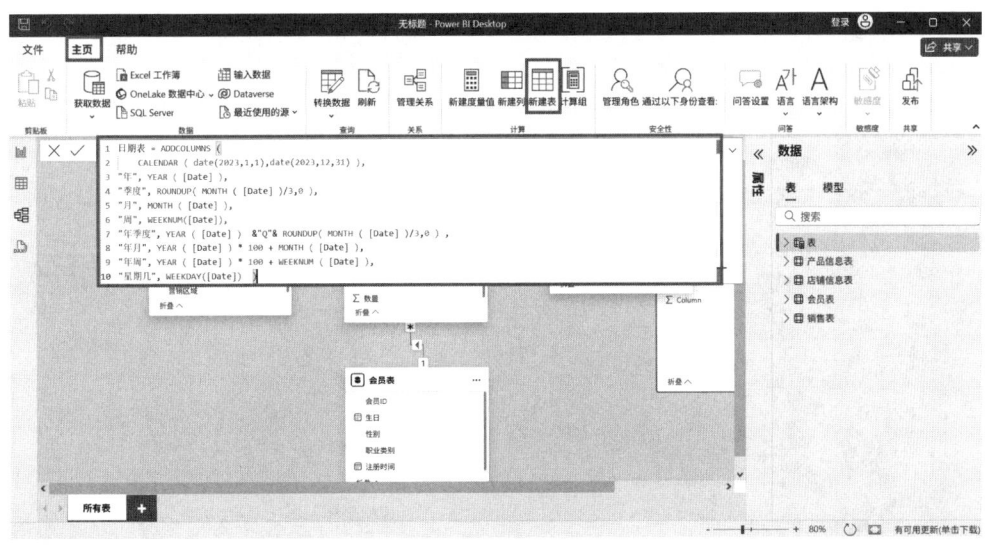

图 7-7　新建日期表

2. 建立数据模型

步骤：切换至模型视图，点击"管理关系"，将"销售表—订单日期"与"日期表—date"创建关系；同理，将"销售表—会员 ID"与"会员表—会员 ID"、"销售表—店铺 ID"与"店铺信息表—店铺 ID"、"销售表—产品 ID"与"产品信息表—产品 ID"建立连接关系，如图 7-8 所示。

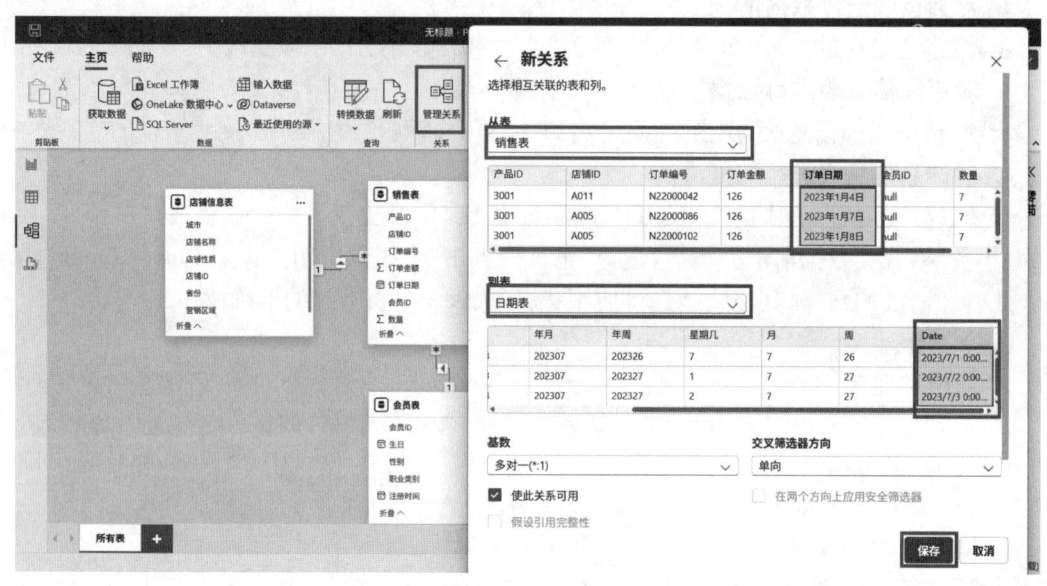

图 7-8　新建表关系

3. 新建度量值文件夹

步骤：在进行新建度量值之前，要先建立存放度量值的表，在 Power BI Desktop 模型视图下，点击"主页"，点击"输入数据"；修改新建表的名称为"度量值文件夹"，单击"加载"，"度量值文件夹"会显示到右侧"数据"中，如图 7-9 所示。

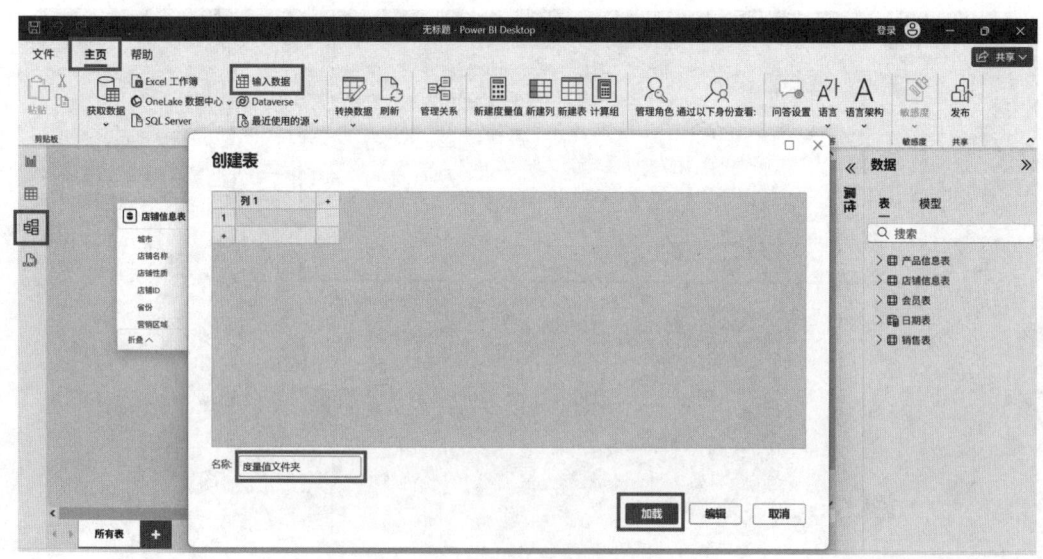

图 7-9　新建度量值文件夹

4. 新建度量值

步骤1：切换至报表视图，在右侧"数据"中选中"度量值文件夹"，点击"新建度量值"。上述步骤之后弹出可以填写度量值的地方，如图7-10所示，依次新建以下度量值。

会员数量 = CALCULATE(DISTINCTCOUNT('销售表'[会员ID]),'销售表'[会员ID]<>BLANK())（这里的会员数量指的是有消费记录的会员。）

非会员数量 = CALCULATE(DISTINCTCOUNT('销售表'[订单编号]),'销售表'[会员ID]=BLANK())

销售额 = SUM('销售表'[订单金额])

最后报表日期 = MAXX(ALL('销售表'[订单日期]),'销售表'[订单日期])

会员销售额占比 =

VAR X =

  CALCULATE([销售额],'销售表'[会员ID]<>BLANK())

RETURN

  DIVIDE(X,[销售额])

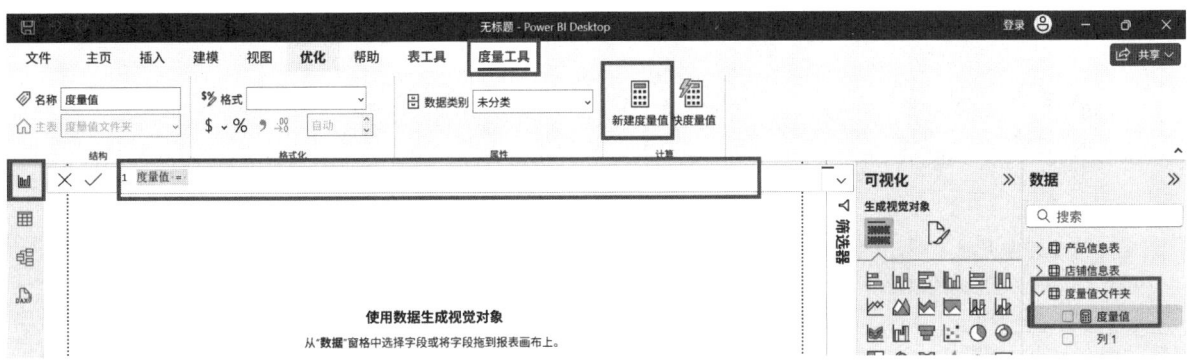

图7-10 新建度量值

步骤2：创建完成后将度量值文件夹中的[列1]删除，删除后，度量值文件夹图标会变成计算器样式，如图7-11所示。

5. 新建列

步骤1：切换至表格视图，选择"会员表"，点击"表工具—新建列"，在公式框内输入以下列公式，创建列，如图7-12所示。

年龄 = ROUNDDOWN(YEARFRAC([生日],[最后报表日期],3),0)

 年龄分组 = SWITCH(

  TRUE(),

  [年龄]<=20,"20岁以下",

  [年龄]<=30,"20-30岁",

  [年龄]<=40,"30-40岁",

"40岁以上")

 年龄分组排序 = SWITCH(

  TRUE(),

  [年龄]<=20,"1",

[年龄]<=30,"2",
    [年龄]<=40,"3",
"4")

会员等级 = SWITCH(
    TRUE(),
    [销售额]<=200,"普通会员",
    [销售额]<=500,"白银会员",
    [销售额]<=1000,"黄金会员",
    [销售额]<=2000,"铂金会员",
"钻石会员")

会员等级排序 = SWITCH(
    TRUE(),
    [销售额]<=200,1,
    [销售额]<=500,2,
    [销售额]<=1000,3,
    [销售额]<=2000,4,
    5)

最后消费距今月数 =
VAR X = CALCULATE(MAX('销售表'[订单日期]))
RETURN DATEDIFF(X,[最后报表日期],MONTH)

会员生命周期 = SWITCH(
TRUE(),
    ISBLANK([最后消费距今月数]),"未消费",
    [最后消费距今月数]<=2,"活跃会员",
    [最后消费距今月数]<=4,"沉默会员",
    [最后消费距今月数]<=6,"沉睡会员",
"流失会员"))

7-1 按列排序

步骤2：选中"会员等级"列，点击"列工具—按列排序"，选择"会员等级排序"，让会员等级按照会员等级序号排序，如图7-13所示。同理，"年龄分组"按"年龄分组排序"。

（四）数据可视化

在操作完数据获取、数据清洗、数据建模之后，就要进入Power BI最强大的"报表"界面，进行可视化设计，由于导入的数据特点与类型不同，需要选择适合数据的"图表"来更好地呈现数据。

1. 以卡片图呈现会员核心数据

7-2 度量值格式修改

步骤：回到"报表"界面，选择"卡片图"视觉对象。在卡片图字段上添加"会员数量"度量值，如图7-14所示。同理完成非会员消费数量、会员销售额占比卡片图。

第七章 诊断性分析实训案例——会员数据可视化分析

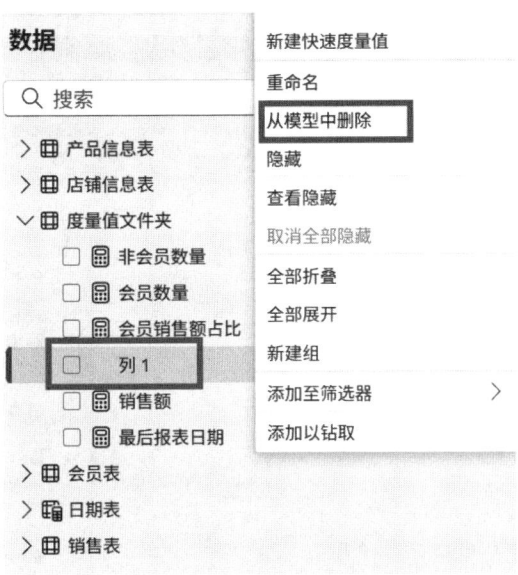

图 7-11 将度量值文件夹中的[列 1]删除

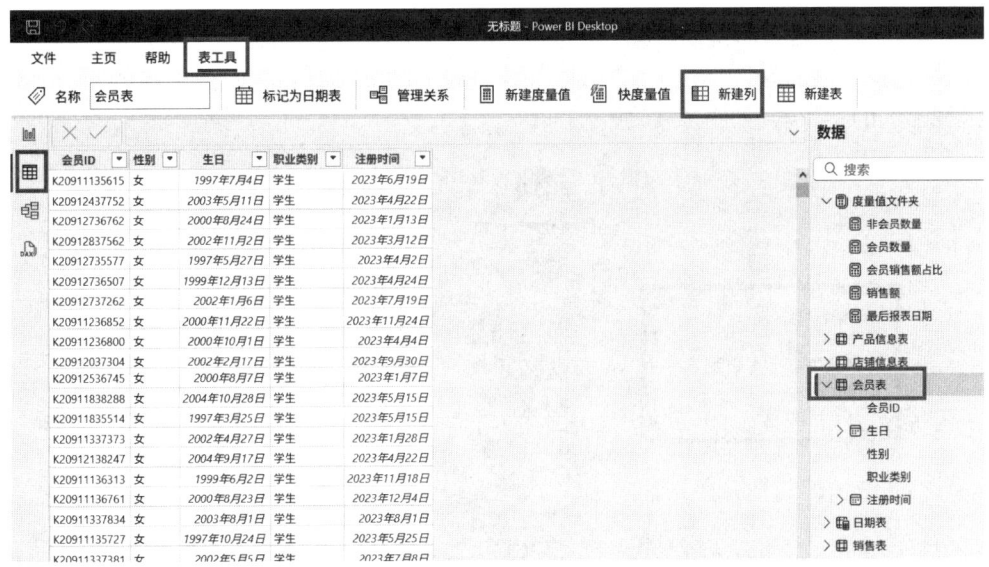

图 7-12 新建列

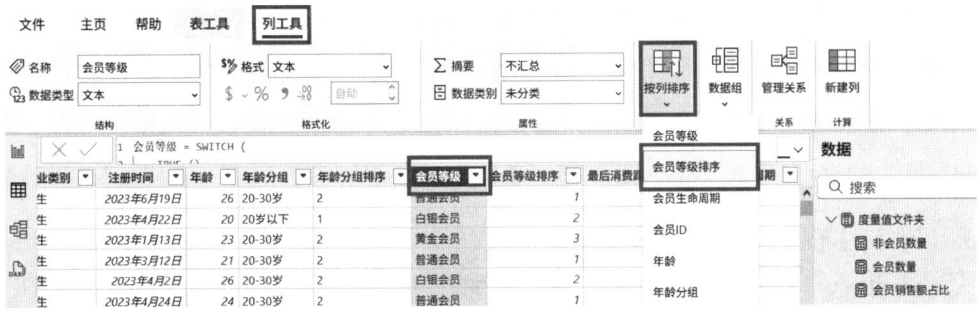

图 7-13 会员等级按照会员等级序号排序

247

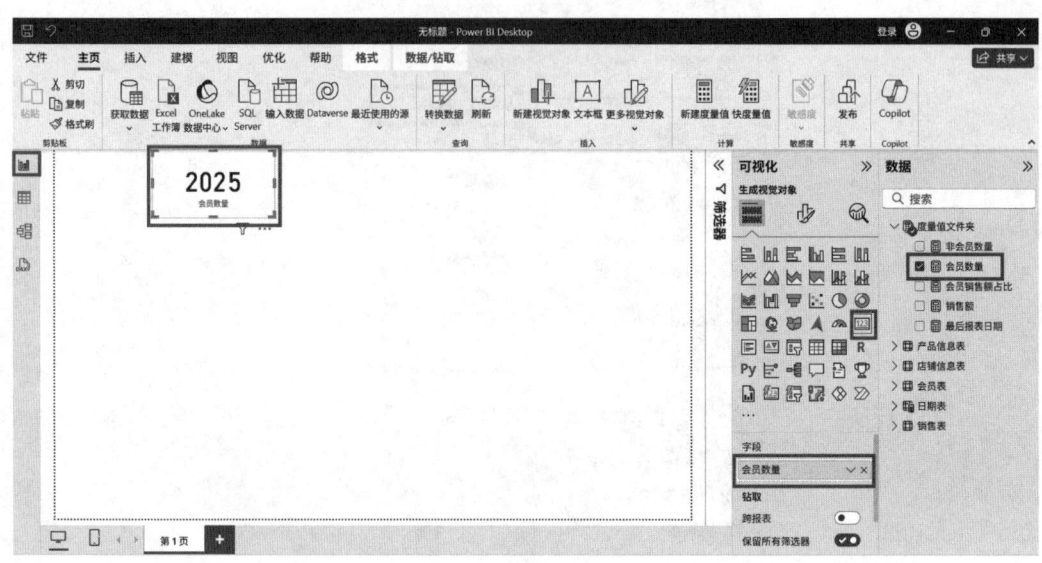

图 7-14 会员数量卡片图

2. 以切片器筛选不同营销区域

步骤：选择右侧的"可视化"中的"切片器"，勾选字段"店铺信息表"数据中的"营销区域"，完成区域筛选的切片器，如图 7-15 所示。

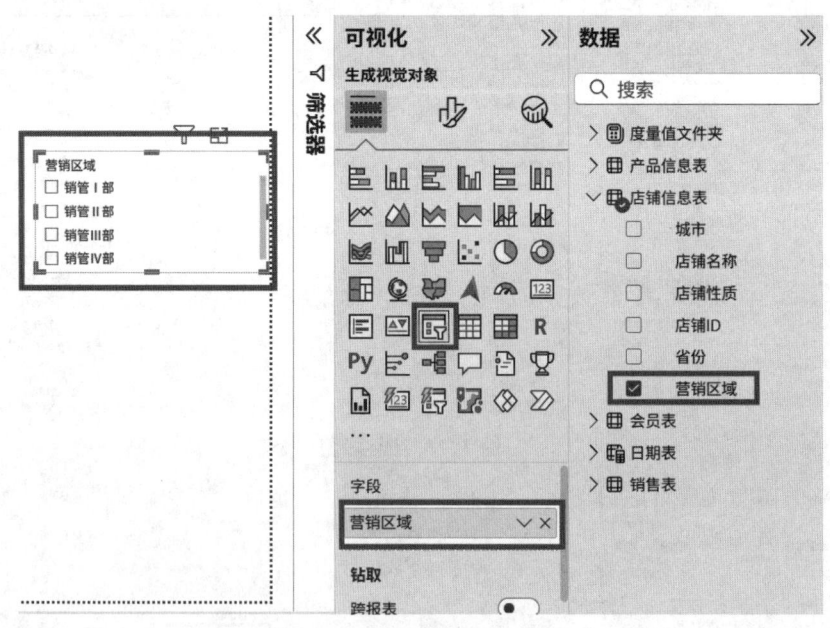

图 7-15 "营销区域"切片器

3. 以堆积柱形图呈现会员年龄与性别分布

步骤：在报表界面"可视化"中选择"堆积柱形图"视觉对象，X 轴勾选"会员表"中的"年龄分组"字段、Y 轴勾选"会员数量"度量值，图例勾选"会员表"中的"性别"字段，如图 7-16 所示。

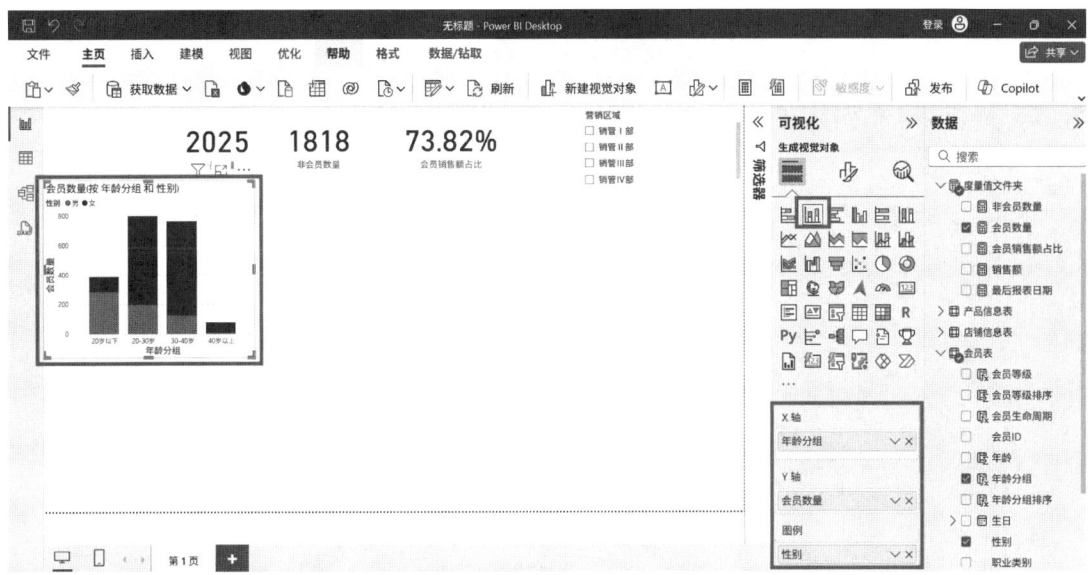

图 7-16　堆积柱形图呈现会员年龄与性别分布

4. 以树状图呈现会员职业分布

步骤：在报表界面"可视化"中选择"树状图"视觉对象，类别勾选"会员表"中的"职业类别"字段、值勾选"会员数量"度量值，如图 7-17 所示。

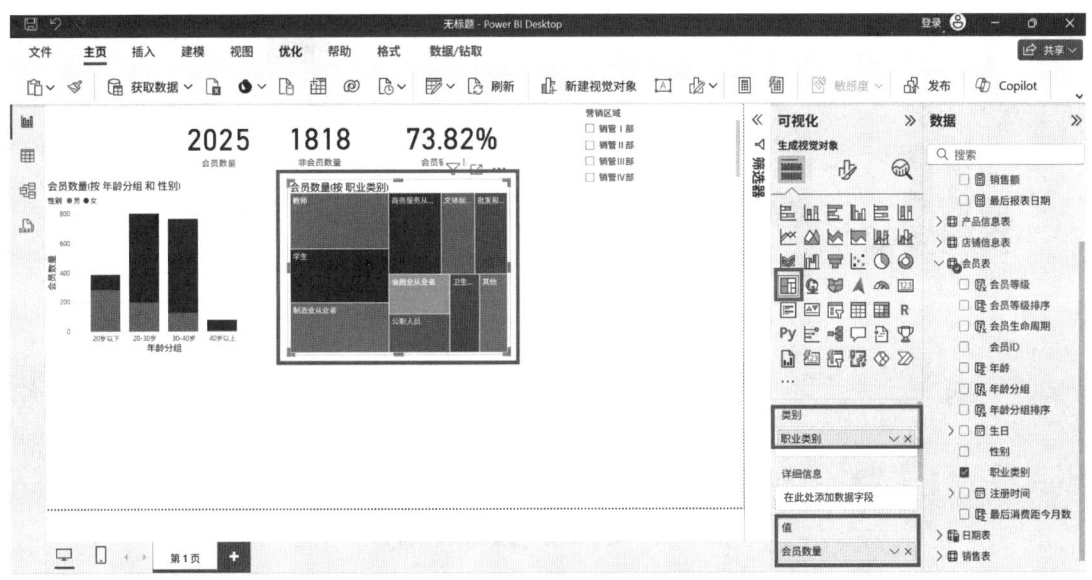

图 7-17　树状图呈现会员职业分布

5. 以文字云呈现会员产品偏好

步骤 1：在可视化窗格中点击"从文件导入视觉对象"，选择文字云视觉对象并导入，如图 7-18 所示。

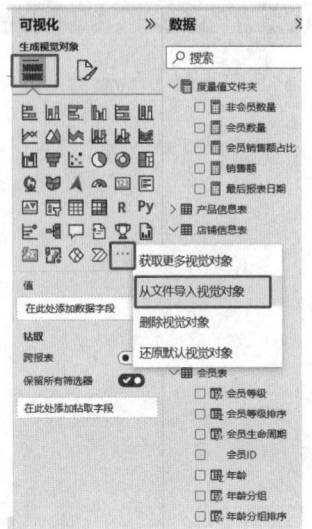

图 7-18　从文件导入视觉对象

步骤 2：选择"文字云"视觉对象，"类别"选择"产品信息表"中"产品名称"字段，"值"选择"会员数量"度量值，如图 7-19 所示。

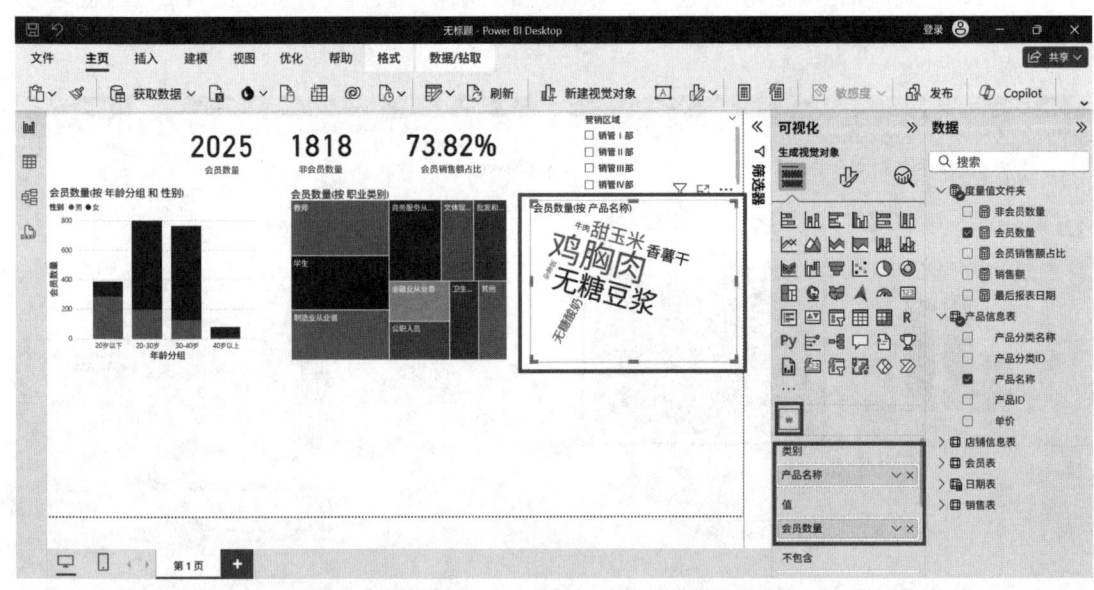

图 7-19　文字云呈现会员产品偏好

6. 以环形图呈现会员生命周期

步骤：在报表界面"可视化"中选择"环形图"视觉对象，"图例"勾选字段"会员表"中的"会员生命周期"，"值"勾选"会员数量"，如图 7-20 所示。

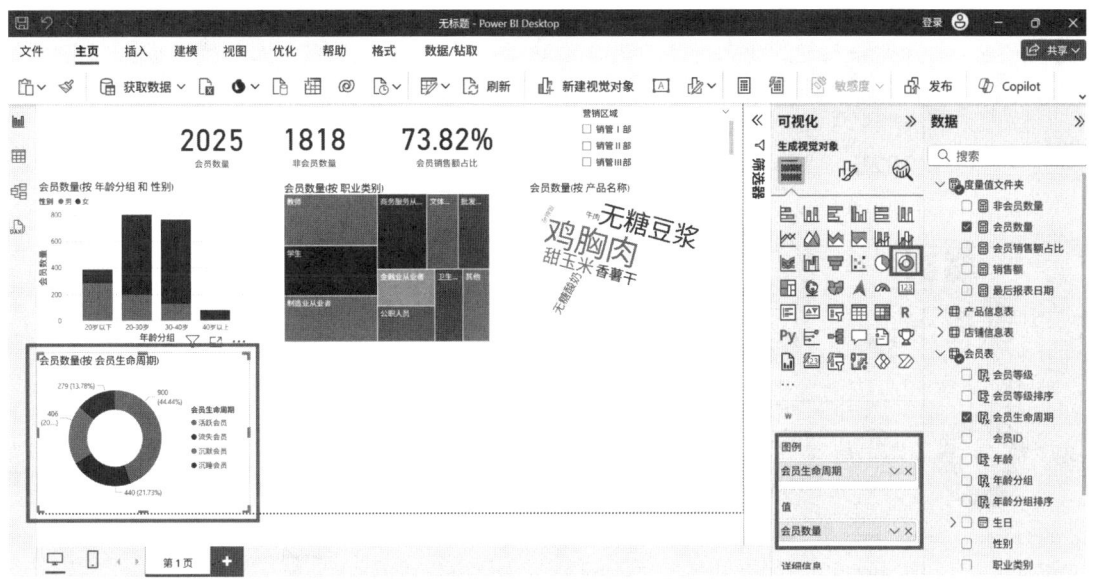

图 7-20　以环形图呈现会员生命周期

7. 以堆积条形图呈现会员等级分布

步骤：在报表界面"可视化"中选择"堆积条形图"视觉对象，Y 轴勾选字段"会员表"中的"会员等级"、X 轴勾选度量值"会员数量"，并点击向下箭头选择"将值显示为—占总计的百分比"，完成会员等级分布的堆积条形图，如图 7-21 所示。

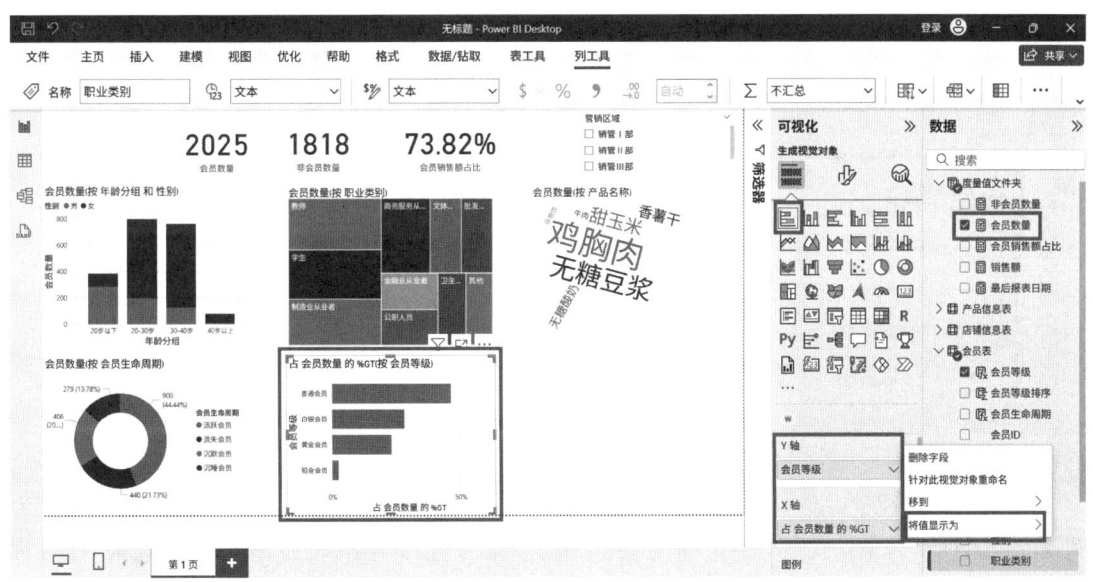

图 7-21　以堆积条形图呈现会员等级分布

8. 以桑基图呈现不同等级会员分流情况

步骤：在视觉对象中点击"从文件导入视觉对象"，导入桑基图视觉对象。选择"桑基图"视觉对象，源选择"会员表"中的"会员等级"字段，目标选择"会员生命周期"，如图 7-22 所示。

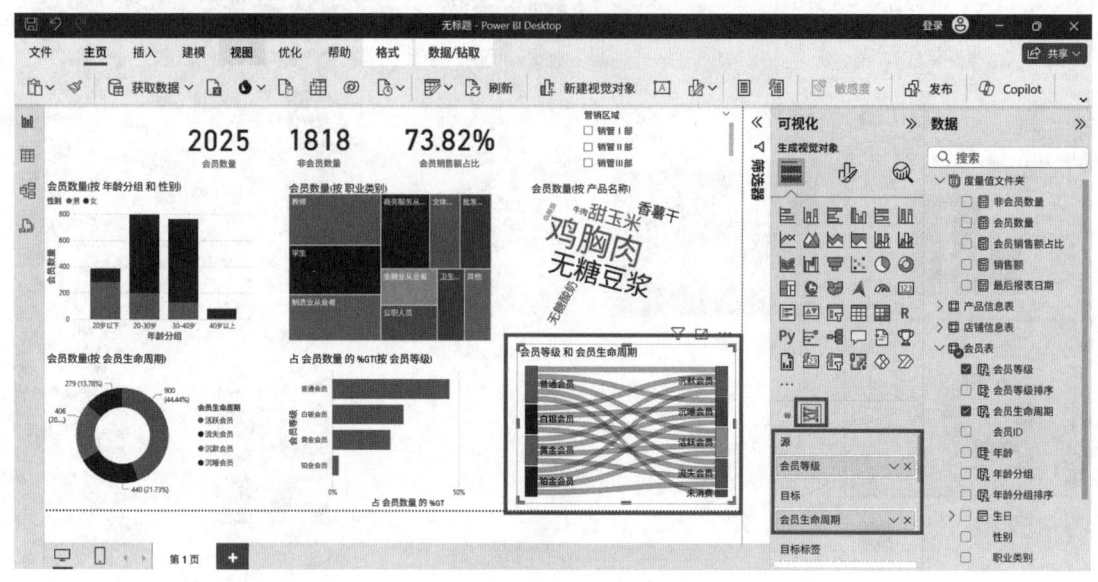

图 7-22　以桑基图呈现不同等级会员分流情况

9. 对报表页进行美化命名

步骤1：选择"插入—文本框"，输入"会员特征分析"，重命名"第1页"为"会员特征分析"，如图7-23所示。

图 7-23　插入文本框

步骤2：运用视觉对象格式按钮对每个视觉对象进行美化，以会员年龄性别堆积柱形图为例，在"设置视觉对象格式"中选择"常规"，将标题修改为"会员年龄性别分布"，在"效果"中将背景颜色修改为：♯C8C8C8，透明度为66；修改视觉对象"列"的颜色，男为：♯4A588A，女为：♯ECC846，完成该堆积柱形图的美化，同理对其他视觉对象进行美化，如图7-24所示。

步骤3：选中画布空白区域，修改画布背景颜色为：♯CCCCCC，透明度为52，如图7-25所示。

图 7-24　设置视觉对象格式

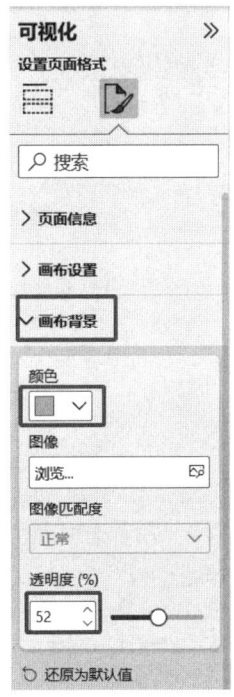

图 7-25　设置画布背景

最终美化后的面板如图 7-26 所示。

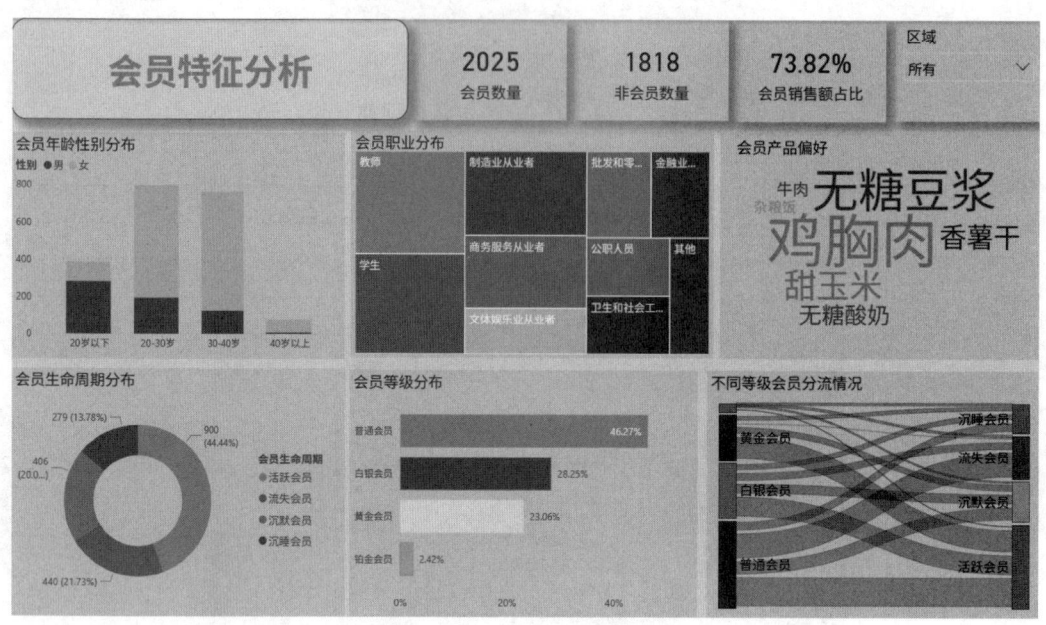

图 7-26 会员特征分析可视化效果

二、会员新增及流失情况可视化

(一) 新建报表页

步骤：新建"会员新增及流失情况分析"报表页。

(二) 数据建模

步骤 1：在模型视图中，点击"主页—新建度量值"，建立以下度量值：

```
新会员数量 =
VAR X =
    FILTER(
        VALUES('销售表'[会员 ID]),
        '销售表'[会员 ID]<>BLANK()
    )
VAR New =
    FILTER(
X,
        VAR FirstTime =
            CALCULATE(MIN('销售表'[订单日期]),ALL('日期表'))
        RETURN
FirstTime IN VALUES('日期表'[Date])
    )
RETURN
    CALCULATE(DISTINCTCOUNT('销售表'[会员 ID]),New)


新会员销售额 =
```

```
VAR X =
    FILTER(
        VALUES('销售表'[会员 ID]),
        '销售表'[会员 ID]<>BLANK()
    )
VAR New =
    FILTER(
X,
        VAR FirstTime =
            CALCULATE(MIN('销售表'[订单日期]),ALL('日期表'))
        RETURN
FirstTime IN VALUES('日期表'[Date])
    )
RETURN
    CALCULATE([销售额],New)

新会员占比 = DIVIDE([新会员数量],[会员数量])

老会员数量 =
VAR X =
    FILTER(
        VALUES('销售表'[会员 ID]),
        '销售表'[会员 ID]<>BLANK()
    )
VAR Old =
    FILTER(
X,
        VAR FirstTime =
            CALCULATE(MIN('销售表'[订单日期]),ALL('日期表'))
        RETURN
FirstTime<MIN('日期表'[Date])
    )
RETURN
    CALCULATE(DISTINCTCOUNT('销售表'[会员 ID]),Old)

非会员销售额 = CALCULATE([销售额],'销售表'[会员 ID] = BLANK())

近 6 个月新增会员 = CALCULATE([新会员数量],
MONTH('会员表'[注册时间])>6)

近 6 个月新增会员比率 = DIVIDE([近 6 个月新增会员],[会员数量])

近 6 个月流失时间节点 = CALCULATE(
```

```
        EOMONTH(MAX('销售表'[订单日期]),6),
    REMOVEFILTERS('日期表'))
```

```
近6个月流失会员 =
VAR LastTime =
    CALCULATE(
        MAX('日期表'[Date]),
        ALLSELECTED('日期表')
    )
VAR X =
    CALCULATETABLE(
        ADDCOLUMNS(
            VALUES('销售表'[会员ID]),
            "LostDate",[近6个月流失时间节点]
        ),
        ALLSELECTED('会员表'),
        '日期表'[Date]<= LastTime
    )
VAR Lost =
    FILTER(
        X,
        [LostDate]
            IN VALUES('日期表'[Date])
    )
VAR Result =
    COUNTROWS(Lost)
RETURN
    Result
```

近6个月流失会员比率 = DIVIDE([近6个月流失会员],[会员数量])

7-4 度量值文件夹分类

步骤2：为了与后续分析时使用的度量值区分开，便于查看，在模型视图界面，选中度量值文件夹中的相关度量值，在"属性"中将同一分析主题下的度量值放置在同一文件夹下，同时通过拖拽度量值将其调整至不同文件夹下。

（三）数据可视化

1. 以折线和簇状柱形图呈现新会员数量及占比

步骤：在报表界面，选择"可视化"中的"折线和簇状柱形图"视觉对象，X轴勾选字段"日期表"中的"月"，列Y轴勾选度量值"新会员数量"，行Y轴勾选度量值"新会员占比"，显示新会员数量及占比，如图7-27所示。

2. 以百分比堆积柱形图呈现不同会员数量

步骤：选择报表界面"可视化"中的"百分比堆积柱形图"视觉对象，X轴勾选字段"日期表"中的"月"，Y轴勾选度量值"新会员数量""非会员数量""老会员数量"，完成新会员、老会员、非会员数量占比堆积柱形图，如图7-28所示。

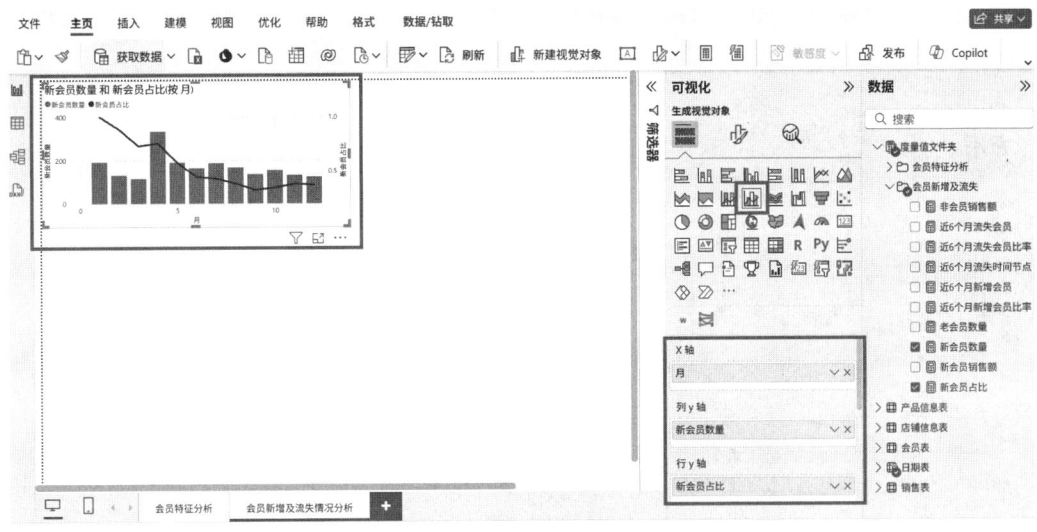

图 7-27　以折线和簇状柱形图呈现新会员数量及占比

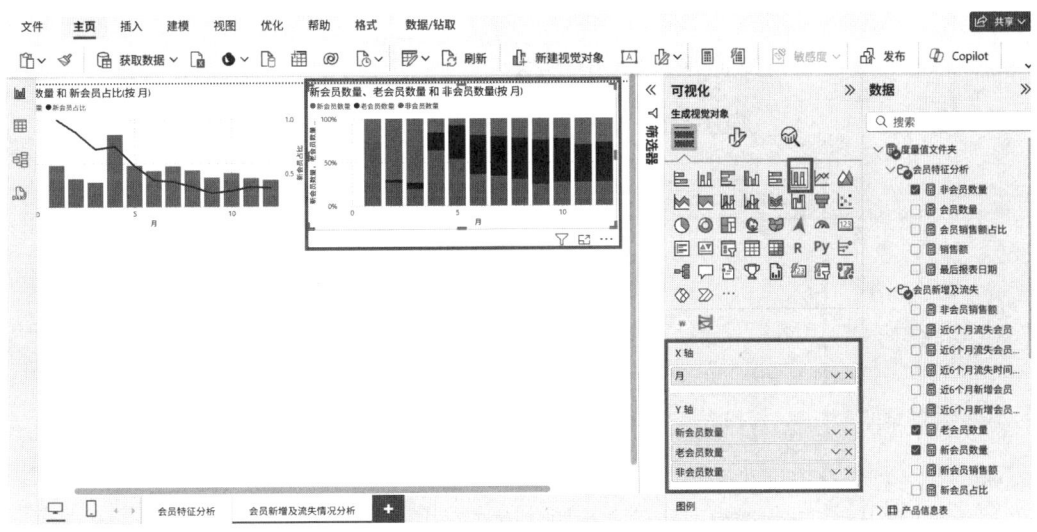

图 7-28　以百分比堆积柱形图呈现不同会员数量

3. 以散点图呈现不同店铺会员数量及销售额

步骤：在报表界面，选择"散点图"视觉对象，X 轴勾选字段"店铺信息表"中的"店铺名称"，Y 轴勾选度量值"会员数量"，大小勾选度量值"销售额"完成不同店铺会员数据及销售额散点图，如图 7-29 所示。

4. 以散点图呈现新增与流失会员比率

步骤 1：选择右侧"可视化"中的"散点图"，X 轴勾选字段度量值"近 6 个月新增会员比率"，Y 轴勾选字段度量值"近 6 个月流失会员比率"，图例勾选"店铺名称"，如图 7-30 所示。

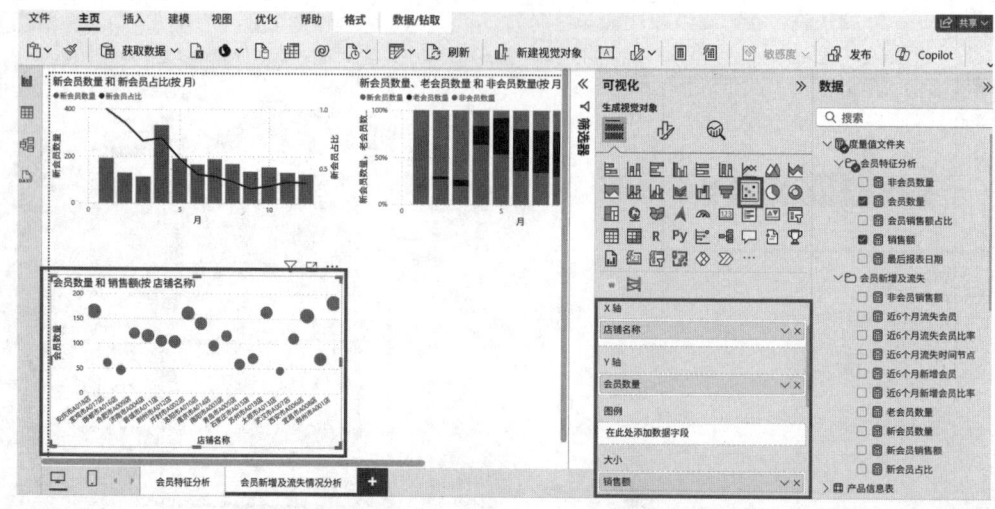

图 7-29 以散点图呈现不同店铺会员数量及销售额

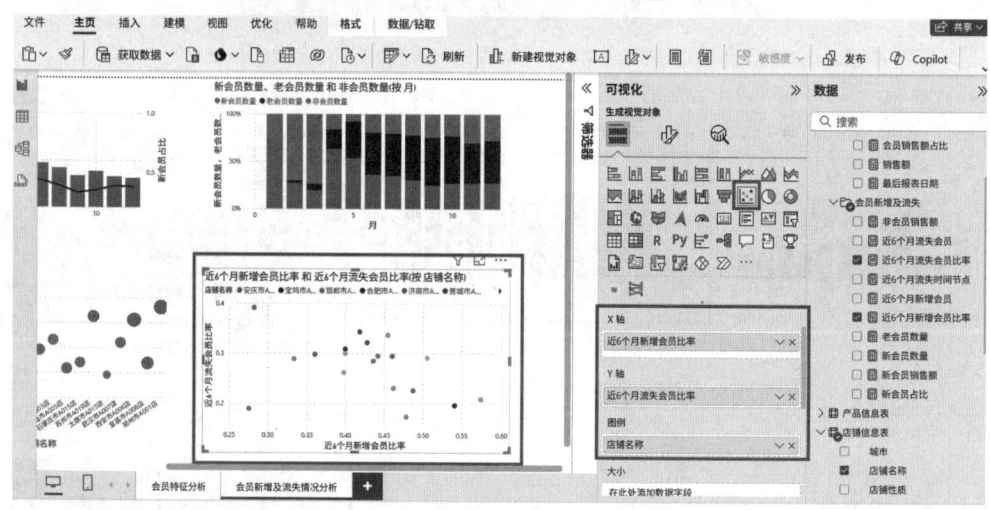

图 7-31 添加平均值线 1、平均值线 2

图 7-30 制作散点图

步骤 2：对散点图添加平均值线以进一步分析数据，如图 7-31 所示。

5. 以切片器筛选店铺和月度

步骤：选择报表界面"可视化"窗格中的"切片器"视觉对象，字段勾选"店铺信息表"中的"区域"及"店铺名称"，添加店铺切片器；同理也可添加月度切片器。

6. 对可视化面板进行美化设置

相关图表完成后，可自主对可视化面板进行美化设置，美化后的会员新增及流失情况分析可视化效果，如图 7-32 所示。

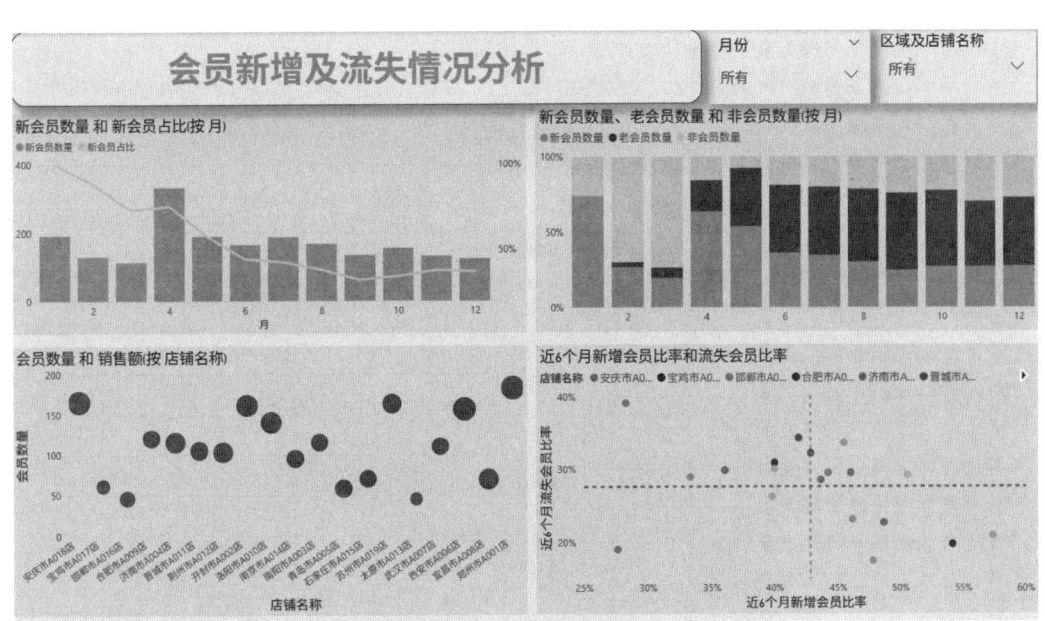

7-5 会员新增及流失看板展示

图 7-32 会员新增及流失情况分析可视化效果

三、会员复购及转化数据可视化

(一) 新建报表页
步骤：新建"会员复购及转化情况分析"报表页。

(二) 数据建模
1. 新建列

步骤1：切换至表格视图，选择"会员表"，点击"表工具—新建列"，创建以下列：

消费次数 = [订单数量]

首次消费日期 = CALCULATE(MIN('销售表'[订单日期]))

二次消费日期 =
VAR X =
    FILTER(VALUES('销售表'[订单日期]),'销售表'[订单日期]>[首次消费日期])
RETURN
    CALCULATE(MIN('销售表'[订单日期]),X)

首次与二次消费间隔天数 = DATEDIFF([首次消费日期],[二次消费日期],DAY)

首次与二次消费间隔分组 = SWITCH(
    TRUE(),
    [首次与二次消费间隔天数] = BLANK(),"未产生二次消费",
    [首次与二次消费间隔天数]<= 30,"[0,30]",

[首次与二次消费间隔天数]<=60,"(30,60]",
　　[首次与二次消费间隔天数]<=90,"(60,90]",
　　[首次与二次消费间隔天数]<=120,"(90,120]",
　　[首次与二次消费间隔天数]<=150,"(120,150]",
　　[首次与二次消费间隔天数]<=180,"(150,180]",
"(180,+∞)")

首次与二次消费间隔分组排序 = SWITCH(
TRUE(),
　　[首次与二次消费间隔天数]=BLANK(),1,
　　[首次与二次消费间隔天数]<=30,2,
　　[首次与二次消费间隔天数]<=60,3,
　　[首次与二次消费间隔天数]<=90,4,
　　[首次与二次消费间隔天数]<=120,5,
　　[首次与二次消费间隔天数]<=150,6,
　　[首次与二次消费间隔天数]<=180,7,
8)

　　步骤2：创建完成后，选择"首次与二次消费间隔分组"列，点击"列工具—按列排序—首次与二次消费间隔分组排序"，如图7-33所示，方便后续可视化制作时按照分组顺序进行排序。

图7-33　按列排序

2. 新建度量值

　　步骤：切换至模型视图，点击"主页—新建度量值"，选中度量值文件夹，新建以下度量值：
订单数量 = DISTINCTCOUNT('销售表'[订单编号])

会员复购人数 =

```
COUNTROWS(
    FILTER(
        VALUES('销售表'[会员 ID]),
        '销售表'[会员 ID]<>BLANK()
        &&[订单数量]>=2
    )
)
```

复购率 = DIVIDE([会员复购人数],[会员数量])

近3个月复购率 =
VAR D1 =
    STARTOFMONTH('日期表'[Date])
VAR D2 =
    DATEADD(D1,-2,MONTH)
VAR D3 =
    ENDOFMONTH('日期表'[Date])
VAR T1 =
    DATESBETWEEN('日期表'[Date],D2,D3)
VAR TF =
    IF(
        CALCULATE(MAX('销售表'[订单日期]),ALL('日期表'))>=D3,
        TRUE(),
        FALSE()
)
RETURN
    IF(TF,CALCULATE([复购率],T1),BLANK())

会员消费次数 1+ = CALCULATE([会员数量],'会员表'[消费次数]<>BLANK())

会员消费次数 2+ = CALCULATE([会员数量],'会员表'[消费次数]>1)

会员消费次数 3+ = CALCULATE([会员数量],'会员表'[消费次数]>2)

会员消费次数 4+ = CALCULATE([会员数量],'会员表'[消费次数]>3)

会员消费次数 5+ = CALCULATE([会员数量],'会员表'[消费次数]>4)

首次与二次消费间隔分组累计人数占比 =
VAR Days =
    SELECTEDVALUE('会员表'[首次与二次消费间隔分组排序])
VAR X =
    CALCULATE(

```
        [会员数量],
        FILTER(
            ALL('会员表'),
            '会员表'[首次与二次消费间隔分组排序]<= Days
&&'会员表'[二次消费日期]<>BLANK()
        )
    )
VAR Y =
    CALCULATE(
        [会员数量],
        FILTER(ALL('会员表'),'会员表'[二次消费日期]<>BLANK())
    )
RETURN
    DIVIDE(X, Y)
```

(三) 数据可视化

1. 以漏斗图呈现会员消费次数转化情况

步骤：在"报表"界面，选择"漏斗图"视觉对象。"值"依次勾选"会员数量""会员消费次数 1+""会员消费次数 2+""会员消费次数 3+""会员消费次数 4+""会员消费次数 5+"，构建会员消费次数转化漏斗图。同时设置视觉对象格式中的数据标签，标签内容选择"上一个的百分比"，标题修改为"会员消费次数转化漏斗图"如图 7-34、图 7-35 和图 7-36 所示。

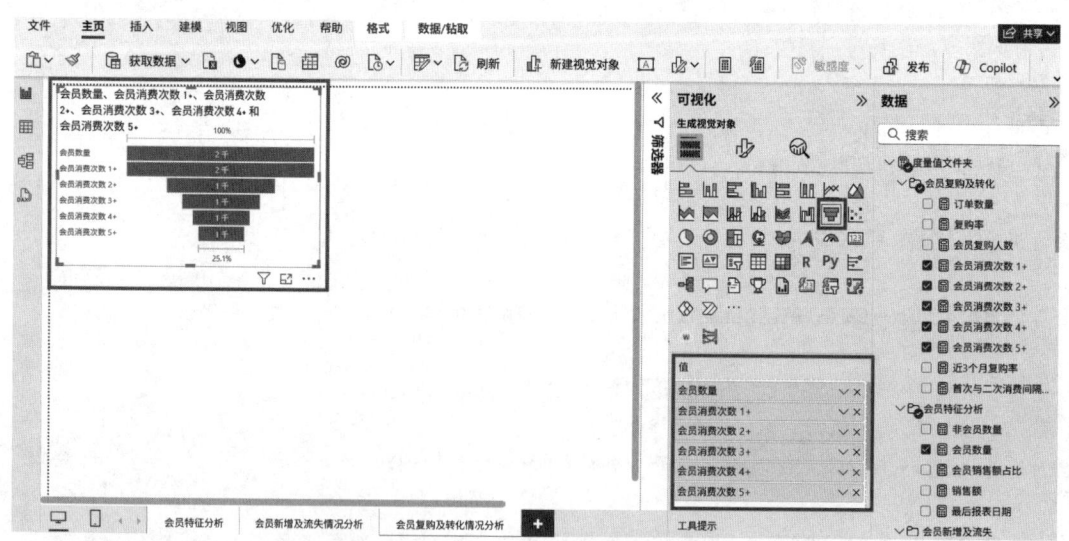

图 7-34 制作漏斗图

2. 以切片器筛选区域和店铺名称

步骤：选择"可视化"窗格中的"切片器"，同时添加"区域"及"店铺名称"字段，完成区域—店铺名称切片器。

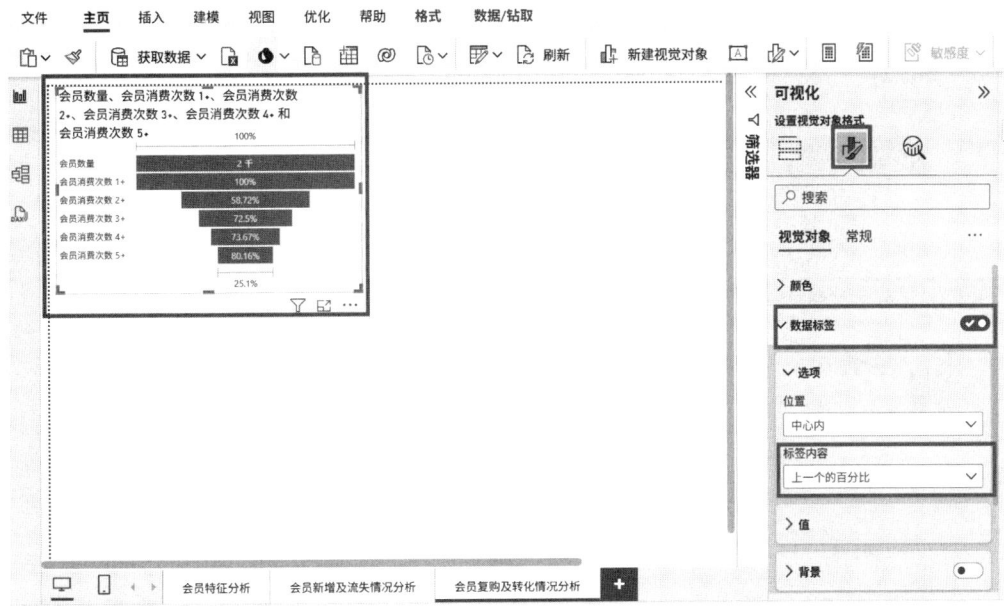

图 7-35　调整漏斗图标签内容

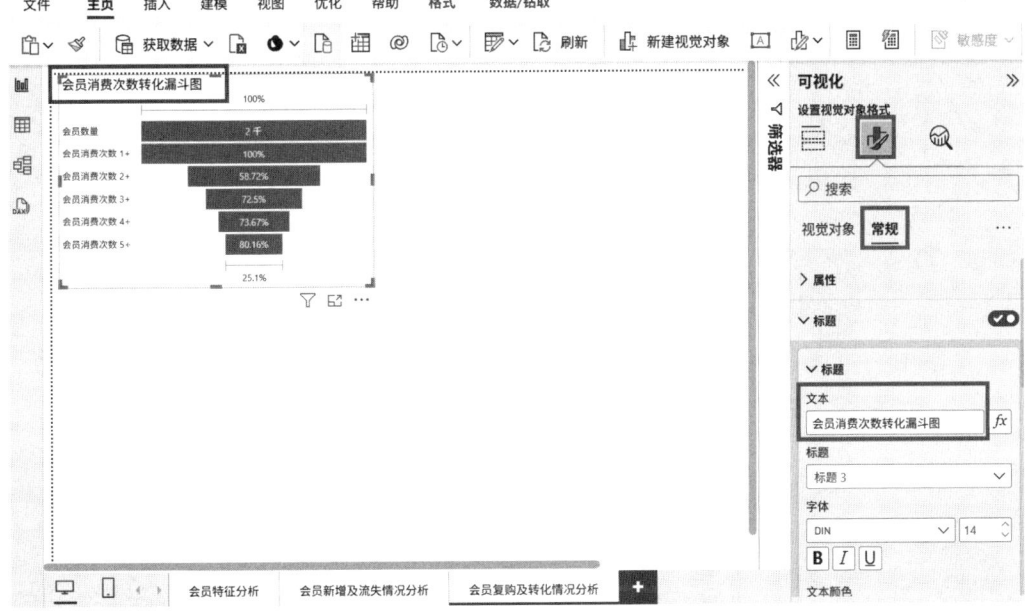

图 7-36　修改漏斗图标题

3. 以折线和簇状柱形图呈现会员首次与二次消费间隔时间

步骤 1：选择右侧"可视化"中的"折线和簇状柱形图"，X 轴勾选字段"首次与二次消费间隔分组"，列 y 轴勾选度量值"会员数量"，行 y 轴勾选"首次与二次消费间隔分组累计人数占比"，完成会员首次与二次消费间隔时间的折线和簇状柱形图，如图 7-37 所示。

步骤 2：在视觉对象格式中打开数据标签，在筛选器中剔除"空白"和"未产生二次消费"分组项，如图 7-38 所示。

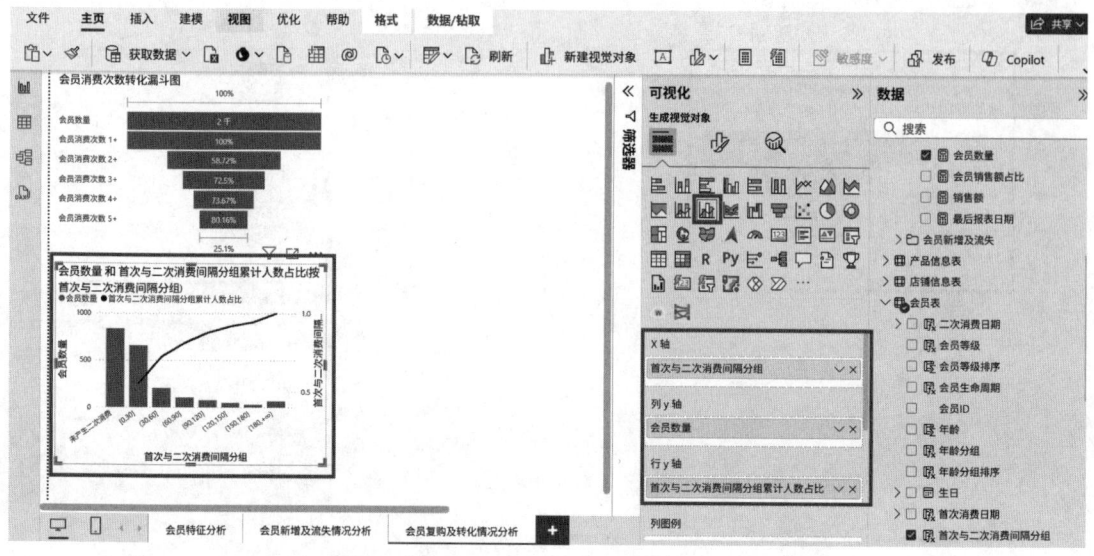

图 7-37　以折线和簇状柱形图呈现会员首次与二次消费间隔时间

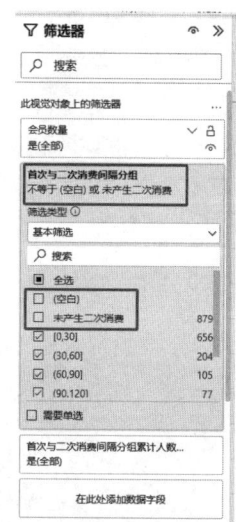

图 7-38　剔除"空白"和"未产生二次消费"分组项

4. 以折线图呈现近 3 个月复购率

步骤：选择"折线图"视觉对象，X 轴勾选"日期表"中"月"，Y 轴勾选度量值"近 3 个月复购率"，完成复购率随月度变化折线图，如图 7-39 所示。

5. 以表呈现会员消费时间

步骤 1：为了清晰了解各店铺会员首次消费时间距今时间情况，可建立以下度量值：

会员首次消费日期 = CALCULATE(MIN('销售表'[订单日期]),ALL('日期表'))

会员首次消费距今天数 = DATEDIFF([会员首次消费日期],[最后报表日期],DAY)

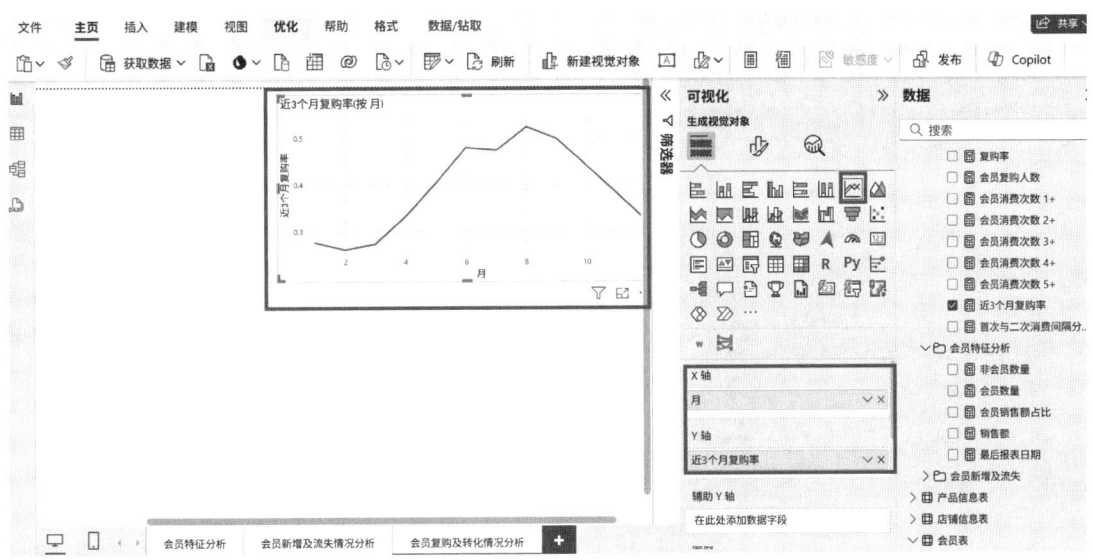

图 7-39 以折线图呈现近 3 个月复购率

以表呈现会员消费时间,如图 7-40 所示。

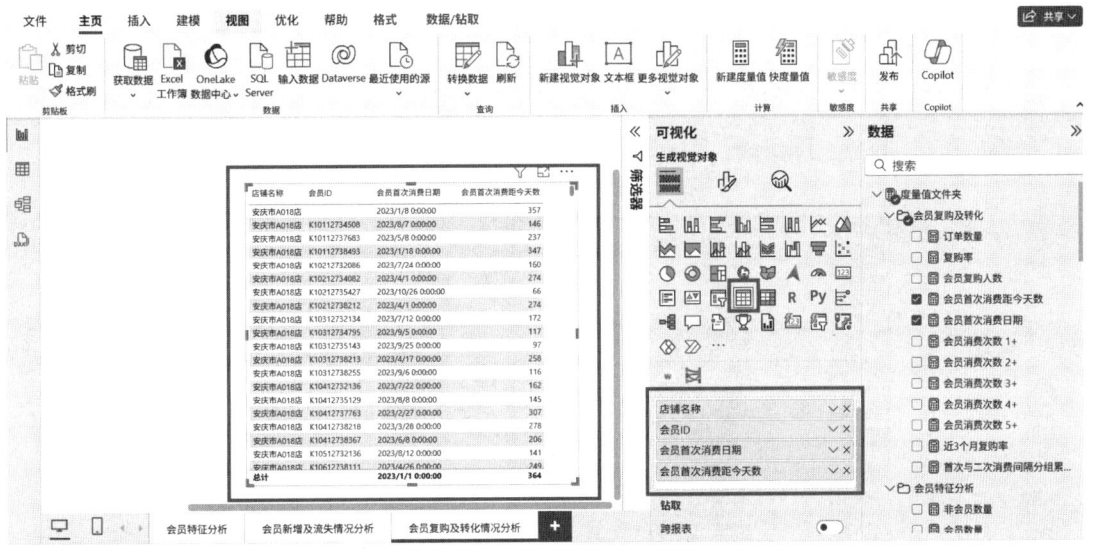

图 7-40 以表呈现会员消费时间

步骤 2:通过设置参数进行首次消费到二次消费阈值提醒。新建参数,最小值为 1,最大值为 180,如图 7-41 所示,随后新建度量值:会员首次消费阈值判断=IF([会员首次消费距今天数]>='参数'[参数值],1)。

步骤 3:在会员首次消费详情表中,添加筛选条件"会员首次消费阈值判断等于 1",将参数设置为"90",即筛选出首次消费距今超过 90 天的各店铺会员 ID 明细,可据此对该部分会员 ID 采取二次消费激活措施,如图 7-42 所示。

图 7-41 新建参数

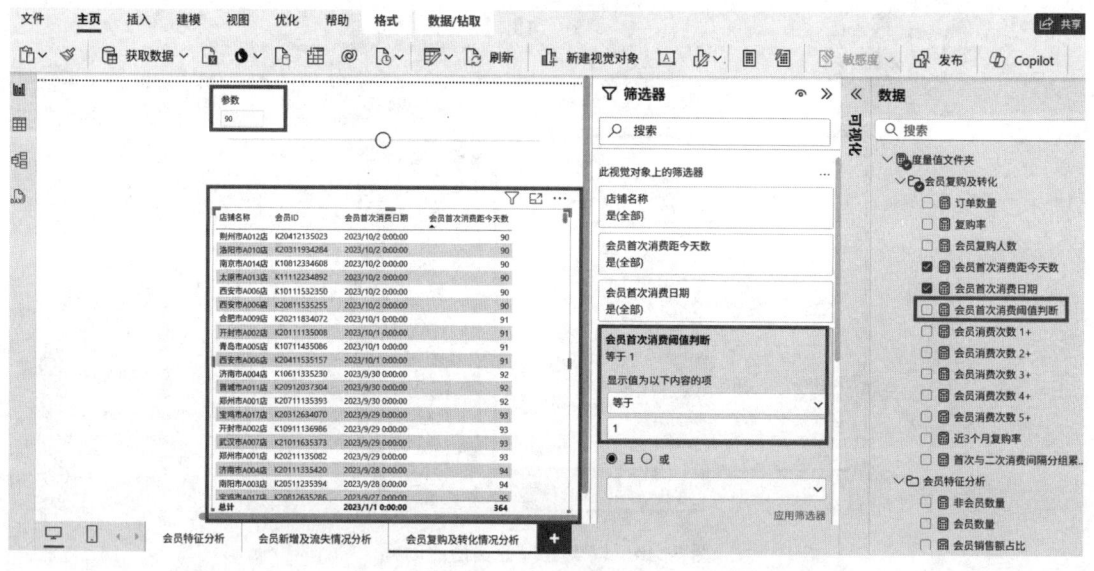

图 7-42 设置参数

6. 对可视化面板进行美化设置

相关图表完成后,可自主对可视化面板进行美化设置,效果如图 7-43 所示。

四、会员 RFM 模型分析可视化

会员 RFM 模型分析通过分析客户的最近一次消费时间间隔(recency)、消费次数

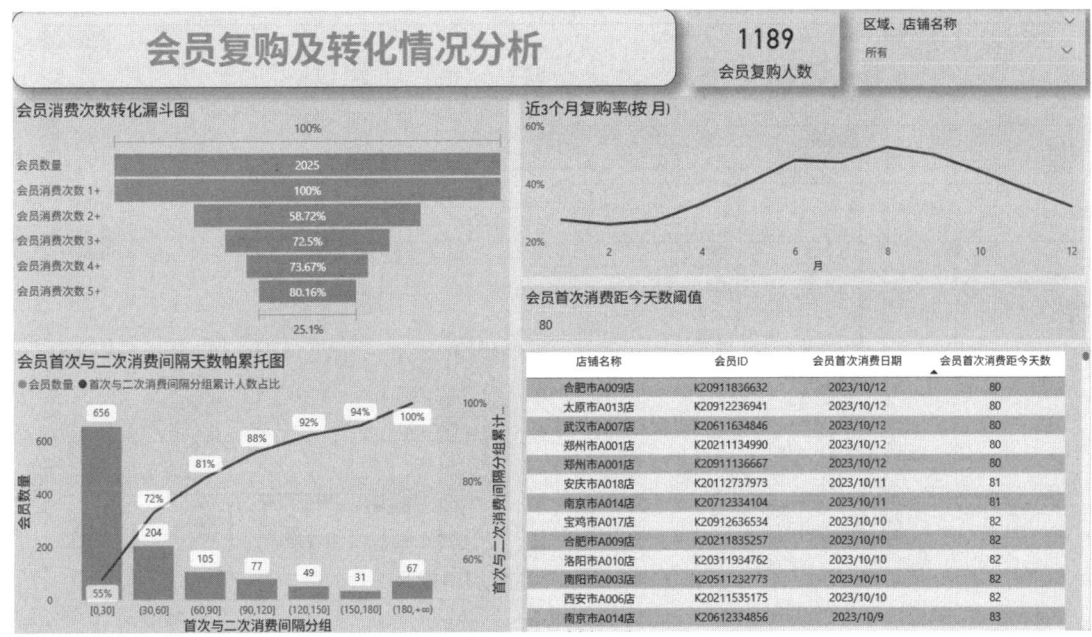

图 7-43 会员复购及转化情况分析可视化效果

(frequency)和消费金额(monetary)三个关键指标来评估客户价值。最近一次消费时间间隔指标反映了客户最近一次购买产品或服务的时间。一般来说,最近一次消费时间距离现在越近的客户,其消费意愿和活跃度可能越高。消费次数指标表示客户在一段时间内购买产品或服务的次数。消费次数越高,说明客户对企业的产品或服务越满意,忠诚度也越高。消费金额指标反映了客户在一段时间内的消费金额。消费金额越高,说明客户对企业的产品或服务越有价值,同时也意味着客户愿意为企业的产品或服务支付更多的费用。企业对会员进行 RFM 模型分析,能够综合评估会员的价值和创利能力,据此针对不同层次的会员提供个性化的服务和营销策略,以保持和提高客户满意度和忠诚度。

(一)新建报表页

步骤:新建会员 RFM 模型分析报表页。

(二)数据建模

1) 输入"RFM 类型表"

步骤 1:在报表视图界面,点击"主页—输入数据",输入"RFM 类型表",并将表名称命名为"RFM 类型表",如图 7-44 所示。

步骤 2:点击"主页—转化数据",进入 Power Query 编辑器,查看 RFM 类型表中"RFM"列数据格式是否为文本,若不是,将其更改为"文本"格式。

2) 新建度量值

步骤:返回至模型视图,点击"主页—新建度量值",新建以下度量值:

订单最新日期 = MAXX(ALL('销售表'),'销售表'[订单日期])
//求出订单最新日期

F 消费次数 = DISTINCTCOUNT('销售表'[订单编号])

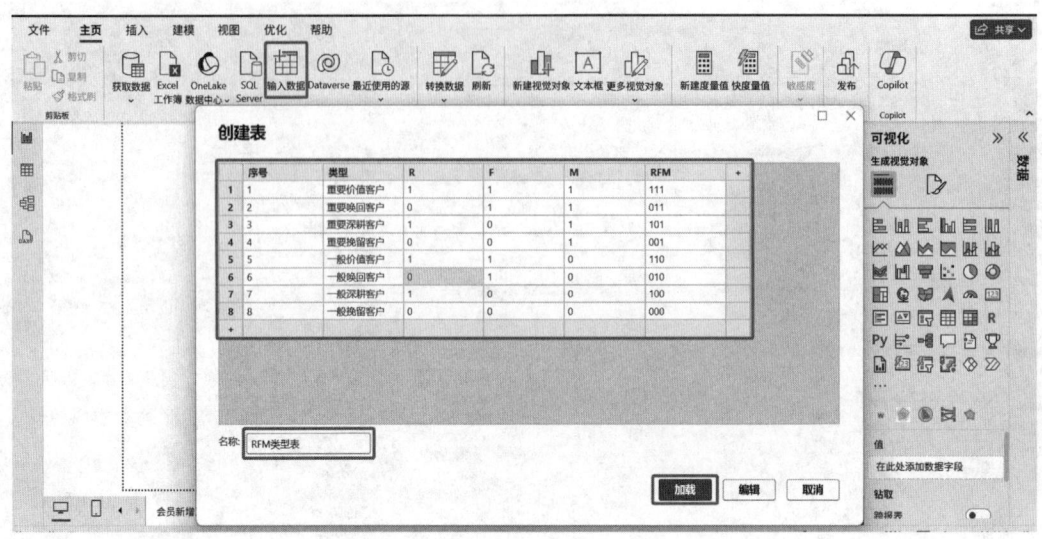

图 7-44　输入"RFM 类型表"

F 平均消费次数 =
AVERAGEX(
　　ALLSELECTED('会员表'),
　　[F 消费次数]
)

M 消费金额 = SUM('销售表'[订单金额])

M 平均消费金额 =
AVERAGEX(
　　ALLSELECTED('会员表'),
　　[M 消费金额]
)

R 最后消费距今月数 =
VAR LastPurchase = CALCULATE(MAX('销售表'[订单日期]))
RETURN DATEDIFF(LastPurchase,[最后报表日期],MONTH)

R 平均间隔月数 =
AVERAGEX(
　　ALLSELECTED('会员表'),
　　'会员表'[最后消费距今月数]
)
//对 R 指标采用二分法,本案例以常用的平均值为分界点

F 值 =
IF(
    ISBLANK([F 消费次数]),
BLANK(),
    IF([F 消费次数]>[F 平均消费次数],1,0)
)

M 值 =
IF(
    ISBLANK([M 消费金额]),
BLANK(),
    IF([M 消费金额]>[M 平均消费金额],1,0)
)

R 值 =
IF(
    ISBLANK([R 最后消费距今月数]),
BLANK(),
    IF([R 最后消费距今月数]<[R 平均间隔月数],1,0)
)

RFM 值 = [R 值]&[F 值]&[M 值]

RFM 类型 =
VAR RFM = [RFM 值]
RETURN
CALCULATE(
    VALUES('RFM 类型表'[类型]),
    'RFM 类型表'[RFM] = RFM
)

3) 新建列

步骤 1:切换至表格视图,选择"会员表",点击"主页—新建列",创建以下列:
RFM 等级 ='度量值文件夹'[RFM 类型]

消费次数分组 = SWITCH(
    TRUE(),
    [消费次数]=BLANK(),"未消费",
    [消费次数]=1,"1 次",
    [消费次数]=2,"2 次",
    [消费次数]=3,"3 次",
    [消费次数]=4,"4 次",
    "5 次+")

新建列—RFM 等级，如图 7-45 所示。

图 7-45　新建列—RFM 等级

步骤 2：选择"销售表"，点击"主页—新建列"，创建以下"正常售价"列：
正常售价 = '销售表'[数量] * RELATED('产品信息表'[单价])

新建列—正常售价，如图 7-46 所示。

图 7-46　新建列—正常售价

步骤 3：新建度量值：售价金额＝SUM('销售表'[正常售价])。
步骤 4：选择"会员表"，点击"主页—新建列"，创建以下列：
折扣率 = DIVIDE([销售额],[售价金额])
折扣种类 = SWITCH(
　　TRUE(),
　　[折扣率] = 1,"无折扣",

[折扣率]<=0.75,"高折扣",
[折扣率]>0.75
&&[折扣率]<=0.9,"中折扣",
"低折扣")

新建列—折扣种类，如图 7-47 所示。

图 7-47　新建列—折扣种类

(三) 数据可视化

1. 以卡片图呈现 RFM 核心指标

步骤：在"报表"界面，选择"卡片图"视觉对象。添加度量值"F 平均消费次数"，完成平均消费次数卡片图，如图 7-48 所示，同理完成平均消费金额、平均间隔月数卡片图。

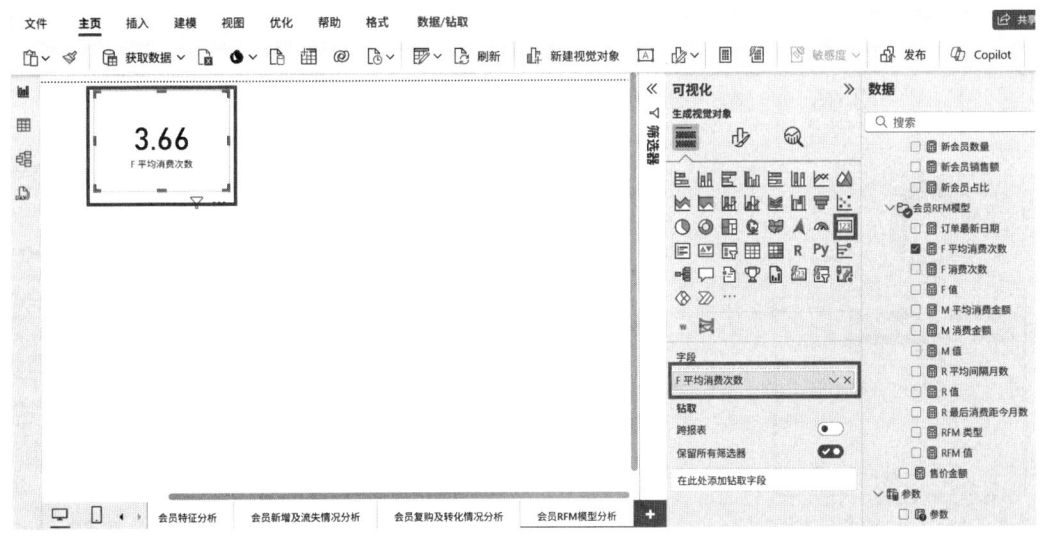

图 7-48　以卡片图呈现 RFM 核心指标

2. 以环形图呈现不同 RFM 等级会员数量占比

步骤:在"报表"界面,选择"环形图"视觉对象。"图例"勾选"会员表"字段"RFM 等级","值"勾选度量值"会员数量",完成不同 RFM 等级会员数量环形图,如图 7-49 所示。

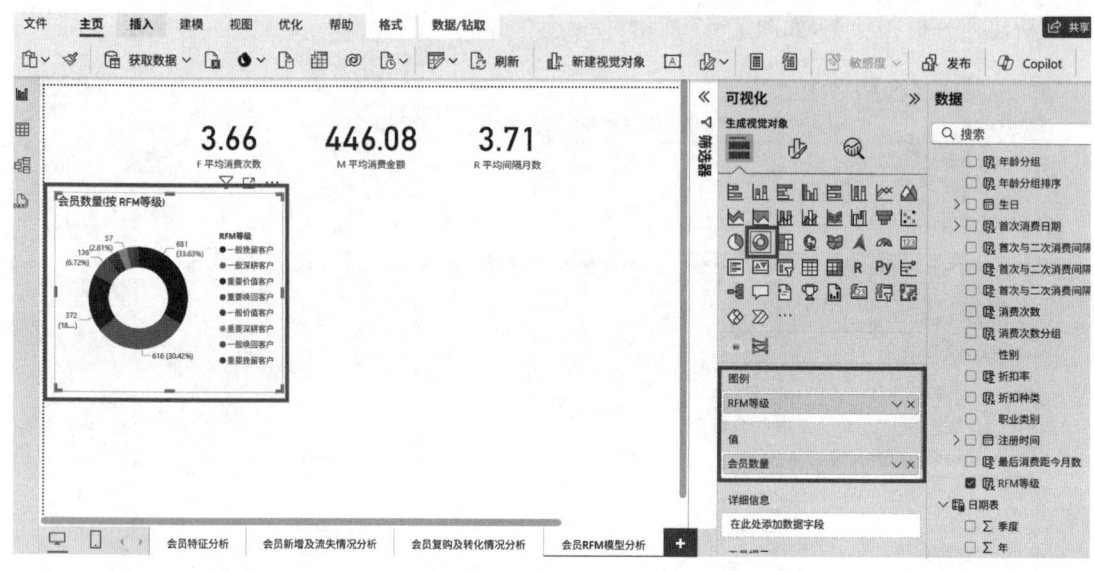

图 7-49　以环形图呈现不同 RFM 等级会员数量占比

3. 以簇状条形图呈现不同 RFM 等级会员销售额占比

步骤:在"报表"界面,选择"簇状条形图"视觉对象。Y 轴勾选"会员表"字段"RFM 等级",X 轴勾选度量值"销售额",同时将值显示为"占总计的百分比",筛选器"RFM 等级"不等于空白,完成不同 RFM 等级会员销售额占比簇状条形图,如图 7-50 所示。

图 7-50　以簇状条形图呈现不同 RFM 等级会员销售额占比

4. 以簇状柱形图呈现会员消费次数分布情况

步骤：在"报表"界面，选择"簇状柱形图"视觉对象。X轴勾选"会员表"字段"消费次数分组"，Y轴勾选度量值"会员数量""销售额"，将两者值均显示为"占总计的百分比"，如图 7-51 所示。同时，通过视觉对象右上角"更多选项"选择排列轴按消费次数分组以升序排列，如图 7-52 所示。

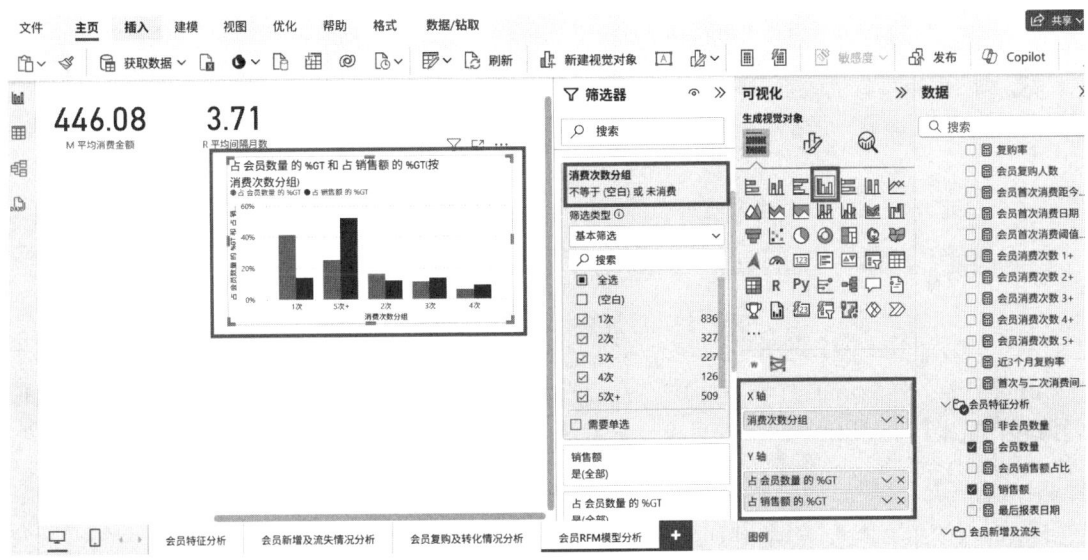

图 7-51 以簇状柱形图呈现会员消费次数分布情况

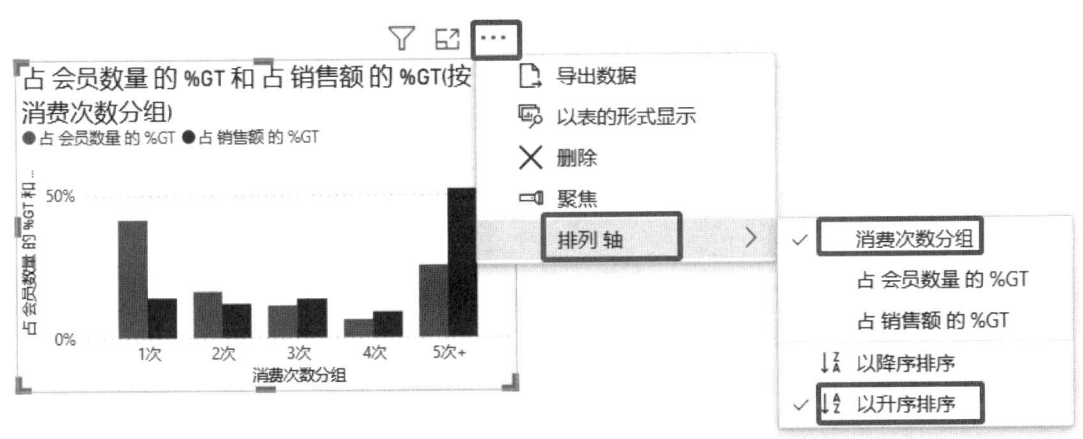

图 7-52 按消费次数分组升序排序

5. 以饼图呈现会员折扣种类分布

步骤：在"报表"界面，选择"饼图"视觉对象。"图例"勾选"会员表"字段"折扣种类"，"值"勾选度量值"会员数量"，如图 7-53 所示。

6. 以表呈现会员 RFM 等级

步骤：选择右侧的"可视化"中的"表"，"列"勾选字段"会员 ID""RFM 等级""F 消费次数"

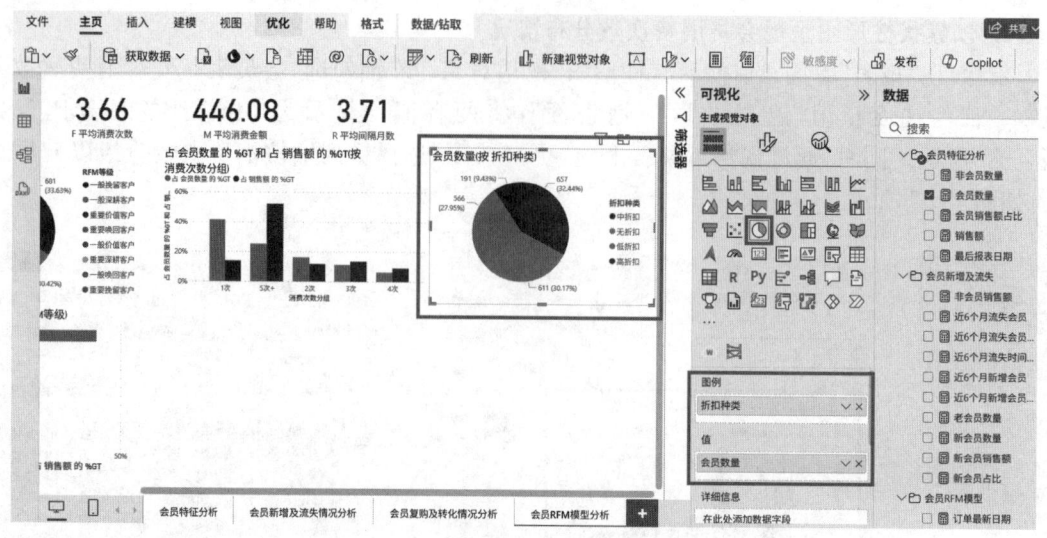

图 7-53 以饼图呈现会员折扣种类分布

"M 消费金额""R 最后消费距今月数""折扣种类",呈现不同价值会员的 RFM 等级及折扣偏好情况,如图 7-54 所示。

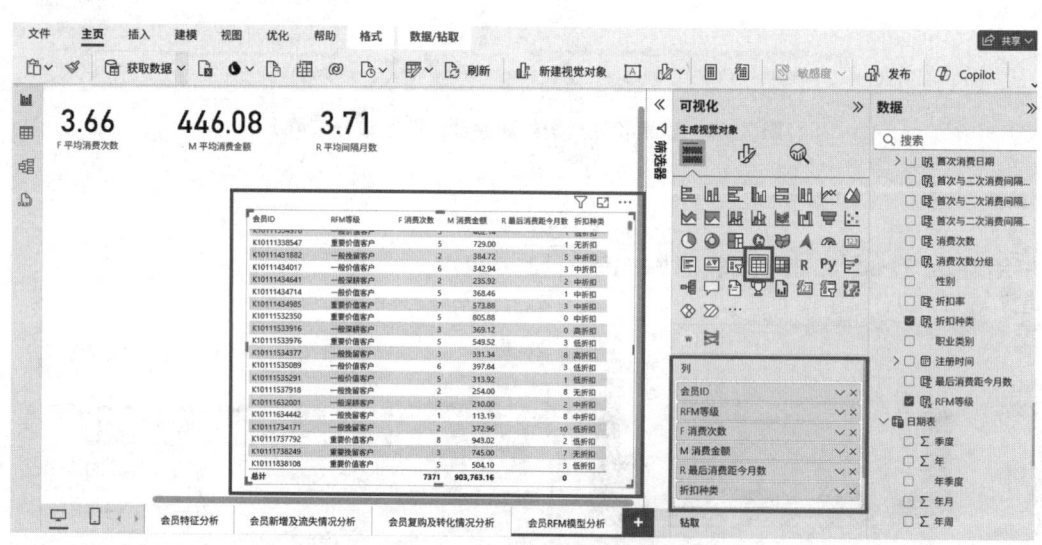

图 7-54 以表呈现会员 RFM 等级

7. 以切片器筛选区域和店铺

步骤:选择报表界面"可视化"窗格中的"切片器"视觉对象,字段勾选"店铺信息表"中的"区域"及"店铺名称",完成区域及店铺切片器。

8. 对可视化报表进行美化

相关图表完成后,可自主对可视化面板进行美化设置,效果如图 7-55 所示。

7-7 会员 RFM 模型看板展示

第七章 诊断性分析实训案例——会员数据可视化分析

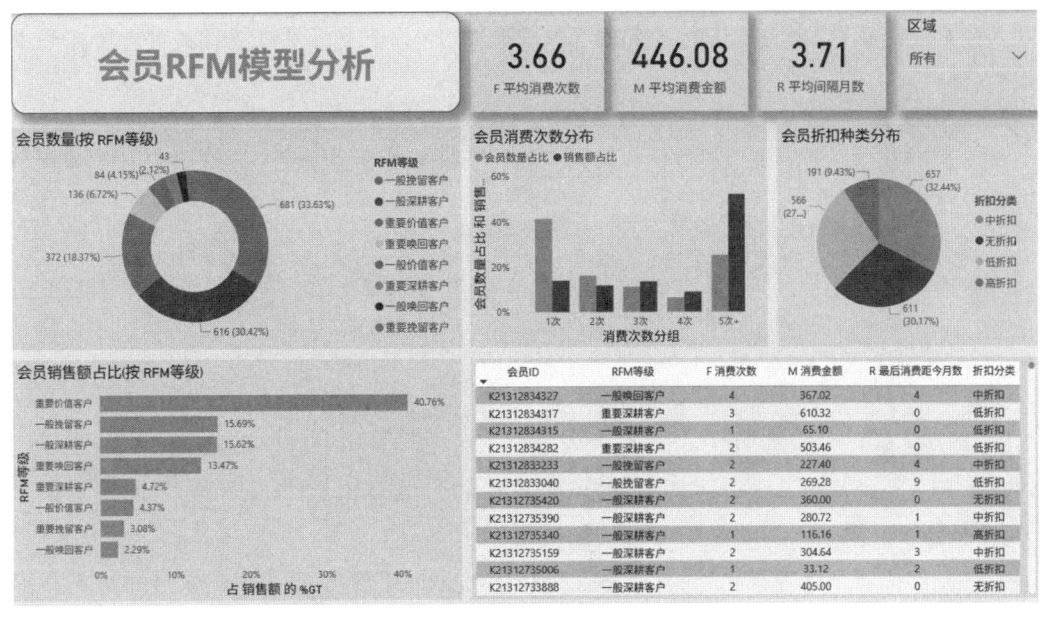

图 7-55　会员 RFM 模型分析可视化效果

[实训任务]

1. 实训要求

本实训以升达极简零食会员及销售简化数据为基础，利用企业"会员表""销售表""店铺信息表""产品信息表"，分析会员整体特征、会员新增及流失情况、会员复购及消费次数转化情况以及运用 RFM 模型划分会员不同价值层次。通过商业智能分析工具 Power BI 动态展示以上分析内容的具体结果。在会员特征分析模块，可视化呈现帮助企业了解会员的数量、性别、年龄、销售额占比、消费等级及会员生命周期等基本信息，为后期会员数据的进一步分析奠定基础。在会员新增及流失情况分析模块中，企业可以按时间或店铺分析新增会员数量和消费趋势，对比新老会员数量和销售额占比，对比不同区域店铺会员新增及流失比率，识别优秀区域和落后区域，挖掘异常问题。在会员复购及消费次数转化情况分析模块中，通过计算会员复购率并进行复购率趋势分析，对客户首次消费和再次消费间的转化情况分析，判别促进会员忠诚度提升的时间节点，优化和改进不同店铺会员消费转化情况。在会员 RFM 模型分析模块，通过最近一次消费时间间隔（recency）、消费次数（frequency）和消费金额（monetary）三个维度来评估客户价值，帮助企业诊断不同价值层次会员的收入贡献度，进一步识别高价值客户，并为他们提供更为优质和个性化的服务。这四个模块从多角度分析会员数据，促使企业从不同的维度和层面观察数据，不仅可以获得更全面的洞察，为决策提供充分依据，降低决策风险，更有助于激发创新思维，挖掘数据的价值，驱动企业业绩不断增长，是一次全面、深入和多维度理解数据的实训练习。本实训任务主要有以下要求：

（1）学生需掌握 Power BI 工具基本应用技能，了解 DAX 语句的语法，了解零售行业客户管理的基本内容，熟悉会员新增、复购、消费行为转化的业务场景。

(2) 通过会员数据可视化分析的实践学习,掌握客户数据分析的基本方法,对客户数据进行深入分析和挖掘,帮助企业进行高效的客户管理工作,为企业的战略决策提供支持并形成分析报告。

2. 实训内容

本实训对案例公司会员特征、会员新增及流失、会员复购及转化、会员 RFM 模型四个模块进行可视化处理:

1) 数据获取

将案例公司简化后的"会员表""销售表""店铺信息表""产品信息表"数据表导入 Power BI 平台。

2) 数据清洗

对导入的案例公司会员相关数据表进行数据清洗:提升标题、更改数据类型等。

3) 数据建模

根据相关数据表间关系进行数据建模:新建表关系、新建列、新建度量值。

4) 数据可视化

实现会员特征分析可视化、会员新增及流失情况分析可视化、会员复购及转化情况分析可视化、会员 RFM 模型分析可视化。

3. 实训步骤

1) 确定分析思路

首先,通过阅读案例公司背景,了解公司客户会员数据价值及分析需求。其次,明确要在可视化作品中重点表现的信息,选定会员数据四个模块所需要的指标并明确其意义。再次,构建数据表之间的关联关系,为实现数据表之间的联动提前做准备。最后,确定蓝图,为可视化作品中的指标选择合适的图形予以呈现,并规划这些图形的所在位置,即每个模块的图形展现方式和报表布局结构。

2) 确定实现流程

首先,从公司获取会员相关数据,并将数据导入平台。其次,对获取到的数据进行清洗整理,使其满足使用要求。再次,构建数据表之间的逻辑关系,并在此基础上新建数据列、新建度量值,即数据建模。最后,实现企业会员数据可视化分析。

3) 对案例公司会员数据相关情况进行分析并汇报

本案例从会员特征、会员新增及流失、会员复购及转化、会员 RFM 模型四个模块对该公司会员管理工作进行可视化分析与汇报。

第一,会员特征可视化分析,可以分析企业会员年龄、性别、消费等级、不同生命周期、购买偏好等,识别不同会员群体的共同点和差异,使企业能够针对不同群体制定个性化的营销策略。

第二,会员新增及流失可视化分析,可以分析不同店铺会员增长及流失比例,有助于企业诊断不同店铺业务增长或衰退的趋势,识别优秀和劣势店铺,指导企业的战略规划和日常运营。例如,对不同店铺采取激励或奖惩措施,提升客户服务质量。

第三,会员复购及转化可视化分析,可以分析会员对产品或服务的满意度,评估不同营销策略对提升会员忠诚度的影响。例如,通过切片器的筛选可以诊断不同店铺的会员复购及转化情况,诊断各店铺销售业绩持续增长潜力及竞争力,优化其营销策略,促进会员消费转化,增加会员忠诚度,为企业带来长期的收益;通过消费次数转化情况了解会员转化的关键时间点,精准发力,进一步提高复购率等。

第四,会员 RFM 模型可视化分析,可以分析不同层次的会员价值,诊断现有客户价值构成,识别高价值客户、中价值客户和低价值客户,将更多的精力和资源投入到具有高价值的客户身上,提高资源利用效率,降低运营成本;同时,采取措施提升中价值客户和低价值客户的价值,向客户提供更符合需求的产品和服务,提高销售额,有助于企业在激烈的市场竞争中保持领先地位。

第五,要根据四个模块分析和诊断的结果,提出针对性建议,制定精准的营销策略,提升不同层级会员黏度,增加高价值客户数量,形成会员管理诊断分析报告并进行汇报。

第八章 预测性分析实训案例
——财务主题可视化分析

知识目标

1. 理解数据可视化的基本思路,熟练掌握从数据获取到数据可视化的基本步骤。
2. 学习和巩固 DAX 语句的语法,编写基本的 DAX 语句。

能力目标

1. 培养利用智能技术发现、分析和解决财务问题的意识,全面提高信息素养和使用智能软件的技能水平。
2. 学习和巩固 DAX 语句的语法,编写基本的 DAX 语句,提高自主学习和创新性学习能力。

素养目标

1. 理解数据可视化的基本思路,掌握从数据获取到数据可视化的基本步骤,树立实事求是精神,全面提高信息素养。
2. 巩固 DAX 语句语法,掌握基础 DAX 语句,培养开创性思维,提高独立解决问题的能力。

思政园地

新质生产力是以创新为主导,摆脱传统经济增长方式、生产力发展路径,具有高科技、高效能、高质量特征,符合新发展理念的先进生产力质态。新质生产力强调科技创新的主导作用,通过加强原创性、颠覆性科技创新,以及数字化技术、人工智能、大数据等新兴技术和创新成果的广泛应用,全面提升科技自主创新能力,对提高社会生产力和推动经济社会发展有重要作用。新质生产力的发展,能够促进关键核心技术领域取得突破,实现技术自主可控,摆脱对外部技术的依赖,增强国家科技安全;同时能够打造民族企业品牌,推动更多企业"走出去"寻求国际合作,提升企业可持续发展能力。

党的二十大报告中关于新质生产力的相关内容强调了加快发展和推进新质生产力的重要性。报告中指出,要加快发展新质生产力,以推动经济的高质量发展。这要求加强科技创新,特别是原创性、颠覆性的科技创新,加快实现高水平科技自立自强。同时,也要通过整合科技创新资源,引领发展战略性新兴产业和未来产业,以此催生新质生产力。

请思考以下两个问题：
1. 数智技术对发展新质生产力的作用及影响有哪些方面？
2. 企业可持续发展的影响因素有哪些？

思维导图

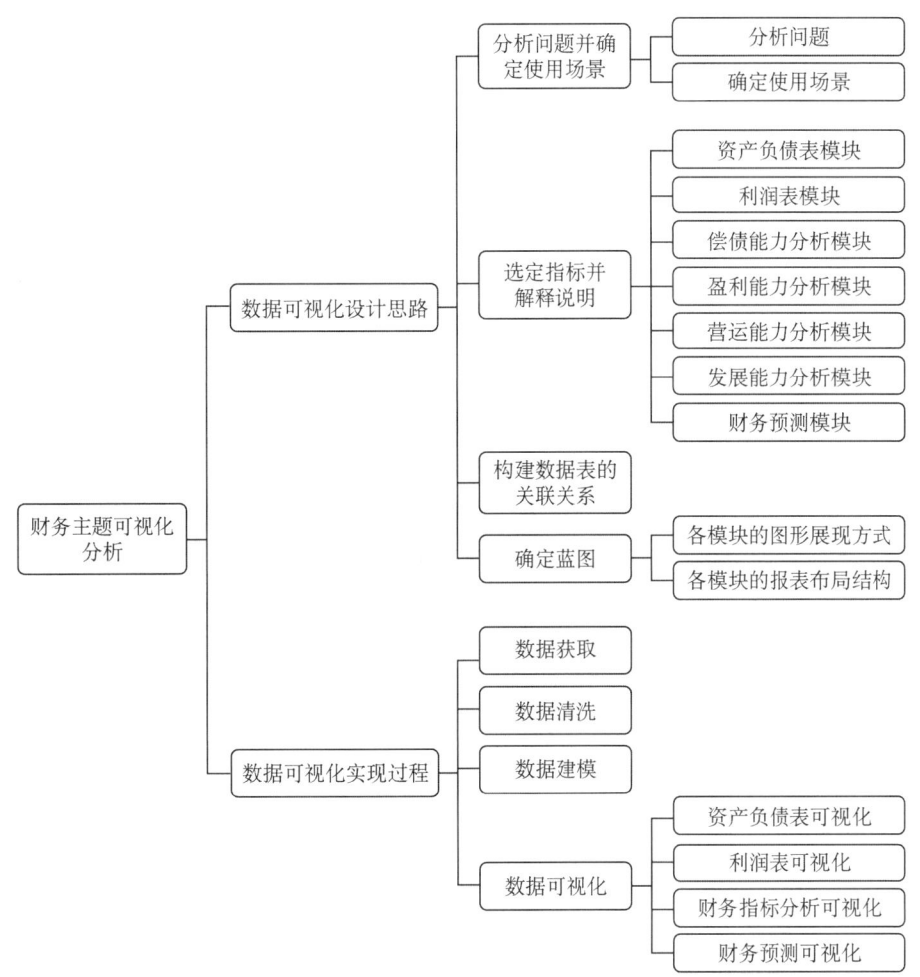

案例背景

科技创新推动传统产业向数字化、网络化、智能化方向发展，是推动新质生产力形成和发展的核心要素。例如，在制造业领域，智能制造成为产业升级的重要方向，通过引入人工智能、物联网等技术，实现生产过程的自动化和智能化，提高生产效率和产品质量。许多民族企业品牌改变传统模式，在智能技术方面日渐突破，使企业在市场竞争中取得了较好的经营业绩。

根据国家统计局的数据，像冰箱、洗衣机等基础家电的百户居民拥有率均已超过了100%。说明我国居民家用电器的普及度已经趋于完善，家电市场已经告别增量时代，进入了存量博弈时代。2022年3月16日起，美的集团就陆续开始上调各类家电价格，让原本进入疲软期的家电市场更是雪上加霜。美的自2013年开启科技转型以来，发展和收购了不少公司，也开拓了工业技术、楼宇科技、机器人与自动化、数字化创新业务。美的集团作为一家上市企业,财务报告在官网及财经网站都有据可查,根据其所披露出的财务报告,可以对其近十年财务状况实现财务方面的可视化分析,企业能够在新质生产力的推动下,不断提升财务管理的效率和质量,更好地适应数字经济时代,实现企业的高质量发展。

利用可视化工具 Power BI 对美的集团 2013—2022 年资产负债表、利润表进行直观分析,展示美的集团资产、负债、所有者权益相关项目变动情况,与格力电器作对比分析,便于企业深入认知历年财务状况,根据趋势变化,分析企业政策变动对财务状况带来的影响,帮助企业优化财务决策。通过图表直观、动态全方位展示企业财务状况及经营成果,预测未来企业营业收入情况,分析企业决策对企业经营产生的影响,分析预测值的准确性和预测精确度的影响因素,完善企业运营模式,规避财务风险,提高经营成果,从而实现企业利益最大化和可持续发展。

第一节 数据可视化设计思路

财务分析贯穿于企业经济活动的全过程,是企业管理的重要组成部分。其中,财务报表分析是企业经营者通过分析财务报表,合理评价经营业绩的重要手段,能够帮助企业认清在市场中的竞争地位,从而制定更为科学、合理的发展策略。财务预测是对企业未来财务状况和经营成果的预测,为企业制定科学合理的发展目标提供了重要依据。企业可以根据预测结果,明确未来的发展方向和重点,制定具有前瞻性和可操作性的发展战略,以推动企业持续健康发展。

美的集团作为家电行业的一大巨头,一直在科技领域寻求突破。自 2020 年开始改组业务板块,逐步向科技集团转型。对美的集团 2013—2022 年财务报表进行分析,能够直观了解其近年来的财务状况,具体包括偿债能力、盈利能力、营运能力、发展能力等内容,从而据此进行财务预测分析,关注企业财务决策给企业经营业绩带来的影响。

一、分析问题并确定使用场景

(一)分析问题

(1)如何通过资产负债表项目情况,观察各项目同期变动情况,对比标杆企业,分析企业财务状况及经营成果好坏,判断企业资本结构是否平衡?资产和负债内部结构是否合理?

(2)如何通过利润表项目情况,对比标杆企业,分析影响企业收益、费用的主要项目有哪些?各类项目同期对比变动情况如何,判断企业营业收入、营业成本和期间费用的变动情况,是否有利于企业发展?

(3)如何通过偿债能力相关指标分析,对比标杆企业,判断企业短期偿债能力和长期偿债能力如何,是否存在偿债风险?分析影响企业偿债能力的因素有哪些?

(4)如何通过盈利能力相关指标分析,对比标杆企业,判断企业盈利能力如何,盈利质量高低,分析影响企业盈利能力的因素有哪些?如何提高企业盈利水平?

(5)如何通过营运能力相关指标分析,对比标杆企业,判断企业运营情况好坏,经营效率高低,资源配置是否合理?如何提高企业营运能力?

(6)如何通过发展能力相关指标分析,对比标杆企业,判断企业长期发展战略规划和财务决策是否合理？企业资源利用效率高低，如何优化资源配置，提高长期发展能力？

(7) 如何通过企业财务预测，判断企业未来经营业绩走势高低，对比预测值和实际值差异，分析影响企业财务预测准确度的因素有哪些？如何准确预测企业经营业绩？

（二）确定使用场景

(1) 管理层是财务分析的主要使用者之一，根据财务分析结果来评估企业的财务状况、盈利能力、经营效率和偿债能力，评估各职能部门和生产经营单位的绩效，完善激励和考核政策，制定和调整企业的长期发展战略和经营策略，优化资源配置，提高经营效率，以确保企业的可持续发展。

(2) 财务部门负责编制和分析财务报表，运用专业知识和工具，对报表进行深入解读和评估，为管理层和其他利益相关者提供有价值的财务信息。财务部门是财务分析的主要执行部门。

(3) 投资与融资部门负责企业的投资和融资活动，利用财务分析结果评估投资项目的可行性和风险水平。根据企业的融资需求选择合适的融资方式和渠道，降低融资成本并提高融资效率。

(4) 审计与风险管理部门负责对企业的财务报表进行审计，以确保其真实性和准确性。在审计过程中，审计部门会关注财务报表数据的合理性和合规性，防止财务舞弊和虚假报告的发生。风险管理部门通过财务分析识别企业面临的财务风险和合规风险，制定相应的控制措施并监控其实施效果。

(5) 企业内部税务部门负责税务筹划和管理工作，利用财务分析结果制定合理的税务筹划方案并降低税务负担。

二、选定指标并解释说明

（一）资产负债表模块

资产负债表模块指标解释如表 8-1 所示。

表 8-1　资产负债表模块指标解释

选定指标	指标意义	计算方式	数据来源
资产总计	反映企业在某一特定日期所拥有或控制的所有资产总和	期末资产合计值	资产负债表
负债总计	反映企业在某一特定日期所承担的全部负债的总和	期末负债合计值	资产负债表
所有者权益总计	企业在某一特定日期资产扣除负债后由所有者应享的剩余权益，反映企业所有者（或股东）对企业净资产的所有权大小	期末所有者权益合计值	资产负债表
项目变动同期对比	反映企业在不同年份同一时期的资产负债表项目变化	（期末金额－期初金额）/期初金额	资产负债表
资产结构	企业所拥有的各种资源和投资项目的构成状况，反映企业资产的分布形态和各类资产之间的比例关系	筛选资产负债表中的流动资产和非流动资产项目	资产负债表、资产结构表

(续表)

选定指标	指标意义	计算方式	数据来源
负债结构	企业所欠债务的性质和规模,反映企业负债的构成情况和各类负债之间的比例关系	筛选资产负债表中的流动负债和非流动负债项目	资产负债表、负债结构表

(二) 利润表模块

利润表模块指标解释如表 8-2 所示。

表 8-2　利润表模块指标解释

选定指标	指标意义	计算方式	数据来源
项目变动同期对比	反映企业在不同年份同一时期的利润表项目变化	(期末金额－期初金额)/期初金额	利润表
收入类主要项目	反映企业日常经营活动和非日常经营活动所获得的各种收入	筛选利润表中的主要收益类项目	利润表、利润表报表项目属性表
费用类主要项目	反映企业在日常活动中为了获得收益而必须付出的代价	筛选利润表中的主要费用类项目	利润表、利润表报表项目属性表
营业收入	反映企业在一定会计期间内通过销售商品、提供劳务或让渡资产使用权等日常活动所获得的全部经济利益的总流入	期末营业收入合计值	利润表
营业成本	反映企业在日常经营活动中为了获得营业收入而必须付出的成本	期末营业成本合计值	利润表
期间费用	反映企业在一定会计期间内发生的、与生产经营管理活动有关的各项费用	销售费用＋管理费用＋财务费用	利润表

(三) 偿债能力分析模块

偿债能力分析模块指标解释如表 8-3 所示。

表 8-3　偿债能力分析模块指标解释

选定指标	指标意义	计算方式	数据来源
资产负债率	反映企业债权人所提供的资本占全部资本的比例	负债总额/资产总额×100%	资产负债表
产权比率	反映企业资金结构的合理性,衡量企业长期偿债能力的重要指标	负债总额/所有者权益总额×100%	资产负债表
权益乘数	反映企业通过自有资金还是外部融资来获得资产,以及可用资产和权益投资者资产之间的比例	资产总额/所有者权益总额	资产负债表
流动比率	衡量企业流动资产在短期债务到期前可以变现用于偿还流动负债的能力	流动资产/流动负债	资产负债表

(续表)

选定指标	指标意义	计算方式	数据来源
速动比率	反映企业在不依赖存货出售的情况下,其流动资产中可以立即变现用于偿还流动负债的能力	速动资产/流动负债	资产负债表
现金比率	企业现金类资产与流动负债之间的比值,能够反映企业即时付现能力	(货币资金+有价证券)/流动负债	资产负债表
存货占流动资产比重	反映企业存货管理与流动资金运用的效率,以及企业销售能力和存货积压情况	存货/流动资产×100%	资产负债表
应收账款占流动资产比重	反映企业应收账款管理与流动资金运用的效率,以及企业的收款能力和信用政策	应收账款/流动资产×100%	资产负债表
债务期限结构对比	反映企业所承担的长期债务与短期债务之间的结构对比	筛选企业长期借款合计值、短期借款合计值	资产负债表

(四) 盈利能力分析模块

盈利能力分析模块指标解释如表8-4所示。

表8-4 盈利能力分析模块指标解释

选定指标	指标意义	计算方式	数据来源
营业收入利润率	反映企业实现的总利润与同期销售收入之间的比率	营业利润/营业收入×100%	利润表
营业成本利润率	反映企业营业利润与营业成本之间的比率关系	营业利润/营业成本×100%	利润表
销售净利率	反映企业在一定时期内实现的净利润与销售收入之间的比率	净利润/营业成本×100%	利润表
销售毛利率	反映企业产品销售的初始获利能力,也指毛利占销售收入的百分比	(销售收入-销售成本)/销售收入×100%	利润表
净资产收益率	反映利润净额与平均股东权益(或所有者权益平均余额)的比值	净利润/平均股东权益×100%	利润表
总资产收益率	反映公司每一元总资产所能创造的净利润	净利润/平均总资产余额×100%	利润表、资产负债表

(五) 营运能力分析模块

营运能力分析模块指标解释如表8-5所示。

表8-5 营运能力分析模块指标解释

选定指标	指标意义	计算方式	数据来源
存货周转率	反映企业存货在一定时期内的周转速度和次数	营业成本/存货平均余额	利润表、资产负债表

(续表)

选定指标	指标意义	计算方式	数据来源
应收账款周转率	反映企业应收账款在一定时期内的周转速度和次数	营业收入/应收账款平均余额	利润表、资产负债表
总资产周转率	反映企业总资产在一定时期内的周转速度和使用效率	营业收入/总资产	利润表、资产负债表
固定资产周转率	反映企业固定资产在一定时期内的周转速度和使用效率	营业收入/平均固定资产净值	利润表、资产负债表

(六) 发展能力分析模块

发展能力分析模块指标解释如表 8-6 所示。

表 8-6 发展能力分析模块指标解释

选定指标	指标意义	计算方式	数据来源
营业收入增长率	反映企业营业收入的增减变动情况	(期末营业收入－期初营业收入)/期初营业收入×100%	利润表
营业利润增长率	反映企业营业利润的增减变动情况	(期末营业利润－期初营业利润)/期初营业利润×100%	利润表
总资产增长率	反映企业总资产规模的增长速度和扩张能力	(期末资产总额－期初资产总额)/期初资产总额×100%	资产负债表
技术投入比	反映企业在科技进步方面投入情况的重要指标	研发费用/营业收入×100%	利润表

(七) 财务预测模块

财务预测模块指标解释如表 8-7 所示。

表 8-7 财务预测模块指标解释

选定指标	指标意义	计算方式	数据来源
营业收入平均增长率	企业在一定时期内营业收入平均增长水平的指标,反映企业营业收入的长期增长趋势和稳定程度	(第 i 年营业收入增长率)/n	资产负债表
营业收入移动平均值	企业一定时间段,对时间序列营业收入数据进行移动计算平均值,反映企业营业收入动态的变化趋势	各期移动平均值之和/n,n 为平均项数	利润表
营业收入预测值差异率	反映企业营业收入预测值与实际值的差异程度	(预测值－实际值)/实际值×100%	利润表

三、构建数据表的关联关系

本案例在构建数据模型时,采用的是星座模型,该模型由两张事实表与多张维度表构成。星座模型能够共享某些维度表,适合处理复杂的业务数据,能整合多个业务领域,支持从不同角度对财务数据进行分析,实现全面关联,便于整体分析财务状况,为财务决策提供多视角洞察。该模型中所有事实表使用统一的时间维度、企业维度编码,不同图表中的时间轴、企业分类保持完全一致,确保不同报表间的可比性。利用共享时间维度实现长期财务趋势可视化,通过维度表外键实现表间动态关联。星座模型在财务分析中支持从宏观到微观的逐层钻取分析,实现案例企业和标杆企业的对比分析。在财务分析可视化中运用星座模型有利于对数据进行标准化处理,统一财务数据口径,减少数据冗余,避免因数据不一致导致的分析错误,确保可视化展示的数据准确可靠。

管理层进行战略决策时,可借助星座模型支持的财务报表可视化,全面了解企业财务状况和发展趋势。如通过分析不同业务板块的收入、利润在时间维度上的变化,决定资源分配方向,助力企业战略规划。利用星座模型可以提高企业对财务数据的整合与分析能力,在可视化界面设置预测指标,如营业收入预测,帮助企业预警财务风险,完善企业对未来经营的战略规划。各数据表的关联关系,如图8-1所示。

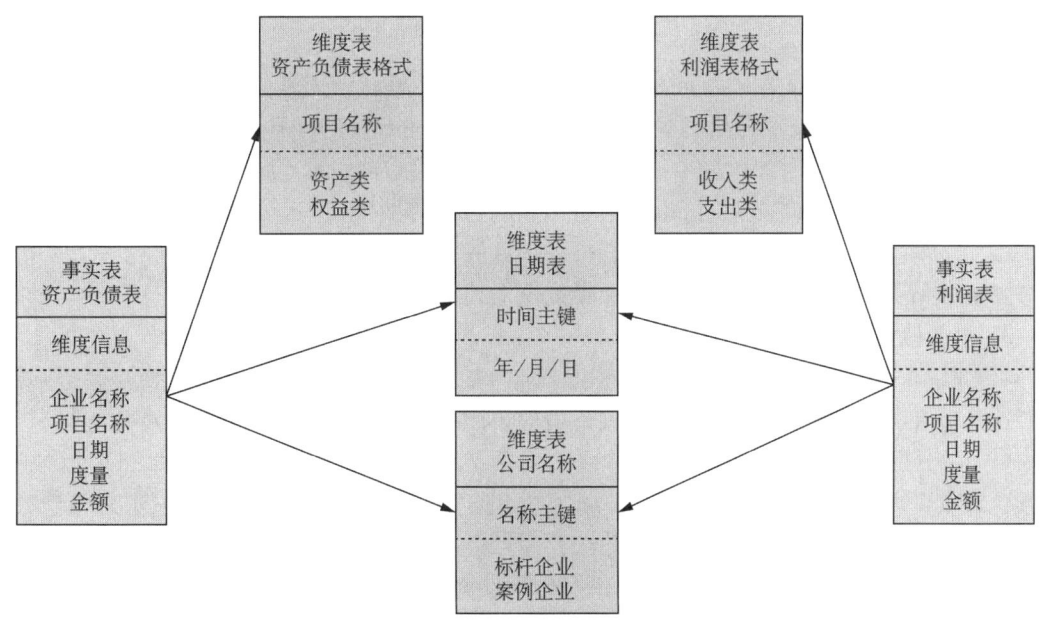

图8-1 各数据表的关联关系图

四、确定蓝图

(一)各模块的图形展现方式

1. 资产负债表可视化

(1)以"表"图呈现核心数据:报表项目、期初金额、期末金额、同期对比,这些核心数据用于呈现资产类、负债类项目的各期情况和同期变动。

(2) 以切片器筛选不同企业和会计期间：为了横向对比美的集团与标杆企业格力电器在各个项目中的差异，插入公司名称切片器，能够更好地对比分析美的集团的财务状况。

(3) 以树形图呈现企业资产、负债、所有者权益各部分总值：树形图以整体形式来反映各部分值的对比，通过树形图可以直观了解美的集团的资本结构情况。

(4) 以堆积条形图呈现资产类、权益类项目变动同期对比：堆积条形图以正负两个方向不同长短的条形来呈现同期变动比率，能直观看出每个项目比上期是增长还是下降。

(5) 以饼状图分别呈现资产结构、负债结构：饼图用于统计数据占比情况，简单明了，易于理解，同时要考虑指标颗粒度，通过钻取功能(向上钻取)，查看不同结构占比情况。

(6) 以折线图呈现历年变动趋势：折线图可以直观显示数值变动趋势，用于对比分析资产负债表各个项目每年变化情况比较合适。

2. 利润表可视化

(1) 以"表"图呈现核心数据：报表项目、期初金额、期末金额、同期对比，这些核心数据用于分析利润表项目的各期情况和同期变动。

(2) 以切片器筛选不同企业和会计期间：为了横向对比美的集团与标杆企业格力电器在各个项目中的差异，插入公司名称切片器，能够更好地对比分析美的集团的经营成果。

(3) 以折线图分别呈现营业收入和营业成本对比、期间费用对比：折线图可以直观显示数值变动趋势，同时两个以上指标在同一折线图内，能清晰对比各个指标的不同情况，分析每年变化趋势。

(4) 以瀑布图呈现主要项目同期对比：瀑布图通过阶梯状的形式呈现数据，使得数据的增减变化过程一目了然，便于分析利润表主要项目与上期对比的变动正负方向。

(5) 雷达图能够同时展示多个变量的数据，通过不同的轴表示不同变量，使得比较和分析多个变量之间的关系更加直观，可以清晰看出不同收入类项目在多个维度上的表现差异。

(6) 以簇状柱形图呈现主要费用类项目：簇状柱形图不同的序列使用不同的柱子来比较各序列的数值大小，能够展示不同费用项目高低对比和变动情况。

3. 偿债能力分析可视化

(1) 以折线图分别呈现资产负债率和产权比率：折线图可以直观显示数值变动趋势，能清晰对比指标在各个期间内的不同情况，分析美的集团和格力电器在指标上每年变化趋势。

(2) 以分区图分别呈现权益乘数：分区图将折线图中折线与自变量坐标轴之间的区域使用颜色或纹理填充，形成一个填充区域，即"面积"。不同颜色的填充可以更好地突出趋势信息，直观对比分析美的集团和格力电器的权益乘数随时间的变化趋势。

(3) 以簇状柱形图分别呈现流动比率、速动比率、现金比率、长期借款、短期借款：簇状柱形图不同的序列使用不同的柱子以此来比较各序列的数值大小，能够分析美的集团和格力电器在指标上历年变动情况以及差异对比。

(4) 以簇状条形图分别呈现存货占流动资产比重、应收账款占流动资产比重：簇状条形图主要用于比较多个数值量之间的大小关系，这些数值量随同一个变量变化而变化，是一种以不同分组高度相同的长方形的宽度为变量的统计图表，分析美的集团和格力电器在指标上的差异和趋势。

(5) 以切片器筛选不同企业和会计期间：为了筛选对比不同公司在某一个指标上的差异，插入公司名称切片器，能够更好地对比美的集团和格力电器各个图中的指标情况。

4. 盈利能力分析可视化

（1）以簇状柱形图分别呈现营业收入利润率、营业成本利润率：簇状柱形图不同的序列使用不同的柱子来比较各序列的数值大小，能够分析美的集团和格力电器在指标上历年变动情况以及差异对比。

（2）以分区图分别呈现销售利润率、销售毛利率：分区图将折线图中折线与自变量坐标轴之间的区域使用颜色或纹理填充，形成一个填充区域，即"面积"。不同颜色的填充可以更好地突出趋势信息，能直观对比分析美的集团和格力电器的各指标随时间的变化趋势。

（3）以折线图分别呈现净资产报酬率和总资产报酬率：折线图可以直观显示数值变动趋势，能清晰对比指标在各个期间内的不同情况，分析美的集团和格力电器在指标上每年变化趋势。

（4）以切片器筛选不同企业和会计期间：为了筛选对比不同公司在某一个指标上的差异，插入公司名称切片器，能够更好地对比美的集团和格力电器各个图中的指标情况。

5. 营运能力分析可视化

（1）以折线图分别呈现存货周转率和应收账款周转率：折线图能更清晰、直观地呈现美的集团和格力电器周转率指标每年变化趋势，同时能够对比两家公司的差异。

（2）以簇状柱形图分别呈现总资产周转率、固定资产周转率：簇状柱形图不仅能展示各指标每年的数值高低，更能直观分析美的集团和格力电器在指标上的变动情况以及差异对比。

（3）以切片器筛选不同企业和会计期间：为了筛选对比不同公司在某一个指标上的差异，插入公司名称切片器，能够更好地对比美的集团和格力电器各个图中的指标情况。

6. 发展能力分析可视化

（1）以折线图呈现营业收入增长率：折线图能更清晰、直观地呈现美的集团和格力电器增长率指标每年变化趋势，同时能够对比两家公司的差异。

（2）以分区图分别呈现营业利润增长率、总资产增长率：分区图的不同颜色填充可以更好地突出指标变动情况，能直观对比分析美的集团和格力电器的各指标随时间的变化趋势。

（3）以簇状柱形图分别呈现技术投入比：簇状柱形图能展示技术投入在各年的变化，更能直观地对比分析美的集团和格力电器在指标上的差异。

（4）以切片器筛选不同企业和会计期间：为了筛选对比不同公司在某一个指标上的差异，插入公司名称切片器，能够更好地对比美的集团和格力电器各个图中的指标情况。

7. 财务预测可视化

（1）以折线图呈现营业收入、营业收入预测1、营业收入预测2、营业收入预测3：折线图能更清晰、直观呈现美的集团和格力电器增长率指标每年变化趋势。

（2）以"矩阵"图呈现营业收入预测核心数据：营业收入、营业收入预测1、营业收入预测2、预测差异率1、预测差异率2，这些核心数据用于分析不同方法下，营业收入预测值与实际值的对比差异。

（3）以切片器筛选不同企业和会计期间：为了筛选对比不同公司在某一个指标上的差异，插入公司名称切片器，能够更好对比美的集团和格力电器各个图中的指标情况。

（二）各模块的报表布局结构

（1）资产负债表可视化布局，如图8-2所示。

（2）参考以上结构布局设计，利润表可视化、偿债能力分析、盈利能力分析、营运能力分析、发展能力分析、财务预测可视化设计根据所需展示内容和指标合理布局，如主次布局、平均布局等。

```
┌─────────────┬──────────────┬──────────────┐
│    标题     │  其他模块导航 │ 公司/年度/报 │
│             │              │  表项目筛选  │
├─────────────┼──────────────┼──────────────┤
│  资产项目   │   负债项目   │ 资产、负债和 │
│    数据     │     数据     │  所有者权益  │
├─────────────┼──────────────┼──────────────┤
│ 资产类项目变│ 权益类项目变 │   资产结构   │
│  动同期对比 │  动同期对比  │     分析     │
├─────────────┼──────────────┼──────────────┤
│   历年变化  │              │   负债结构   │
│     趋势    │              │     分析     │
└─────────────┴──────────────┴──────────────┘
```

图 8-2 资产负债表可视化布局

第二节 数据可视化实现流程

一、数据获取

通过新浪财经网（网址：https://money.finance.sina.com.cn/corp/go.php/vFD_BalanceSheet/stockid/000333/ctrl/part/displaytype/4.phtml）下载美的集团 2013—2022 年资产负债表、利润表相关数据。

同时，为实现行业对比分析，通过链接（网址：https://money.finance.sina.com.cn/corp/go.php/vFD_BalanceSheet/stockid/000651/ctrl/part/displaytype/4.phtml）获取格力电器 2013—2022 年资产负债表、利润表相关数据。

注意：将下载文件.xls 格式另存修改为 Excel 中的.xlsx 类型文件。

步骤 1：单击"获取数据"，在弹出的下拉选项中单击"Excel"，如图 8-3 所示。

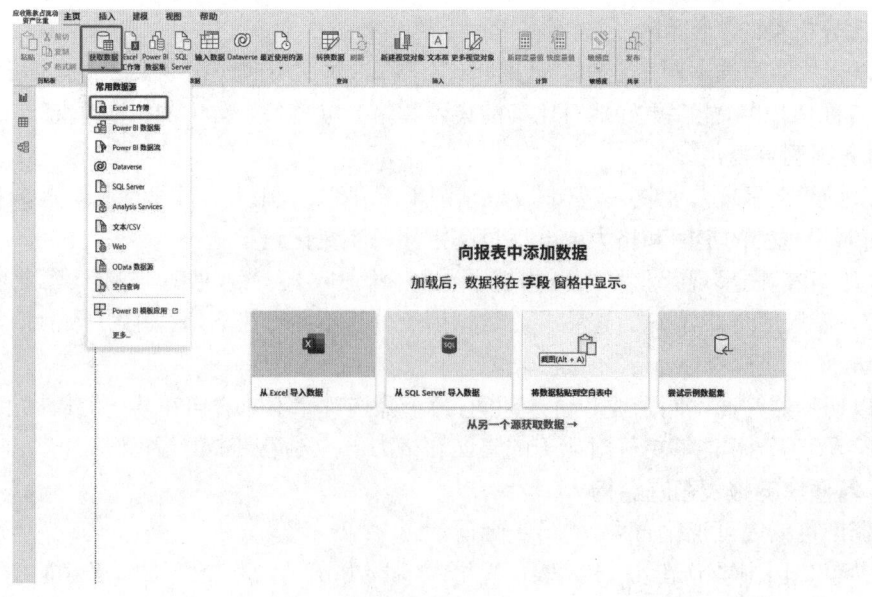

图 8-3 获取数据—Excel

步骤 2：打开数据表所在文件夹，选中"美的集团资产负债表.xlsx"。
步骤 3：勾选"美的集团资产负债表"，点击"加载"。
步骤 4：按照以上步骤，导入"美的集团利润表""格力电器资产负债表""格力电器利润表"。
步骤 5：按照以上步骤，上传并加载编制好的"资产结构表""负债结构表""利润表项目属性表"以及"权限表"。

二、数据清洗

（一）对"美的集团资产负债表"进行数据清洗

步骤 1：点击"转换数据"，进入 Power Query 界面，选中"美的集团资产负债表"，单击"将第一行用作标题"的下拉小三角，单击下拉选项中的"将第一行用作标题"。
步骤 2：修改第一列标题名称"报表日期"重命名为"报表项目"。
步骤 3：单击"报名项目"右侧三角，在搜索框中输入"单位"，取消勾选，如图 8-4 所示。

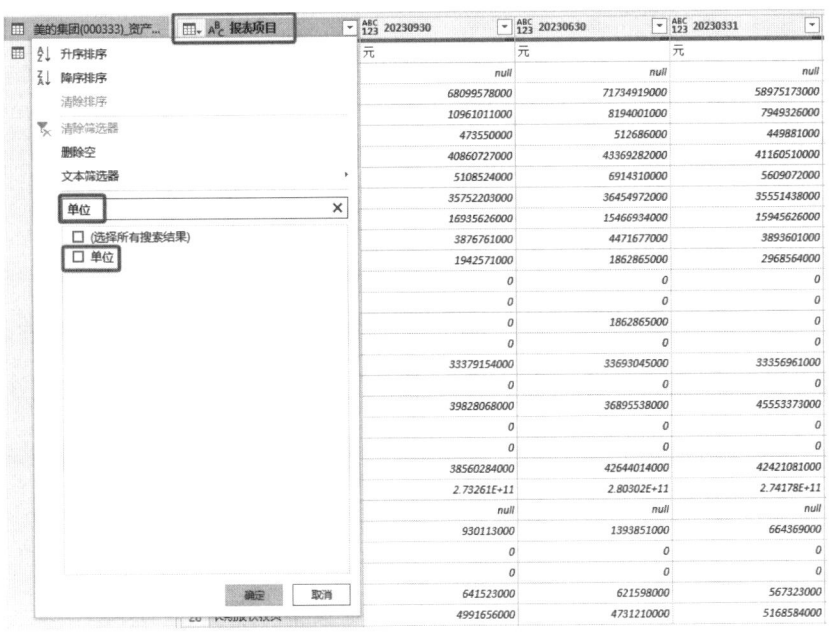

图 8-4 筛选—取消"单位"

步骤 4：选中"报表项目"列，依次点击"转换""逆透视列""逆透视其他列"，如图 8-5 所示。
步骤 5：修改第二列标题名称"属性"重命名为"日期"。
步骤 6：单击选中第二列"日期"前方数据类型按钮，将数据类型修改为"日期"。
步骤 7：单击选中第三列"值"前方数据类型按钮，将数据类型修改为"小数"。
步骤 8：选中"日期"列，选择"添加列"，点击"日期"，选择"月"添加辅助列—月份，如图 8-6 所示。
步骤 9：本章仅对年报数据进行分析，点击"月份"列右侧下拉小三角，筛选 12 月份数据，如图 8-7 所示。
步骤 10：选择"月份"列，右键删除该列。

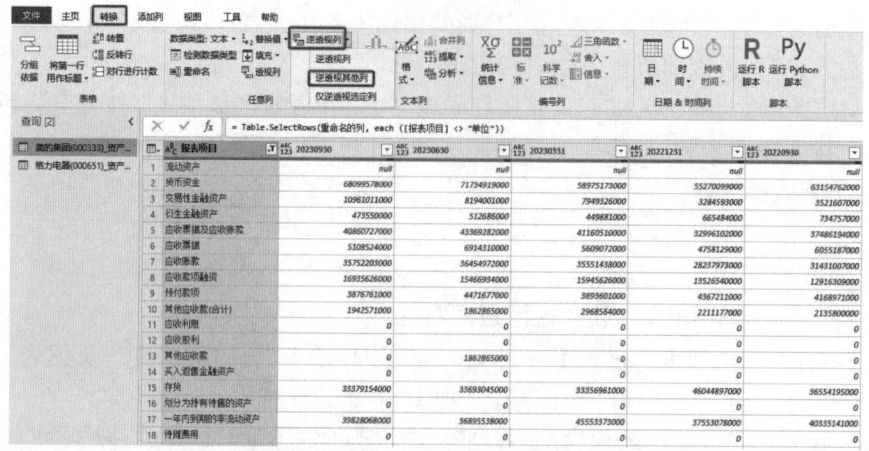

图 8-5　增加逆透视列

图 8-6　添加月份辅助列

图 8-7　筛选月份

步骤 11：本章仅分析近十年的报表数据，筛选"日期"列，仅勾选 2013—2022 年，如图 8-8 所示。

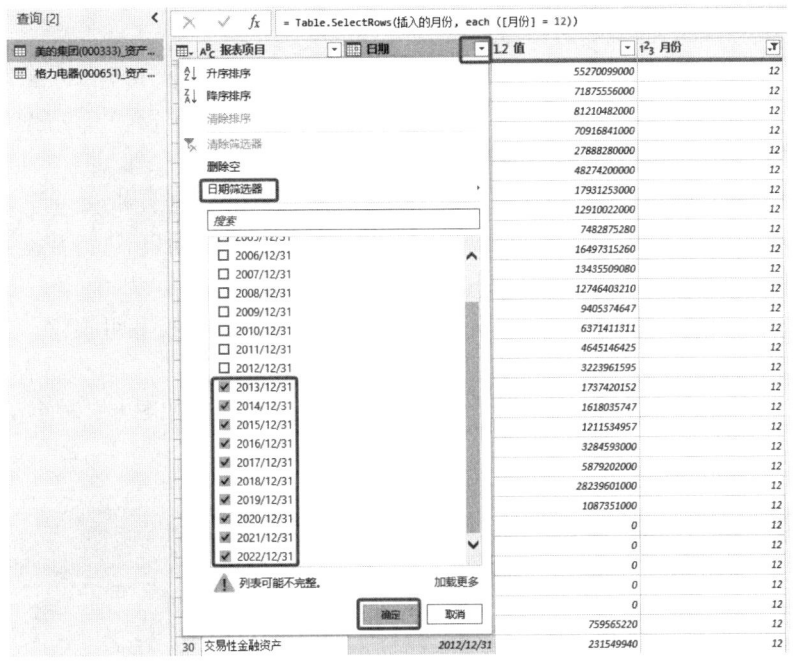

图 8-8　筛选日期

步骤 12：选中"美的集团资产负债表"，点击"添加列""自定义列"，新列名输入"公司名称"，自定义列公式输入＝"美的集团"，如图 8-9 所示。

图 8-9　添加自定义列

（二）对"格力电器资产负债表"进行数据清洗

为确保数据的准确性、一致性和完整性，以便进行有效的数据分析和可视化。按照清洗"美的集团资产负债表"步骤1至步骤12的过程，对"格力电器资产负债表"进行数据清洗。

（三）对"美的集团利润表"进行数据清洗

为确保数据的准确性、一致性和完整性，以便进行有效的数据分析和可视化。按照清洗"美的集团资产负债表"步骤1至步骤12的过程，对"美的集团利润表"进行数据清洗。

（四）对"格力电器利润表"进行数据清洗

为确保数据的准确性、一致性和完整性，以便进行有效的数据分析和可视化。按照清洗"美的集团资产负债表"步骤1至步骤12的过程，对"格力电器利润表"进行数据清洗。

（五）合并资产负债表

为确保数据的准确性、一致性和完整性，同时方便后续数据分析和可视化。现需合并资产负债表相关数据。

步骤1：依次点击"主页""追加查询""将查询追加为新查询"，如图8-10所示。

图8-10　查询追加

步骤2：追加选择"美的集团资产负债表"和"格力电器资产负债表"，点击"确定"，如图8-11所示。

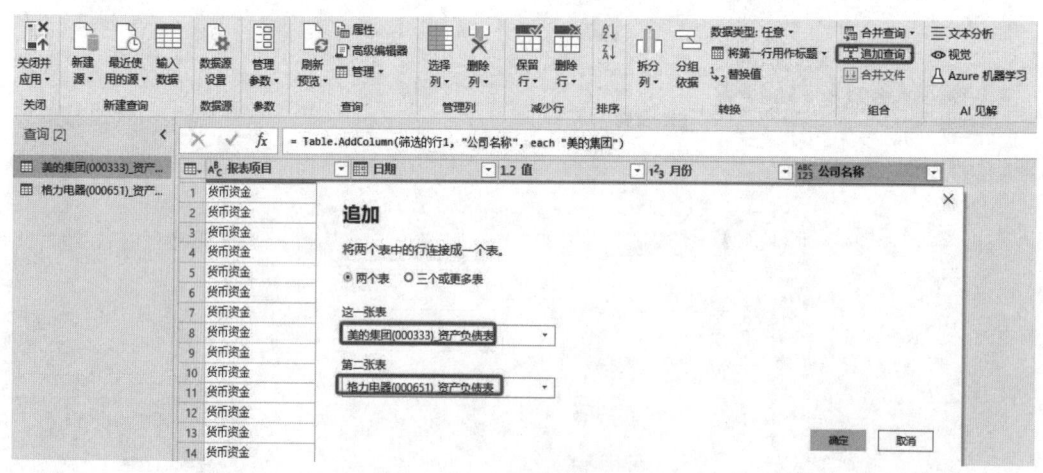

图8-11　合并资产负债表

步骤3：将"合并1"重命名为"资产负债表数据"。

(六) 合并利润表

按照合并资产负债表步骤 1 至步骤 3 的过程,将"美的集团利润表"和"格力电器利润表"合并为"利润表数据"。

(七) 创建"资产负债表格式"表

为实现资产负债表可视化,报表项目按照规范顺序排列,需要创建"资产负债表格式"表。

8-1 创建资产负债表格式

(八) 创建"利润表格式"表

为实现利润表可视化,报表项目按照规范顺序排列,需要创建"利润表格式"表。

(九) 选择性加载所需表格

后续可视化分析仅需要合并后的表格数据,所以分别右键点击"美的集团资产负债表""美的集团利润表""格力电器资产负债表""格力电器利润表",取消勾选"启用加载",如图 8-12 所示。

8-2 创建利润表格式

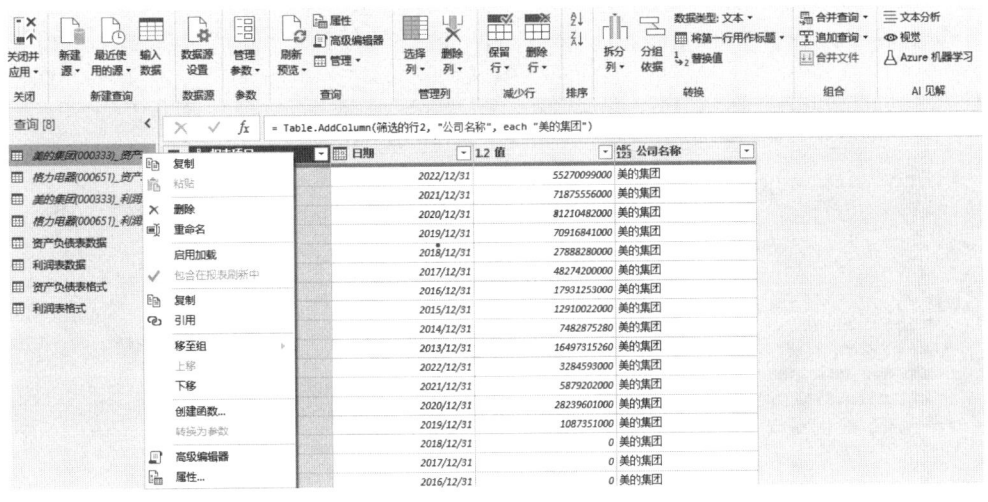

图 8-12 选择性加载表格

(十) 按索引排序

步骤:为了在后续可视化中呈现与报表一致的项目排列顺序,关闭并应用 Power Query,进入"表格视图",选中"资产负债表格式"的"报表项目",点击"按列排序",选择"索引",如图 8-13 所示。

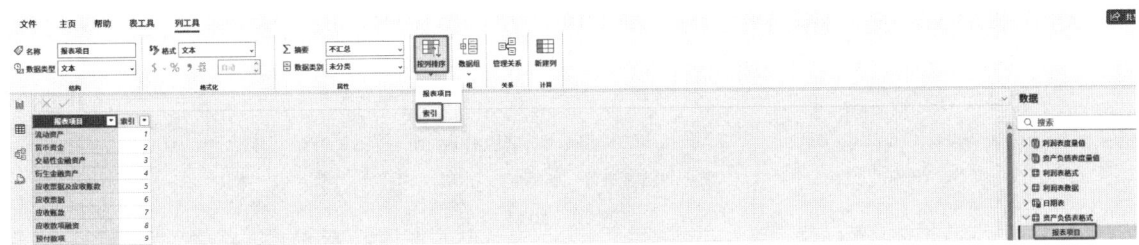

图 8-13 按索引列排序

(十一) 对"利润表格式"表进行数据清洗

为确保在后续可视化中呈现与报表一致的项目排列顺序,以便进行有效的数据分析和可视化。参考(十)中的步骤,对"利润表格式"表进行按"索引列"排序。

（十二）对"资产结构表""负债结构表""利润表项目属性表"进行数据清洗

为确保报表项目名称的规范和数据一致性，以便进行有效的数据分析和可视化，现需对"资产结构表""负债结构表""利润表项目属性表"进行数据清洗，参照前文步骤完成。

（十三）对"权限表"进行数据清洗

为确保报表项目名称的规范和数据一致性，以便进行有效的数据分析和可视化。现需对"权限表"进行数据清洗。

8-3 结构表清洗

8-4 权限表清洗

三、数据建模

分析财务报表往往需要多张表格相互结合，这就需要对不同表格中的数据建立逻辑关系，即管理表关系，并在此基础上新建度量值，实现数据建模。

（一）创建日期表

步骤1：在 Power BI Desktop 界面，依次点击"数据""表工具""新建表"，如图 8-14 所示。

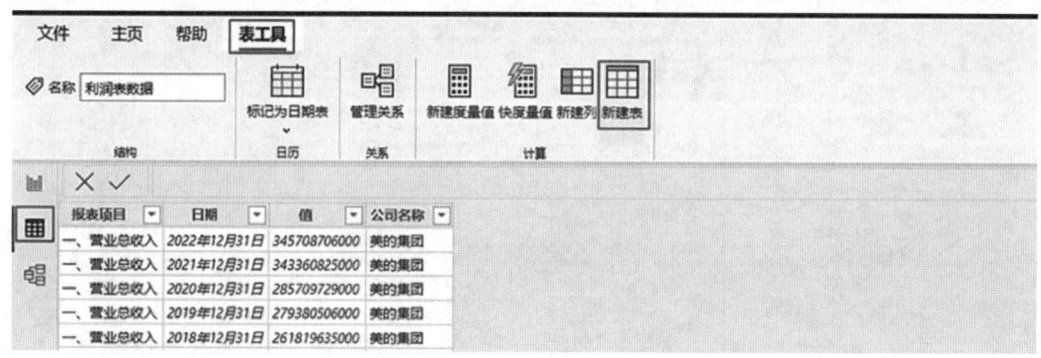

图 8-14 新建表

步骤2：将新建日期表的 DAX 语句复制粘贴进红框，按回车键或点击小对勾，如图 8-15 所示。DAX 语句如下：

```
日期表 =
ADDCOLUMNS (
    CALENDAR ( date(2013,1,1),date(2023,12,31) ),
    "年", YEAR ( [Date] ),
    "季度", ROUNDUP( MONTH ( [Date] )/3,0 ),
    "月", MONTH ( [Date] ),
    "周", WEEKNUM([Date]),
    "年季度", YEAR ( [Date] )  & "Q" & ROUNDUP( MONTH ( [Date] )/3,0 ),
    "年月", YEAR ( [Date] ) * 100 + MONTH ( [Date] ),
    "年周", YEAR ( [Date] ) * 100 + WEEKNUM ( [Date] ),
    "星期几", WEEKDAY([Date])
```

（二）建立数据关系模型

步骤1：在 Power BI Desktop 界面，依次点击"模型""管理关系"，如图 8-16 所示。

步骤2：建立"资产负债表数据"与"日期表"的表关系，单击"新建"，如图 8-17 所示。

注意：选中"资产负债表"中的"日期"列和"日期表"的"Date"列。

步骤 3：建立"利润表数据"与"日期表"的表关系，如图 8-18 所示。
步骤 4：建立"资产负债表数据"与"资产负债表格式"的表关系，如图 8-19 所示。

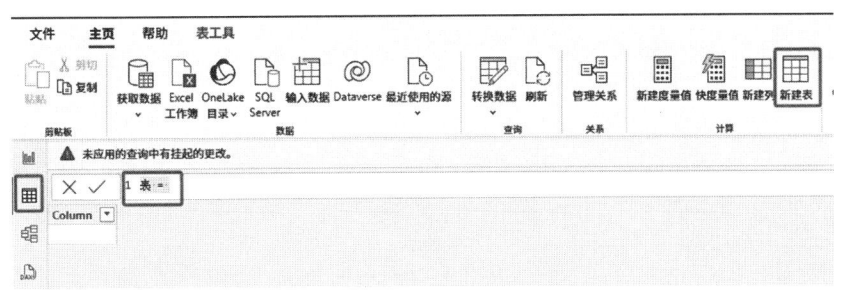

图 8-15　新建日期表度量值

图 8-16　管理关系

图 8-17　创建关系

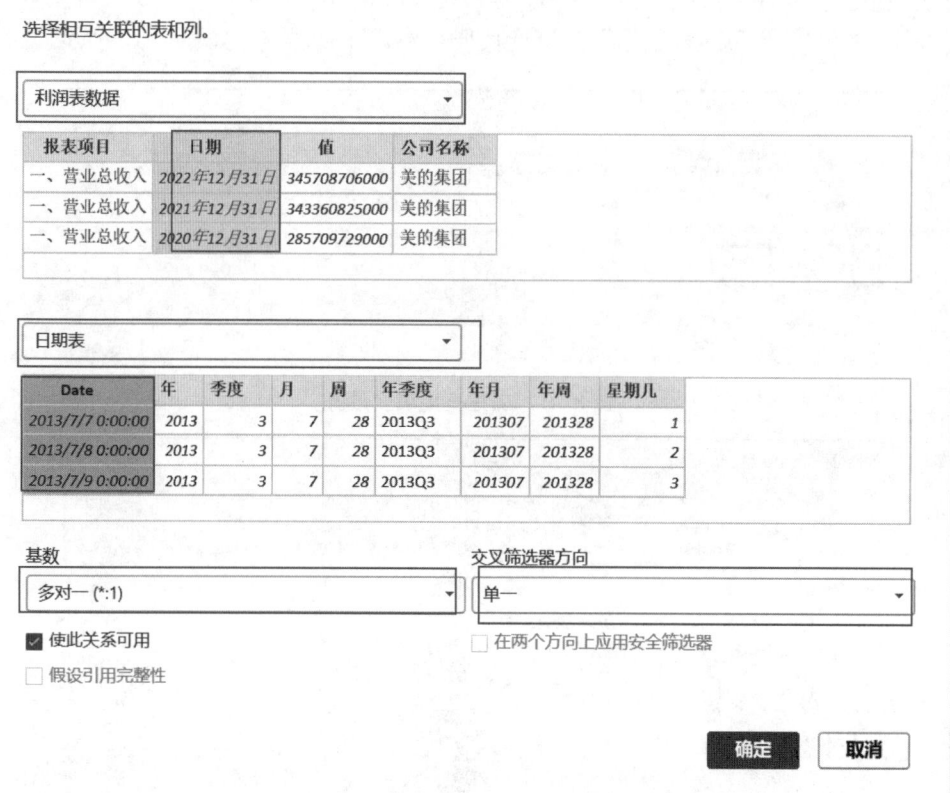

图 8-18 关联利润表和日期表

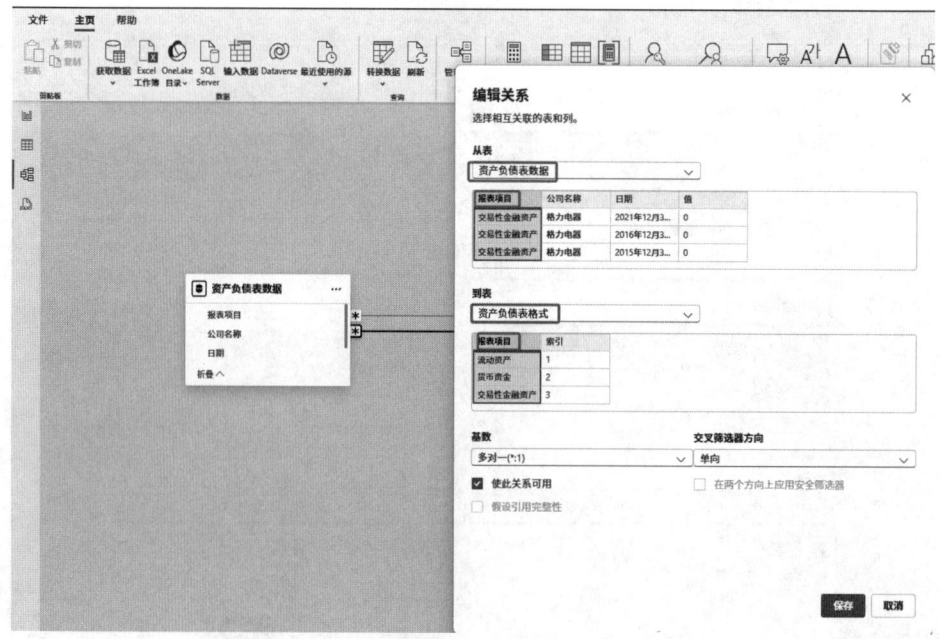

图 8-19 关联资产负债表及其格式表

步骤 5：建立"利润表数据"与"利润表格式"的表关系，如图 8-20 所示。

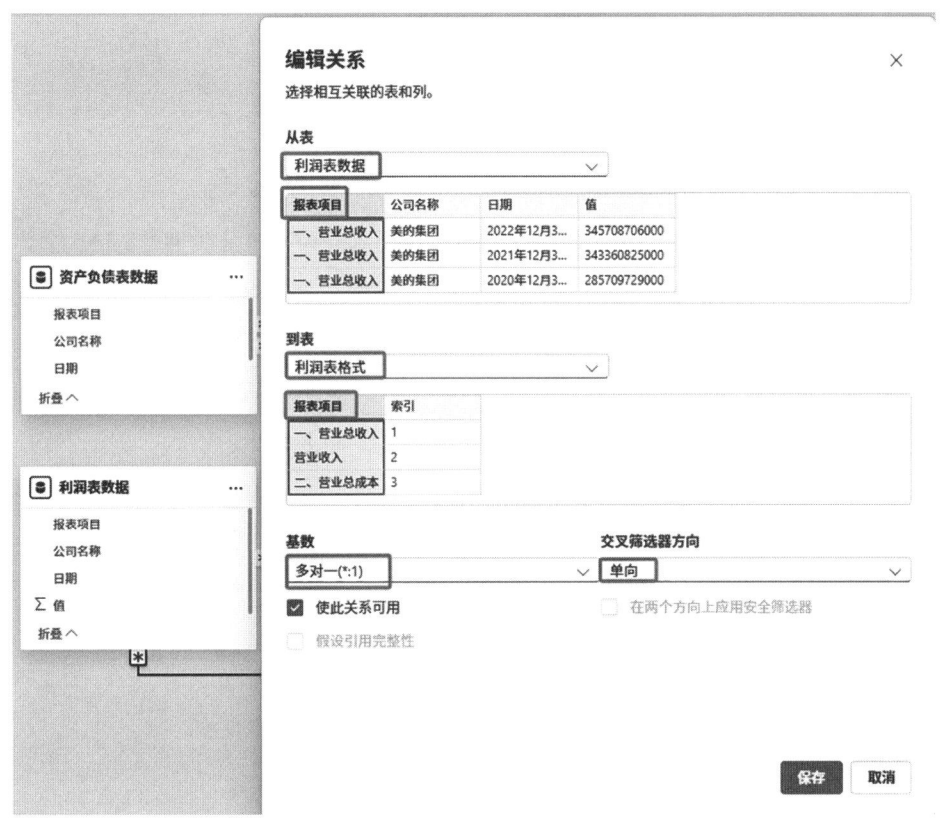

图 8-20　关联利润表及其格式表

步骤 6：建立"资产负债表数据"与"资产结构表"的表关系，如图 8-21 所示。

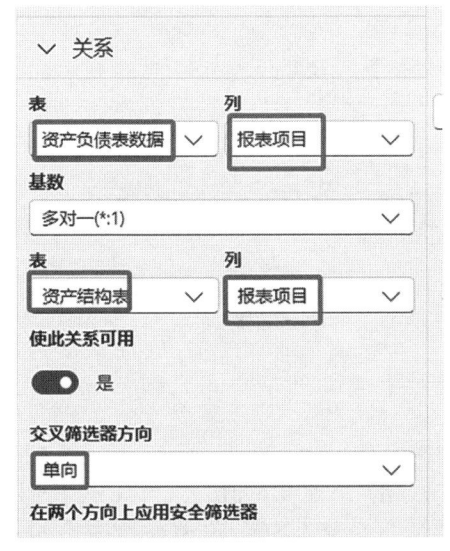

图 8-21　关联资产负债表数据和资产结构表　　图 8-22　关联资产负债表数据和负债结构表

步骤 7:建立"资产负债表数据"与"负债结构表"的表关系,如图 8-22 所示。

(三)新建度量值

步骤 1:新建"资产负债表度量值"文件夹,在 Power BI Desktop 界面,依次点击"主页""输入数据",如图 8-23 所示。

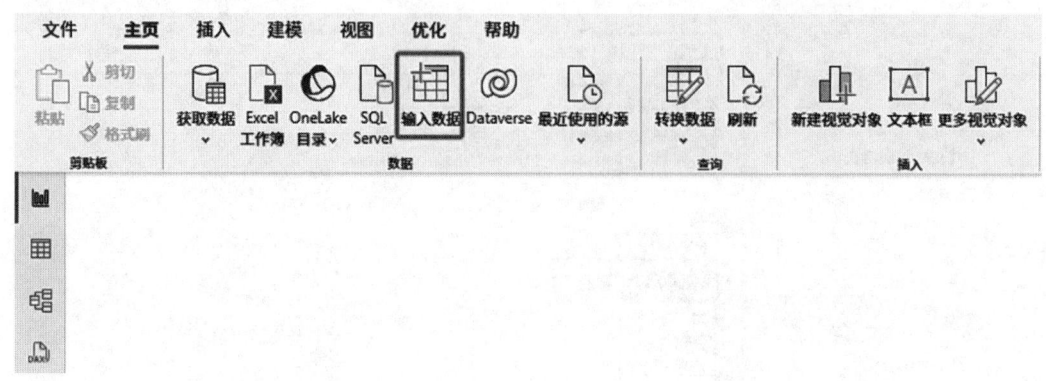

图 8-23　输入数据

步骤 2:创建表名称为"资产负债表度量值",如图 8-24 所示。

图 8-24　创建表

步骤 3:按照步骤 1,创建"利润表度量值"文件夹。

步骤 4:在"数据"中选中"资产负债表度量值",点击"新建度量值"。

步骤 5:逐个新建度量值。以第一个度量值"项目金额"为例,将该度量值语句:项目金额 = SUM('资产负债表数据'[值]),进行复制,粘贴进红框并按回车键。

步骤6：依次粘贴二维码(8-5)文件中的"资产负债表度量值""利润度量值""财务指标分析度量值""财务预测度量值"，完成度量值的创建。

四、数据可视化

（一）资产负债表可视化

1. 主页封面设计

步骤1：将报表画布"第1页"重命名为"主页封面"，点击"设置报表页的格式"。

步骤2：在"画布背景"下选择"图像浏览"，选择合适的背景颜色，"图像匹配度"选中"匹配度"，透明度调整为"0"。

步骤3：选择"插入"下的"图像"，选取合适图片，可通过图像下的"样式"、常规中的"效果"等设计封面图片。

步骤4：选择"插入"下的"文本框"，选择合适的文本内容，同时通过选择"常规"中的"标题""效果""阴影"等对文本框标题、字体字号、背景色、阴影进行选择，完成封面设计。

8-5 财务主题度量值创建

2. 资产负债表可视化设计

1) 插入形状图形（标题设计）

新建"资产负债表"画布，在"插入"下的"形状"中选择合适图形，如卡片图形、长方形、直线等，输入文本，同时对图形中的字体、颜色进行调整，完成资产负债表可视化标题设计，如图8-25所示。

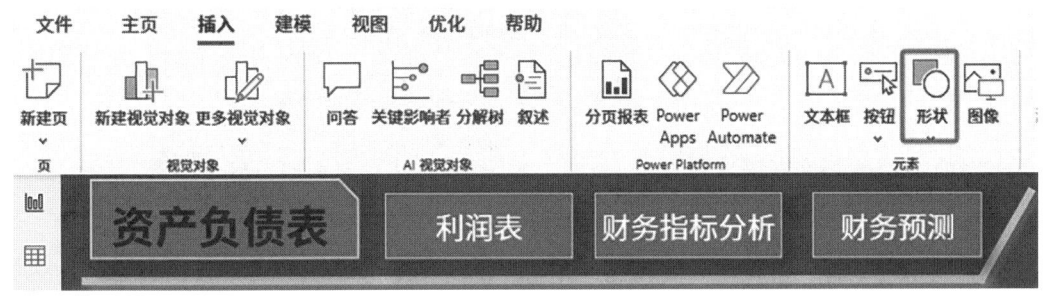

图8-25 资产负债表标题设计

2) 插入"切片器"

选择视觉对象中的"切片器"，分别添加"资产负债表数据"表的"公司名称""日期"和"资产负债表格式"中的"报表项目"3个切片器，选择"下拉"样式，完成切片器字体、背景色、边框等相关设计，如图8-26所示。

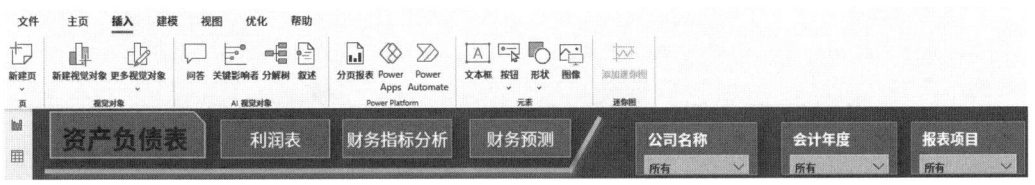

图8-26 插入切片器

299

3) 插入"表"(资产类项目)

步骤1:选择视觉对象中的"表",依次勾选"资产负债表格式"中的"索引","资产负债表数据"中的"报表项目"和"资产负债表度量值"中的"期初金额""期末金额"和"同期对比",如图8-27所示。

图8-27 "表"图及条件设置

步骤2:在"设置对象格式"中打开"常规",选择"效果"中的"视觉对象边框",将"圆角"修改为"10",打开阴影,打开背景,透明度选为"0",优化图表设计。

步骤3:调整"设置视觉对象格式",取消勾选"总计"的"值",点击表上方的"..."图标,选择"排序方式"为"索引",如图8-28所示。

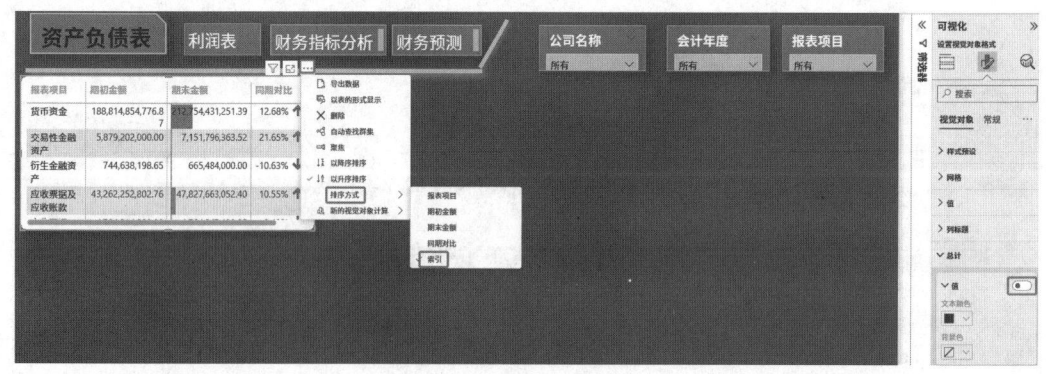

图8-28 按索引列排序

步骤4:选中度量值中的"同期对比",选择工具栏中的"度量工具",将"格式"改为"百分比",如图8-29所示。

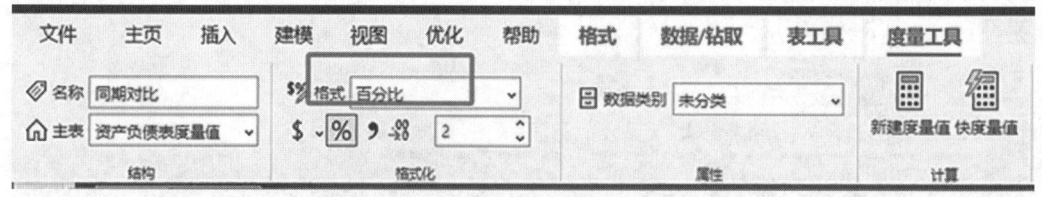

图8-29 调整"同期对比"格式

步骤5:打开筛选器,将"资产负债表格式"中的"索引"拖入"此视觉对象筛选器"中的"在此处添加数据字段"处,为实现前46列的"资产"项目与后边的"负债"项目分开呈现,将筛选类型改为"高级筛选",定义小于或等于"46"的选项,点击"应用筛选器",如图 8-30 所示。

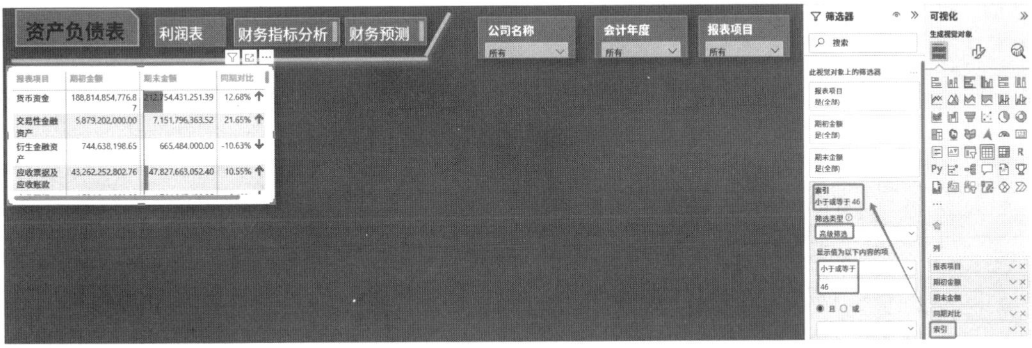

图 8-30 筛选资产类项目

步骤 6:打开"单元格元素",选择"将设置应用于"下的"期末金额",打开"数据条",点击"fx",选择"条形图方向"从左到右,选择正值、负值的合适颜色,完成期末金额的单元格元素设计,如图 8-31 所示。

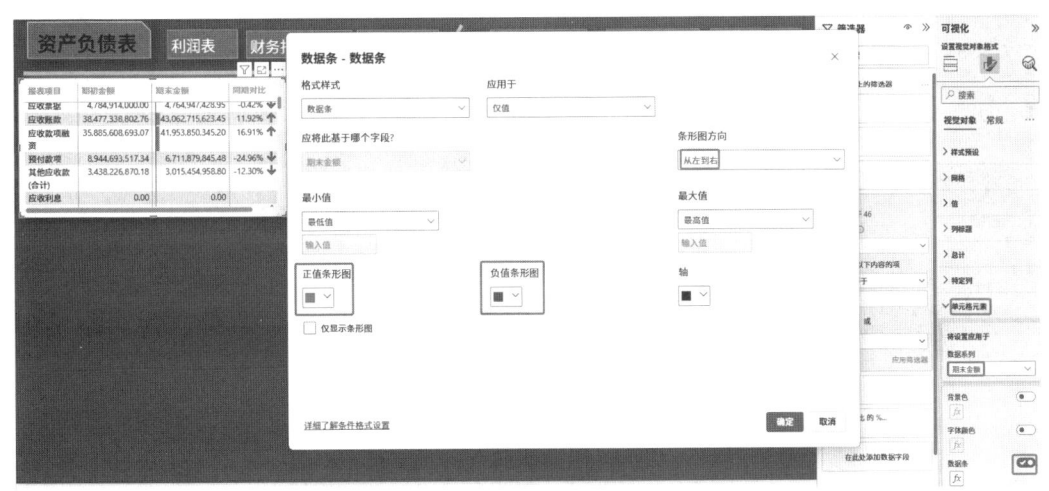

图 8-31 打开数据条

打开"单元格元素",选择"将设置应用于"下的"同期对比",打开"图标",点击"fx",图标布局选择数据右侧,规则中的条件改为"数字",如果"0≤和≤最大值",则为"↑";如果"最小值≤和≤0",则为"↓",如图 8-32 所示。

注意:最大值和最小值可以假设一个符合实际情况的极大值、极小值,如 100、−100。

步骤 7:参照步骤 2 至步骤 6,完成筛选"索引"中定义"大于 46"的选项,呈现负债和所有者权益类项目,如图 8-33 所示。

4) 插入"树形图"(资产、负债及所有者权益总计)

选择"树形图"为视觉对象,勾选资产负债表度量值中的"资产总计""负债总计""所有者权益总计",如图 8-34 所示。

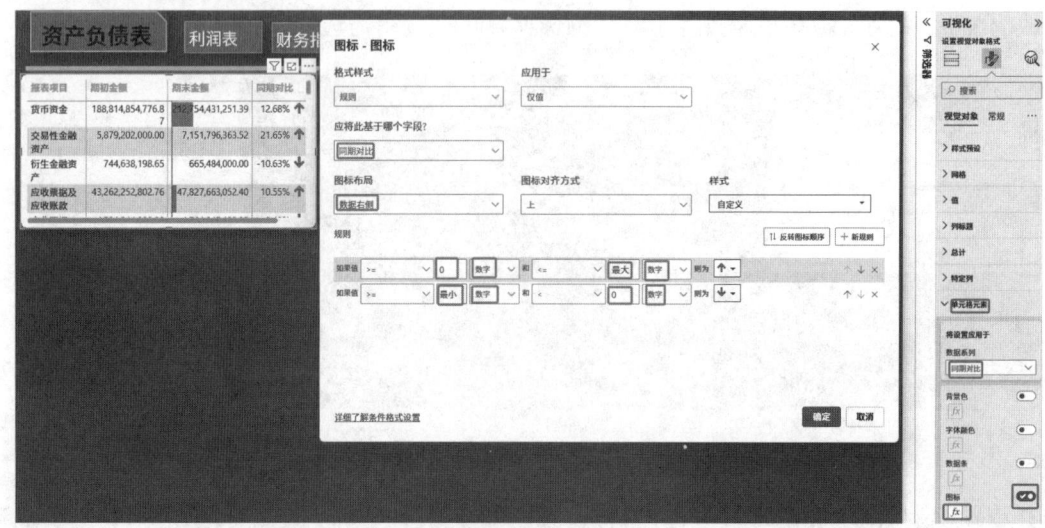

图 8-32 设置单元格元素

图 8-33 筛选权益类项目

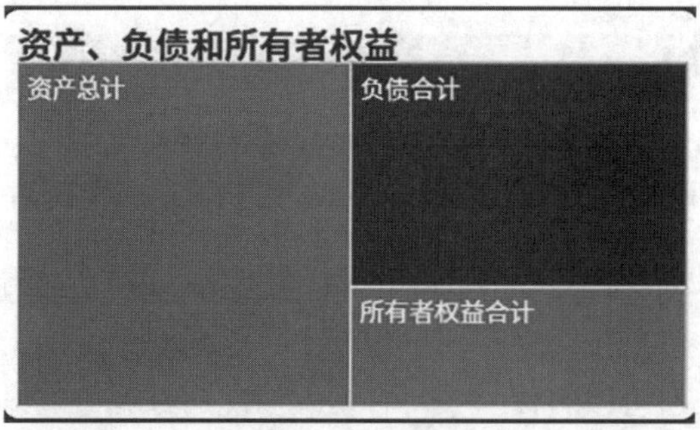

图 8-34 树形图

5）插入"堆积条形图"（资产类、负债类项目变动对比）

选择"堆积条形图"为视觉对象，选择"资产负债表格式"中的"报表项目""资产负债表度量值"中的"同期对比"，在筛选器中选择"货币资金""交易性金融资产""应收账款""存货""在建工程""固定资产净额"，展示资产类主要项目同期对比。参照以上操作，在筛选器中选择负债类主要项目,完成负债类主要项目同期对比展示,如图8-35所示。

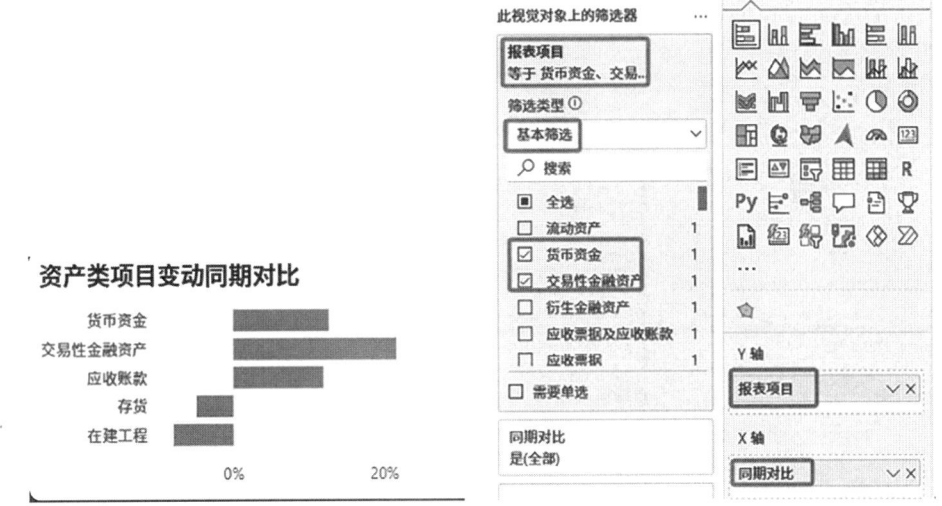

图 8-35　堆积条形图及条件设置

6）插入折线图（项目历年变动趋势）

选择"折线图"为视觉对象,选取资产负债表度量值中的"期末金额"和"资产负债表数据"中的日期,完成资产负债表中的各个项目历年变动情况可视化,如图8-36和图8-37所示。

图 8-36　折线图

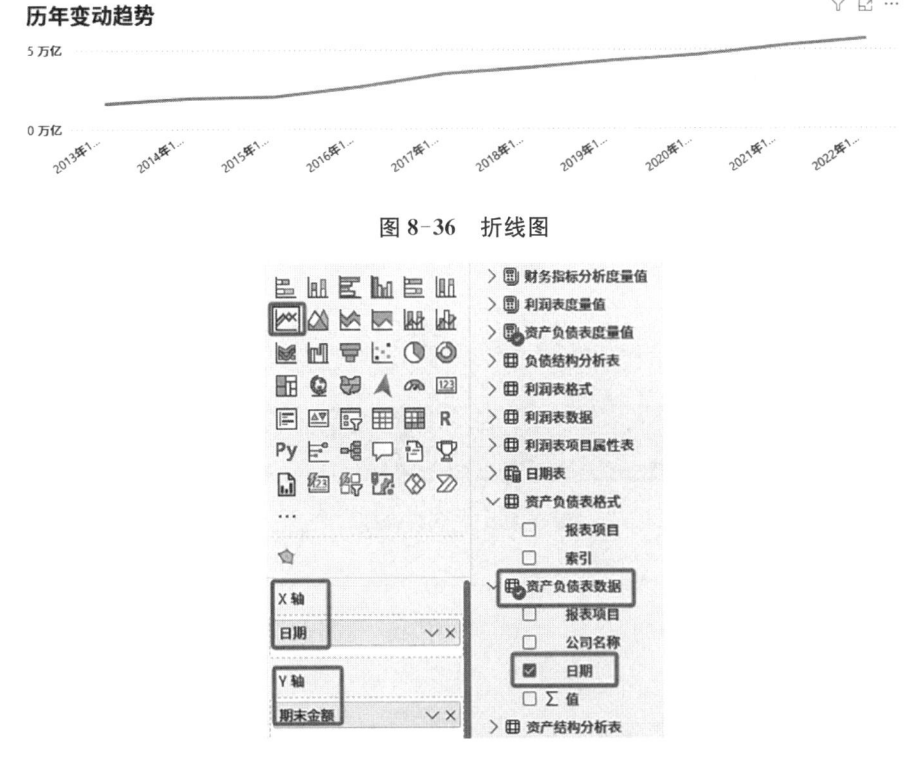

图 8-37　折线图条件设置

7) 插入"饼状图"（资产类、负债类项目结构层次钻取）

选取饼状图为视觉对象，运用钻取功能对资产和负债的内部结构情况展开分析。

资产负债表可视化展板效果如图 8-38 所示。

8-6 饼状图钻取功能

8-7 资产负债表展示

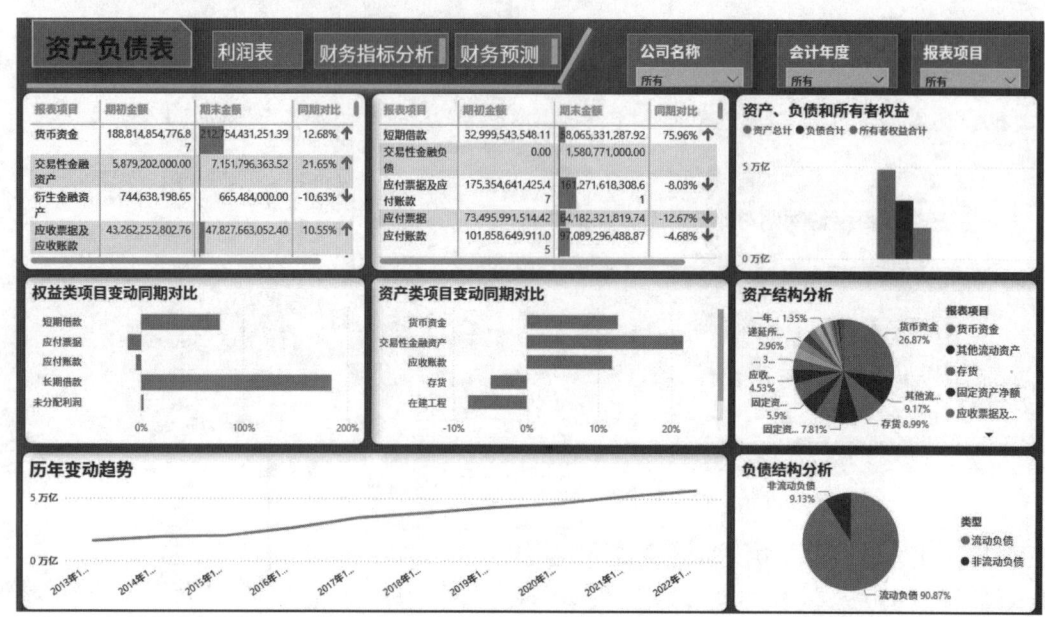

图 8-38　资产负债表展板效果

（二）利润表可视化

1. 插入形状图形（标题设计）

参考资产负债表设计步骤，新建"利润表"画布，在"插入"下的"形状"中选择合适图形，如卡片图形、长方形、直线等，输入文本，同时对图形中的字体、颜色进行调整，完成利润表可视化标题设计，如图 8-39 所示。

图 8-39　利润表标题

2. 插入"切片器"

分别添加"利润表数据"中的"公司名称""日期"和"利润表格式"中的"报表项目"设置切片器，对切片器进行优化，如图 8-40 所示。

3. 页导航功能设计

为方便在不同的可视化对象之间进行相互链接展示，对"资产负债表"和"利润表"进行页

第八章 预测性分析实训案例——财务主题可视化分析

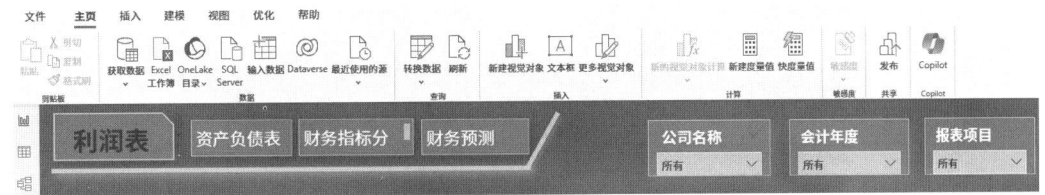

图 8-40 利润表切片器

面导航功能设计,具体操作如下。

选中画板中"资产负债表"标题框,点击"形状"下的"操作",类型选择"页导航",目标选择"资产负债表"。再次选中"资产负债表"标题框,同时按下 Ctrl 键,可链接到资产负债表可视化展板,如图 8-41 所示。

图 8-41 利润表页导航

4. 插入"矩阵图"(利润表项目同期对比)

步骤 1:参考资产负债表设计步骤,选择矩阵图视觉对象,添加"利润表数据"中的"报表项目",选择"利润表期初余额""利润表期末余额""利润表同期对比"度量值,分别将可视化"值"中的名称修改为"期末余额""期初余额""同期对比",以实现图中标题的修改,修改"同期对比"格式为"百分比",关闭"行小计",并对该图进行优化设计,如图 8-42 和图 8-43 所示。

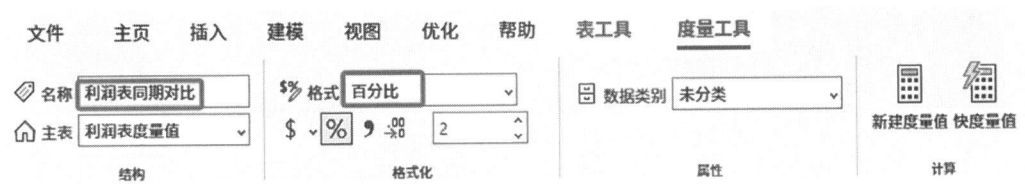

图 8-42 调整同期对比格式

步骤 2:通过添加"单元格元素"中的"数据条""图标""工具提示"对利润表进行优化。
首先,选中矩阵图,打开视觉对象中的"单元格元素",将设置应用于"期初金额",打开数据

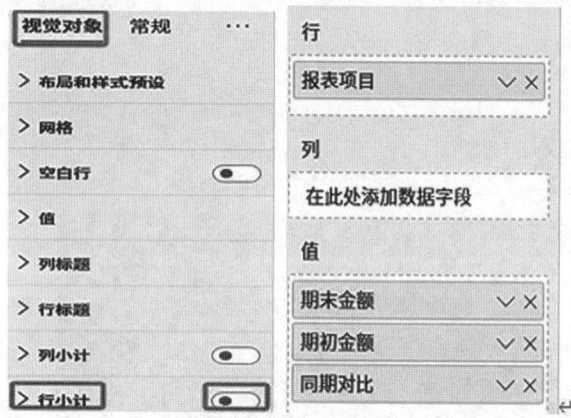

图 8-43 关闭行小计图示

条中的"fx",调整数据条颜色,将同样操作应用于"期末金额""同期对比",完成表中正负值的标记设计,如图 8-44 所示。

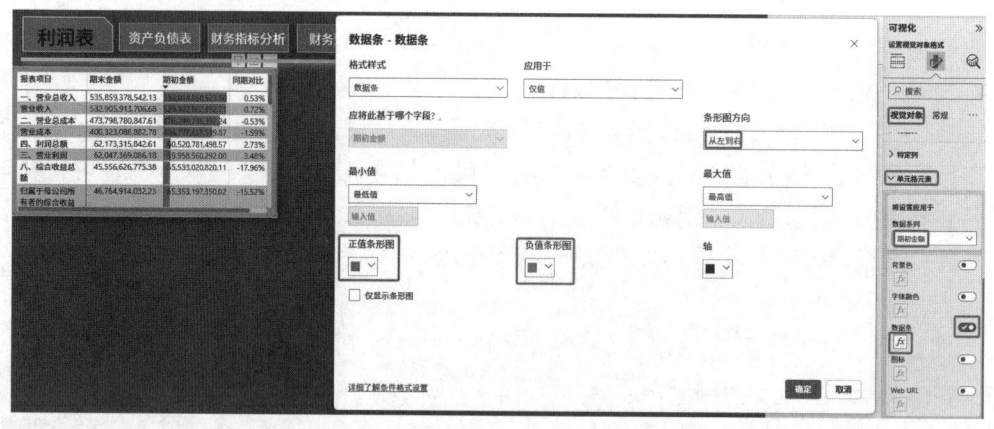

图 8-44 单元格添加数据条

其次,打开"单元格元素",将设置应用于"同期金额",点击"图标"下的"fx",选择基于"利润表同期对比"字段,图标布局选择"数据右侧",值选择"数字"格式,定义如果"0≤值≤1",选择上升箭头图标,如果"−1≤值≤0",选择下降箭头图标,如图 8-45 所示。

图 8-45　单元格添加图标

5. 插入"利润表项目工具提示"

步骤 1：为方便分析报表中某项目的变动趋势，将新建画布命名为"利润表项目工具提示"，在"设置页面格式"中修改"画布设置"类型为"工具提示"，如图 8-46 所示。

步骤 2：选择"折线图"，添加利润表度量值中的"利润表期末金额"和日期表中"Date"的"年"，如图 8-47 所示。

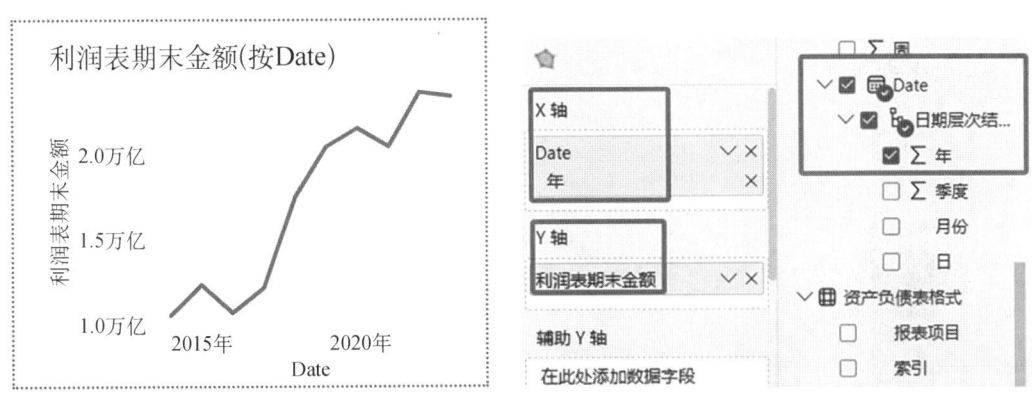

图 8-46　利润表提示工具示例　　　　图 8-47　折线图条件设置

步骤 3：返回"利润表可视化"，打开"设置视觉对象格式"中的"工具提示"，将页码栏下修改为"利润表项目工具提示"。完成"期末金额"工具提示设计后，可以利用工具提示呈现该图中某个报表项目的期末金额变动趋势。

6. 插入"折线图"（营业收入和营业成本）

选择"折线图"为视觉对象，选取利润表度量值中的"营业成本""营业收入"和利润表数据中的"日期"，对其字体、字号进行优化，如图 8-48 所示。

7. 插入"折线图"（期间费用）

选择"折线图"为视觉对象，选取利润表度量值中的"销售费用""管理费用""财务费用"，同时选取"利润表数据"中的"日期"，对其字体、字号进行优化，展示企业期间费用情况，如图 8-49 所示。

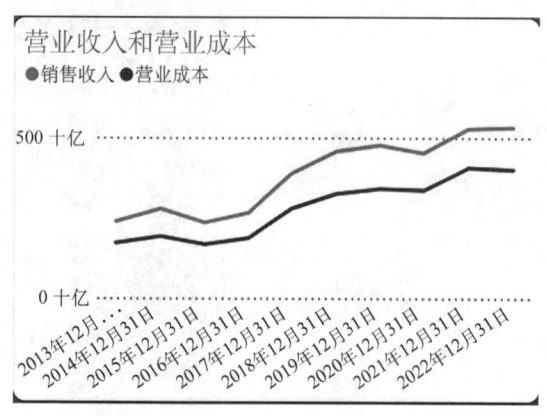

图 8-48　折线图（营业收入和营业成本）　　　图 8-49　折线图（期间费用）

8. 插入"瀑布图"（主要项目同期对比）

选择"瀑布图"为视觉对象，在类别中选取利润表数据中的"报表项目"，Y 轴选取利润表度量值中的"利润表同期对比"，打开报表项目筛选器，选择"管理费用""研发费用""营业收入""销售费用""营业成本""财务费用"，对其字体、字号进行优化，展示企业主要项目同期对比情况，如图 8-50 和图 8-51 所示。

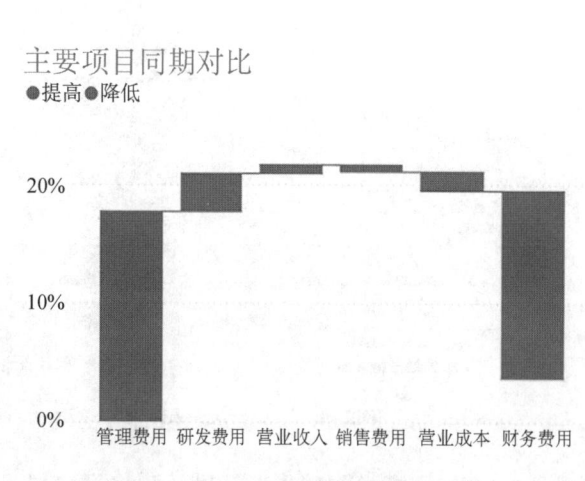

图 8-50　插入瀑布图　　　图 8-51　条件设置

9. 插入"雷达图"（主要收入类项目对比）

在视觉对象下点击获取更多视觉对象，上传蛛网图视觉对象，选择"雷达图"为视觉对象，在 Axis 中选取"利润表项目属性表"中的"利润表报表项目"，Value 中选取利润表数据中的"值"，打开利润表报表项目筛选器，选择"营业收入""公允价值变动收益""综合收益总额""营业外收入""投资收益",对其字体、字号进行优化,展示企业主要收入类项目对比情况,如图 8-52 和图 8-53 所示。

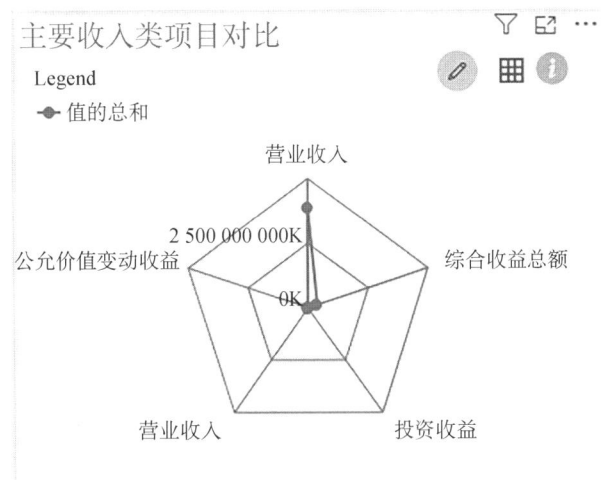

图 8-52　插入雷达图

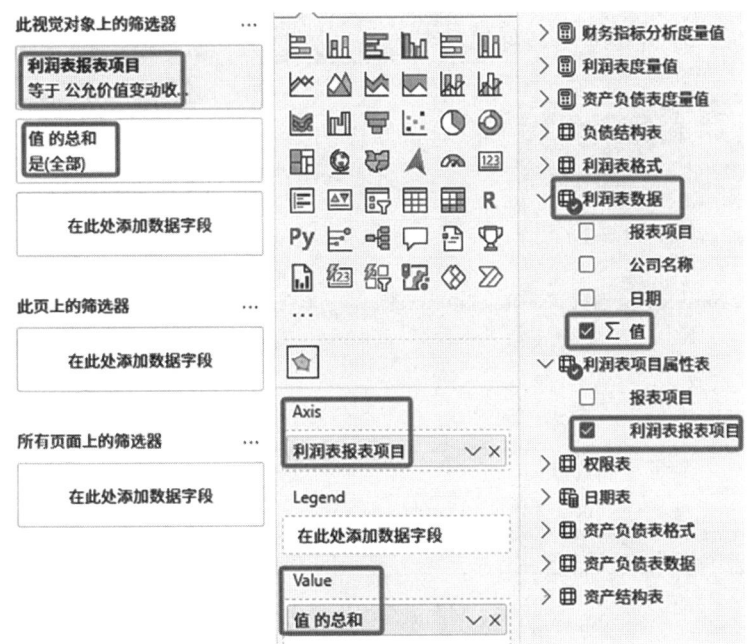

图 8-53　条件设置

10. 插入"簇状柱形图"(主要费用类项目对比)

选择"簇状柱形图"为视觉对象,在 X 轴中选取"利润表项目属性表"中的"利润表报表项目",Y 轴中选取利润表数据中的"值",打开利润表报表项目筛选器,选择"销售费用""管理费用""财务费用""营业外支出""资产减值损失",对其字体、字号进行优化,展示企业主要费用类项目对比情况,如图 8-54 和图 8-55 所示。

利润表分析可视化设计展板效果如图 8-56 所示。

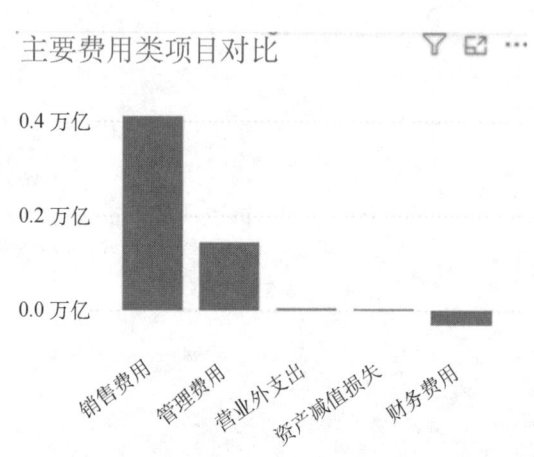

图 8-54　插入簇状柱形图

图 8-55　条件设置

8-8 利润表展示

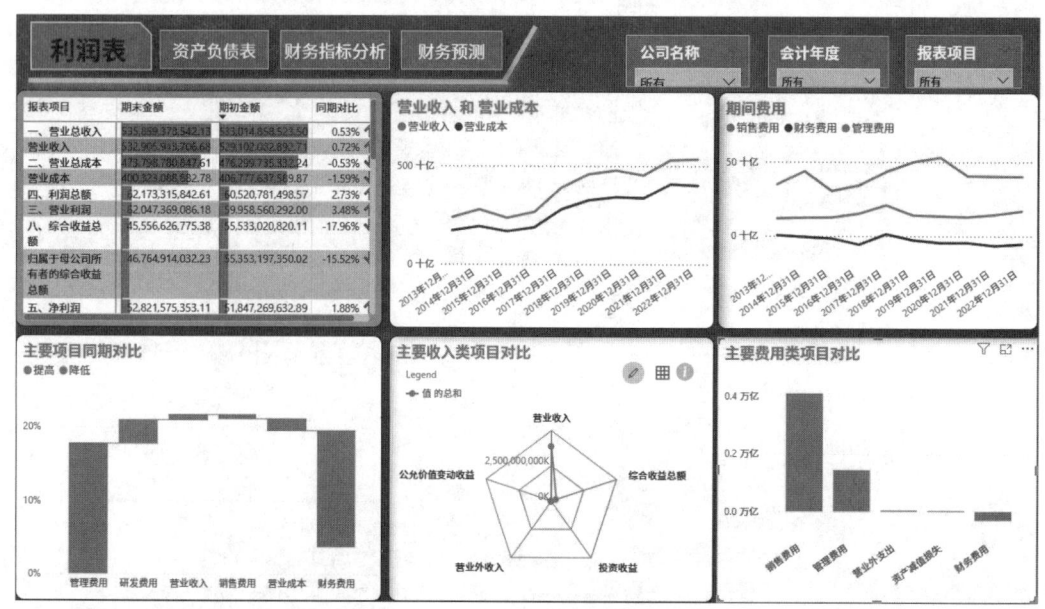

图 8-56　利润表分析可视化展板效果

（三）财务指标分析可视化

本部分所需数据和模型关系已在报表可视化中完成，所以只需在前面内容的基础上完成新的度量值和可视化呈现即可。对财务指标进行可视化设计，主要选取企业偿债能力、盈利能力、营运能力、发展能力相关财务指标进行展示。

在进行财务指标可视化设计前，要进行财务分析的封面设计，选取合适图形，参考"数据可视化"章节中的"主页封面设计"和"利润表可视化"步骤 2 中的页导航设计，完成财务分析封面可视化设计。

1. 偿债能力财务指标可视化设计

1）插入图像、文本框（标题及页导航设计）

新建画布"偿债能力财务指标可视化"，在插入栏下，选择"图像"，插入合适图形，完成与"财务指标分析封面"相互链接的页导航设计；选择"文本框"，可插入文字，如偿债能力的定义等，如图8-57所示。

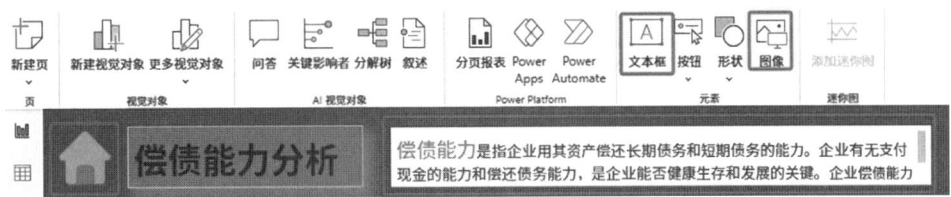

图 8-57　插入标题

2）插入"切片器"

分别添加"资产负债表数据"表中的"公司名称""日期"两个切片器，如图8-58所示。

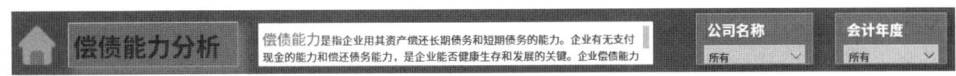

图 8-58　插入切片器

3）插入"折线图"（资产负债率）

步骤1：选取"折线图"，选择财务指标分析度量值中的"资产负债率"为Y轴、"资产负债表数据"中的"公司名称"为图例、"日期"为X轴。

步骤2：打开视觉对象中"X轴"下的"类型"，选择"类别"，对该表进行常规优化，如图8-59所示。

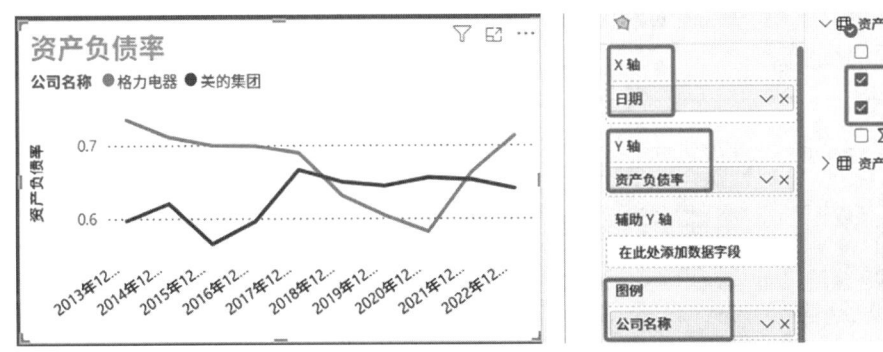

图 8-59　折线图（资产负债率）

4）插入"折线图"（产权比率）

选取"折线图"，选择度量值中的"产权比率"为Y轴、"资产负债表数据"中的"公司名称"为图例、"日期"为X轴，参考步骤2对产权比率进行展示，如图8-60所示。

5）插入"分区图"（权益乘数）

选取"分区图"，选择度量值中的"权益乘数"为Y轴、"资产负债表数据"中的"公司名称"

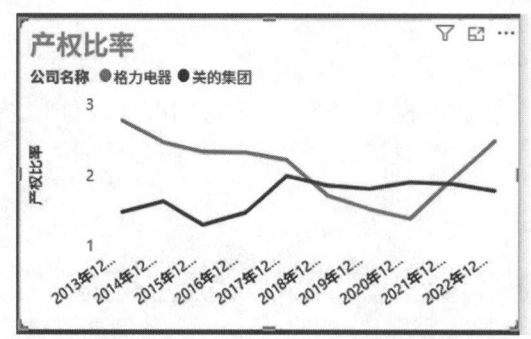
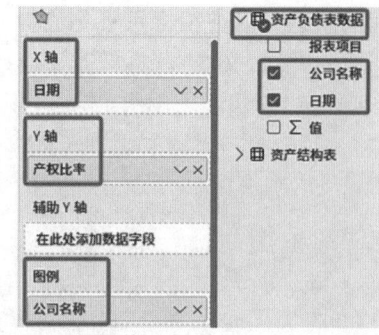

图 8-60　折线图(产权比率)

为图例,"日期"为 X 轴,参考步骤 2 对权益乘数进行展示,如图 8-61 所示。

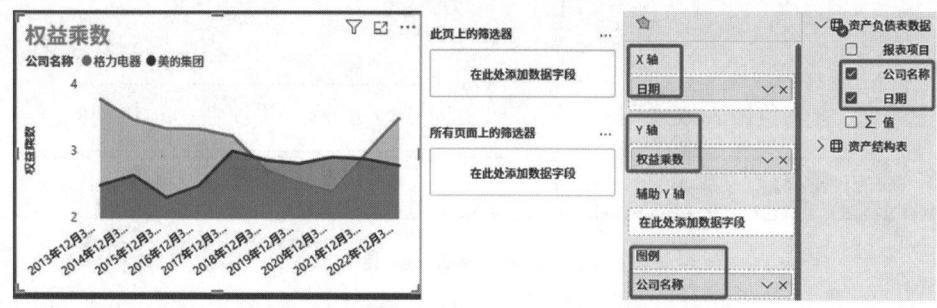

图 8-61　分区图及条件设置

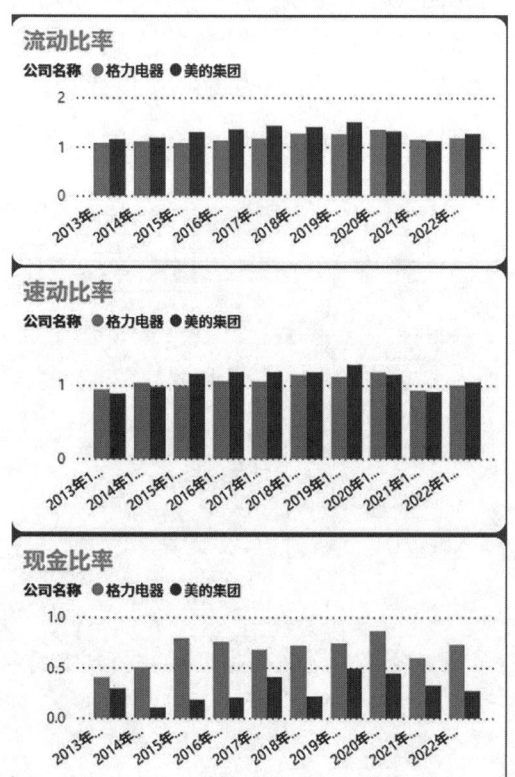

图 8-62　簇状柱形图示例

6)插入"簇状柱形图"(流动比率、速动比率、现金比率)

选取"簇状柱形图",选择度量值中的"流动比率"为 Y 轴,选择"资产负债表数据"中的"公司名称"为图例,"日期"为 X 轴。同样步骤完成"现金比率"和"速动比率"的设置,如图 8-62 所示。

7)插入"簇状条形图"(存货、应收账款占流动资产比重)

选取"簇状条形图",选择度量值中的"存货占流动资产比重"为 Y 轴,"资产负债表数据"中的"公司名称"为图例,"日期"为 X 轴。同样步骤完成"应收账款占流动资产比重"的设置,如图 8-63 和图 8-64 所示。

8)插入"簇状柱形图"(债务期限结构)

选取"簇状柱形图",X 轴选择"资产负债表数据"中的"公司名称""日期",Y 轴选择资产负债表度量值中的"长期借款""短期借款",如图 8-65 和图 8-66 所示。

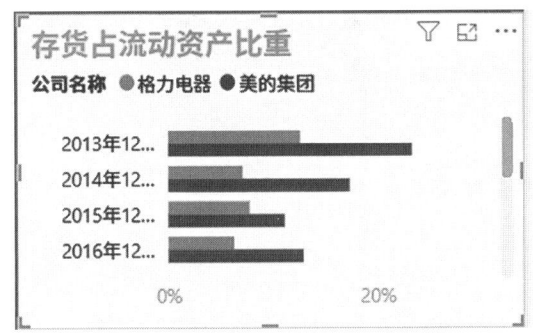 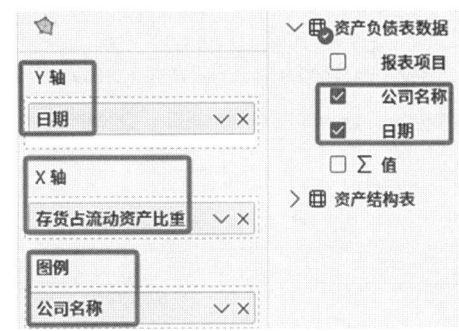

图 8-63 存货占比簇状条形图

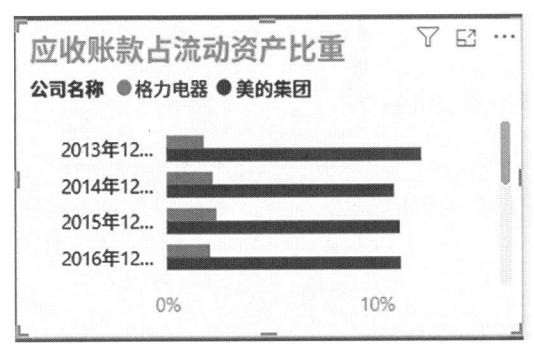 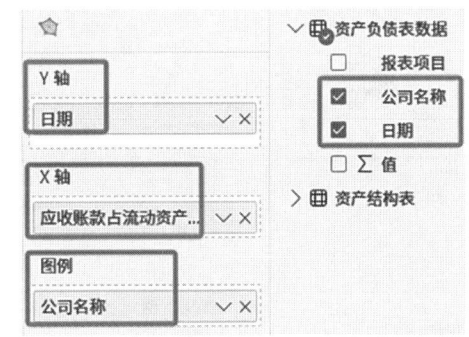

图 8-64 应收账款占比簇状条形图

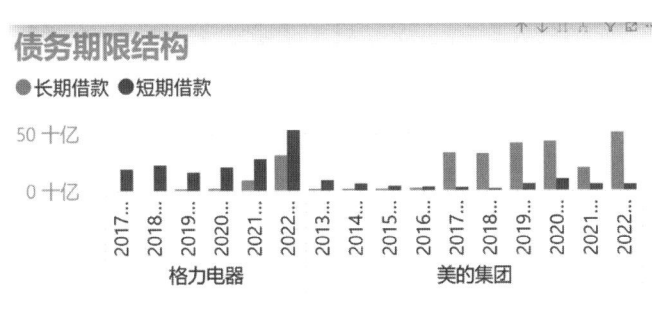 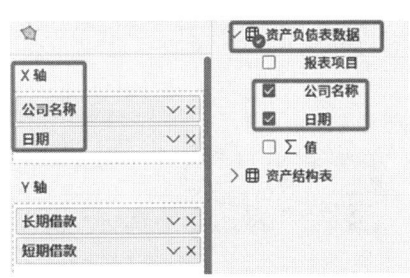

图 8-65 簇状柱形图示例　　　　图 8-66 条件设置

偿债能力分析可视化展板效果如图 8-67 所示。

2. 盈利能力财务指标可视化设计

1）插入图像、形状（标题及页导航设计）

新建画布"盈利能力财务分析"，在插入栏下，选择"图像"，插入合适图形，完成与"财务指标分析封面"相互链接的页导航设计；选择"文本框"，可插入文字，如盈利能力的定义等，如图 8-68 所示。

2）插入"切片器"

插入"利润表数据"表中的"公司名称""日期"作为切片器，如图 8-69 所示。

8-9 偿债能力分析展示

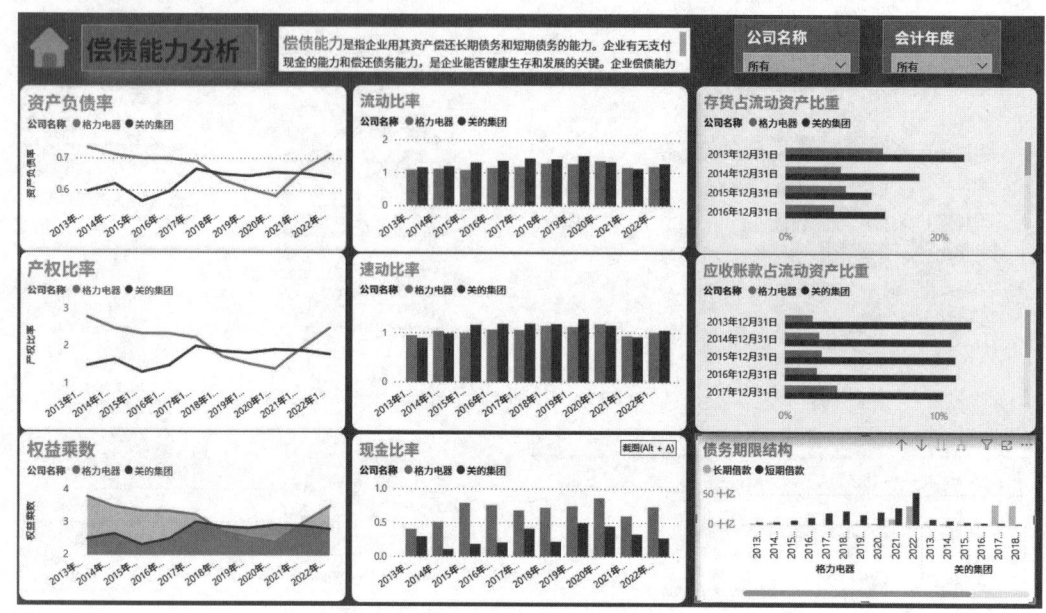

图 8-67 偿债能力分析可视化展板效果

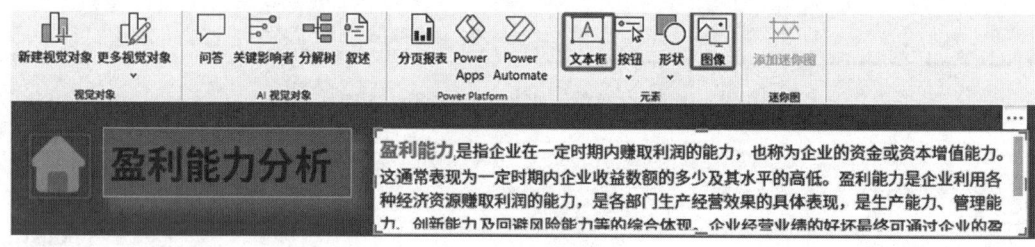

图 8-68 标题设计

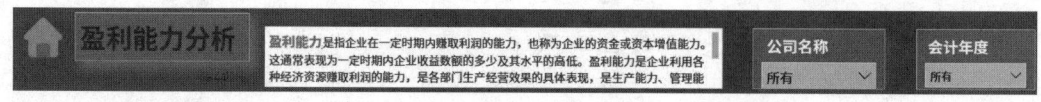

图 8-69 插入切片器

3）插入"簇状条形图"（营业收入利润率）

选择"簇状条形图"，添加财务指标分析度量值中的"营业收入利润率"为 X 轴、"利润表数据"表中的"公司名称"为图例、日期表中"Date"下的"年"为 Y 轴，Y 轴的类型选择"类别"，对其进行常规优化，如在视觉对象下的"条形"中，选择应用企业和条形颜色等，如图 8-70 和图 8-71 所示。

4）插入"簇状条形图"（营业成本利润率）

选择"簇状条形图"，添加财务指标分析度量值中的"营业成本利润率"为 X 轴、"利润表数据"表中的"公司名称"为图例、日期表中"Date"下的"年"为 Y 轴，Y 轴的类型选择"类别"，并对其进行常规优化，如图 8-72 所示。

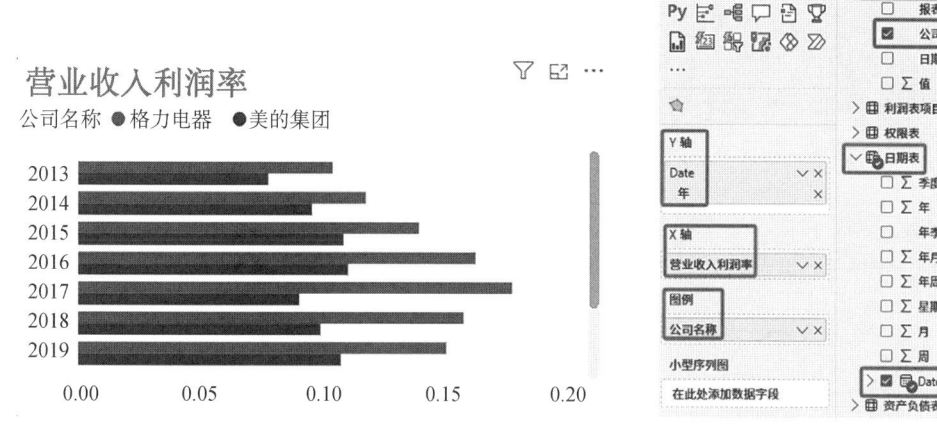

图 8-70　插入簇状条形图(营业收入利润率)　　　图 8-71　条件设置

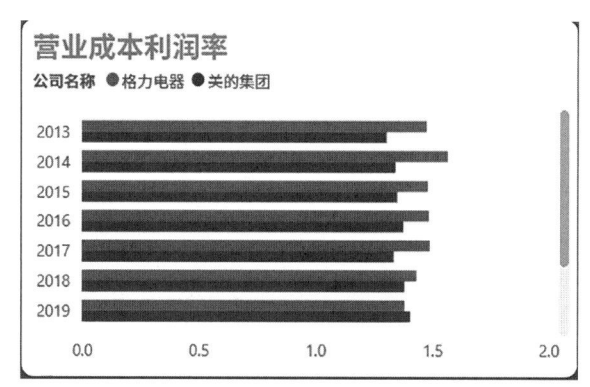

图 8-72　插入簇状条形图(营业成本利润率)

5) 插入"分区图"(销售净利率、销售毛利率)

选择"分区图",添加财务指标分析度量值中的"销售净利率"为 Y 轴、利润表格式中的"公司名称"为图例、日期表中"Date"下的"年"为 X 轴,X 轴的类型选择"类别"。同样选择"分区图",添加度量值中的"销售毛利率",分别展示销售净利率、销售毛利率相关情况,并对其进行常规优化,如图 8-73 和图 8-74 所示。

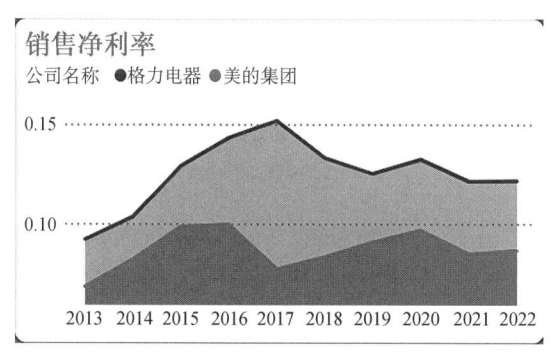 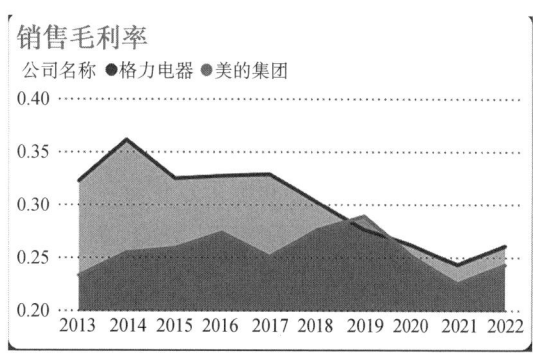

图 8-73　插入分区图(销售净利率)　　　　图 8-74　插入分区图(销售毛利率)

315

6) 插入"折线图"(净资产报酬率、总资产报酬率)

选择"折线图",添加财务指标分析度量值中的"净资产报酬率"为 Y 轴,利润表数据表中的"公司名称"为图例、日期表中"Date"下的"年"为 X 轴,X 轴的类型选择"类别"。同样选择"折线图",添加度量值中的"总资产报酬率",分别展示净资产报酬率、总资产报酬率相关情况,并对其进行常规优化,如图 8-75 和图 8-76 所示。

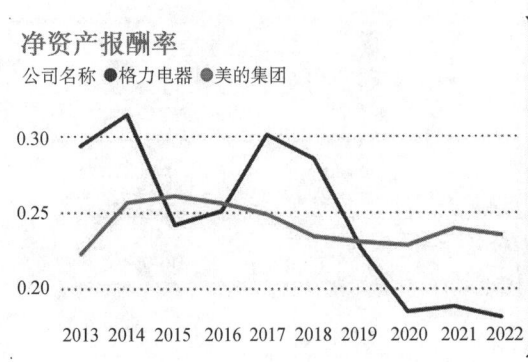

图 8-75　插入折线图(净资产报酬率)　　　图 8-76　插入折线图(总资产报酬率)

盈利能力分析可视化展板效果如图 8-77 所示。

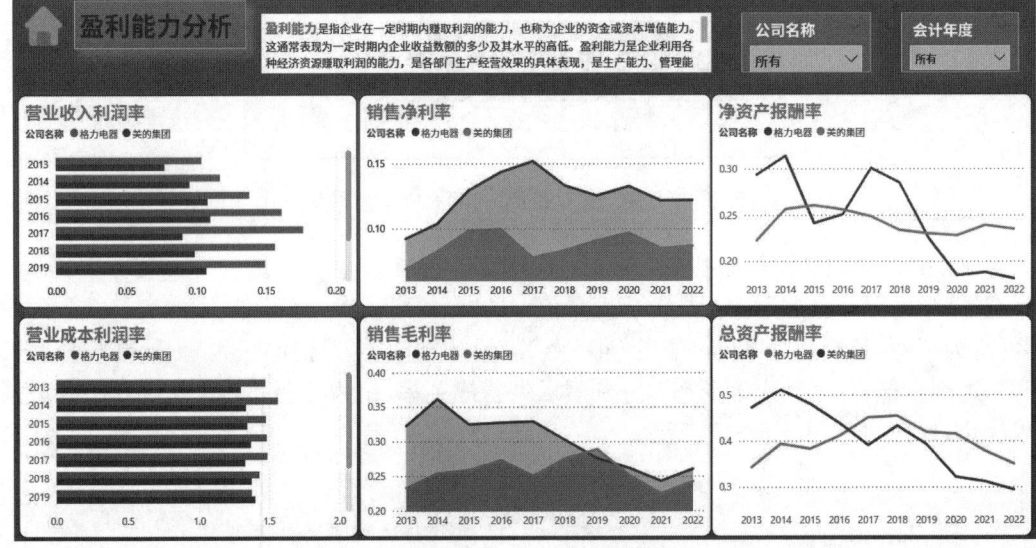

图 8-77　盈利能力分析可视化展板效果

3. 营运能力财务指标可视化设计

1) 插入图像、文本框(标题及页导航设计)

新建画布"营运能力财务分析",在插入栏下,选择"图像",插入合适图形,完成与"财务指标分析封面"相互链接的页导航设计,也可插入与企业营运能力相关的图片进行美化设计;选择"文本框",可插入文字,如营运能力的定义、美的集团业务系统、商业模式等相关介绍。

2) 插入"切片器"

分别添加"资产负债表数据"表中的"公司名称""日期"两个切片器,如图8-78所示。

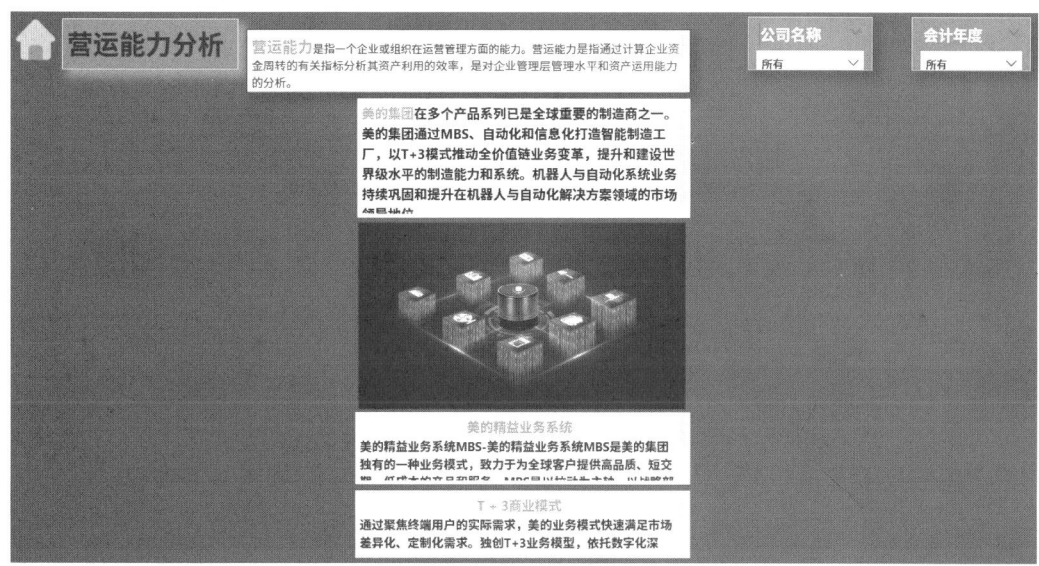

图 8-78　插入切片器

3) 插入"折线图"(存货周转率、应收账款周转率)

选择"折线图",添加财务指标分析度量值中的"存货周转率"为 Y 轴,资产负债表数据表中的"公司名称"为图例、"日期"为 X 轴,同样选择"折线图",添加度量值中的"应收账款周转率",并对其进行常规优化,如图8-79所示。

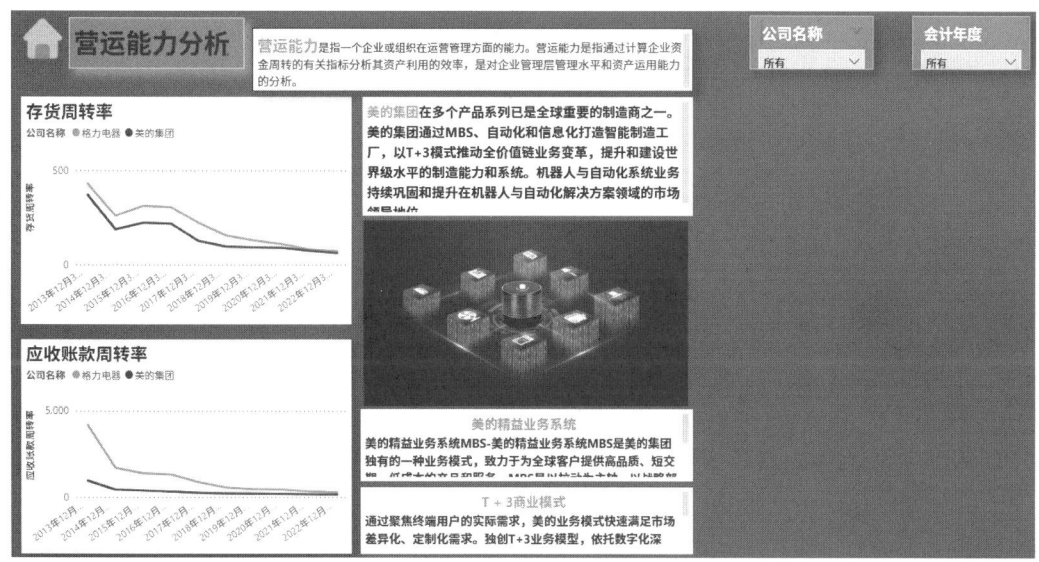

图 8-79　插入折线图

4) 插入"簇状柱形图"(总资产周转率、固定资产周转率)

选择"簇状柱形图",添加财务指标分析度量值中的"总资产周转率"为 Y 轴,资产负债表数据表中的"公司名称"为图例、"日期"为 X 轴,如图 8-80 所示。同样选择"簇状柱形图",添加度量值中的"固定资产周转率",并对其进行常规优化。

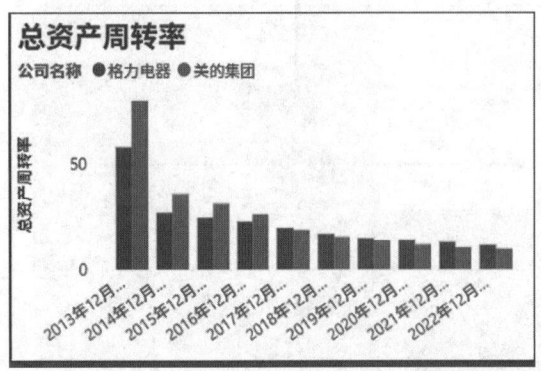
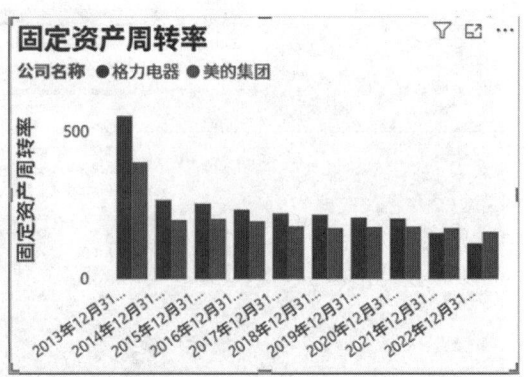

图 8-80　插入簇状柱形图

营运能力分析可视化展板效果如图 8-81 所示。

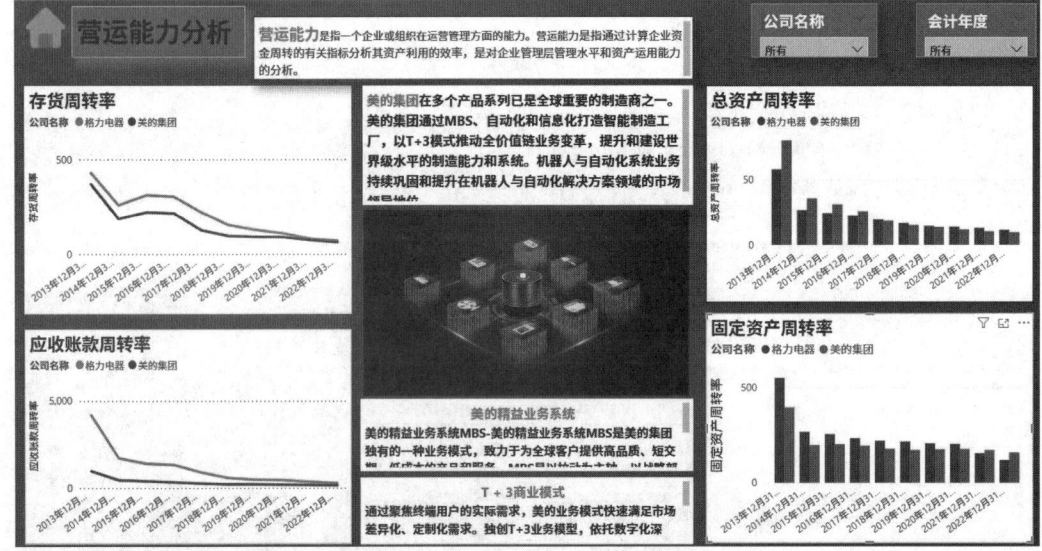

图 8-81　营运能力分析可视化展板效果

4. 发展能力财务指标可视化设计

1) 插入图像、文本框(标题、内容简介及页导航)

新建画布"发展能力财务分析",在插入栏下,选择"图像",插入合适图形,完成与"财务指标分析封面"相互链接的页导航设计,也可插入与企业营运能力相关的图片进行美化设计;选择"形状",可插入特殊形状,如"直线""箭头"等;选择"文本框",可插入文字,如发展能力的定义、美的集团各事业部等相关介绍。

2) 插入"切片器"

分别添加利润表数据表中的"公司名称""日期"两个切片器,如图 8-82 所示。

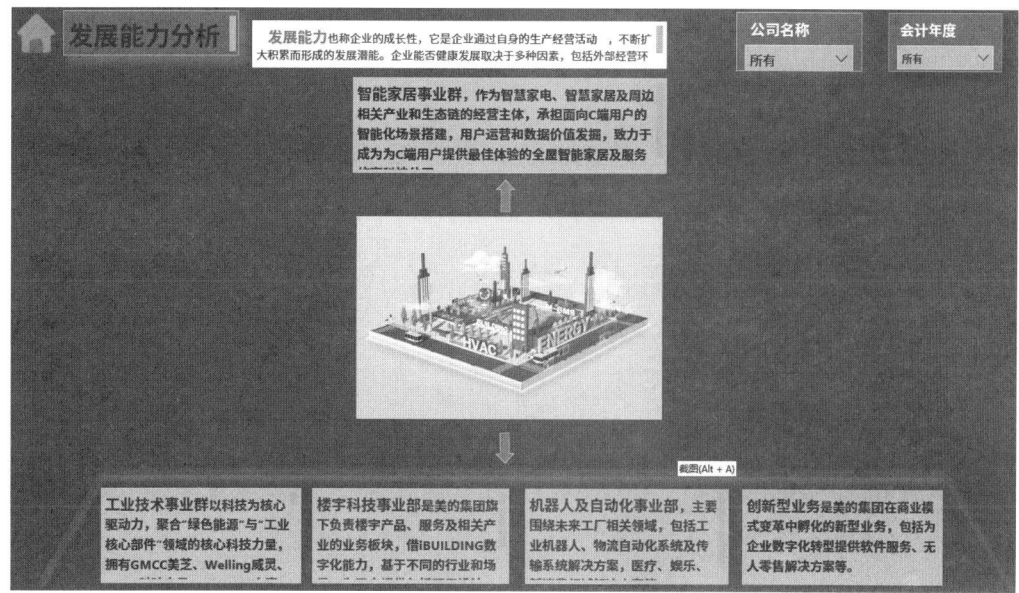

图 8-82 插入切片器

3）插入"折线图"（营业收入增长率、营业利润增长率）

选择"折线图"，添加度量值中的"营业收入增长率"为 Y 轴、利润表数据表中的"公司名称"为图例、"日期"为 X 轴。同样选择"折线图"，添加度量值中的"营业利润增长率"，对其进行常规优化，如图 8-83 所示。

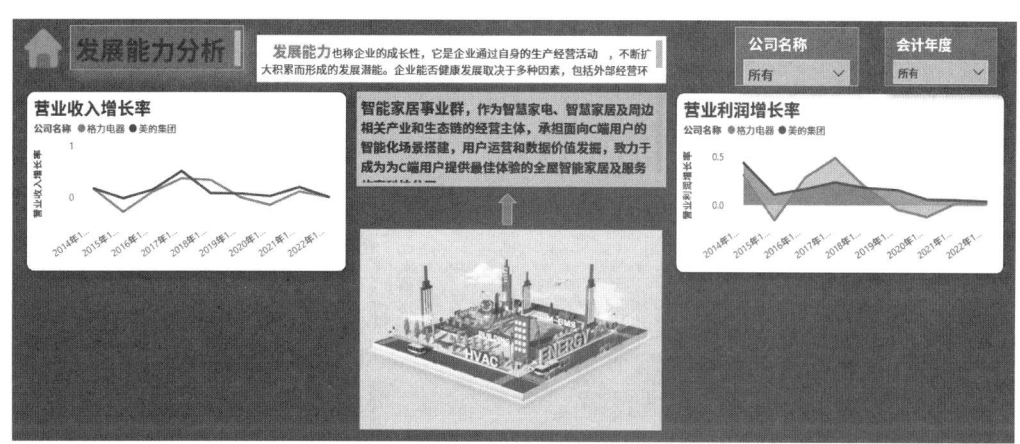

图 8-83 插入折线图

4）插入"分区图"（总资产增长率）

选择"分区图"，添加度量值中的"总资产增长率"为 Y 轴、资产负债表数据表中的"公司名称"为图例、"日期"为 X 轴，对其进行常规优化，如图 8-84 和图 8-85 所示。

5）插入"簇状柱形图"（技术投入比）

选择"簇状柱形图"，添加度量值中的"技术投入比"为 Y 轴、利润表数据表中的"公司名称"为图例、"日期"为 X 轴，对其进行常规优化，如图 8-86 和图 8-87 所示。

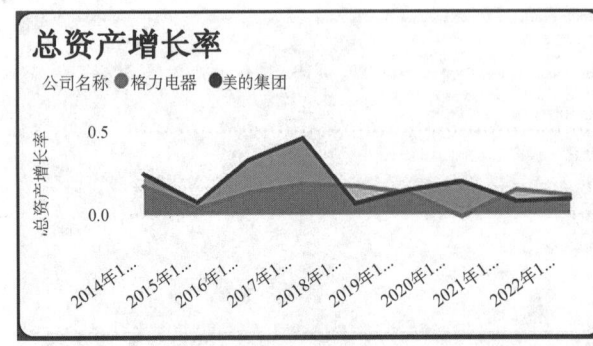

图 8-84　插入分区图　　　　　图 8-85　条件设置

6）插入访问权限页面（页面访问权限设置）

为遵循财务工作岗位分离制度，对企业可视化数据展示进行权限设置，由规定用户访问权限范围页面。

8-12　页面权限设置

8-13　发展能力分析展示

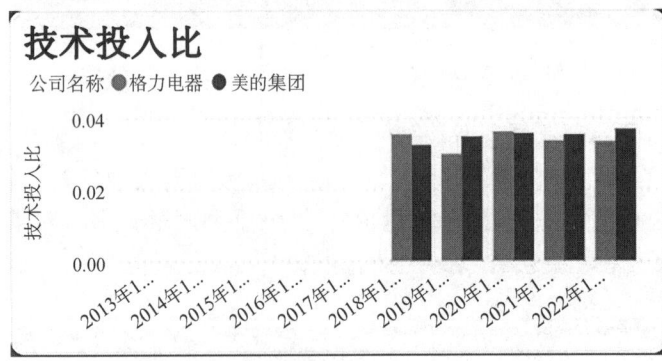

图 8-86　插入簇状柱形图　　　　　图 8-87　条件设置

发展能力分析可视化展板效果如图 8-88 所示。

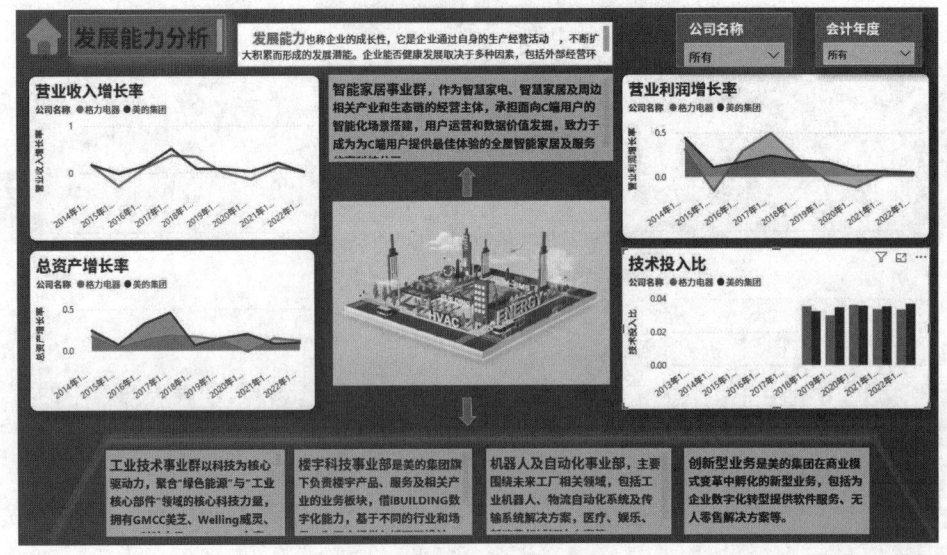

图 8-88　发展能力分析可视化展板效果

(四) 财务预测可视化

以"营业收入"为例,假设美的集团目前企业发展比较稳定,本部分主要通过计算2013—2022年"营业收入平均增长率"和"营业收入的移动平均法"对美的集团2023年营业收入状况进行预测分析。

1. 财务预测可视化设计

1) 插入形状、图像(标题及页导航设计)

新建画布"财务预测可视化",在插入栏下,选择"形状",插入合适图形,完成与其他展板相互链接的页导航设计;选择"图像",可插入合适的图形。

2) 插入"切片器"

添加利润表数据表中的"公司名称""日期"作为切片器,如图8-89所示。

图8-89 插入切片器

3) 插入"折线图"(营业收入、营业收入预测-1、营业收入预测-2)

选取"折线图",选择财务预测度量值中的"营业收入预测-1""营业收入预测-2"和利润表度量值中的"营业收入"为Y轴;同时选择日期表中"date"下的"年"为X轴,将X轴类型选择为"类别",如图8-90所示。

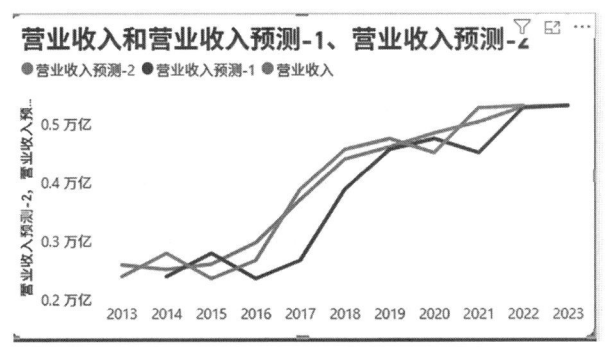
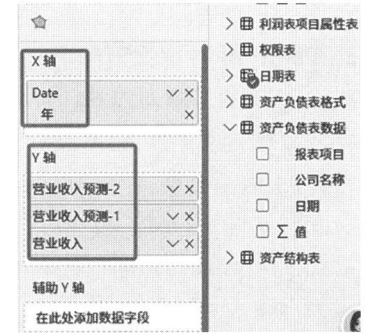

图8-90 插入折线图

4) 插入"矩阵图"(营业收入实际值与预测值对比)

选取"矩阵图",选择财务预测度量值中的"营业收入预测－1""营业收入预测－2""预测1差异率""预测2差异率"和利润表度量值中的"营业收入";同时选择日期表中"date"下的"年",参考资产负债表可视化步骤,打开数据条,对预测差异率变动情况进行特殊标记,如图8-91所示。

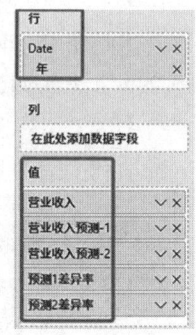

图8-91 插入矩阵图

通过营业收入预测－1和营业收入预测－2与当年营业收入实际值进行对比,发现移动加权平均法下对营业收入的财务预测更加准确,更接近实际值。

移动平均法预测的优点主要体现在以下几个方面:

(1) 实时性高:移动平均法能够及时捕捉最新数据的变化,并据此更新平均值,因此它能够快速响应市场的实时变化。这种特性使得移动平均法在需要快速决策和及时调整预测的场景中非常有用。

(2) 灵活性好:移动平均法可以根据需要调整跨越期的长度,以适应不同的预测需求和数据特点。例如,在预测波动较大的时间序列时,可以选择较短的跨越期来更快地响应数据变化;而在预测趋势较为稳定的时间序列时,则可以选择较长的跨越期来平滑数据波动。

(3) 稳定性强:由于移动平均法考虑了一定时间范围内的数据,而不是仅仅依赖最新数据,它在一定程度上能够平滑数据的波动,减少预测结果的偶然性。这使得预测结果更加稳定可靠。

需要注意的是,虽然移动平均法具有上述优点,但它也存在一些局限性,如只利用了过去的有限观测值、忽略了其他影响因素、对离群值敏感以及未考虑数据的非线性关系等。因此,在使用移动平均法进行预测时,需要结合实际情况进行综合考虑和判断。

2. Power BI 一键式预测功能

Power BI的预测功能是一种基于数据分析的工具,它允许用户根据已有的历史数据来预测未来的趋势和变化。该功能特别适用于时间序列数据的分析,通过利用这些数据的特性和模式,可以生成准确的预测结果。此外,Power BI提供了丰富的可视化选项,帮助用户更直观地理解和展示预测结果。无论是进行销售预测、用户行为分析还是其他业务场景的预测,Power BI的预测功能都能提供有力的支持,帮助企业做出更明智的决策。

下面以"营业收入"为例,假设美的集团目前企业发展比较稳定,运用Power BI对美的集团2023年甚至未来10年的指标走势进行预测。

步骤1：选择"折线图"为视觉对象，添加"营业收入"、日期表"Date"下的"年"，如图 8-92 所示。

注意：此处 X 轴的类型为"连续"。

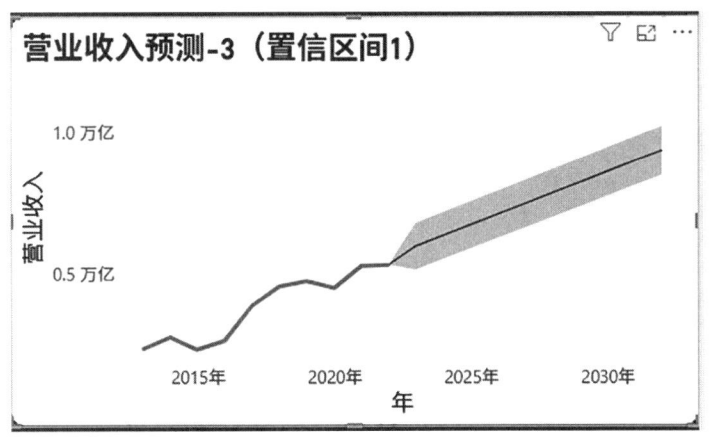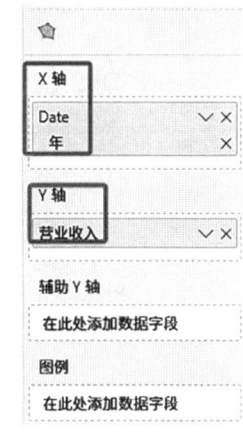

图 8-92　一键式预测图 1

步骤 2：选中该图，点击分析图标，打开"预测"，选择长度"10"，置信区间为 95%，如图 8-93 所示。

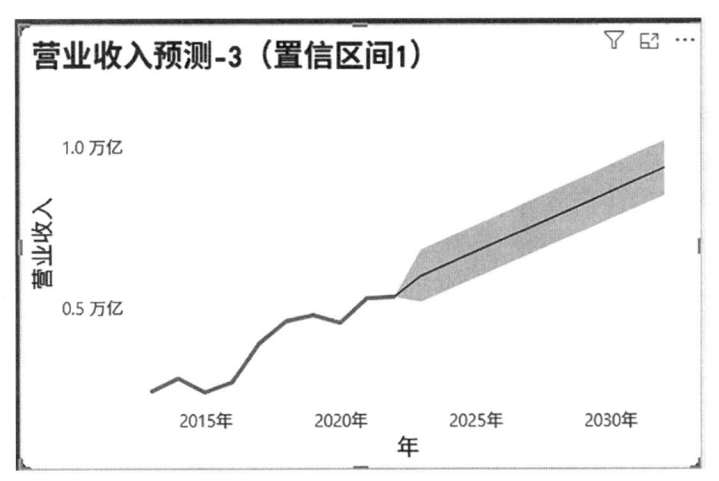

图 8-93　置信区间(95%)

将"置信区间"修改为 75%，如图 8-94 所示。

通过预测发现，2023 年美的集团营业收入的值接近"营业收入预测－1 的值"，通过观察发现，置信区间设置是影响这种预测方式准确度的关键性因素。不同的置信区间会产生不同的预测值上限与下限。

8-14　财务预测展示

置信区间 95% 与 75% 的主要区别体现在它们所代表的预测确定性和风险水平上。

（1）预测确定性：95% 的置信区间意味着我们有 95% 的把握认为真实的参数值会落在这个区间内，而 75% 的置信区间则表示我们有 75% 的把握。因此，95% 的置信区间比 75% 的置

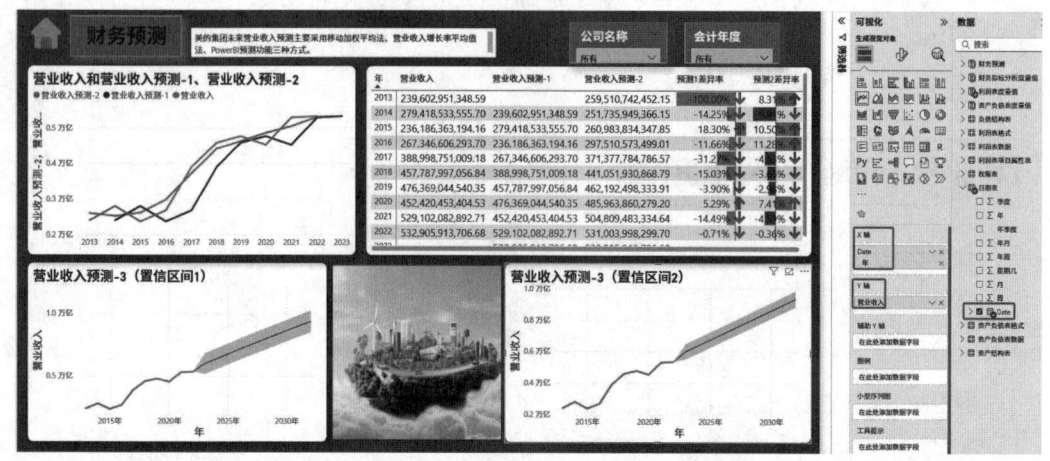

图 8-94 置信区间(75%)

信区间更具确定性,它包含真实参数值的概率更大。

(2) 风险水平:与较高的确定性相对应,95%的置信区间所代表的风险水平相对较低。如果选择使用95%的置信区间,那么我们对预测结果的信心会更高,从而可能降低决策的风险。相反,75%的置信区间则意味着存在更高的不确定性,因此可能带来更高的风险。

一般来说,置信水平越高(如95%),所需的样本量就越大,以确保足够的精度。因此,95%的置信区间通常会比75%的置信区间更宽。这是因为为了达到更高的置信水平,需要考虑更多的可能性,这通常会导致区间的扩大。

置信区间在财务预测中扮演着至关重要的角色,其影响主要体现在以下几个方面:

(1) 预测准确性的衡量:置信区间为财务预测提供了一个范围,而非一个固定的数值。这个范围反映了预测结果的不确定性,使得预测更加贴近实际。通过对比实际结果与预测结果的置信区间,可以衡量预测的准确性,从而判断预测模型的有效性。

(2) 风险管理的依据:财务预测中的置信区间有助于企业更好地进行风险管理。通过了解预测结果的可能范围,企业可以评估不同决策方案的风险和潜在收益,从而选择更加稳健和可行的方案。

(3) 决策制定的参考:置信区间为企业的决策制定提供了重要参考。在做出投资决策、资金调配或战略规划时,企业可以依据预测结果的置信区间来评估不同方案的风险和收益,从而制定出更加合理和科学的决策。

(4) 预测模型的优化:通过对比实际结果与预测结果的置信区间,企业可以发现预测模型的不足之处,进而对模型进行优化和改进。这有助于提高预测的准确性,使财务预测更加符合企业的实际需求。

综上所述,置信区间在财务预测中具有重要的影响,它有助于企业更准确地预测未来的财务状况,制定更加稳健和科学的决策,并优化预测模型以提高预测的准确性。

3. Power BI 预测的特点和优势

Power BI 的预测功能提供了强大的数据分析工具,能够帮助企业更好地掌握未来趋势。以下是关于 Power BI 预测功能的一些主要特点和优势:

（1）基于时间序列的预测：Power BI 中的预测功能特别适用于基于时间序列的数据分析，如销售数据、用户行为数据等。通过利用时间序列数据，可以预测未来的趋势和变化。

（2）多种预测模型与可视化：Power BI 提供了多种预测模型，用户可以根据数据的特性和需求选择合适的模型进行预测。同时，预测结果可以通过各种图表和报表进行可视化展示，帮助用户更直观地理解预测结果。

（3）参数调整与优化：在 Power BI 中，用户可以调整不同的预测参数以优化预测结果。这包括选择置信区间、调整季节性因素等，以确保预测结果的准确性和可靠性。

（4）与其他功能的整合：Power BI 的预测功能与其他数据分析功能（如数据连接、查询、转换和可视化等）紧密结合，形成一个完整的数据分析解决方案。用户可以在同一平台上进行数据准备、建模、预测和可视化，提高工作效率。

在使用 Power BI 进行预测时，还需要注意以下几点：

数据质量至关重要：预测结果的准确性很大程度上取决于输入数据的质量。因此，在进行预测之前，需要对数据进行清洗、整理和验证，确保数据的准确性和完整性。

选择合适的预测模型：不同的预测模型适用于不同的数据类型和预测需求。用户需要根据实际情况选择合适的模型进行预测，并可能需要对模型进行一定的调整和优化。

结果验证与调整：预测结果需要进行验证和调整，以确保其准确性和可靠性。用户可以通过与实际数据进行对比，调整预测参数或选择其他模型来改进预测结果。

［实 训 任 务］

1. 实训要求

本实训以新浪财经网的美的集团、格力电器财务报表数据为基础，具体包括"美的集团资产负债表""美的集团利润表""格力电器资产负债表""格力电器利润表"，以及在此基础上编制的"资产结构表""负债结构表""利润表项目属性表""权限表"，从资产负债表可视化、利润表可视化、偿债能力分析、盈利能力分析、营运能力分析、发展能力分析、财务预测七个模块对美的集团财务报表数据分析进行动态可视化设计，对比标杆企业格力电器，有助于美的集团分析自身经营状况的优点与不足，规避财务风险，预测经营业绩的未来走势，是一项综合性极强的实训课程。本实训任务主要有以下要求：

（1）要求学生从网上收集数据资料，理解熟悉财务分析的基本知识。

（2）学习 Power BI 工具的入门及应用，了解 Power BI 在商业智能与可视化方面的应用以及工作流程，了解 DAX 语句的语法，掌握 CALCULATE、DIVIDE、IF、SUM 等相关函数，能够运用 Power BI 完成数据获取、数据清洗、数据建模以及数据可视化分析。

（3）要求学生结合可视化看板，对美的集团财务报表、财务指标以及财务预测进行分析并汇报。

2. 实训内容

本实训对案例公司的资产负债表和利润表，偿债能力、盈利能力、营运能力、发展能力及财务预测这七个财务核心模块进行可视化处理。

1）数据获取

将案例公司相关数据表导入 Power BI 平台。

2) 数据清洗

对导入的案例公司相关表格进行数据清洗：提升标题、添加列、删除列、合并表格、新建表格、更改数据类型、筛选数据、拆分列等。

3) 数据建模

根据需求对事实表和维度表：新建表关系、新建度量值。

4) 数据可视化

实现资产负债表可视化、利润表可视化、偿债能力分析可视化、盈利能力分析可视化、营运能力分析可视化、发展能力分析可视化、财务预测可视化。

3. 实训步骤

1) 确定分析思路

首先，通过阅读案例公司背景，了解公司目前企业经营情况及发展需求。其次，明确在财务分析方面可视化呈现的要点，选定资产负债表、利润表、偿债能力分析、盈利能力分析、营运能力分析、发展能力分析、财务预测七个模块的分析指标并明确其意义。再次，构建表格之间的关联图，深入理解获取数据之间的关联关系。最后，确定蓝图，选择合适的图形呈现各个模块的分析指标，并合理布局这些图形的所在位置，即每个模块的图形展现方式和报表布局结构。

2) 确定实现流程

首先，从新浪财经网获取财务报表相关数据，并将数据导入平台。其次，对获取到的数据进行清洗整理，使其满足可视化要求。再次，构建表格之间的逻辑关系，并在此基础上新建度量值，即数据建模。最后，实现企业财务数据可视化分析。

3) 对案例企业财务状况进行分析并汇报

本案例从资产负债表、利润表、偿债能力、盈利能力、营运能力、发展能力、财务预测这七个核心模块，对美的集团财务数据进行可视化分析与汇报。

第一，资产负债表模块可视化分析，可以分析企业报表项目历年变动趋势，同期变动对比；对比标杆企业，分析企业资本结构、资产内部结构和负债内部结构是否合理等状况。

第二，利润表模块可视化分析，可以分析企业报表项目同期变动情况，主要项目变动对比，收益类主要项目、费用类主要项目的增减变动及影响；对比标杆企业，分析营业收入和营业成本的变动是否合理，期间费用控制是否得当等。

第三，偿债能力模块可视化分析，与标杆企业进行对比，可以从长期偿债能力和短期偿债能力入手进行分析。其中，长期偿债能力可以分析企业举债规模及扩张速度，资本结构、债务结构是否合理，短期偿债能力可以分析企业资金流动性强弱，资金回笼速度以及流动资产的变现能力等。

第四，盈利能力模块可视化分析，可以分析企业获取营业收入的能力，成本费用控制是否合理，盈利质量高低，对比标杆企业，分析影响美的集团盈利能力的关键因素。

第五，营运能力模块可视化分析，可以对比标杆企业，通过存货周转率分析企业存货管理水平，通过应收账款周转率分析其收款速度及管理政策是否合理，资金利用效率高低，通过总资产周转率、固定资产周转率分析其资产的利用效率。

第六，发展能力模块可视化分析，可以分析企业营业收入的增长情况，对比标杆企业，分析其经营战略是否有利于市场趋势及竞争态势的发展，评估企业当前的技术实力，分析其市场营销策略、资源利用效率的合理性。

第七,财务预测模块可视化分析,可以分析企业营业收入未来发展趋势,分析本公司与标杆企业未来经营业绩发展的优劣势。对比不同预测方法,分析财务预测精确度的影响因素。

最后,要根据七个模块分析和预测的结果,提出针对性建议,完善案例公司财务数据分析,形成综合报告并进行汇报。